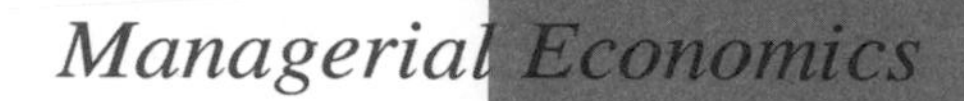

管理經濟

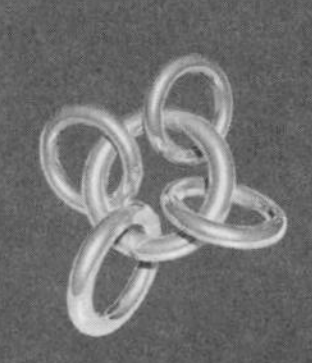

策略分析實用寶典

朱容徵◎編著

Managerial Economics

前 言

經濟學是經世濟民之學，下至民生，上至國計，無不與經濟有關；也就是說，我們每天都在過經濟生活。因此，經濟學不只是法商管理科系的必修課程，其他科系學生或社會人士也渴望了解經濟知識。然而，很多相關科系學生學成畢業後，竟然連日常財經新聞都看不懂，更遑論進一步分析了。這可能是學習方法偏差，也可能是學習內容偏離現實，總之是經濟學教育的一大挫敗。

我在科技大學任教，致力推動將經濟學理論普及化、生活化，已編著「經濟學實用寶典」系列，基礎篇及進階篇作為一般經濟學教材。基礎篇「圖解經濟學」將所有重要的經濟學基本圖形綜合整理，配合相關之經濟理論與分析方法，並輔以經濟生活實例及財經資訊導讀，引領初學者融會貫通，看圖說故事，很自然地經常記得！進階篇「個體經濟學」與「總體經濟學」更深入探討並加入範例精析，幫助讀者熟悉考試題型並鑑往知來，切忌穿鑿附會死背答案。

管理經濟學又稱為經濟策略分析，以企業活動為對象，更強調經濟理論之實務應用。本書《管理經濟——策略分析實用寶典》將吾道一以貫之，研究如何以經濟學方法，有效率地配置運用有限資源，理性選擇最適決策，以發揮最大效益，應用於企業策略，滿足管理目標。管理經濟實務取材自日常財經資訊，並非罕見的特殊個案，亦不涉及任何商業機密，主要目的在引導讀者於每一階段學習後，立即觀察實例練習應用，文中並提示相關理論依據作為參考；希望培養獨立思考能力，隨時保持偵查環境的敏感度，類似事件發生時能夠激發靈感，可以將所學舉一反三，進一步分析應用。

本書為「經濟學實用寶典」系列應用篇，委由同時在課程參考用書以及社會人士實務用書都具有專長與用心經營的揚智文化事業股份有限公司出版。《管理經濟——策略分析實用寶典》可為「管理經濟學」上課教材，亦提供「管理個案」、「策略管理」、「企業政策」等相關課程參考用書，並適合社會人士分析經濟活動、研擬管理策略之專業辭典。

本書架構

經濟學不只是相關科系的基礎學科，也可以成爲日常的生活哲學，它更應是全民的通識教育，任何人都不要成爲經濟學文盲。然而，傳統經濟學教科書多從研究者角度出發，大部分參考書則爲準備考試而編寫，將經濟學當成數學動作計算練習，或爲應付考試死背答案，卻不知其所以然。本書嘗試爲有志以經濟學知識就業的經營管理者打好基礎，提供一本易懂實用的讀本。

本書共分爲十六章：

- 第一章爲管理經濟學導論，了解經濟學基本概念與分析方法，並應用於企業管理活動。
- 第二章從市場均衡與價量變化出發，進而分析各種市場的均衡變化與應用。
- 第三章以需求彈性的意義，分析其變化幅度大小及對廠商訂價的影響與策略。
- 第四章了解消費者的決策過程，應用於企業行銷管理策略。
- 第五章說明經濟活動中的企業功能，與組織內外之互動及管理。
- 第六章了解生產者之決策過程，以成本效益分析說明生產績效管理與企業發展策略。
- 第七章比較完全競爭與壟斷性競爭市場結構之特性、商品定位及廠商策略差異，並說明差異化策略與成本控制方法。
- 第八章認識寡占及獨占市場結構之特性與形成條件，並說明市場進入障礙與企業維持優勢策略。
- 第九章以經濟學之賽局理論說明企業互動及策略行動，並與管理學之策略管理內容比較應用。
- 第十章解釋各種市場之不對稱訊息與影響，並說明相關之監管機制。
- 第十一章了解外部性問題，並說明衝突管理方法與談判協商機制。

- 第十二章了解公共財問題，包含政府干預及課稅效果，進而分析全面均衡效率。
- 第十三章解釋跨期預算、風險態度與財富效用，進而說明風險性資產選擇策略與風險及危機管理方法。
- 第十四章了解國際貿易相關理論與活動，應用於跨國企業管理及全球物流管理。
- 第十五章說明外匯市場與國際金融環境，應用於國際財務管理及匯兌風險管理。
- 第十六章了解知識經濟與知識管理相關理論與活動，並說明學習型組織及科技管理之應用發展。

每章以基本觀念開始，由淺入深循序漸進，著重分析方法融會貫通，經濟理論搭配相關管理策略；每一節附「管理經濟實務」，期使讀者學以致用。讀者可以依個別需要，應用所學立即探討實務個案，或從事策略分析時從本書找到類似個案，了解相關理論；因此本書適合作爲相關課程參考用書，以及社會人士實務用書。

目 錄

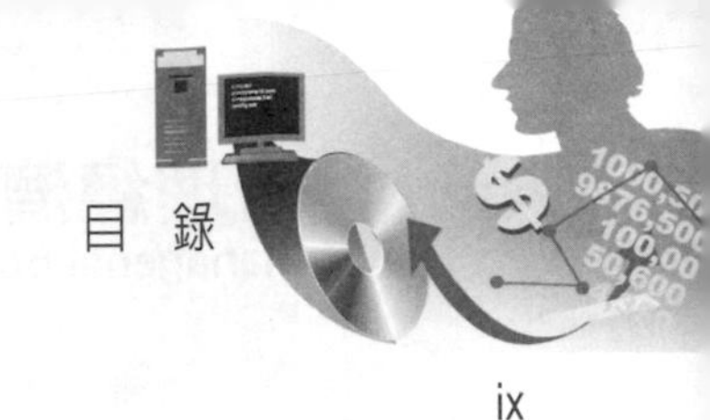

管理經濟實務目錄

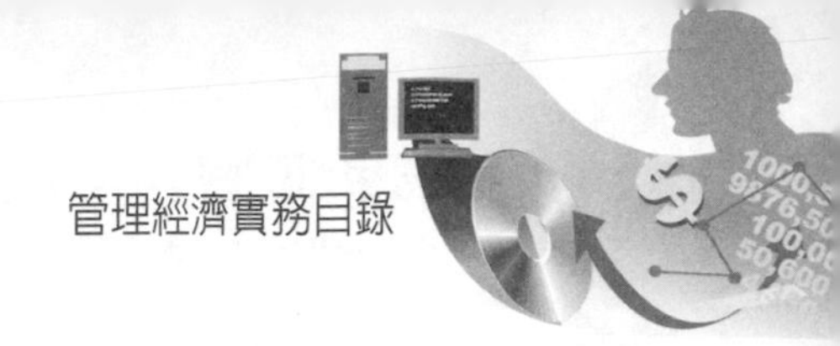

第十五章　國際金融與外匯管理

第十六章　知識經濟與知識管理

第一章 管理經濟導論

經濟學基本分析

市場均衡與調整

總體經濟指標

管理策略規劃

經濟學基本分析

經濟學（economics）

是一門社會科學，研究如何有效率地運用有限資源，在許多可行方案中，理性選擇最適途徑，以發揮最大效果，滿足其慾望。

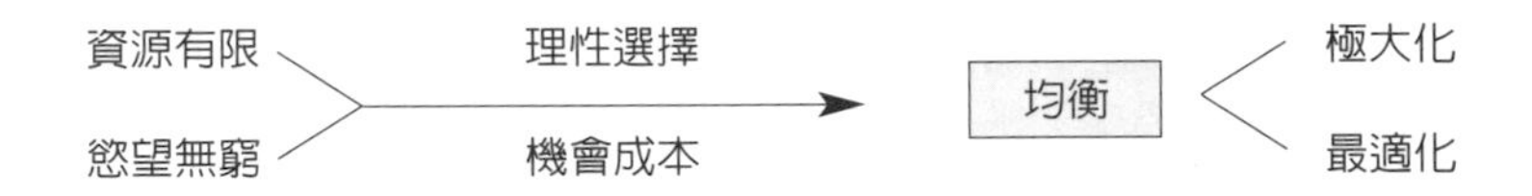

經濟學研究選擇的行爲，是一門行爲科學。人類經濟行爲以一般的市場活動、政府財經貨幣貿易政策爲主，研究如何選擇具有多種用途的有限資源，以生產物品與勞務，供應目前與將來的消費。經濟理論可以同樣用來分析所有的理性選擇行爲，各種條件的力量在互動之後彼此調整因應，而形成一個穩定均衡狀態。

經濟問題

人類的慾望無窮，不能滿足於相對稀少的資源，資源雖然有限卻具有多重用途，理性選擇滿足最大慾望，便可解決此問題。

資源有限

資源的稀少性是經濟問題的根源，每人每天可用的時間、體能、人力、物力、財力等資源，均爲固定有限但有多重用途，必須理性選擇，合理分配。

慾望無窮

每人每天面對食、衣、住、行、育、樂等生活、物質與精神各種需求，在相對稀少的資源下，不能同時完全滿足，必須依優先順序有所取捨。

理性選擇

在資源有限慾望無窮的經濟條件下，任一經濟活動都會面對選擇問

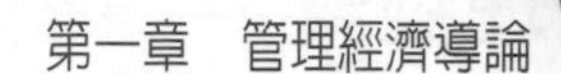

題，以滿足最大慾望。就個體言，必須在有限條件下求極大解；就總體言，必須使整體經濟社會福利最適化。

機會成本（opportunity cost）

取捨選擇表示放棄其他機會，以換取獲得所要的事物；被放棄的事物中，價值最高者，意即任何選擇所須付出的最大代價。機會成本只考慮了成本面，當效益相同時，成本愈低愈值得去做；當成本提高，若效益更大也是值得的。機會成本的衡量不一定是用錢，而是用價值感。

均衡（equilibrium）

各種條件的力量在互動之後彼此調整因應，而形成的一個穩定狀態：均衡既不是唯一結果，也不涉及任何價值判斷，且不一定會達成。當原來的條件改變，均衡狀態亦隨之變化；可能失去均衡，亦可能達到另一個均衡。可以達到均衡狀態稱爲安定體系；外力干擾後無法回復均衡狀態，則稱爲不安定體系。

極大化

理性選擇追求自己認爲最好的目標，處於限制條件的競爭環境下，必須將有限資源花費在最有價值的用途上，使資源運用有最好的效益。

最適化

個體要做最適當的選擇，並在社會中與其他人事物互動調整，使資源做最適當的配置，達到整體經濟的最大福利。

個體（micro）經濟學

又稱爲價格理論，以經濟社會中的個別單位爲對象，包括個別家戶、廠商的消費、生產行爲，個別市場、產業的供給、需求、價格、數量變化與影響，以及市場均衡、市場結構、效率福利、市場失靈等議題。

總體（macro）經濟學

又稱爲所得理論，以個別經濟單位總合之整體經濟社會爲對象，包括總產出、總所得與物價指數衡量，經濟循環與成長發展、失業與通貨膨漲等問題，及相關之模型分析與政策制度等議題。

國際經濟學（international economics）

以不同經濟體（國家）之間的經濟活動爲對象，分析國際間商品、生產因素及國際收支的經濟關係，包括貿易理論、貿易政策、外匯市場分析、國際收支帳及調整、國際金融、相關政策等議題。貿易理論與貿易政策是國際經濟的個體經濟學，將一個國家視爲一個單位來分析；國際收支及調整則爲國際經濟學的總體經濟學，分析在開放經濟下，各項總體經濟政策對於一國所得及物價水準的影響。

管理經濟學（managerial economics）

又稱爲經濟策略分析，以經濟社會中的企業活動爲對象，爲應用經濟學理論和方法於企業經營管理的一門應用經濟學。研究如何以經濟學方法，有效率地運用配置有限資源，在許多可行方案中，理性選擇最適決策，以發揮最大效益，滿足管理目標，包括訂價、產品、產量、成本、組織、發展等策略議題。

管理經濟學是結合經濟學與決策科學，以探討企業管理決策之問題及程序。企業經營探討需求、生產、成本、供給、計畫及經濟預測，應用經濟關係、統計觀念及最適化技術，說明企業最適的資源配置與經營決策；市場結構分析，研究外在的經濟環境與最適訂價策略，亦分析政府對於企業經營的影響；風險分析與資本預算分析，探討企業的長期策略規劃及控制程序。

科學方法

發現問題→蒐集相關資料加以觀察衡量→建立模型：提出一般化結論，描述實際狀況，分析各變數之間相互關係，進而推測可能的影響因素與結果→比較事實狀況與模型推論，檢測其是否相符；發展相關理論，對問題演變指出可能方向並加以解決。

其他條件不變

將所要研究的事項獨立出來單獨研討，使該影響因素與研究對象之

間的相互關係簡單明確，而不考慮其他可能的複雜情境。然而，現實經濟社會活動是動態多變的，因此經濟模型無法提出完全精確肯定的結論，經濟活動與其影響也不可能完全控制，只能分析出可能方向並研擬較適當對策。

合成謬誤（fallacy of composition）

因整體爲個別所合成，而誤認整體與個別相同，認爲在個人層次有利的事情，在社會層次也會有利；誤以爲部分是對的，合成的結果也是對的。

總體經濟以個別經濟單位總合之整體經濟社會爲對象，但個體要在社會中與其他人事物互動調整，不會與整體完全一致；對個體經濟有利者，對總體經濟未必有利，個體的理性有時會導致群體的非理性。

分割謬誤（fallacy of division）

因個別爲整體的一部分，而誤認個別與整體相同。雖然整體有其一般化特性，卻不能因此認爲所有個體均與其整體完全相同。對總體經濟有利者，對所有個體經濟未必均有利。事實上每個個體有其獨特性，對任何事件（經濟活動）的影響利害各不相同，與整體也不會完全一致。

因果謬誤（causal fallacies）

兩事件前後接續發生，即誤以爲兩者具有前因後果的關係。兩事件（經濟變數）可能純屬巧合的獨立事件，可能眞有因果關係，也可能是伴隨發生的其他影響因素所造成的因果關係，須再多加觀察與分析才能下定論。

直覺式線性因果思維包括直覺判斷、直覺歸因、直覺解釋且信以爲眞。一項錯誤之直觀線性思維而導致的決策謬誤，可能在環環相扣之動態性連續運作的乘數效果下，使企業迅速陷入危機。讓數字說話下平鋪直述性之靜態思維模式，易讓財務分析後之重要決策，因直覺式線性因果思維邏輯而流於謬誤判斷；透過系統性思維之觀點，重新審視財務報表分析後之數字，並動態化數字背後之意義與動態性成因，打破過往習慣性思考領域。

管理經濟實務 1-1：金融改革的迷思

為促使金融機構合併與跨業經營以擴大經營規模，降低經營成本並提升營運效益，我國自2000年迄今已分別制定或修正多項法規，建置完整金融法制基礎；為增進金融體系競爭力，積極推動金融機構合併及跨業經營；推動設立資產管理公司及公正第三人機制的運作，以及強化金融機構經營體質。同時，為建立符合國際規範的金融監理制度，建構有紀律的金融環境，加速處理問題金融機構，行政院將金融改革納入國家發展重點計畫。

談金融購併者多認為可擴大經濟規模、提升效率，不過金控成立三年下來，交叉行銷綜效尚未顯現，偏遠地區的金融服務權已遭到忽視。由於都會地區人多所得高，消費金融業務容易做，不少金控在購併其他銀行之後，就將分行遷移至台北縣市，並改為消費金融分行，除了造成偏遠地區金融服務權受損的情況外，也引發銀行員大量失業。

根據中華民國銀行員工會聯合會調查，至2005年3月底，政府鼓勵銀行合併已造成五千多位銀行從業人員被迫離開職場；推動二次金改官股銀行減半，估計被迫離職人員將近萬人，恐再爆一次大規模的中高齡失業潮。

負有政策任務的官股銀行一一退出市場，台灣金融業將由幾大金控掌控，而呈現寡頭壟斷的情況，部分消費者的權益可能不再受重視。台灣曾經創造的經濟奇蹟是靠中小企業，而能夠成功的最主要因素也是銀行的支持；大企業籌資管道多元化，中小企業財務規劃能力較弱而風險高，對於國內數十萬家中小企業主而言，未來的融資將更加困難，對客户、銀行形成雙輸局面。透過購併銀行來接收新的客户，是否接受效益還有待觀察。

對個體經濟有利者，對總體經濟未必有利；為增進金融體系競爭力，恐再爆大規模的失業潮；誤認為在個別層次有利的事情，在社會層次也會有利，犯了合成謬誤。政府推動金融改革，以提升國內金融產業競爭力，亦應有補救配套措施，避免總體經濟失業問題擴大。

每個個體有其獨特性，對任何經濟活動的影響利害各不相同，與整體也不會完全一致；誤認個別與整體享有相同利益，犯了分割謬誤。金融機構擴大經營規模，為消費者提供一次購足的服務，並提升國家經濟競爭力；但多位銀行從業人員被迫離開職場，中小企業的融資更加困難，因此中高齡金融人員轉業與中小企業財務能力都有待詳盡規劃。

金融整併大者恆大，卻陷於「大即是美」的迷思；兩事件前後接續發生，即誤以為兩者具有前因後果的關係，犯了因果謬誤。國外大型金融機構具有國際競爭力，是伴隨其他影響因素（如專業服務、產品多元等）所造成，國內金控業主若只汲汲營營於購併擴大規模，恐怕反而產出「金融大怪獸」，帶來更大災難。

 市場均衡與調整

市場（market）

買賣雙方對產品或要素進行交易，而交易活動的發生，則透過買賣雙方的需求與供給互動接受而完成。

產品（product）市場

交易活動的標的，包括農、牧、漁、獵、採集、養殖、製造等有形的財貨，以及教育、運輸、通訊、金融、行政、服務等無形的勞務。

要素（factor）市場

交易活動的標的爲土地、資本、勞動及企業能力四大生產要素。

土地是廠商生產所在的地表及其所含的自然資源，報酬爲地租；資本指生產所用的廠房、機器、設備等生產工具，報酬爲利息；勞動爲從事生產活動勞心勞力的一般員工，報酬爲工資；企業能力則爲管理人規劃、組織、領導、控制生產投入以完成生產活動，報酬爲利潤。

家戶（household）

或稱家計部門，屬於消費單位，爲家庭或個人，可能是勞工、地主、資方或經理人。家戶將供給生產要素的報酬所得，用來購買消費所需求的財貨勞務，是產品市場的需求者（買方），也是要素市場的供給者（賣方）。

廠商（firm）

或稱企業部門，屬於生產組織，可爲工廠、商店、企業或產業。廠商將供給財貨勞務所得的營業收入，用來購買生產所需求的生產要素，是產品市場的供給者（賣方），也是要素市場的需求者（買方）。

需求量變動（change in quantity demanded）

需求線爲一由左（量減少）上（價上漲）向右（量增加）下（價下

跌）延伸的負斜率直線或曲線。在商品本身價格以外的因素不變下，本身價格變動則引起該物需求量變動，需求量變動在圖形上表示需求線不動，點沿原需求線移動。當本身價格上漲時所對應的需求量減少，即沿原需求線往左（量減少）上（價上漲）方移；反之，若本身價格下跌則需求量增加，即沿原需求線往右（量增加）下（價下跌）方移。

供給量變動（change in quantity supplied）

供給線爲一由左（量減少）下（價下跌）向右（量增加）上（價上漲）延伸的正斜率直線或曲線。在商品本身價格以外的因素不變下，本身價格變動引起該物供給量同向變動，供給量變動在圖形上表示供給線不動，點沿原供給線移動。當本身價格上漲時所對應的供給量增加，即沿原供給線往右（量增加）上（價上漲）方移；反之，若本身價格下跌則供給量減少，即沿原供給線往左（量減少）下（價下跌）方移。

市場均衡（market equilibrium）

或稱供需均衡，表示需求價格等於供給價格，而且需求數量等於供給數量，亦即市場交易的買賣雙方達成共識，而形成穩定狀態。在圖形上爲需求線與供給線交叉（需求＝供給），交叉點E爲均衡點，所對應的價格爲均衡價格 P^*（$= P^S = P^D$），所對應的數量爲均衡數量 Q^*（$= Q^S = Q^D$）。所以市場均衡的條件爲，需求者（買方）願意而能夠支付的價格，爲供給者（賣方）所接受；且需求者在該價格所購買的數量，與供給者所銷售的數量一致。

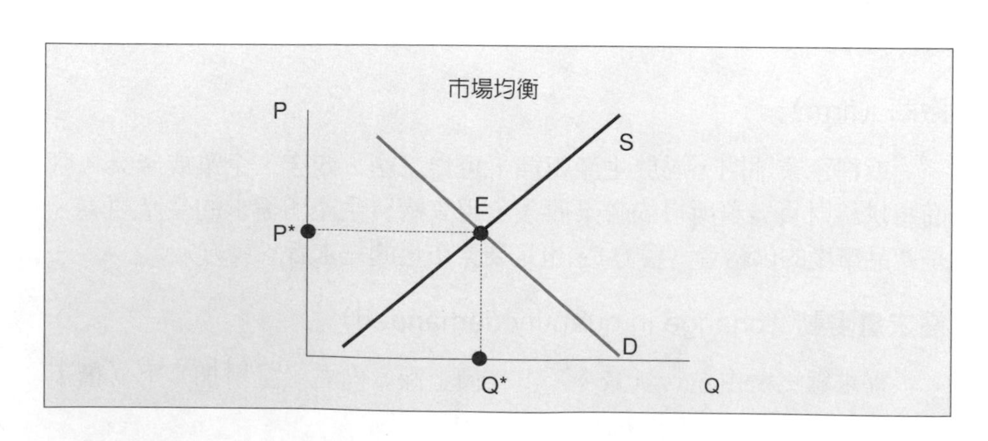

市場失衡（market dis-equilibrium）

當市場的需求與供給不一致，亦即需求價格不等於供給價格，或需求數量不等於供給數量；在圖形上不在需求線與供給線交叉處，而離開原均衡點E。在本身價格以外因素不變下，需求線與供給線不動，均衡點E亦不變，因此市場力量會進行調整，將市場失衡狀態拉回原均衡點E，而繼續維持穩定的均衡。

超額供給（excess supply）

當市場價格（P_1）高於均衡價格 P^*，在 P_1 下供給量（$Q^S{}_1$）大於需求量（$Q^D{}_1$），而偏離交叉點E（需求＝供給），AB段爲超額供給之市場失衡。

需求與供給不一致（市場失衡），市場力量進行調整，因供給過剩，又稱爲**剩餘**（surplus），賣方爲出清存貨而降價求售。價格由 P_1 降至 P^*，需求量變動由A點沿需求線往右（量增加）下（價下跌）方移至E點，供給量變動由B點沿供給線往左（量減少）下（價下跌）方移至E點，因此在 P^* 下，供給量等於需求量等於均衡量（Q^*），市場重回原均衡點E（需求＝供給）。若人爲干預，訂定價格下限 P_1 高於均衡價格 P^*，市場力量無法以降價重回原均衡，除非供需條件改變，將持續超額供給之市場失衡，市場交易量（$Q^D{}_1$）小於均衡量（Q^*）。

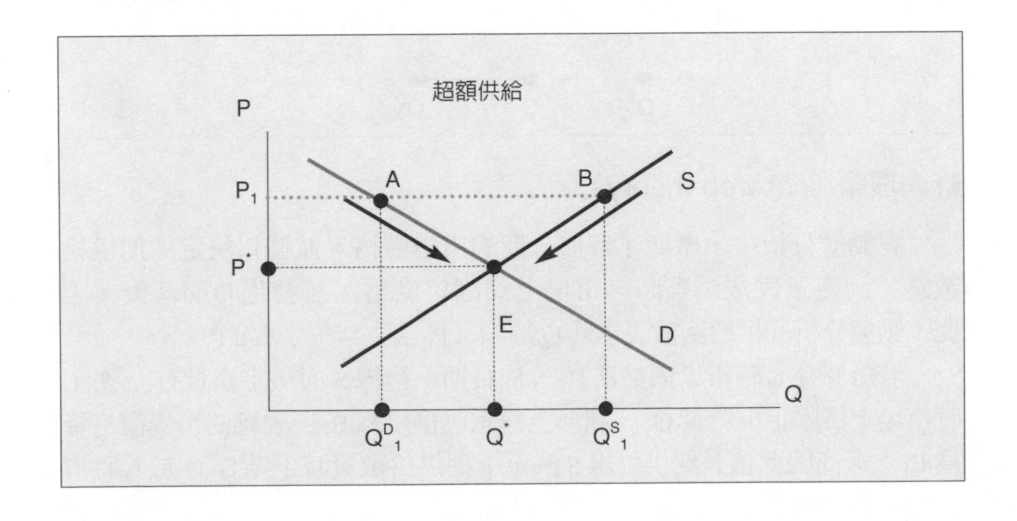

超額需求（excess demand）

當市場價格（P_2）低於均衡價格 P^*，在 P_2 下供給量（$Q^S{}_2$）小於需求量（$Q^D{}_2$），而偏離交叉點 E（需求＝供給），GH 段爲超額需求之市場失衡。

需求與供給不一致（市場失衡），市場力量進行調整，因需求過剩，又稱爲**短缺**（shortage），買不到的需求者喊價搶購。價格由 P_2 漲至 P^*，需求量變動由 H 點沿需求線往左（量減少）上（價上漲）方移至 E 點，供給量變動則由 G 點沿供給線往右（量增加）上（價上漲）方移至 E 點，因此在 P^* 下，供給量等於需求量等於均衡量（Q^*），市場重回原均衡點 E（需求＝供給）。若人爲干預，訂定價格上限 P_2 低於均衡價格 P^*，市場力量無法以漲價重回原均衡，除非供需條件改變，將持續超額需求之市場失衡，市場交易量（$Q^S{}_2$）小於均衡量（Q_*）

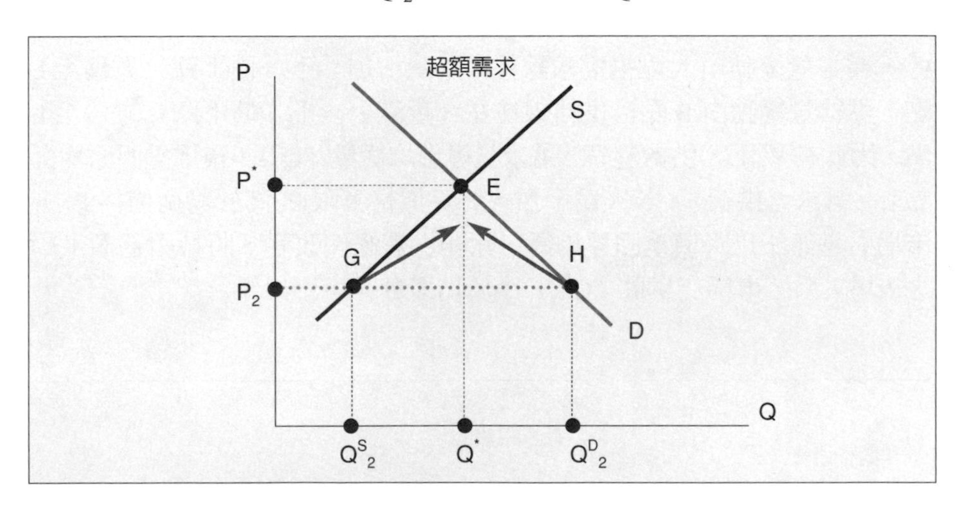

蛛網理論（cobweb theory）

在動態分析中，廠商了解前一期的市場價格，並據以決定本期供給數量；到產量完成調整時，市場上爲固定供給，並發生時間落後。因此，動態分析的供給函數表示爲 $Q_t^S = f(P_{t-1}) = -c + dP_{t-1}$。

若廠商在 t_0 時市場價格爲 P_0，依長期供給線 S 而決定產量 Q_1，於 t_1 時市場上爲固定供給量 Q_1，圖形上爲垂直供給線 S_1，對應的市場價格降爲 P_1。廠商因此依長期供給線 S 決定下期供給數量減少爲 Q_2，於 t_2 時市

場上爲固定供給量 Q_2，圖形上爲垂直供給線 S_2，對應的市場價格漲爲 P_2。廠商因此依長期供給線 S 決定下期供給數量增加爲 Q_3，於 t_3 時市場上爲固定供給量 Q_3，圖形上爲垂直供給線 S_3，對應的市場價格跌爲 P_3。如此循環逐漸靠近均衡點 E，其供需價量變動過程類似蜘蛛結網形態。

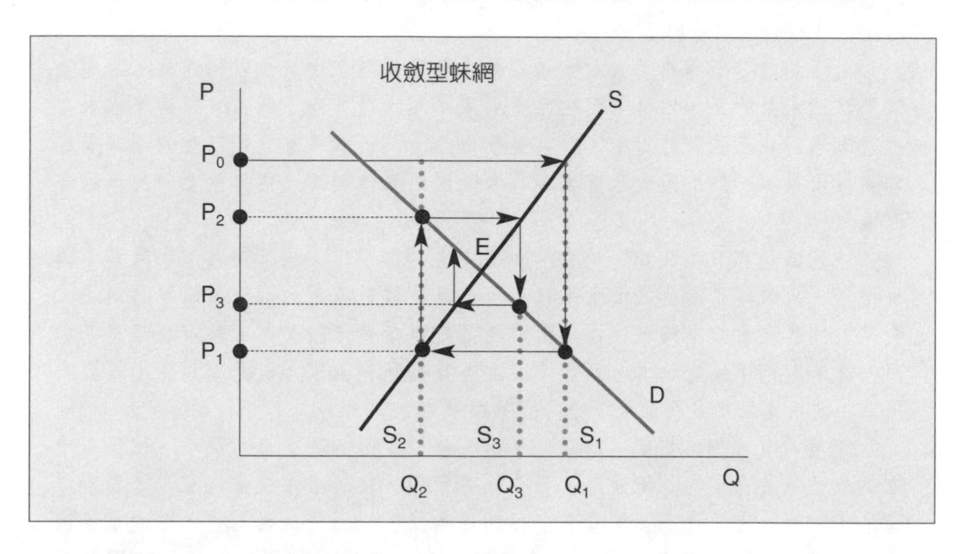

市場機能（market mechanism）

市場力量會進行調整，使供需雙方達成並維持穩定的均衡狀態，此一力量爲市場價格變動，導致需求量與供給量變動，又稱爲**價格機能**（price mechanism）。市場可能常處於調整過程，均衡未必是常態，交易量價也未必等同均衡量價；若缺乏雙方可共同接受的適當價格，供需仍在卻無法成交。

價格爲市場的重要訊息，表示市場的供需情況，並傳達給市場交易的買賣雙方，引導需求者節約稀有資源，價漲則需求量減少；多用豐富資源，價跌則需求量增加。供給者則依據價格訊息了解市場需求，決定該生產什麼、生產多少與如何生產，價漲則供給量增加，價跌則供給量減少，以獲得最大利益。因此整個經濟社會資源運用最有效率，供需雙方原爲追求自身利益，透過市場機能卻能增進社會福利。若外力有另一隻手在干預，則市場價格機能將無法順利運作，因此經濟學強調實事性，而盡量避免規範性。

管理經濟實務 1-2：台灣水果運銷大陸的市場機能

中國大陸商務部片面宣布，自2005年8月1日起，正式將台灣十五種水果以零關稅方式登陸，其中包括鳳梨、釋迦、木瓜、楊桃、芒果、番石榴、蓮霧、檳榔、柚子、棗子、椰子、枇杷、梅子、桃子和柿子等，另有快速檢疫與出關的「綠色通關」配套措施。

外貿協會分析指出，台灣水果剛赴中國市場時，由於物以稀為貴，因此售價為當地水果的三～四倍，而在台灣水果熱潮過後，除了蓮霧、釋迦等水果在中國市場因缺乏強勁的對手，較具競爭力外，其餘水果除非能以量制價或屬於季節性水果，一般中國大陸有生產的水果因同質性較高，價格就會回到市場合理價位。

中國市場與日本相比，檢疫、食品安全門檻很低，但即使台灣水果享零關稅優惠，也須與東南亞低價水果競爭，一旦中國民眾對台灣水果新鮮感消退，利潤空間馬上會被壓縮，須再次面對削價競爭宿命，最後將回歸市場經濟基本面。把外銷市場鎖定日本、新加坡與歐美等高所得國家，以此為目標不斷自我提升，才能建立起台灣水果強勢的國際競爭力。

市場具有「價格機能」的功能，有一隻看不見的手會進行調整，使供需雙方達成並維持穩定的均衡狀態，不必外力干預。供給者依據價格訊息了解市場需求，決定該生產什麼、生產多少與如何生產，以獲得最大利益，透過市場機能增進社會福利。若外力有另一隻手在干預，則市場價格機能將無法順利運作，因此經濟學強調實事性，而盡量避免規範性；大陸減免台果關稅應能由「市場機能」調整至均衡，政府可樂觀其成。

政府應扮演建立制度政策、維護市場競爭秩序、調整資產配置運用、謀求經濟穩定成長與所得分配平均，使國民獲得最大福利。當發生市場失靈、市場價格機制無法自行有效運作，政府力量應適度介入，針對兩岸貿易建立緊急應變機制，以確保經濟社會最大福利，但可能造成決策偏誤之政府失靈現象。

目前政府已正式委託外貿協會，就台灣生鮮水果輸銷大陸的相關問題以及便捷的措施，和中國大陸的相關機關進一步聯繫，在了解中方的意向與相關的政策後，可以及時展開協商並作成更適當的安排，雙方良性互動建立整合窗口。

政府應針對果農提供完整客觀正確之資訊，如銷售對象的喜好、銷售的供給與需求數量、即時商情蒐集等，避免每年因過度種植或災害，發生農產運銷失調現象。農委會為了協助農民將產品打入中國做了若干努力，地方政府或基層農會也為台灣農產品找尋出路，包括整合產業公會、協會及農民團體，參加當地國際性展覽，並與當地大型連鎖超市合辦「台灣農產節」宣傳促銷活動，設置台灣優質水果展售專櫃，並在重要批發市場辦理農產品發表會或通路商談會，積極開拓商機。

總體經濟指標

國內生產毛額（gross domestic product; GDP）

在國境內一段期間內，生產所有最終財貨勞務的市場價值總和。

國內

指一經濟體國境內的所有生產性經濟活動，包括外國人在本國境內的生產成果（如外資企業產值、外勞生產所得等），而不包含本國人在國外（本國境外）生產的市場價值，因此 GDP 爲屬地主義的生產毛額。我國自 1994 年起，以 GDP 衡量經濟成長率，過去則採用 GNP 爲指標。

國民生產毛額（gross national product; GNP）

本國人在一段期間內，生產之所有最終財貨勞務的市場價值總和。

國民

以生產性經濟活動的參與者國籍爲界定範圍，包括本國人在本國境內及國境外（海外投資產值與所得報酬）生產的所有市場價值，而不包含外國人在本國境內的生產成果，因此 GNP 爲屬人主義的生產毛額。

生產面的生產毛額

整個生產過程中，每一階段廠商所創造的市場價值全部累積合計。實務上不易追蹤所有產品的最終用途及每一階段附加價值，但可以用於計算各產業的產值，代表全部廠商生產各種產品所創造的價值總和，作爲了解各產業對整體經濟活動成果的貢獻比重與消長情形。

$$GDP = \Sigma\ (P \times Q)$$

支出面的生產毛額

廠商生產各種最終產品所創造的價值總和，在均衡時，全部供整體經濟社會所有參與者從事各種經濟活動，即使用各種最終產品所支付之成本總和。整體經濟社會各種經濟活動的參與者爲家戶、廠商、政府、國外四大部門，分別從事民間消費（C）、投資（I）、政府支出（G）、國際貿易（X－M）四大經濟活動。

$$GDP = C + I + G + (X - M)$$

國民所得（national income; NI）

廠商將各種產品以市場價值出售後的收入，支付分配給對生產有貢獻的要素提供者，勞動、土地、資本、企業能力四大要素分別獲得薪資（w）、租金（r）、利息（i）、利潤（π）四大要素所得。

$$要素所得 = w + r + i + \pi$$

所得分配（income distribution）

衡量不同家戶間相對所得之差異大小，以了解總所得分配至家戶部門的情形，亦即經濟體內每個人眞正享有的總體生產成果與所得水準。

不均度簡化指標

以統計學中的分位法，例如十分位法，將家戶依其所得高低排列分爲十等分，計算最高所得 10% 家戶總所得相對於最低所得 10% 家戶總所得之倍數。最高與最低級距所得倍數愈大，表示不同所得家戶間相對所得之差異愈大，亦即低所得者與高所得者之間的貧富差距愈大，代表所得分配愈不平均。

物價指數（price index; PI）

當期平均物價水準，相對於基期平均物價水準的百分比值。基期是作爲比較基準的期間，將其平均物價水準設定爲 100 ，當期物價指數與 100 比較，即可知平均物價水準的變化。各種商品的計價單位不一，對平均物價水準之影響比重亦不同，因此在衡量整體物價水準時，不能以各商品的單位價格直接加總，而是以各商品的總市場價值來計算。

$$PI = [\Sigma (P_t \times Q_0) / \Sigma (P_0 \times Q_0)] \times 100$$

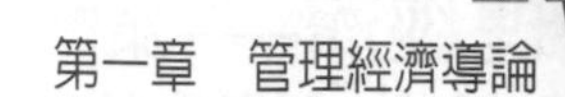

計入物價指數的商品種類不同，可以計算出各類商品或個別產業的物價指數，作爲了解該類商品平均物價水準的變化，及其對經濟活動的不同影響，又稱爲**實計物價指數**（explicit price index）。

消費者物價指數（consumer price index; CPI）

衡量家戶部門生活所需之主要消費商品平均物價水準的變化，是將占一般家庭收支比重較大的商品計入物價指數，以了解經濟體內一般人民的生活成本。因一般家庭購買之消費商品多爲零售商品，因此又稱爲**零售物價指數**（retail price index）。

躉售物價指數（wholesale price index; WPI）

又稱爲**批發物價指數**，會大量購買批發商品者多爲廠商部門生產營業所需，可以了解經濟體內一般廠商的生產成本。原料進貨再加上資產設備購買成本，又稱爲**生產者物價指數**（producer price index; PPI）。

名目（nominal）GDP

以當期物價水準計價之所有最終財貨勞務的市場價值總和，會受到物價水準波動的不當影響，無法眞正表達各種產品所創造的價值；例如通貨膨漲時，當期名目 GDP 的市場價值虛增而高估。

實質（real）GDP

以基期物價水準計價之所有最終財貨勞務的市場價值總和，因各期實質 GDP 均以同一基期物價水準計價，比較 GDP 消長時，不會受到物價水準波動的不當影響，可以眞正表達各種產品所創造的價值與所得實際購買力，通常以小寫 gdp 表示。

實質 GDP ＝名目 GDP ／物價水準

平均每人實質所得（gdp per capita）

實質 GDP 已去除物價波動的不當影響，但價值總和會受到人口總數的影響，實質 GDP 除以總人口，眞正表達平均每人所創造的生產價值；可以用來比較同一經濟體不同期間的相對變化，衡量一國的經濟成長率；

亦可用來比較同一期間不同經濟體的相對差異，表達一國的經濟實力。

平均每人實質所得＝實質 GDP ／總人口

經濟成長（economic growth）

平均每人實質所得（gdp per capita; Y）逐漸增加的現象，作為衡量一國經濟實力與國民福祉的重要指標，經濟成長率代表平均每人實質所得增加率。

經濟成長率＝$(Y_t - Y_{t-1}) / Y_{t-1} \times 100\%$

痛苦指數（misery index）

通貨膨脹率加上失業率之總和。失業率高表示許多人失去薪資所得，整體名目總所得減少；通貨膨脹率高表示貨幣的實際購買力降低，亦即整體實質總所得減少，因此痛苦指數高，表示經濟體內的國民所享有之社會福利水準降低，而經濟民生之痛苦程度提高。

物價膨脹（inflation）

社會上多數財貨勞務之價格持續上漲的現象，亦即代表整體平均物價水準的物價指數不斷升高，買方須多付貨幣才能購買，一般又稱為**通貨膨脹**。因貨幣的實際購買力降低，若貨幣的名目所得未增加或增幅較小，代表實質總所得減少，經濟體內國民維持原來生活水準的成本提高，甚至被迫降低生活水準。

通貨膨脹率為兩期間平均物價水準的變化百分比，亦即由上期（t－1）至本期（t）之物價指數的變化幅度大小。

通貨膨脹率＝$[(PI_t - PI_{t-1}) / PI_{t-1}] \times 100\%$

物價緊縮（deflation）

社會上多數財貨勞務之平均價格持續下跌的現象，亦即物價指數不斷下降，一般又稱為**通貨緊縮**，常導因於經濟活動衰退（需求減少）；

買方支付成本降低，但賣方利潤降低而減少生產，因此伴隨高失業率，痛苦指數反而提高。

失業率（unemployment rate）

失業人口占勞動力人口之百分比。亦即適齡有基本能力且有積極意願投入工作之勞動力人口中（勞動供給），想要找工作卻不能就業（超額勞動供給）之人口比例。失業率高表示許多人失去薪資所得，則總所得減少，而投入要素減少使總產出減少，代表整體社會經濟福利降低，是痛苦指數的重要指標之一。

失業率＝（失業人口 / 勞動力人口）× 100%

總人口＝適齡工作人口＋非適齡工作人口
適齡工作人口＝勞動力人口＋非勞動力人口
勞動力人口＝就業人口＋失業人口

勞動參與率（labor force participation rate）

勞動力人口占適齡工作人口之百分比，亦即在適齡工作人口中，有基本能力且有積極意願投入工作之人口比例，表示經濟體的勞動潛能。

勞動參與率＝（勞動力人口 / 適齡工作人口）× 100%

在適齡工作人口中，有基本能力且有積極意願投入工作者爲勞動力（提供勞動供給）；而衰老、殘障、失能等無基本能力工作者，及全職學生、家庭主婦、提早退休、自願遊民等無積極意願工作者，均爲非勞動力；軍人及監管人口則無自由意志選擇工作，非屬適齡工作平民，通常不列入統計。

隱藏性失業（disguised unemployment）

在就業人口中，因勉強工作或被迫降低工時等因素，而未能充分發揮生產力者。在景氣長期蕭條時，常因隱藏性失業增加而低估失業率，且高估總產出之潛能及勞動市場就業狀況，錯估經濟衰退之嚴重性。因就業人口增加並未提高產出，又稱爲**低度就業**（underemployment）。

景氣循環（economic cycle）

一般總體經濟活動興衰，會發生非定期重複出現的波動現象，產出、所得、就業、物價等總體經濟指標亦隨之變動，基本的景氣循環歷經衰退、蕭條、復甦、繁榮四階段。短期事件影響及定期重複出現的季節性變化，則不屬於景氣循環；而每階段循環波動幅度、形態、期間不同，亦可能形成長期特定發展趨勢。

景氣對策信號

我國行政院經建會經濟研究處編製並每月公布，主要目的在於綜合判斷未來的景氣，藉燈號預先發出信號，供決策當局擬定景氣對策之參考，企業界亦可根據信號的變化，調整其投資計畫與經營方針。

目前編製的景氣對策信號內容包括：貨幣供給額 M_{1B} 、直接及間接金融放款金額、票據交換及跨行通匯、股價指數、製造業新接訂單指數（以製造業產出躉售物價指數平減）、海關出口值（以出口物價指數平減）、工業生產指數、製造業成品存貨率（成品存貨／銷售）、非農業部門就業人數等九項指標。另將躉售及消費者物價指數變動率，以及經濟成長率等列為參考資料。

景氣信號

燈號	分數	景氣	對策
紅燈	38-45	過熱	緊縮
黃紅燈	32-37	活絡	注意
綠燈	23-31	穩定	穩定
黃藍燈	17-22	欠佳	注意
藍燈	9-16	衰退	擴張

管理經濟實務 1-3：通貨膨脹的危機與轉機

聯合國貿易暨發展會議（UNCTAD）警告，高油價對仰賴進口石油的開發中國家的衝擊較為劇烈，各國應妥為因應，避免引發通貨膨脹等負面效應。在最新公布的「2005 貿易暨發展報告」指出，開發中國家進口的石油中，有 80% 集中在亞洲國家；2003 年台灣、南韓、新加坡和泰國的進口石油超過了它 5% 的國內生產毛額，而已開發國家則平均不到 2%。仰賴進口石油的台灣遭遇沉重的壓力，已成為政府、民間企業與消費者最關注的問題。

在已開發國家，油價對於國內生產毛額成長的意義已降低，沒有導致消費價格大幅上漲問題，政府也未採取緊縮政策，沒有經濟蕭條的問題。仰賴石油進口的開發中國家情況則較不樂觀，正在深度工業化和都市化過程中的國家石油需求量大，高油價對經濟成長的衝擊更為強烈。油價上漲可能導致整體進口需求轉弱，以出口導向為主的開發中國家可能受到最大的影響，各國出口已出現疲軟的現象，出口價格也沒有提高。

摩根士丹利中國經濟首席分析師謝國忠指出，世界經濟可能已經進入有史以來最大泡沫，主因是未能把通貨膨脹目標及時調低。資訊科技提升了生產力，加上九〇年代中以後多了三十億人口加入全球經濟體系，使工資上升乏力，世界主要中央銀行過去十年發行過多貨幣，導致資產比收入增長高，讓全球經濟更加依賴由資產膨脹所帶來的過度需求。金融市場持續利用槓桿抵銷利息上升影響，泡沫持續擴展，最後可能令調整變得更加痛苦。全球需求不斷上升，使依賴生產業的亞洲經濟深蒙其利；世界泡沫一旦爆破，需求勢將放緩，熱錢亦同時撤走，亞洲所受的打擊更加嚴重。亞洲另一次金融風暴的種子已經埋下，要防止這次危機，需要採用進取政策，特別是阻止熱錢突然流失。

中國經濟學者專家認為，不可否認目前油價確實太高，有可能出現「泡沫化」，但因市場需求遠大於供給，「崩盤論」不可能發生。復旦大學世界經濟研究所所長華民教授認為，逾全球半數的五大石油消費國美國、中國、日本、德國、南韓的需求量並無變化，目前的原油期貨價格完全是放大了投機信號，其實是對未來缺油的恐慌心理，只要不再出現類似於颶風破壞產油區的重大災害，油價回落是必然的。石油的政治屬性、戰略屬性和金融屬性已遠遠超過商品屬性，目前的國際油價其實是各國政治博弈的產物。

油價近年上升理應對世界經濟帶來重要影響，但尚未浮現，主要因為推動石油投機的熱錢，同樣助長地產及股市增值，帶來的財富遠超過油價上升的額外支出。油價狂飆帶動投資客進場投資置產效應，台灣房屋市場不畏農曆七月鬼月效應，2005 年 8 月房屋交易件數比去年同期大幅成長 31%，成交總金額則增加四成，住宅成交單價上漲 6.7%。貨幣政策在美國地產熱潮中扮演了一定角色，聯準會可能會出手擊破這個泡沫，屆時全球經濟會經歷一個重大倒退或多年的緩慢發展，以糾正以往的過度擴展。

 管理策略規劃

策略（strategy）

企業的基本長期目標，以及爲達成目標所必需的資源分配與所採取的行動，各事業單位擬定一套達成目標的策略，並依方向訂定特定的計畫方案。

策略是企業爲了達成基本任務與目標，以及組織與環境間資源分配的主要形態，選取行動方案而設計一套統一協調的整合性計畫。

策略規劃（strategic planning）

管理階層主導決定的企業使命、目標、領域等，依達成所需期間區分短、中、長期計畫，合理分配資源並提升組織效率。最基本的**年度營運計畫**（annual operating plan），詳細規劃每一年度的營運活動、經營目標、財務預算等；企業宣示存在的意義與責任義務爲**使命**（mission）；長期欲達成的理想與價值是**願景**（vision）。

公司層次策略涉及公司宗旨、目標，並提供資源支持現有各事業部門或發展新事業。公司宗旨明確指出服務的顧客對象、滿足需求的技術，以及對待顧客、供應廠商、經銷商、競爭者、社會大衆的指導原則；支援各事業部門資源的分配以及統整各事業單位，發揮最大功效。

採取事業層次策略獲得競爭優勢，隨著環境的變化、市場上的競爭者以及企業內部的調整，事業的範圍也將跟著改變。

戰術規劃（tactical planning）

爲配合策略規劃所衍生的組織功能性部門，詳細規劃每一部門的執行步驟與具體措施。評估各種可能發生的變化所研擬的計畫爲**前瞻性規劃**（anticipatory planning）；因應已發生的變化所推出的計畫是**回應性規劃**（responsive planning）；爲達成特定營運活動目標的非常態性任務編組稱爲**專案**（project）。

功能層次策略源自於管理分工原則，以分工使每一企業功能部門達到專精的地步，功能策略形態主要是行銷、生產作業、人力資源、研究

發展、財務。

作業規劃（operational planning）

配合日常營運活動的常設性執行措施，一般的具體工作準則爲**規章制度**（regulation）；爲因應各種可能發生的情境所採取的執行步驟是**標準作業程序**（standard operating procedure; SOP）；在正常營運活動所執行的爲**行動計畫**（action plan）；因應特定變化所採取的是**應變計畫**（reaction plan）；對基本問題的立場與方向稱爲**政策**（policy）。

策略性事業單位（strategic business unit; SBU）

企業集合運用共同產品市場策略於相同部門，是一個單一事業或是相關事業的集合，可以和公司其他部分分開規劃，有專責的管理者負責策略規劃和利潤績效。

SWOT 分析

針對企業內部優勢（strength; S）與劣勢（weakness; W），以及外部環境的機會（opportunity; O）與威脅（threat; T）來進行策略性規劃，分析了解本身的優勢與外在的有利機會，亦注意本身的弱點與所面對的威脅，知己知彼並掌握大環境趨勢變化，強化企業之競爭優勢。

優勢與劣勢乃本身內部條件的運用，影響企業營運內在環境的因素，包括經營規模、經營績效、所有權類型、員工態度和價值觀、員工能力、管理程序和方法、組織和資源結構，以及企業職能的人事、財務、生產、行銷、研究發展的運作等。考量企業之內部條件，得知本身之強弱勢，衡量是否有利計畫進行。

機會與威脅則是企業面對的外部條件，影響企業營運的外在環境因素，包括經濟環境、政治環境、法律環境、社會文化環境、教育環境、科技環境、國際營運環境、資源供應環境、人口特質、顧客、同業等；針對企業之外部環境進行探索，以掌握未來情勢變化，並了解有利機會與不利威脅。在市場上有利之機會，可使組織品牌的產品更易被接受；知道威脅的存在，組織能設法規避。

策略適合度（strategic fit）

進入某一行業的決策，取決於外界環境與內部條件能否配合。

分析企業營運外在環境因素的機會與威脅，產業吸引力以及公司本身能取得競爭優勢的能力，稱為**關鍵成功因素**（key success factor; KSF），主導廠商之競爭策略與經營形態。針對特定事項來評估公司和競爭者的相對狀況，只有在關鍵成功因素上的強弱勢，才具有決策上的參考價值。

分析本身內部條件的運用，能有效運用資源並發揮能力，並有適當的權力結構與企業文化來配合，獲得競爭優勢的事項稱為**核心專長**（core competence），公司優於競爭者具有強勢，反之則為弱勢。

效能（effectiveness）

講求使用方法的精熟度來做好事情，在一段時間內有效達成其目標，指資源運用後所產生的結果，是過程產生達成目標的程度，完全達成目標者即為效果。重視組織在各方面有良好的績效，包括成就、領導、氣氛、技巧和策略、文化和價值，以及成員發展等。

效能是組織成功的基礎，衡量輸入一過程一產出的整體脈絡，著重組織與生存環境的互動關係；是成果與目標的關係，能夠達成所訂的目標，則為有效能的組織。

組織效能

強調人性的需求，滿足員工的心理需求即能達到組織目標，為重視效能的組織理論。影響組織效能之因素計有組織特徵（靜態層面）、環境特徵（生態層面）、成員特徵（心態層面）、領導歷程與領導形態（動態層面）等四大因素。

從組織之靜態觀點而言，效能是組織達成其預定目標的程度；以整個組織系統來衡量其效能，成為社會價值指標的效能觀。

就組織之動態觀點而言，組織為一自然系統有機體，效能在特定情境下維持組織生存和均衡。考慮到組織的內外環境及其過程，為組織在環境中得到有利的談判地位，獲取稀少而有價值的資源以滿足其需求。

從組織之心態觀點而言，重視組織的人性面，效能是滿足組織成員

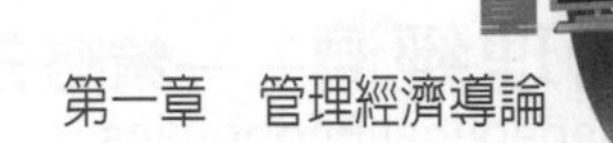

或參與者需求的程度，有效能的組織必須符合其組成份子的需要，公平地反映組織參與者的各種利益，由組織成員的滿意度來衡量組織效能。

從組織之生態整合觀點而言，組織效能是組織適應環境的能力，任何組織和其所處的環境之間，均具有功能依存關係和動態平衡關係之生態學基本特性；組織適應環境變遷與創造生存發展之有利環境的組織文化，指組織的彈性適應力，也是組織的創造力以及革新發展的能力。

效率（efficiency）

選擇最適的方法來做對事情，強調資源的有效利用，有效率的組織不一定是有效能的組織；而有效能的組織也不完全是有效率的組織。

效率指在短期內組織善用其資源，是輸入的質量及輸出的質量之比例關係；是運用資源的程度與能力，能夠將人力、物力、財力及時間做最妥善的分配，是組織成功後生存所需之條件。

效率是在評鑑能否以最少的資源產生最大的功效。組織即使缺乏效率，仍可能符合組織精神；有很高的效率，亦可能不符合組織目標。

就管理而言，必須建立明確的規範、公平的賞罰及精準的作業流程，以追求組織的效率，效率及效能的兼顧，才能爲組織帶來清晰的經營方向，追求永續經營。

五力分析（five-forces model）

將企業本身置於環境中考慮，藉以分析企業在產業中的競爭態勢，可以形成的五個作用力：在同一產業中現存企業的競爭強度、上游供應商的議價能力、下游購買者的議價能力、潛在新加入者造成之風險、替代品和現有產品的接近程度。波特（Michael E. Porter）於1980年提出以競爭優勢爲主要觀點的產業分析，用以決定產業內重要結構性因素，並指出競爭力是企業經營成敗之核心。

競爭者愈多且能力（規模）接近、產業成長率愈低、固定成本愈高或儲存成本愈高、產品標準化程度愈高或轉換成本愈低、規模經濟愈明顯或擴充產能增加愈大、競爭者特性歧異愈大、將該行業視爲策略重點的業者愈多、退出障礙愈高等，則現有同業之間的競爭程度愈激烈。

新競爭者的加入通常會帶來新產能，並且投入大量資源而改變產業的生態，潛在對手的威脅強度嚴重性，主要取決於進入障礙的高低和現

有業者可能的反應。

替代品的存在表示有競爭威脅，能夠滿足顧客相同需要的其他商品，替代品價格愈低、品質愈高、或轉換成本愈低，則其威脅愈大。

供應商議價力影響企業投入成本或供貨品質，主要取決於供應商規模大而家數少、供應商的產品沒有替代品、該產業並非供應商的主要顧客、供應的產品是關鍵原料或零組件、供應商的產品有相當程度的差異化或相當高的轉換成本、供應商隨時有整合的可能。

購買者有議價能力向公司要求低價或更好的服務，主要取決於買主規模大而家數少、購買產品占買主的生產成本比例很高或利潤微薄、產品標準化程度很高或買主的轉換成本很低、買主隨時有可能整合。

PEST 分析

企業環境可以從政治（political; P）環境、經濟（economic; E）環境、社會（social; S）環境及科技（technological; T）環境等方向來探討，企業施予影響力阻止或減緩環境改變，調整本身以適應環境。

政治與法律的力量有緊密關係，主要爲政府對企業的管制，但政策也帶來發展新行業技術的新機會。利益團體或壓力團體與國會議員互相結合，可能對政府施加壓力。

經濟因素對需求的影響，購買能力與意願決定於消費者對將來可支配所得的的預期、價格，以及將來的經濟情況；生產形態也影響企業營運，例如生產力提高、產品發展加速、就業形態改變等。

社會環境主要來自經濟社會構成份子的價值取向，人口數、家庭結構、年齡、教育程度、性別等特徵，對企業的經營有重大影響。文化包含許多次級文化，核心文化的價值觀具有很高的持續性，次級文化價值觀也會形成潮流。企業也應關心一般社會大衆的福利，善盡社會責任。

企業對於科技環境，應注意產品服務或生產程序的創新，掌握科技發展脈動便能有效提升其競爭優勢。透過研究發展部門的努力，使公司能推出嶄新產品、改良產品以及新品牌，降低產品的成本與售價、提升各項經營管理工作的效率。

藍海策略（Blue Ocean Strategy）

避免正面衝突，而在原有的行業中創造新的需求、新的市場，以創意而非競爭的模式來擬定策略，提出不靠競爭而取勝的全新策略思維；把現有的商業競爭環境稱爲紅海，也就是同業殘酷地面對面廝殺，企業競爭激烈以搶占市占率優勢，力求差異化並追求獲利永續成長。

兩位任教於歐洲 MBA 排名第一的歐洲商業管理學院（INSEAD）教授金偉燦（W. C. Kim ；韓籍）與莫伯尼（R. Mauborgne），參考《哈佛商業評論》的一系列文章，以及有關的其他學術論文，經過長達十五年的研究，收集百年來三十家企業體的一百五十個策略變遷個案，發現割喉式的競爭只會造成一片血海，大多數的企業在紅海中競爭；眞正獲利的企業徹底甩開對手，自闢沒有競爭的新市場，就是書名「藍色海洋」，於 2005 年出版，也提出所有企業都適用的原則及方法，著重在知識經濟的策略、創新和財富創造。

在紅海中廝殺的企業，只能靠大量生產、降低售價來薄利多銷，彼此競爭的是價格，割喉削價競爭的下場就是血染紅海，不分敵我都獲利縮減；而成功的企業擺脫其他競爭者，創造出屬於自己市場的一片蔚藍大海，只要找出產品獨特價值就能提高售價。創造嶄新未開發的市場空間（藍海），策略爲創新重大價值，讓對手無法趕上。

藍海策略顚覆傳統策略思維，強調價值的重塑和創新，而不偏執於技術創新或突破性科技發展，有別於過去的創新理論。能夠超越競爭的成功企業，不是去挖掘自己的顧客需要什麼，而是研究非顧客的需求；打破競爭力大師波特所提出以競爭爲思考主軸的理論，認爲企業過度強調降低成本、改善效率，只在原有市場進行差異化較勁，瓜分不斷縮小的現有需求和衡量競爭對手，終究會落入競爭的紅色海洋。

研究證實沒有任何企業能夠永遠保持卓越，這個架構涵蓋創造藍色海洋策略的分析層面，也包含如何讓組織及其人員執行這些想法的人性層面，強調了解智能和感情認知的重要性；重點不是速度而是思考，經過團隊內部徹底討論消化後，建立信任和決心。

鼓勵企業把策略焦點從競爭對手身上移開，超越現有的需求，並且對客戶創造更有價值的創新，大膽改變原有的市場遊戲規則，開啓無人的藍海市場，不僅適用於經營管理，對政府、教育、個人生涯規劃等各個層面都適用。如果與大衆一致，就陷入紅海的血腥競爭，關鍵在於如何跟別人不一樣，專注自己的優勢，以從衆多競爭者中脫穎而出；替自己創造藍海，不是靠別人教導，而是找出自己眞正想要的。

管理經濟實務 1-4：台灣科技產業的關鍵成功因素

我國產業形態以中小企業為主，通常採取高度分工的經營策略，相較美日等先進國家屬於垂直整合的大型企業經營形態，有非常大的差異。國內企業綿密的產業分工網路，是藉以創造競爭力的主要原因，面對當前科技先進國家的強大競爭，維持並提升國內產業的競爭優勢便顯得刻不容緩。

由於技術多仰賴國外科技大廠，國內高科技產業的管理與研發費用較低成為競爭優勢之一，但技術開發能力與意願不足則是一項隱憂。在行政院對台灣高科技產業發展建議報告中，主張尖端技術的開發能力、市場情報累積，系統化的設計技術、製造設備技術的累積、以及國家級的尖端技術開發體制，為持續發展高科技產業的重要關鍵。

關鍵成功因素（KSF）是指在特定產業內，要成功地與他人競爭所必備的競爭技術或資產。影響技術開發或移轉成功的因素可以歸納為四項，分別為(1)環境特性：市場大小、競爭情況、公共設施、法規、政府支援程度、科技基礎、社會體制與價值觀念及工作習慣、態度等；(2)技術提供者與接受者之特性：雙方技術能力差異程度、公司之組織結構、大小及經驗、管理能力等；(3)技術難易程度；(4)技術移轉方法：自主性、人員調配方式、技術提供者介入程度、雙方關係之穩定程度等。

由於新技術的研發受到時效及成本上的限制，業者傾向於以購買套裝技術、技術授權、合資開發、策略聯盟等外部引進的方式，來取得技術來源。關鍵成功因素除了技術本質因素之外，也需要技術管理因素的配合。

在策略目標的考量上，內部發展型的企業傾向於以自行研發為主、外部引進為輔的方式取得技術，策略較有彈性，也可自企業內外尋求最佳技術來增強本身的競爭力，得到最佳績效。關鍵成功因素則須管理者的支持、參與及資源投入等，及企業的技術經驗與技術本質等的配合，以確保技術取得或移轉成功。

在資本風險考量上，自行研發型的企業傾向自行研發或內部發展的方式取得技術。由於技術來源只有單一的途徑，且須投入相當資源及承擔未來的不確定性，接受政府輔導或學術研究機構參與就更重要。在技術需求的關鍵成功因素方面，半導體製造業著重於製程技術，電腦及周邊設備業則著重於產品改良與設計技術。

高科技產業為了維持競爭優勢，應根據本身不同的情境選擇最適的技術來源，自行研發型廠商有較高的資本風險考量，內部發展型廠商有較高的策略目標與資本風險考量，外部引進型廠商有較高的技術本位考量，不同的技術來源需要不同的關鍵成功因素配合。

第二章　市場供需與價量變化

商品市場

比較靜態均衡分析

勞動市場

資金市場

商品市場

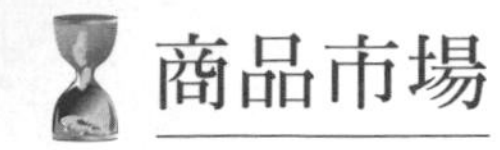

需求變動（change in demand）

當商品本身價格以外的因素改變時，將使每一價格所對應的需求量與原先不同，在圖形上表示整條需求線位移。商品市場常見之影響需求變動的因素，包括所得、偏好、對未來的預期、人口、相關物品價格等，需求增加則需求線往右（量增加）位移，需求減少則需求線往左（量減少）位移。

所得

一般而言，所得增加使購買力提高，每一價格其潛在購買者願意而且能夠購買的該商品數量增加，整條需求線往右（量增加）位移；反之所得減少則使購買力降低，整條需求線往左（量減少）位移。

偏好

對某物品的偏好提高將增加該商品的需求（需求線右移），反之則減少（需求線左移），影響偏好的因素可能有習慣、流行、廣告、季節、品味、實用、便利、外觀等。

對未來的預期

預期未來某物品價格上漲，或可能有特殊大量需要，而提前購買，於相對價格較低時增加該商品的需求（需求線右移）；反之預期未來某物品價格下跌則暫時觀望，於目前相對價格可能較高時減少其需求（需求線左移）。

人口

對某物品的需求人數或市場容量擴大則增加該商品的需求（需求線右移），反之若縮減時減少其需求（需求線左移）。在同一價格下將多人的需求量加總，成為該價格對應的市場需求量，每一價格與其對應的市場需求量（點）連接起來，在圖形上形成另一條右移之需求線，即市場

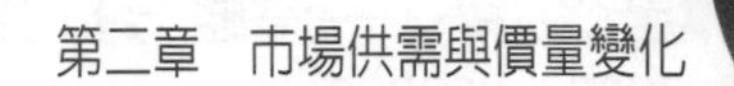

需求線是由個人需求線水平加總。

相關物品價格

商品本身價格變動引起該物需求量變動，而導致其他相關物品需求變動，相關物品包括替代品與互補品。

替代品（substitutes）

用途相近而能互相取代的事物，因此某物價格上漲將使其需求量減少而增加替代品的需求；反之亦然。例如颱風後葉菜類蔬菜類價格上漲，本身價格變動引起該物需求量變動，價上漲需求量減少。減少葉菜類需求量而以根莖類取代，根莖類需求受替代品（葉菜類）價格變動（上漲）影響，整條需求線往右（增加）位移。因兩物可互相取代，其需求數量反向變動。

互補品（complements）

須共同搭配使用的事物，因此某物價格上漲將使其需求量減少而連帶減少互補品的需求；反之亦然。例如照相機須搭配底片共同使用，照相機降價促銷，本身價格變動引起該物需求量變動，價下跌需求量增加。底片的需求亦連帶增加，受互補品價格變動（下跌）影響，整條需求線往右（增加）位移。因兩物搭配使用，其需求數量同向變動。

供給變動（change in supplied）

當商品本身價格以外的因素改變時，將使每一價格所對應的供給量與原先不同，在圖形上表示整條供給線位移。商品市場常見之影響供給變動的因素包括生產技術、生產成本、相關物品價格、對未來的預期、供給者數目等，商品本身價格以外的因素使供給增加則供給線往右（量增加）位移，供給減少則供給線往左（量減少）位移。

生產技術

生產方法與工具的創新進步，可降低成本而提高產量，使每一價格其潛在銷售者願意而能夠供應的該商品大於原先供給量，整條供給線往右（量增加）位移；反之若生產環境遭受破壞，將使供給減少，供給線

往左（量減少）位移。

生產成本

生產要素價格，包括薪資、租金、利息等，或生產原料如各種資源、半成品、生產工具等物價，漲價使成本提高，每一價格其潛在銷售者願意而且能夠供應的商品小於原先供給量，整條供給線往左（量減少）位移；反之成本降低則供給增加，供給線往右（量增加）位移。

相關物品價格

商品本身價格變動引起該物供給量變動，而導致其他相關物品供給變動，相關物品包括替代品與互補品。

生產替代品

生產技術相近而能互相轉換的產品，因此某物價格上漲，將使其供給量增加而減少替代品的供給；反之亦然。例如耕地稻米價格下跌，本身價格變動引起該物供給量變動，價下跌供給量減少。減少稻米供給量而以生產蔬菜取代，蔬菜供給受生產替代品價格變動（下跌）影響，整條供給線往右（增加）位移。因兩物互相轉換生產，其供給數量反向變動。

生產互補品

同時或附帶生產的產品，因此某物價格下跌，將使其供給量減少而連帶減少互補品的供給；反之亦然。例如雞內臟與雞肉同時附帶生產，雞肉價格上漲，本身價格變動引起該物供給量變動，價上漲供給量增加。雞內臟的供給亦連帶增加，受生產互補品價格變動（上漲）影響，整條供給線往右（增加）。因兩物同時附帶生產，其供給數量同向變動。

對未來的預期

預期未來某物品價格上漲，或可能有特殊大量需要，銷售者提前於相對價格較低時囤積，減少該商品的供給（供給線往左移），但生產者增加產量（供給線往右移）；反之預期未來某物品價格下跌，銷售者於目前相對價格較高時出清存貨，增加其供給（供給線往右移），但生產者減

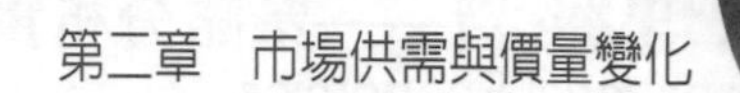

少產量（供給線往左移）。

供給者數目

某物品的產業規模擴大或市場開放，廠商數量增加則該商品的供給增加（供給線往右移），反之若縮減時其供給減少（供給線往左移）。在同一價格下將多人的供給量加總，成為該價格對應的市場供給量，每一價格與其對應的市場供給量（點）連接起來，在圖形上形成另一條由個別供給線水平加總的市場供給線。

創新活動

熊彼得（J. Schumpeter）提出**創新理論**（innovation theory），認為科技創新會帶動新產品、管理、技術、市場等的發明或開發，降低廠商成本並增加收入而提高利潤，誘發總合需求支出增加，經濟活動開始逐漸擴張回升，景氣復甦持續成長至頂峰；產品供給過剩而降低利潤，引導總合需求支出減少，使經濟活動收縮，景氣衰退持續至谷底，企業為求突破，再度以創新活動發動另一次景氣循環。

實質景氣循環（real business cycle）

影響經濟活動的實質因素，如生產力變動，可以發動另一次景氣循環波動，強調經濟活動的生產面影響。影響經濟活動實質層面的**實質衝擊**（real shock），包括影響總合供給變動之勞動力數量與素質、資本累積數量與品質、技術創新與研發等因素，以及影響總合需求變動之民間消費與投資、政府稅收與支出等因素。

實質景氣循環傳遞機制

實質因素（生產力）衝擊→投資生產（存貨）調整→商品市場供需價量變動→勞動市場供需價量（薪資、生產力）變動→總體經濟活動波動。

實質因素提升生產力或市場需求而增加投資，經濟活動擴張復甦，繁榮時持續擴張，商品價格上漲，勞動需求增加造成薪資上漲；勞動邊際生產力下降，經濟活動開始反轉，總合需求收縮衰退，使景氣低迷持續至谷底，再度以實質衝擊發動另一次景氣循環。

生產實質衝擊

產出變動率主要來自技術進步率（要素生產力成長率）、資本成長率與勞動成長率，將產出變動率減去資本成長率與勞動成長率的貢獻，即可間接求得技術進步率，稱爲**梭羅剩餘**（Solow's residual），爲實質景氣循環理論強調的生產面實質衝擊，是發動景氣循環波動的主因。

生產環境破壞導致長期資本外流、人才出走、產業外移等影響，負面供給因素將使廠商減少生產，爲實質景氣循環理論強調的實質負面衝擊，是景氣循環反轉波動的主因。

政策實質衝擊

政府採取財政政策，影響消費、投資、政府支出、出口淨額等總合需求變動，爲實質景氣循環理論強調的需求面實質衝擊，是發動景氣循環波動的主因；貨幣政策則無效（中立性），非實質景氣循環理論的實質衝擊，不會干擾景氣循環。

總需求支出不足導致景氣蕭條資源閒置，擴張性財政政策直接增加政府支出，降稅刺激消費、投資等經濟活動，景氣擴張復甦；擴張性貨幣政策則增加貨幣供給引導利率下跌，但物價等幅上漲使實質貨幣供給與實質利率不變。

景氣繁榮至過熱，均衡總產出（所得）固定於充分就業的最大產出，緊縮性財政政策直接減少政府支出，增稅減緩消費、投資等經濟活動，景氣收縮衰退；緊縮性貨幣政策則減少貨幣供給引導利率上升，但物價等幅下跌使實質貨幣供給與實質利率不變。

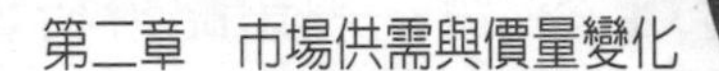

管理經濟實務 2-1：替代能源的市場商機

由於市場擔心能源設施的破壞將導致供應中斷，汽油期貨價格創歷史新高，替代能源股明顯走升，成為市場的寵兒。投資者認定替代能源技術未來在商業上必將得到廣泛應用，但目前多數的替代能源研究公司都處於虧損狀態。

用途相近而能互相取代的事物，價格上漲將增加替代品的需求。大贏家包括氫存儲系統、能源系統、太陽能、混合電能和燃料電池驅動的開發能源系統等公司。替代能源車成為熱門話題，三陽汽車率先引進柴油車，和泰汽車也宣布明年引進汽電車，裕隆已進行相關替代能源車研究。

根據世界觀察機構（World-watch Institute）的研究，目前全球平均一年大約使用八千瓩的太陽能，且過去一年來太陽能發電量的成長率高達40%；比起其他替代能源如風能、潮汐等發電模式的成長速度，太陽能已經成為替代能源的明日之星，但是建構成本太貴，無法推廣到每户家庭。

電池效率提升了，太陽能發電成本過去二十年來約下滑六倍，而這樣的進步形態可望持續。日本去年有九千四百户人家在屋頂上加裝太陽能電池板，補助家庭用電所需；美國和歐盟也計畫運用減稅與資助的方式，在2010年之前鼓勵一百萬户家庭建構太陽能裝置。目前全球太陽能電池裝設比重最高國家分別為德國、日本、美國，此外歐洲地區尚包括西班牙及丹麥等。在能源危機意識下，各國政府對替代能源之政策補助將會持續增加。

替代能源產業有其發展空間，不過各種不同替代能源開發都有各自的問題，要分別克服是很大的課題。替代能源量產且被廣泛使用的過程，回收期長短就是這個產業投資的潛在風險，目前還是處在需要投入大量資金與人力的階段，想要短時間大量回收有困難。

原油價格高檔不墜，替代能源需求成為熱門話題，國內包括風力、太陽能及生質能等發電方式均成為各方業者著墨焦點。半導體產業景氣復甦加上太陽能電池需求強勁，上游多晶矽材料供不應求，矽原料短缺問題已成為太陽光電產業發展最主要關鍵。太陽光電產業處於旭日初升階段，後續觀察重點為上游矽原料（生產互補品）供需變化及廠商掌握程度。

挾著替代能源題材受到市場熱情擁抱，目前供給緊俏的矽晶圓材料股，國內包括合晶、中美晶與嘉晶股價都改寫歷史新高，太陽能電池族群股王茂迪也有走高的表現。在能源市場屬多頭走勢下，部分以生產基礎原物料、原油為主要經濟來源的新興市場國家，有利改善財政結構；除能源相關類股外，新興市場股、債也將直接受惠。

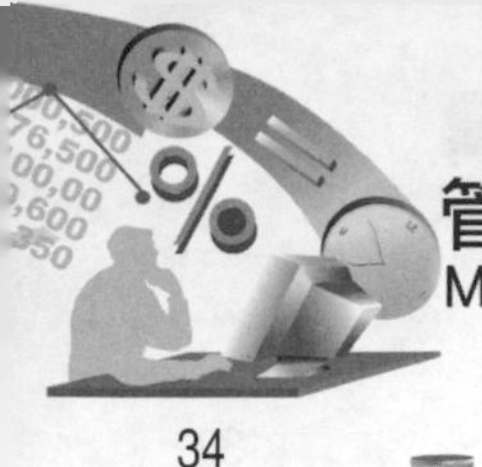

比較靜態均衡分析

比較靜態分析（comparative static analysis）

探討其他條件改變時市場供需變化的因素，以供需線及其均衡點之變動方向，判斷均衡價量的可能變化，比較不同靜態均衡點之間的差異，分析新均衡狀態與原均衡狀態之間的差異及關係。

當商品本身價格以外的因素改變，將使每一價格所對應的需求量（供給量）與原先不同，在圖形上表示整條需求線（供給線）位移，因此原需求線與供給線交叉（需求＝供給）之均衡點亦位移，由新需求線與供給線交叉（需求＝供給）形成新均衡點，即所對應的均衡價格與均衡數量亦改變。

需求增加

例如所得增加、喜好提升、預期未來價格上漲、市場人口增加、替代品價格上漲或互補品價格下跌等，造成需求增加。

在圖形上，整條需求線右移至 D_1 而供給線不動，需求位移增加至 Q_1，供給量則沿原供給線移動增加至 Q_1，價格上漲至 P_1，形成新均衡點 E_1。亦即當需求增加，新均衡向右（量增加）上（價上漲）移。

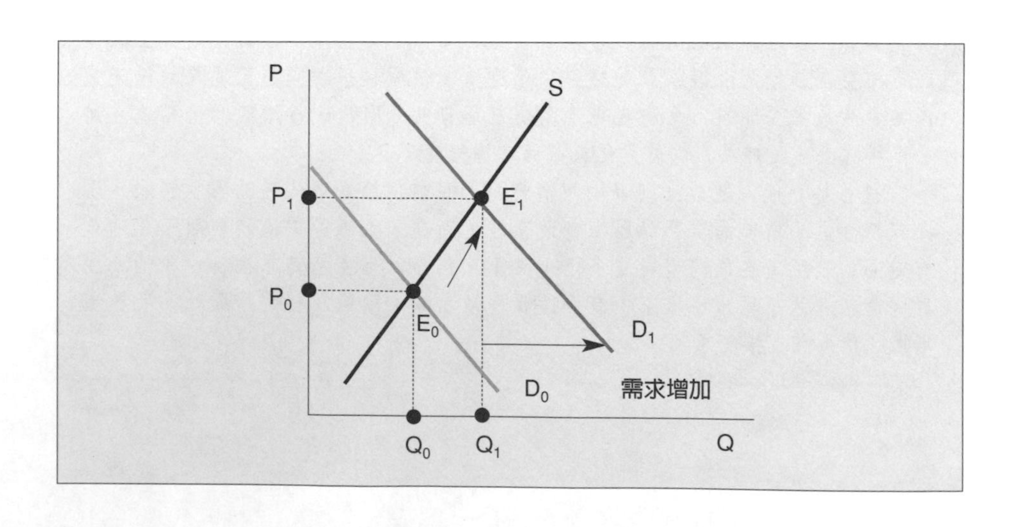

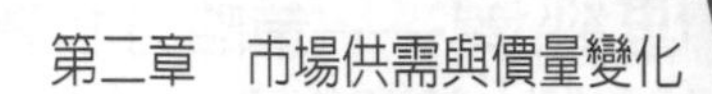

需求減少

例如所得減少、喜好降低、預期未來價格下跌、市場人口減少、替代品價格下跌或互補品價格上漲等，造成需求減少。

在圖形上，整條需求線左移至 D_2 而供給線不動，需求位移減少至 Q_2，供給量則沿原供給線移動減少至 Q_2，價格下跌至 P_2，形成新均衡點 E_2。亦即當需求減少，新均衡向左（量減少）下（價下跌）移。

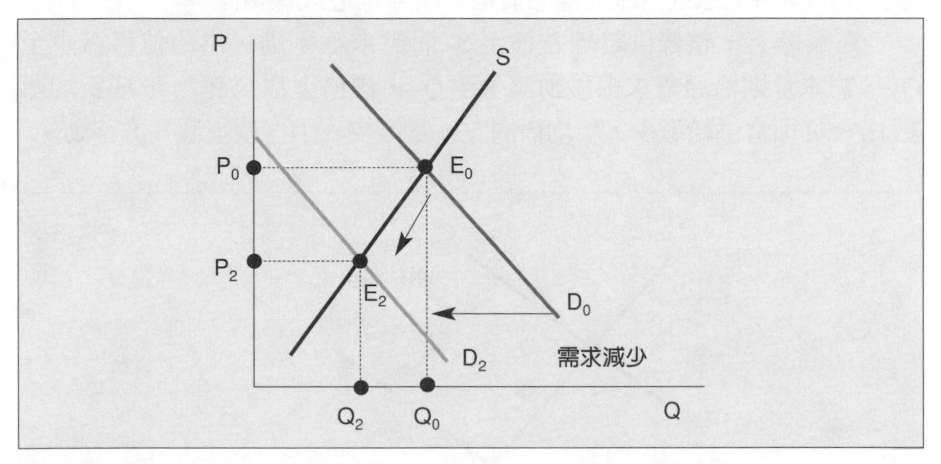

供給增加

例如技術進步、成本降低、預期未來價格下跌、產業規模擴大、市場開放、生產替代品價格下跌或生產互補品價格上漲等，造成供給增加。

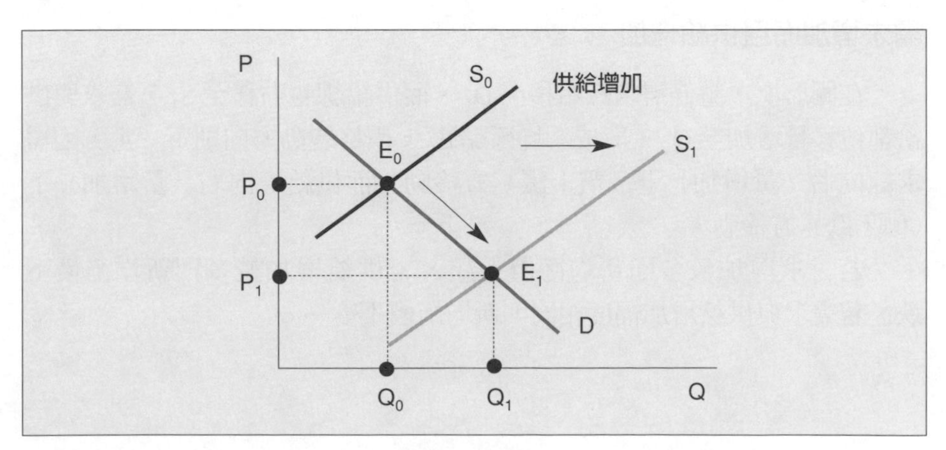

在圖形上，整條供給線右移至 S_1 而需求線不動，供給位移增加至 Q_1，需求量則沿原需求線移動增加至 Q_1，價格下跌至 P_1，形成新均衡點 E_1。亦即當供給增加，新均衡向右（量增加）下（價下跌）移。

供給減少

例如產地破壞、成本提升、預期未來價格上漲、產業規模縮減、生產替代品價格上漲或生產互補品價格下跌等，造成供給減少。

在圖形上，整條供給線左移至 S_2 而需求線不動，供給位移減少至 Q_2，需求量則沿原需求線移動減少至 Q_2，價格上漲至 P_2，形成新均衡點 E_2。亦即當供給減少，新均衡向左（量減少）上（價上漲）方移動。

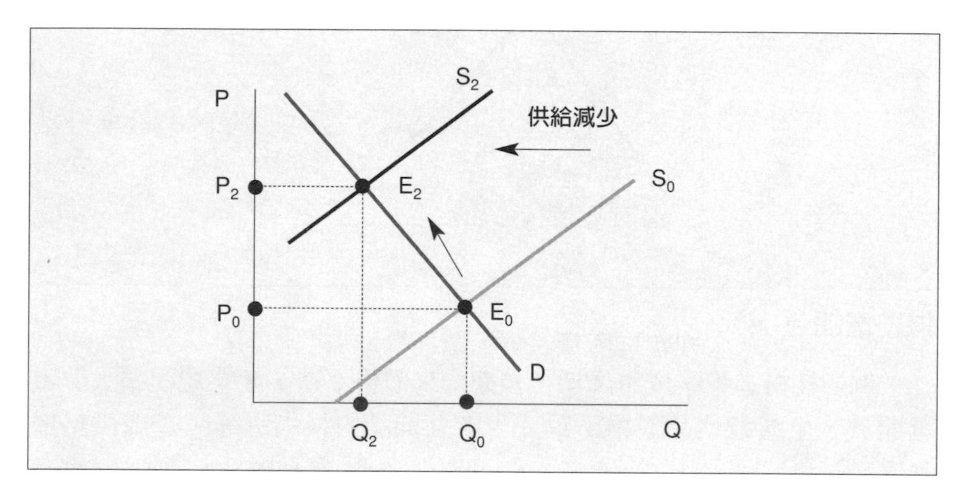

需求增加而且供給增加

在圖形上，整條需求線右移至 D_1，而供給線也右移至 S_1，需求與供給都位移量增加至 Q_1，形成新均衡點 E_1。價格變動方向則不一定，因需求線向右（量增加）上（價上漲）方移動，而供給線向右（量增加）下（價下跌）方移動。

若需求增加較多則新均衡價上漲，若供給增加較多則新均衡價下跌，若需求與供給增加幅度相同則新均衡價不變。

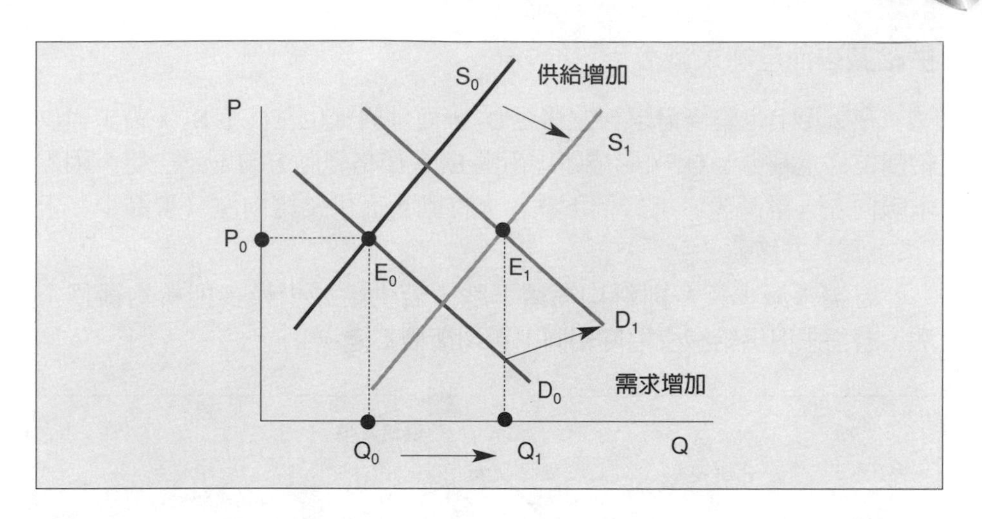

需求減少而且供給增加

商品本身價格以外的因素改變，造成需求減少而且供給增加。在圖形上，整條需求線左移至 D_2，而供給線則右移至 S_2，新均衡價下跌至 P_2，形成新均衡點 E_2。新均衡量變動方向則不一定，因需求線向左（量減少）下（價下跌）方移動，而供給線向右（量增加）下（價下跌）方移動。

需求減少較多則新均衡量減少，若供給增加較多則新均衡量增加，供給與需求增減幅度相同則新均衡量不變。

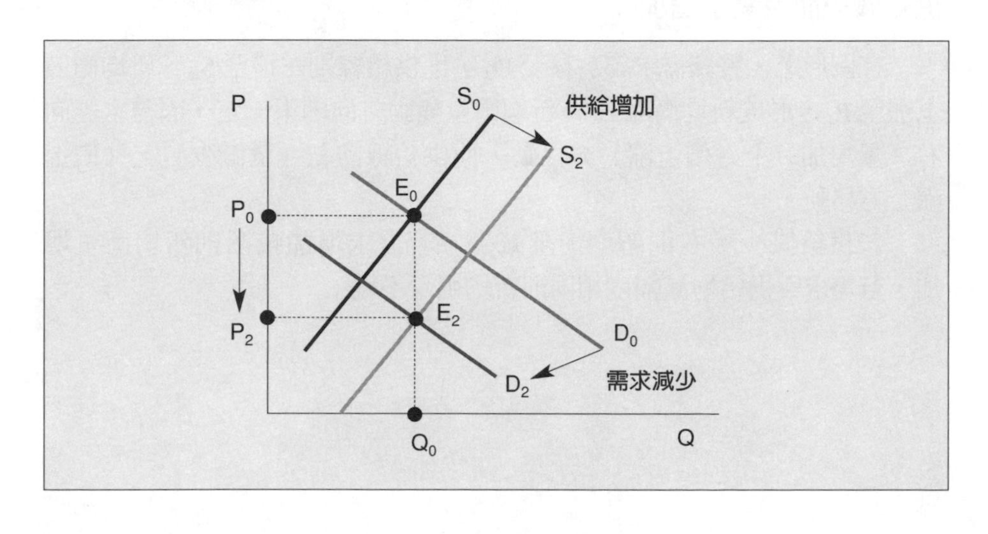

供給減少而且需求減少

在圖形上，整條需求線左移至 D_3，而供給線也左移至 S_3，需求與供給都位移量減少至 Q_3，形成新均衡點 E_3。價格變動方向則不一定，因需求線向左（量減少）下（價下跌）方移動，而供給線向左（量減少）上（價上漲）方移動。

若需求減少較多則新均衡價下跌，若供給減少較多則新均衡價上漲，若需求與供給減少幅度相同則新均衡價不變。

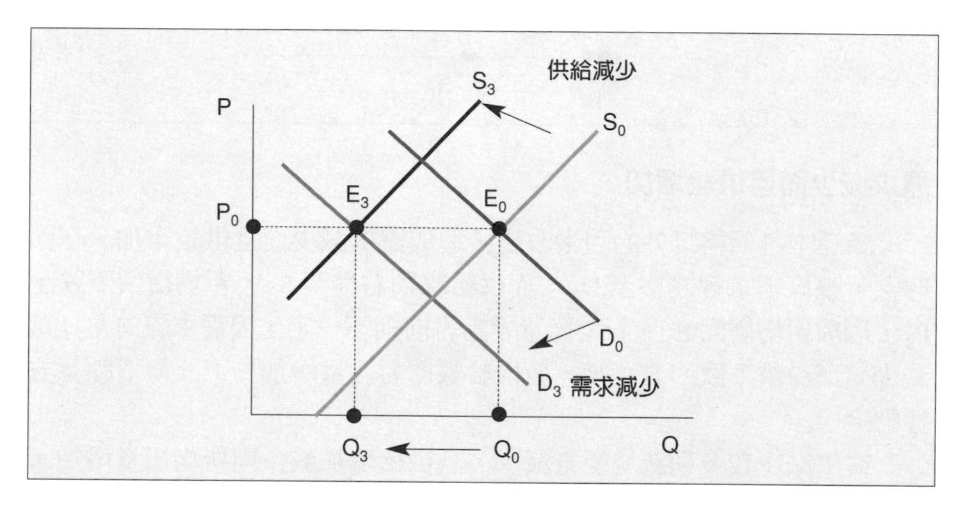

供給減少而且需求增加

在圖形上，整條需求線右移至 D_4，而供給線則左移至 S_4，新均衡價上漲至 P_4，形成新均衡點 E_4。新均衡量變動方向則不一定，因需求線向右（量增加）上（價上漲）方移動，而供給線向左（量減少）上（價上漲）方移動。

若供給減少較多則新均衡量減少，若需求增加較多則新均衡量增加，若需求與供給增減幅度相同則新均衡量不變。

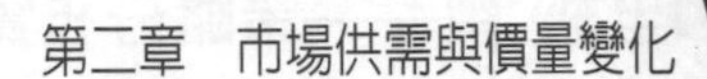

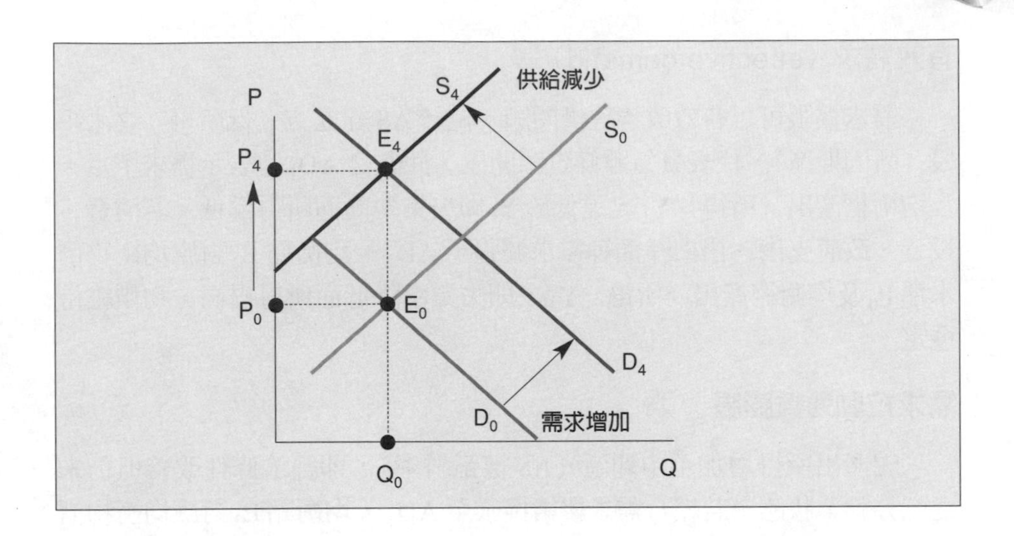

總合需求面均衡變動

當生產技術、資源等影響總合供給的因素不變，AS 線不動，影響消費、投資、政府支出、出口淨額等經濟活動需求改變，使整條總合需求線位移，造成均衡物價水準、產出、所得、就業等總體經濟指標的變化。

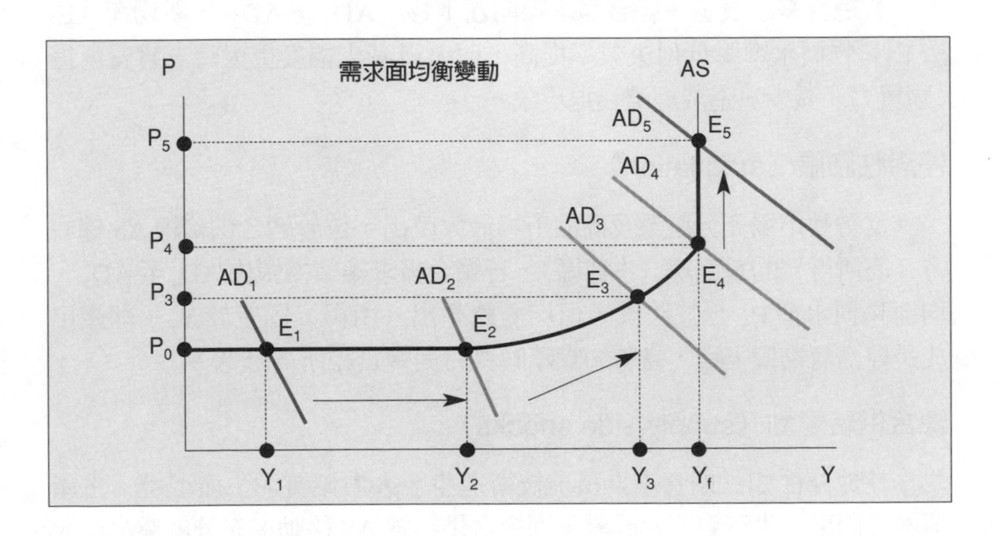

有效需求（effective demand）

需求擴張可以有效改善經濟問題。位於 AS 線左方（低所得）之水平段（凱因斯區），代表景氣蕭條資源閒置，此區之 AD_1 亦表示需求不足，及均衡總產出（所得）Y_1，遠低於 Y_f 即失業率高而所得偏低。若消費、投資、政府支出、出口淨額等需求擴張至 AD_2，均衡點 E_2 對應均衡物價水準 P_0 及均衡總產出（所得）Y_2，即失業率降低而所得提高，物價維持穩定。

需求拉動通貨膨脹

總產出所得增加至中間區（AS 線正斜率），即經濟條件改善但仍未達充分就業狀態，若總合需求繼續擴張至 AD_3，均衡點 E_3 對應均衡物價水準 P_3 及均衡總產出所得 Y_3，即失業率降低而所得提高，但物價上漲。當物價水準上漲幅度小於所得提高幅度，爲爬升式溫和通貨膨脹，實際購買力並未降低；但是當物價水準持續上漲的速度逐漸失控幅度增加，貨幣的實際購買力與實質總所得降低，造成奔騰式通貨膨脹。

通貨緊縮（deflation）

若總合需求衰退，總合需求線向左下移（$AD_3 \rightarrow AD_2$），新均衡（$E_3 \rightarrow E_2$）物價水準降低但失業率提高，而所得減少幅度更大時，實質所得（購買力）減少，造成經濟衰退現象。

停滯性膨脹（stagflation）

當勞動市場充分就業及商品市場最大產出，位於總合供給線 AS 線右方（高所得）的垂直線（古典區），若總合需求繼續擴張由 AD_4 至 AD_5，均衡物價水準 P_4 上漲至 P_5，但均衡總產出（所得）固定於 Y_f，即產出成長停滯而物價上漲，貨幣的實際購買力與實質總所得降低。

總合供給變動（supply side shocks）

其他條件如長期資本累積、技術進步、人力素質、生產環境、生產成本等因素（生產資源）改變，則總合供給線 AS 移動，充分就業之最大產出 Y_f 改變，總合供給增加時往右（Y_f 量增加）位移，總合供給減少則往左（Y_f 量減少）位移。

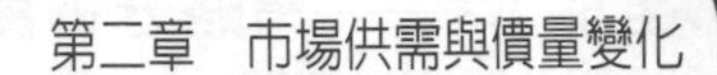

管理經濟實務 2-2：石斑魚事件的市場衝擊

香港發布新聞指出台灣、中國大陸外銷的青斑魚含有孔雀石綠，未明確指出外銷地點，民眾半信半疑，又傳出屏東縣養殖石斑魚含有孔雀石綠，嚴重衝擊國內市場銷售。漁業署與養殖漁業發展協會緊急處理，業者自律暫停石斑出貨一週，對不合格養殖場進行養殖水產法定檢驗，監控其暫時不准上市，之後推出檢驗合格且有完整產地標示的石斑魚，讓消費者吃得安心。防疫所表示，孔雀石綠主要是治療石斑魚白點蟲病，目前已有醋酸銅替代，漁民沒有必要使用藥性殘留久遠的孔雀石綠。

到漁市買海鮮的民眾都改買肥美的大閘蟹或是紅蟳，業者改賣澎湖進口的野生梅花石斑還有其他的鮮魚，則是強調他們的魚絕對安全，希望留住客戶。消費者不敢買石斑魚食用，就算想要買也買不到，因為所有漁場暫停出貨，造成需求減少而且供給減少，需求線左移而供給線也左移，均衡量減少；若需求減少較多（消費者恐慌）則均衡價下跌，若供給減少較多（大量減產）則新均衡價上漲，若需求與供給減少幅度相同則新均衡價不變。

屏東縣養殖石斑魚被檢出含有致癌物質孔雀石綠，但高雄縣石斑魚養殖業者也恐慌不已，業者齊集永安鄉公所研商，縣府動物防疫所強調，高縣石斑魚未含有孔雀石綠。高雄縣永安鄉養殖漁業專區是全縣石斑魚主要養殖區，全區一千兩百公頃中有近四百公頃養殖石斑魚，年產八千公噸，主要是內銷，也有少量外銷香港、歐洲。業者建議建立養殖石斑魚品牌，由縣府出資購買魚體藥物殘留檢測儀器，養殖石斑魚上市前必須經檢測合格，由具有公信力機關出具證明、產地證明，以與其他產地的養殖石斑魚區隔。

政府對養殖石斑孔雀綠殘留問題後續處置，決定近期上市的石斑必須先經過檢驗合格，販售商在展售地點出示檢驗報告，屆時消費者只要認明標章即可安心選購。為重建消費者對國內養殖石斑的信心，行政院農業委員會漁業署將輔導業者建立養殖石斑生產履歷，並加強推動優良水產養殖場認證。過去台灣養殖鰻魚也曾發生磺胺劑藥物殘留事件，促使各地鰻魚合作社、漁會組織、生產區協會積極協助業者進行安全用藥宣導講習，對鰻魚藥檢及產銷流程紀錄建立監控機制，實施成效良好。

漁業署將比照鰻魚養殖輔導方式，對石斑魚養殖業者進行輔導，與鄰近地區相比，台灣守法的養殖業者占大多數，絕對禁得起考驗。漁業署推動的優良水產養殖場認證，目前已輔導一百二十八戶通過認證，其中有二十戶為石斑養殖戶，將擴大輔導認證至二百戶，加強無用藥養殖及環境安全管理觀念，以因應國際社會的高標準要求。

商品本身價格以外的因素改變，例如喜好提升（品牌區隔）、市場人口增加（消費信心），則需求增加，若供給不變造成超額需求，使石斑魚價格回升。

勞動市場

生產要素（factor）

為完成生產活動，廠商需投入土地、資本、勞動及企業能力四大要素。土地是廠商生產所在的地表及其所含的自然資源，報酬為地租；資本指生產所用的廠房、機器、設備等生產工具，報酬為利息；勞動為從事生產活動勞心勞力的一般員工，報酬為工資；企業能力則為管理人規劃、組織、領導、控制生產資源，報酬為利潤。

資本要素不包含貨幣資本（資金），因資金投入已包含在所有要素之成本支出中；生產要素不包括原料、零件等生產製程之投入，因原料、零件等已包括在產出之各種財貨勞務中，屬於上游製程之產品或整體製程之部分半成品，而不屬於生產要素。

引申需求（derived demand）

生產者對生產要素的需求，是由於產品市場上消費者的需求，生產者為生產該財貨勞務而須投入生產要素，消費者對最終產品的需求則稱為**最終需求**（final demand），要素需求即是由最終需求所衍生出來之引申需求。

要素供需

在要素市場上，要素供給者（家戶）提供勞動、土地、資本、企業能力四大生產要素而獲得薪資、租金、利息、利潤為要素報酬。

在其他條件不變下，要素價格高使供給者收入高則供給量增加，反之則供給量減少，所以供給線為價量變動同向的正斜率曲線。要素邊際成本遞增對應商品價格與其供給量之間呈同向變動關係，為供給成本效果形成的供給法則。

要素需求者（廠商）支付要素報酬而成為其生產成本，因此要素價格高使需求者支出高則需求量減少，反之則需求量增加，所以需求線為價量變動反向的負斜率曲線，線上每一點代表每一需求量對應生產者願意支付的最高要素價格。

影響要素需求的因素

要素本身價格以外的因素主要爲要素生產力，即該要素的平均生產量（$AP_X = Q/X$），生產力大則該要素需求增加（需求線右移），反之則需求減少（需求線左移），而影響生產力的主要因素爲技術（人力）與品質（物力）。

要素需求是產品最終需求之引申需求，因此產品的需求大使市場價格上漲，則要素需求增加，反之則需求減少。

生產技術、作業方式與產業特性會影響生產者對各種要素的不同需求，例如資本密集產業對資本要素需求較大，而勞力密集產業對勞動要素需求較大。

一般而言，生產任何產品均需要許多不同要素，因此各種要素替代品的價格與生產力變動，以及互補品的成本與配合效率等因素，須綜合整體考量，而非只衡量單一要素。

勞動市場

生產要素中所使用的人力，包括各種勞心與勞力，有能力且有意願提供勞動的人力爲勞動供給，提供勞動的人必須親自投入，隱含機會成本；需要雇用勞動投入生產爲勞動需求，雇用勞動的廠商必須支付使用價格，爲生產成本。

工資率（wage rate; w）

提供勞動所得的報酬爲工資，每單位時間的報酬爲工資率，也就是使用者所須支付的單位成本，包括現金薪資給付、實物利益交換、額外福利津貼與相關之工作條件等所合計折算的價值。

貨幣工資（nominal wage）

提供勞動所得之每單位時間的貨幣報酬，亦即所有工作條件合計折算的等值現金。

實質工資（real wage）

貨幣工資的實際購買力，爲貨幣工資除以物價水準。當物價上漲而貨幣工資維持不變，其實際購買力降低，亦即實質工資減少。

工資結構（wage structure）

因工作技能、專業證照、職務地位、社會價值與地理環境的不同等因素，使個體間的工資水準具有差異性，又稱為補償性差異。

勞動市場均衡

以橫座標為市場的勞動量（L），縱座標為勞動的使用價格（工資率 w），有能力且有意願提供勞動的為勞動供給（S_L），需要雇用勞動投入生產的為勞動需求（D_L）。勞動市場與一般商品市場同樣有負斜率需求線與正斜率供給線，供需均衡在交叉點 E，對應均衡工資率 w^* 及均衡勞動量 L^*。在均衡工資率 w^* 下，勞動供給量 L^S ＝勞動需求量 L^D ＝均衡勞動量 L^*。

在其他條件不變下，工資率變動引起勞動需求（供給）量變動，在圖形上表示需求（供給）線不動，點沿原需求（供給）線移動。

勞動市場失衡

若最低基本工資率 w_1 高於均衡工資率 w^*，其他條件不變下，勞動需求量沿勞動需求線 D_L 減少至 $L^D{}_1$（A 點），勞動供給量則沿勞動供給線 S_L 增加至 $L^S{}_1$（B 點），$L^S{}_1$ 大於 $L^D{}_1$，為**超額供給**（AB 段）的勞動市場失衡，亦即失業。

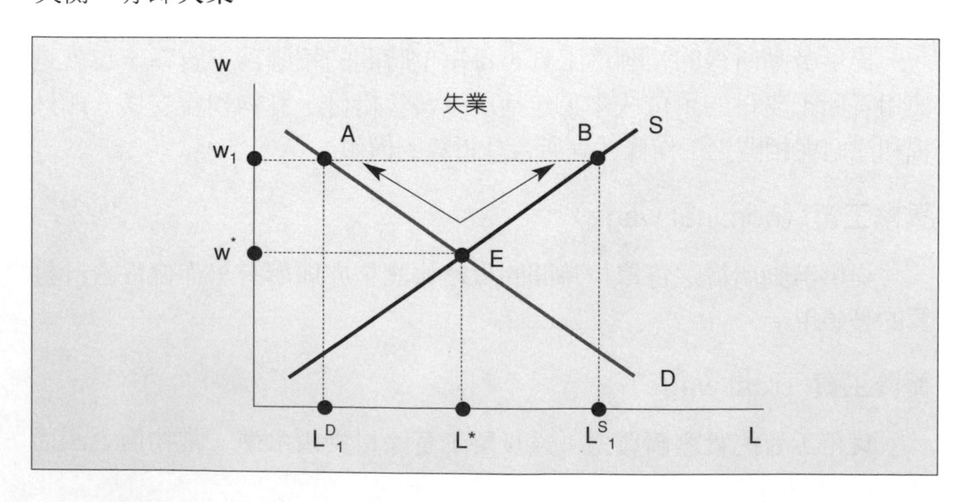

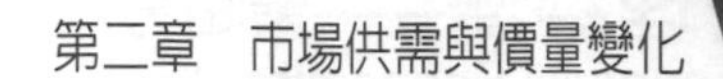

當市場的需求與供給不一致，圖形上不在需求線與供給線交叉處而離開原均衡點 E，因法定最低基本工資率使市場力量無法進行調整（工資率下降），而繼續維持市場失衡狀態。必須改變供需條件，使整條勞動需求線（供給線）位移，由新需求線與供給線交叉（需求＝供給）形成新均衡，所對應的均衡工資率與均衡數量亦改變。

勞動需求變動

當商品需求增加而價格上漲或勞動技能進步使生產力提高，則勞動需求增加，整條勞動需求線向右（勞動量增加）上（工資率上漲）方位移。反之則勞動需求減少，整條勞動需求線向左（勞動量減少）下（工資率下跌）方位移，若受最低基本工資率限制而不能下跌，將造成失業。

勞動供給變動

限制外勞進口、提早退休年齡、就業條件嚴苛等，可減少勞動供給，整條勞動供給線向左（勞動量減少）上（工資率上漲）方位移；反之則勞動供給增加，整條勞動供給線向右（勞動量增加）下（工資率下跌）方位移，若受最低基本工資率限制而不能下跌，將造成失業。

後彎的勞動供給線

若勞工須在勞動和休閒之間選擇，休閒價值爲勞動的機會成本，而工資爲勞動的所得收入。一般而言，工資率上漲表示勞工所得收入增加，亦即休閒的機會成本提高，因此勞工會選擇增加勞動供給量而減少休閒時間，即**替代效果**。但所得增加後，正常財（包括休閒）消費亦增加，勞動時間將減少，爲**所得效果**。

下頁圖中工資率 w_0 至 w_1，勞工所得仍低時，當工資率上漲，爲增加所得而增加勞動供給量，替代效果較大，形成工資率與勞動供給量同方向變動的正斜率勞動供給線。工資率高於 w_1 後，勞工所得已高，工資率上漲表示同一勞動時間可獲得更高所得，爲提高生活品質，勞工願意且能夠消費休閒的時間增加而減少勞動供給量，亦即所得效果較大，形成工資率與勞動供給量反方向變動的負斜率勞動供給線，爲供給定理的

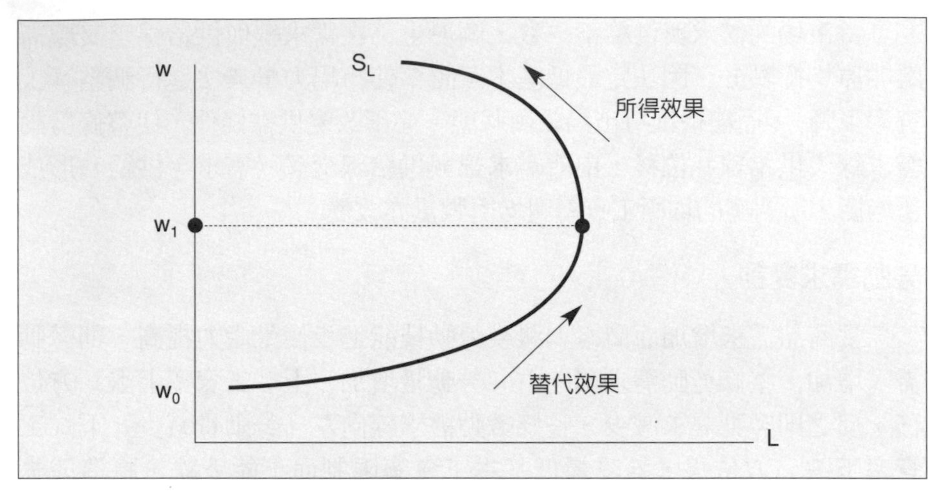

例外。其中 w_0 稱爲**保留工資率**，當工資率低於此一水準時，因單位時間報酬太低，勞工毫無工作意願而自行設法生活，不提供勞動給市場。

當高所得者進入後彎階段，增加休閒減少勞動供給量，會有很多其他想提高所得收入的勞工因工資率上漲而增加勞動供給量，因此市場的勞動總供給線通常仍爲符合供給定理的正斜率曲線，後彎的勞動供給線只是個人的勞動供給線。

勞動跨期替代效果（inter-temporal substitution effect of labor）

工資率上漲表示勞工所得收入增加，亦即休閒的機會成本提高，因此勞工會選擇增加勞動供給量而減少休閒時間，即勞動替代效果；但勞工跨期決策會衡量本期對下期的相對工資率，使其效用最大。

生產面實質衝擊短暫提高本期工資率，勞工理性預期本期工資率相對較高，將增加本期勞動供給量而減少休閒時間，於下期減少勞動供給量而增加休閒時間；若勞工理性預期工資率持續上漲，即下期的工資率相對較高，將減少本期勞動供給量而增加休閒時間，於下期增加勞動供給量而減少休閒時間。因此，勞動市場面對生產面實質衝擊，勞工理性預期跨期決策，其勞動供給彈性極大。

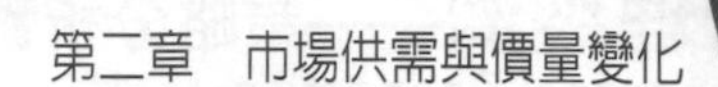

管理經濟實務 2-3：勞退新制的勞資攻防

勞工退休金條例於2005年7月1日起正式施行，政府在法令宣導上多偏重於勞工，促使其知悉於勞退新制實施後所可選擇的退休制度；但就事業單位人事成本大幅增加，影響獲利甚至生存該如何因應，調整其經營管理策略之輔導建議則較為不足，為許多企業經營者的莫大危機。

過去由於許多中小企業之生存期間不長或員工流動率高，許多勞工無法在同一事業單位下符合辦理退休之條件，許多雇主以最低2%提繳退休準備金或是不予提繳，以減輕其人事成本。然而在新制勞工退休金條例中乃採確定提撥制，雇主應依勞工工資最低6%，按月向勞保局或保險公司提繳退休金或年金保險費，於提繳後即已屬勞工之財產，即使勞工事後離職或遭資遣，雇主不得取回，勞工並有請求損害賠償之權利。即便勞工採用舊制退休規定，雇主應補足提撥不足之勞工退休準備金。

雇主最基本應考量之因應措施，為立即重新檢視或規劃勞工的薪資結構，對於非技術性之勞務需求考量外包與人力派遣業服務，藉以減低雇主提撥之退休金數額，避免雇主因人事成本不堪負荷而影響其經營，甚至趕緊裁員瘦身，反而造成大量勞工因此失業之反效果。若最低基本工資率高於均衡工資率，其他條件不變下，為超額供給的勞動市場失衡，亦即失業。

為降低退休金的提繳基礎，從科技業、金融業到一般服務業，已醞釀調整薪資結構，希望一舉降低退休金、勞保、健保的提繳標準。經常性薪資就是工資，例如本薪、職務津貼、主管加給、加班費等，是退休金、資遣費、勞健保費的計算基礎；非經常性薪資包括年終獎金、中秋端午春節三節獎金、慰問金、久任獎金等，適當調整屬於經常性給與及非經常性給與之比例，只要屬於獎勵性的給與就不算工資，不必納入提繳標準。

雇主以某種條件先與勞工合意終止契約再重新聘雇，一方面可以省去五年內足額提撥退休準備金的壓力，另方面也可藉機變更勞動條件；只要勞工不同意，就是非合意，但為了飯碗，勞工只得默默承受。勞動人權協會指出，新制實施後，可能造成減薪、調整薪資結構、不發或減發年終獎金、無故終止勞動契約、強迫勞工選擇舊制、關廠、未依實際薪資提撥退休準備金及年資結清等狀況。人力資源公司及企業估計，未來人事成本至少增加兩成，企業員工一人當兩人用；即使金融、零售業等產業大量徵才，但高獎金、低底薪會是趨勢。

新制實施仍衝擊高科技用人政策，企業會愈注重求職者是否能在公司中發揮競爭力；但國內著名資訊外商飛利浦、IBM及惠普，為吸引及留住優秀人才，勞退新制實施後，公司也擬定一套優於政府及業界水準的做法，每個月為員工提繳工資比率，都在政府規定的6%以上。

資金市場

借貸市場

有多餘資金儲蓄供應貸放者爲資金供給者，資金短缺須借用者爲資金需求者。

經濟社會中供給者的閒置資金，透過金融機構的運作，轉介流通至短缺資金的需求者，資金需求者須支付報酬給資金供給者。借貸市場具有調節社會整體資金的功能，有效配置運用資金資源，協助資本形成，進而提升企業的經營績效，促使經濟活動順利進行並持續發展。

利息（interest）

使用資金所應支付的代價或機會成本，亦即資金供應者所獲得的報酬，既使使用自有資金亦隱含機會成本。

利率（interest rate; i）

每單位時間（每期）之利息占其貨幣資本（本金）的百分比，代表使用資金的單位成本，通常以年利率表示。

借貸市場均衡

橫軸爲資金數量（M），縱軸爲利率（i），利率代表資金需求者須支付的代價，亦即資金供給者所獲得的報酬，可將借貸市場的利率視同商

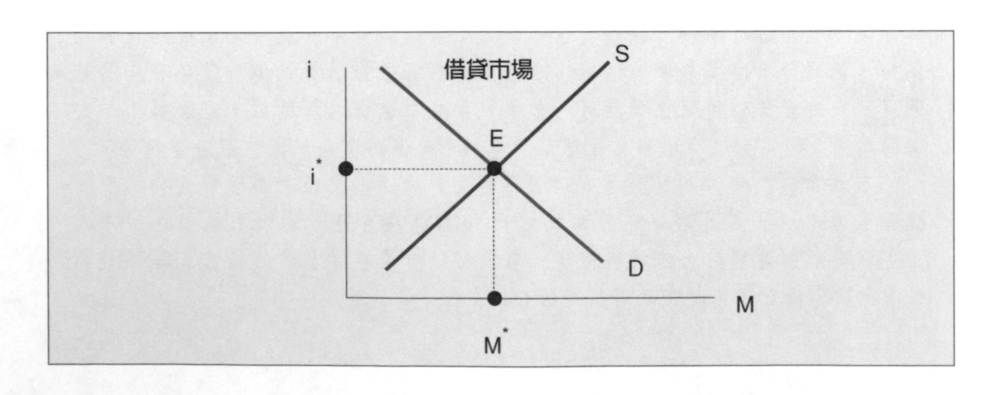

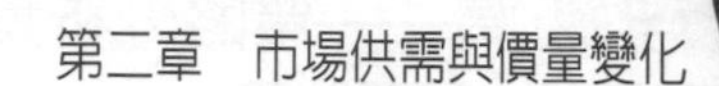

品市場的價格。

資金市場與一般商品市場同樣有負斜率需求線與正斜率供給線，兩線交叉點 E 爲供需均衡，對應均衡量 M^* 與均衡利率 i^*。

資金供需變動

利率以外因素，如生產者資本產值或報酬提高、消費者對產品需求增加、預期通貨膨脹等，使借貸資金需求增加，需求線向右（資本量增加）上（利率上升）方位移；反之則需求減少，整條需求線向左（資本量減少）下（利率下跌）方位移。若儲蓄因私人所得或企業獲利提升而增加、金融市場資金寬鬆等利率以外因素，則資金供給增加，整條供給線向右（資本量增加）下（利率下跌）方位移，反之則供給減少，整條供給線向左（資本量減少）上（利率上升）方位移。

可貸資金理論

市場利率由可貸資金的供給與需求決定，其他條件改變，引起資金需求（供給）變動，在圖形上表示整條需求線（供給線）位移，因此均衡點亦位移，所對應的均衡利率與均衡數量亦改變。

資金短缺之資金需求者亦可發行債券或其他金融工具融資，由有多餘資金之供給者承購並支付資金，因此資金需求者爲債券供給者，資金供給者爲債券需求者。當預期利率水準（i^e）可能上升，則預期債券價格（P_b＝利息收入／i^e）即將下跌，因已發行債券的固定收益報酬率相對降低；反之，預期市場利率水準下跌，即債券價格將上漲。

殖利率（yield to maturity）

債券從買入（發行）價格（現值）到賣出（到期）價格（終值）的報酬率，換算成之利率。

現値＝終値／（$1+r$）^{n}，r＝殖利率

債券市場均衡

所得財富增加、對未來報酬的預期獲利提升、債券風險降低、其他資產風險提高、貨幣政策增加貨幣供給等，使債券需求（資金供給）增

加，價格上升利率下跌；反之則需求減少，價格下跌利率上升。

廠商投資機會增加（發行公司債）、預期通貨膨脹率提高（實質債務降低）、財政政策以債券融通（發行公債）等，使債券供給（資金需求）增加，價格下跌利率上升；反之則債券供給減少，價格上升利率下跌。

實質利率（real interest）

由市場供需決定的資金使用價格，又稱純粹利率或無風險利率，爲扣除通貨膨漲等風險影響後的實質報酬。

名目利率（nominal interest）

實質利率加上風險溢酬（如預期通貨膨脹率）所訂定的利率，由金融機構參酌其資金結構所公布的爲牌告利率，債券上記載的爲票面利率，金融自由化以前尙有由央行干預規定的官定利率。

風險溢酬（risk premium）

又稱爲風險貼水，爲補貼資金供給者承擔額外風險所給付的利率補償，包括通貨膨脹、借款人違約、變現流動性與利率變動等借款期間資金供給者可能遭受的損失。因此風險愈高則貼水愈高，名目利率愈高，反之則低。

基本利率（prime rate）

銀行依據市場供需、資金成本、經營利潤等因素所訂定的最低放款利率，通常只優惠信用最好的客戶；以此爲基準，其他借款人則依其信用評等高低再另加碼計息（1 碼＝ 0.25%）。

隔夜拆款利率

銀行可在金融業拆款市場中，與其他金融機構拆放資金，此利率最能反映當日資金市場供需狀況，爲短期指標利率。

收益曲線（yield curve）

描述金融工具到期收益率與不同到期日的關係，又稱爲利率的**期限結構**（term structure）。

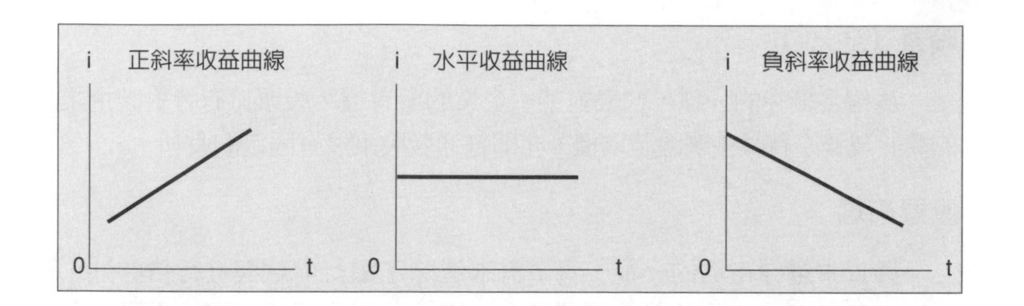

正斜率收益曲線表示利率隨到期期限增長而上升，即長期利率高於短期利率，又稱爲**正常**（normal）**收益曲線**；水平收益曲線代表長期利率等於短期利率；負斜率收益曲線則利率隨到期期限增長而下降，即長期利率低於短期利率，又稱爲**反轉**（inverted）**收益曲線**。

預期（expectation）理論

假設各種不同到期期限的債券彼此可以完全替代，因此長期利率是未來到期期限內各短期利率之平均值，由投資人的預期而定。正斜率收益曲線表示預期未來利率走勢上升，水平收益曲線代表預期未來利率走勢持平，負斜率收益曲線則預期未來利率走勢下降。

貼水（premium）理論

假設各種不同到期期限的債券不完全替代，若長短期債券利率相同，投資人會偏好風險較低之短期債券，爲期限偏好。債券發行人爲補償投資人承擔長期額外風險而給付利率貼水，吸引投資人購買長期債券，期限愈長貼水愈高，即長期利率高於短期利率之正斜率收益曲線。

市場區隔（market segmentation）理論

假設各種不同到期期限的債券彼此不能相互替代，長短期資金市場可以有效區隔，其利率由各自市場之供需所決定。當利率水準偏低，資金需求者願意發行長期債券，市場之長期資金需求增加，爲利率走勢上升之正斜率收益曲線；若利率水準偏高，資金需求者傾向發行短期債券而不願發行長期債券，市場之短期資金需求增加而長期資金需求減少，利率走勢下降呈負斜率收益曲線。

股票（stock）

爲權益證券的一種，代表對某一企業的所有權，股票持有者對該企業的盈餘及資產有最後剩餘請求權，亦即普通股股東沒有固定的股利。

股票市場

爲資本證券市場的一種，資金需求者除了銀行借款與發行債券外，亦可發行股票或出售持股來籌募資金。因此股票市場爲長期性金融商品交易的地方，可增加資金供給者的投資工具，協助資本形成，進而提升企業的經營績效，促使社會資金有效配置。

發行市場

又稱爲初級市場，即資金需求者將其發行的證券出售給資金供給者，通常有投資銀行或證券承銷商等仲介機構，一方面協助企業發行銷售證券，一方面提供投資人資訊並匯集資金。

流通市場

又稱爲次級市場，即股東將其持股與其他投資人間互相買賣，可促進證券的流動性，使投資人易於交易變現，進而擴大發行市場規模，提升證券市場的功能。在台灣有集中市場、店頭市場、興櫃市場等，由證券經紀商居間代理交割手續。

股票市場均衡分析

股票需求者爲市場的買方，股票供給者則爲市場的賣方，因此與一般商品市場同樣有負斜率需求線與正斜率供給線，兩線交叉點 E 爲供需均衡，對應均衡量 Q^* 與均衡價 P^*。

股價以外因素，任何激勵買盤的力量，諸如景氣回升繁榮、企業獲利增加調高財測、產業前景看好或利多傳言、政策作多有利投資、法人主力買超或政府基金進場護盤等，使股票需求增加，整條需求線向右（成交量增加）上（股價上漲）方位移；反之則需求減少，整條需求線向左（成交量減少）下（股價下跌）方位移。同理，股價以外因素，任何刺激賣壓的力量，諸如景氣衰退蕭條、企業獲利減少調降財測、政策限制不利投資、法人主力賣超或政府引導熱錢降溫、天災人禍或利空謠言等，使股票供給增加，整條供給線向右（成交量增加）下（股價下跌）方位移；反之則供給減少，整條供給線向左（成交量減少）上（股價上漲）方位移。其他金融商品亦可以相同方式分析。

若價格機制受到限制，亦會發生市場失衡。例如台灣股票公開市場有漲跌幅度限制（目前爲 7%），當買盤極強市場價格來到漲停板（+7%）價位即不能再上漲，此時市場價格 P_1 仍低於均衡價格 P^*，產生超額買盤（需求），亦即許多想買的投資人買不到（$Q^D > Q^S$），成交量只有 Q_1，無量飆漲。若賣壓極大市場價格來到跌停板（-7%）價位即不能再下跌，此時市場價格 P_2 仍高於均衡價格 P^*，產生超額賣壓（供給），亦即許多想賣的投資人賣不掉（$Q^D < Q^S$），成交量只有 Q_1，無量崩跌。市場失衡狀態不會持久，任何股票不可能每天漲跌停板，調整數日後即會來到均衡價量，除非公司面臨倒閉則該股票可能一路跌停至下市。

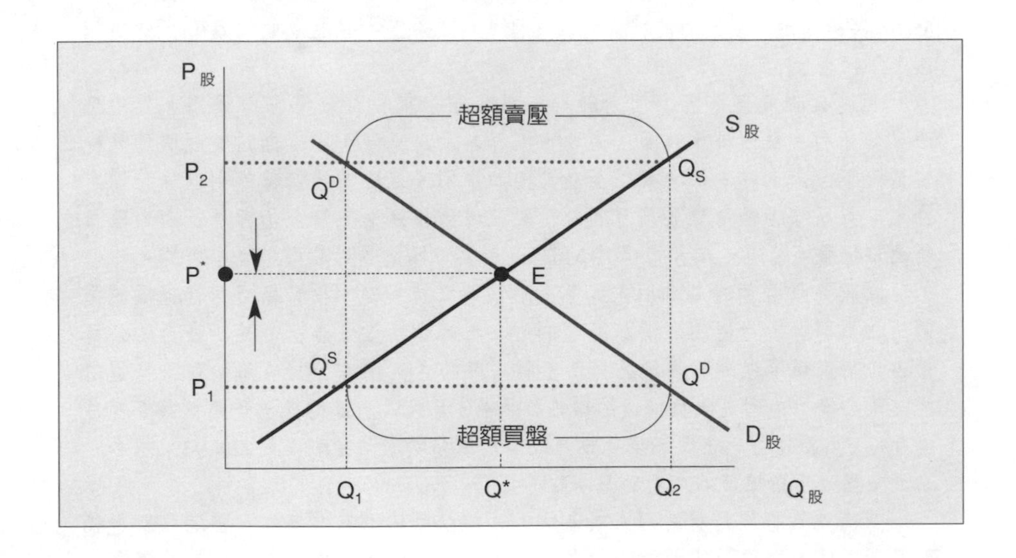

管理經濟實務 2-4：利率走勢與資金市場變化

在維護物價穩定與協助經濟成長之間求取平衡，中央銀行理監事會議決定以緩進方式，改善國內負利率結構。鑑於目前通貨膨脹率已超逾經建計畫上限2% 的水準，且實質利率偏低，貨幣政策宜逐步回歸中性立場，避免實質利率過低，影響資金合理配置及不利長期金融穩定。企業名目資金成本增加有限，銀行可貸資金頗為充裕，足供企業營運所需，應不致影響國內景氣。

對於近來短期利率上揚，長期利率卻呈下滑趨勢，主要是債券市場需求大於供給。債券需求量大是因股市不好，資金移到債市，包括美元、歐元和台灣都出現同樣類似利率曲線；這是企業發債籌措長期資金，鎖住成本的好時機，長利處於較低水準應有助於民間投資。長短期資金市場可以有效區隔，其利率由各自市場之供需所決定。

至於升息後的投資方向，海外短天期債券票面利率可快速反應利率上揚，價格對利率的敏感度較低，加上利息收入較高，是現階段升息環境下較佳投資標的；債券價格與市場利率呈反向走勢，距離到期日愈長債券價格對利率變動的敏感度愈高，承擔的風險也愈高。海外債券利率遠高於國內，是升息環境下進可攻退可守的首選標的。以二年期公債殖利率為例，紐西蘭、澳洲均超過5% ，英國超過 4% ，即使較差的歐元區也在 2% 上，且利息收入還有機會隨利率上揚而增加。

根據大聯資產管理公司對新興市場各國未來貨幣政策方向預測，其中巴西、匈牙利、墨西哥、波蘭、南非、土耳其及烏克蘭，在近期通貨膨脹已見穩定情況下，未來降息機會大；至於其他如中國、俄羅斯、南韓等則以保持穩定為主。在國際金融情勢發展有利於新興市場的情況下，資金仍源源不斷地匯入新興市場股、債市，參考指標 JP Morgan 新興市場債券指數再創歷史新高。

美國高收益債在基本面支撐下多頭格局維持不變，投資級公司債也擺脫先前的相對弱勢，行情在逐漸加溫當中；公司有實際盈餘產出，其所發行的公司債應相對表現不差。投資級公司債整體評等約在 A 左右，持有風險並不特別高於美國公債；美國高收益債違約率報告，BB 等級以上違約率已是連續第五個月為 0% 。至於收益率方面，里曼投資級公司債指數平均殖利率約在 4.93% 左右，高過美國十年指標債約八十個基本點。

具有通貨膨脹題材的國家或區域，目前以亞洲國家中日本、香港及新加坡最具代表性，剛從通貨緊縮陰霾中走出來，利率仍處低檔，在人民幣升值帶動下，亞洲貨幣看漲，國際熱錢流入，將使其資產價值出現增長，這類國家的地產類股或與景氣相關的銀行股都是值得留意的投資標的。房貸户面對升升不息的漲聲，更應重視長期利率水準，市場利率由可貸資金的供給與需求決定。

第三章　需求彈性與訂價策略

需求彈性

差別訂價

訂價方法

策略行銷訂價

需求彈性

彈性（elasticity）

某一變數改變對另一變數有影響而產生的反應程度，彈性大表示反應強，彈性小則反應弱，亦即彈性是該受影響變數的敏感度指標。因兩變數的單位不同，不能直接比較其絕對數量大小，應以相對變化量來衡量，通常以變化量百分比作爲衡量指標。經濟意義亦可表示爲，當經濟環境發生變化，參與該經濟活動的個體，調整其資源配置之能力與敏感度。

價格彈性（price elasticity）

依據價格機能，商品本身價格變動會引起市場商品的數量變動，需求量變動的反應程度稱爲價格需求彈性，供給量變動的反應程度則爲價格供給彈性。因此價格彈性係數 ε ＝數量變動百分比／價格變動百分比；亦即價格變動 1% 可引發 ε % 數量變動。

需求（價格）彈性

商品本身價格變動引起需求量變動的反應程度，亦即需求量受商品本身價格變動影響的敏感度指標。

ε_d ＝需求量變動百分比／商品本身價格變動百分比

依據需求法則，商品本身價格與其需求量之間呈反向變動關係之負斜率需求線，因此需求彈性係數爲負值，但負號只表示兩變數變化方向相反，彈性大小（反應程度）須視彈性係數絕對值（消去負號）大小而定。

弧（arc）彈性

變動前後有一段距離，弧彈性取其直線距離的中點爲比較基準。

$$\varepsilon = \frac{數量變動百分比}{價格變動百分比} = \frac{\%\Delta Q}{\%\Delta P} = \frac{\Delta Q / \frac{(Q_1+Q_2)}{2}}{\Delta P / \frac{(P_1+P_2)}{2}} = \frac{(Q_2-Q_1)/(Q_1+Q_2)}{(P_2-P_1)/(P_1+P_2)}$$

點（point）彈性

取某一點爲比較基準，點彈性即衡量該點的微量變動程度。

$$\varepsilon = \frac{\Delta Q / Q}{\Delta P / P} = \frac{P \times \Delta Q}{Q \times \Delta P} = (P / Q) \times (1 / 斜率)$$

$斜率 = \Delta P / \Delta Q$

彈性大小之衡量

點彈性大小與價量比値及斜率倒數有關，彈性大小介於 0 ～∞（無窮大）之間。

不同斜率的需求線代表不同的需求彈性，彈性大小與直線斜率（Δ P / Δ Q）呈負相關。斜率愈小其直線愈平坦，即橫軸變動量（Δ Q）較大，代表彈性大；水平線斜率＝ 0 ，即價格固定下橫軸變動量（Δ Q）可達無窮大，代表彈性無窮大。斜率愈大其直線愈陡直，即橫軸變動量（Δ Q）較小，代表彈性小；垂直線斜率＝∞，即固定需求量（Δ Q ＝ 0)，代表彈性＝ 0 。

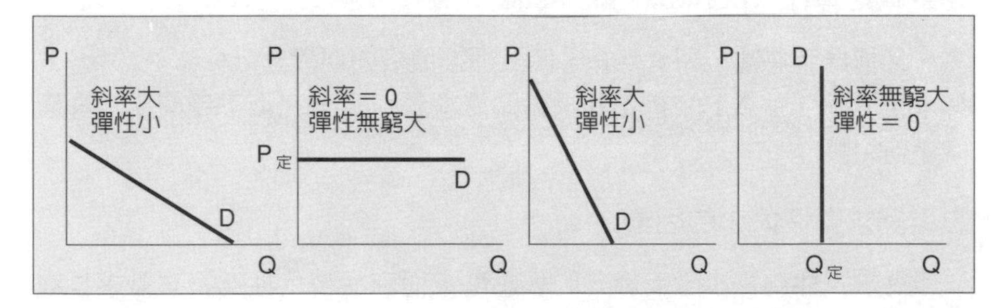

在同一條直線型需求線上，每一點的斜率相同，點彈性大小與價量比値（P / Q）呈正相關。因此在同一條直線型需求線上，愈往左（量小）上（價高），因量的比較基準較小，量變動百分比相對較大，其點彈性愈大；反之愈往右（量大）下（價低）則點彈性愈小。曲線型需求線上，每一點的切線斜率不同，點彈性大小與價量比値及切線斜率均有關。

單位彈性（unitary elasticity）

又稱為中立彈性，即 $\varepsilon = 1$，代表需求量變動百分比（% Δ Q）等於價格變動百分比（% Δ P），因此彈性大小是以單位彈性為比較基準。

富有彈性（elastic）

又稱為彈性大，即 $\varepsilon > 1$，代表需求量變動百分比（% Δ Q）大於價格變動百分比（% Δ P），亦即需求量受商品本身價格變動影響的敏感度大。

完全彈性（perfectly elastic）

又稱為彈性無窮大，即 $\varepsilon = \infty$，代表在價格固定下（% Δ P = 0），需求量變動百分比（% Δ Q）可達無窮大，亦即需求量受商品本身價格變動影響的敏感度無窮大。

缺乏彈性（inelastic）

又稱為彈性小，即 $\varepsilon < 1$，代表需求量變動百分比（% Δ Q）小於價格變動百分比（% Δ P），亦即需求量受商品本身價格變動影響的敏感度小。

完全缺乏彈性（perfectly inelastic）

又稱為無彈性，即 $\varepsilon = 0$，代表不論價格如何變動（% Δ P = ∞），需求量變動（% Δ Q）仍為 0，亦即需求量固定，完全不受商品本身價格變動的影響。

影響需求彈性大小的因素

需求彈性為需求量受影響的敏感度，而商品替代性為影響需求量變動的最主要因素，當需求者的選擇機會大則影響需求量變動大，即需求彈性大；反之則小。

商品本身特性容易相互替代，或市場競爭激烈**替代品**多，則商品替代性大，代表需求者的選擇機會大，使價格相對較低的商品需求量大增，而價格相對較高的商品需求量大減，亦即需求彈性大（需求量變動大）；反之則小。商品替代性亦與**需求者偏好**有關，生活必需品或忠誠度較高的品牌不易替代，則影響需求量變動小，即需求彈性小；反之則大。

某一商品消費占需求者總支出的比例愈大，則價格變動對其**購買力**（實質所得）影響愈大，須設法尋求替代品或調整使用量，因此需求量變動大，即需求彈性大；反之則小。尋求替代品或調整使用量的成本愈高，則需求彈性小；反之則大。

時間愈長，則替代商品增加及需求者改變其實質所得或消費偏好的可能愈大，對消費商品的選擇機會大，因此需求量變動大，即需求彈性大；反之則小。短期指需求者來不及改變其消費選擇的期間，長期則是需求者足以改變消費並選擇替代的期間。

交叉彈性（cross elasticity）

其他商品價格變動引起相關商品需求變動的反應程度，亦即需求受其他商品價格變動影響的敏感度指標。

ε_{XY} ＝ X 需求變動百分比／ Y 價格變動百分比

用途相近而能互相取代的事物互為替代品，當某物（Y）價格上漲將使其需求量減少而增加其替代品（X）的需求；反之亦然。商品需求量與其替代品價格之間呈同向變動關係，因此替代品交叉彈性係數為正值。替代性大則交叉彈性大，反之則小。

須共同搭配使用的事物互為互補品，則某物（Y）價格上漲將使其需求量減少而連帶減少其互補品（X）的需求；反之亦然。商品需求量與其互補品價格之間呈反向變動關係，因此互補品交叉彈性係數為負值。負號只表示兩變數變化方向相反，彈性大小（反應程度）須視彈性係數絕對值（消去負號）大小而定，互補性大則交叉彈性大，反之則小。

獨立品交叉彈性係數為 0，代表 X 需求量不受 Y 價格變動影響，即兩物非相關商品。

所得彈性（income elasticity）

所得變動引起需求變動的反應程度，即商品需求受所得變動影響的敏感度。

ε_I＝需求量變動百分比／所得變動百分比

所得增加可使其需求增加的物品爲**正常財**，即所得與需求同向變動，因此所得彈性爲正。若所得彈性大（$\varepsilon_I > 1$），代表需求量變動百分比（% Δ Q）大於所得變動百分比（% Δ I），亦即所得增（減）1% 會增（減）更多 % 需求的商品，稱爲**奢侈品**，所得增加才能增加更多消費；所得彈性小（$\varepsilon_I < 1$），亦即所得增（減）1% 卻增（減）不到 1% 需求的商品，稱爲**必需品**，所得增減對其消費量影響不大。

無所得彈性（$\varepsilon_I = 0$），即所得增（減）不影響需求的商品，稱爲**中性財**；所得與需求反向變動的物品爲劣等財，所得增加使一般人減少對品質較低的劣等財需求，因此所得彈性爲負。

恩格爾法則

當所得增加，則一般家庭糧食支出增加但占所得之比例降低，即必需品的所得彈性小（$0 < \varepsilon_I < 1$）；其他日常費用與所得維持一固定比例（等幅增加），即中性財所得彈性中立（$\varepsilon_I = 1$）；儲蓄與耐久財等其他支出占所得之比例則上升，即奢侈品所得彈性大（$\varepsilon_I > 1$）。非劣等財之所得彈性均爲正，但大小各有不同。因此國民所得增減，對各產業影響不同，廠商可參考總體經濟指標與恩格爾法則，調整其生產。

其他需求彈性

商品本身價格以外，市場常見之影響需求變動的因素，包括所得、偏好、對未來的預期、人口、相關物品價格等，某一變數改變對需求影響的反應程度形成各種需求彈性，彈性大表示反應強，彈性小則反應弱，亦即各種需求彈性是該受影響變數的需求影響敏感度指標。

例如廣告彈性代表廣告支出變動對需求影響的反應程度，廠商可調整其廣告預算；對未來物價預期的彈性，代表未來物價對需求影響的反應程度，廠商可參考物價指數與通貨膨脹率等指標調整其生產。

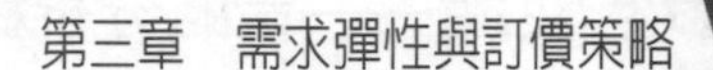

管理經濟實務 3-1：台灣油品市場的價格彈性

台塑系統加油站全面調漲國內油品價格，客戶大舉轉向中油加油，結果中油發油量爆增三成六；中油賣愈多虧愈多，一天要虧2億元。台塑加盟站投靠風潮愈演愈烈，一週來有四十家台塑加盟站洽詢加盟中油的可能性，但中油尚未決定是否接納。

中油不漲價，但內銷賣愈多虧損愈大，因此無意再擴大內銷量，對於台塑加盟站投靠中油仍有所保留。中油對於台塑加盟站忠誠度不高頗有意見，尤其主要是台塑油價調漲的短暫因素，不會全盤接收，但屬於有戰力的加油站轉檯成功的可能性相當高，中油目前還在精挑細選。

台塑系統的加油站陸續配合調漲油品零售價，比中油的汽柴油每公升貴2.4元，台塑加盟站雖做好客源流失的心理準備，業界預估各家業者發油量將減少三成到五成不等，卻仍希望鞏固基本盤，分別推出贈品加碼、辦卡降價的促銷活動。全國加油站祭出消費積點雙倍送、憑會員卡不消費也能免費洗車；台灣優力則提供憑卡加油每公升降3元或領贈品二選一；西歐加油站也採送贈品或會員每公升降1.5元，消費滿700元仍會贈送洗車券。

消費者很明顯轉向油價較便宜的中油加盟站或直營站，原本在台塑加盟站加油的客運業者也開始轉向中油，包括國光客運、阿羅哈客運及統聯等，原本都與台亞加油站簽約購油，但台亞漲價後客運業者每天的加油量已降到一百五十公秉，減少近一半；各大客運業者近期正積極與中油洽談較優惠的購油價格，未來發油量還會再下降。台塑石化體系的加油站在調漲售價後，北部加油站業者生意只剩下三分之一，中南部生意更是跌落僅剩五分之一。

商品本身特性容易相互替代，或市場競爭激烈替代品多，代表需求者的選擇機會大，使價格相對較低的商品需求量大增，而價格相對較高的商品需求量大減，亦即需求彈性大（需求量變動大）。

台塑石化仍會堅持調漲價格，但將增加外銷油品比重。對下游業者無法銷售的油品，台塑會以每公升0.8元的利潤代銷到國外；台塑石化承諾，旗下加盟站減少的發油量，每公升可補貼0.8元。台塑石化外銷市場將從目前66%急速攀升突破七成甚至高達八成；外銷不僅價格較好，市場也持續成長中，而國內油品內銷價格卻因為政治因素影響而受到限制。台塑石化評估棄守國內市場、全力衝刺國外市場的策略可行性，因此台塑石化在不怕得罪國內通路商的情況下，也要調漲批發價格。

生產者有能力擴產或改變產品（市場），代表供給者的生產選擇機會大，則影響供給量變動大，即供給彈性大，可以增加廠商競爭力與獲利。掌握趨勢應變代表供給彈性大，供給者可以改變產量或生產線，價格上漲轉嫁給消費者；亦即供給彈性大的廠商，成本轉嫁能力較高。

差別訂價

收入（revenue; R）

商品單位售價與銷售數量的乘積，對供給者而言是其總銷售收入，對需求者則為購買總支出。

$$R = P \times Q^D \text{；} \Delta R\% = \Delta P\% + \Delta Q^D\%$$

收入變化分析

銷售數量為需求者願意且能夠購買的數量，即對應該市場價格 P 的需求量 Q^D。依據需求法則，其價量變化方向相反，當價格下跌表示每單位收入減少，但需求量上升卻可能使累積總銷售收入增加；究竟價格變動對需求量反向變動的影響，進而造成的收入變化為何？可應用需求彈性之大小來分析，因需求價量變化方向相反，其收入變化應與變動百分比大者同方向。

當需求彈性大（$\varepsilon > 1$），代表需求量變動百分比（$\% \Delta Q$）較大，總收入應與需求量變動同方向（與價格變動反向），亦即需求量增加則總收入增加；反之則減少。因此需求彈性大的商品降價促銷可以增加總銷售收入，即價格下跌 1% 可增加更多 % 銷售數量而增加總收入。反之價格上漲 1% 會減少更多 % 銷售數量而減少總收入，廠商在市場競爭激烈下不敢漲價，以免被其他供給者替代，成本上漲多自行吸收，可以轉嫁給消費者的空間較小。

當需求彈性小（$\varepsilon < 1$），代表價格變動百分比（$\% \Delta P$）較大，總收入應與價格變動同方向（與需求量變動反向），亦即價格上漲則總收入增加；反之則減少。因此需求彈性小的商品漲價可以增加總收入，價格上漲 1% 而銷售數量減少不及 1% ，仍可增加總收入；反之價格下跌 1% 而銷售數量增加不及 1% ，即減少總收入。廠商在市場競爭小時可漲價反映成本，被其他供給者替代數量不大，成本上漲不須完全自行吸收，可以轉嫁給消費者的空間較大。

當需求彈性中立（$\varepsilon = 1$），代表價量變動百分比相同，總收入變動方向不受價格變動影響，因商品價格上漲（下跌）則銷售數量減少（增加）相同幅度。廠商不論降價促銷或漲價反映成本，成本上漲不論自行吸收或轉嫁給消費者，都不影響總收入變動方向。

差別訂價（price discrimination）

針對不同的交易對象或者用戶群，分別訂定不同的價格；或者將成本顯著差異的產品或服務，以相同的價格提供給不同的交易對象或用戶群；又稱**價格歧視**或差別取價（differential pricing）。如果廠商只是單純爲反映製造或銷售之成本而訂定不同價格，就不能算是差別訂價。

獨占廠商爲價格決定者，可以決定適當的價格與產量以獲得最大利潤，因此在成本相同下針對各種不同需求者或購買量訂定不同價格，於 $MC = MR_1 = MR_2 = \cdots\cdots$ 時，獲得最大銷售量收入並提升利潤。

其條件爲廠商是價格決定者，不同購買者可有效區隔，且彼此間不能轉售套利。

廠商能訂價高於邊際成本而又不會失去所有的銷售量；不同消費者對同樣產品付不同的價錢的意願或能力必須有可資辨別的差異；廠商必須防止低價購買商品的消費者將商品轉給其他人，或替所有的消費者來買。並非只有獨占廠商可以差別訂價，但獨占力愈強，則廠商之差別訂價策略愈有效；需求者特性（偏好）差異愈大，廠商可有效區隔不同購買者，差別訂價空間愈大，使利潤愈高。

獨占事業的差別訂價將會造成限制競爭（在有競爭者出現之市場訂定低價，在沒有競爭者的市場則訂定高價）、不公平競爭（針對本身或關係企業所需的中間投入訂定低價，對於其他競爭者則訂定高價）或搾取超額利潤等反競爭效果。差別訂價係基於下列正當理由：基於普及服務義務之要求而採行的平均訂價；爲提升利用效率所採行的離尖峰訂價；提供用戶選擇組合式費率、套裝費率或數量折扣費率；爲回收固定成本或共同成本；反映互連成本差異所採行的差別訂價。

第一級（first degree）差別訂價

針對每一不同購買者與購買量訂定完全不同之價格，又稱爲完全

（perfect）差別訂價。

負斜率需求線上每一點代表每一需求量對應消費者願意支付的最高價格，如圖，消費量 0 至 Q^* 消費者願意支付的價格為 A 至 P^*，但若市場價格固定（統一訂價），消費者購買每一單位消費量實際支付的價格均為 P^*，因此△ AP^*E 所涵蓋之面積為消費者願付而未付的總價值，即消費者剩餘（CS），廠商總收入□ $0P^*EQ^*$ 面積。

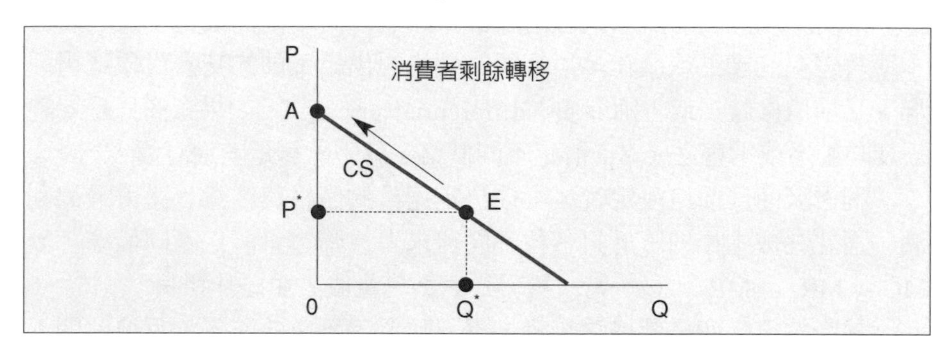

當廠商可以完全依市場需求線訂價，即依每一單位需求量之消費者願意支付的最高價格訂價，如消費量 0 至 Q^* 依序訂價為 A 至 P^*，總收入□ $A0Q^*E$ 面積，將消費者剩餘（△ AP^*E 面積）完全轉歸廠商所有，即消費者福利損失，但社會經濟福利並無損失（廠商獨享）。

完全差別訂價在實際執行上有其困難，因每一不同購買者與購買量之願意支付價格不可能完全區隔，且訂價單位過細使銷售過程繁瑣，成本提高而對廠商不利。

第二級（second degree）差別訂價

依購買量分級，購買量少者須付較高價格，購買量多者可付較低價格（大量折扣），一定範圍內的購買量訂價相同（差價區間），亦藉此區隔不同需求量的消費者。可轉移部分消費者剩餘歸獨占廠商所有，總收入雖不如完全差別訂價，但在執行技術上修正，可行性高且銷售成本低，對廠商更有利，又稱為**銷售數量差別訂價或區間（block）差別訂價**。

階段愈多則廠商可轉移之消費者剩餘愈大，但訂價單位過細使銷售成本愈高，即愈接近完全差別訂價。**大量行銷**（mass marketing）係指銷

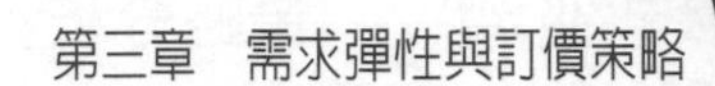

售者大量生產、大量配銷及大量促銷單一產品，以期吸引所有消費者。

第三級（third degree）差別訂價

廠商可以依需求者特性（偏好）訂定不同價格，又稱爲**銷售對象或市場區隔**（market separating）**差別訂價**。廠商爲獲得較大收益，若不同購買者可有效區隔且彼此間不能轉售，可對需求價格彈性較大的市場訂定較低價格（銷售量增加大），而對需求價格彈性較小（銷售量變動不大）的市場訂定較高價格，以增加總收入。因服務較不易轉售，可以配合差別售後服務有效區隔不同購買者。

$$MR = P\left[1 - \left(1 / |\varepsilon|\right)\right]$$

需求彈性較小（訂價較高）的消費者剩餘減少，但需求彈性較大（訂價較低）的消費者剩餘可能增加（訂價低於均衡價），即消費者總福利可能增加。

執行方式有建立一條產品線，並讓顧客依本身的偏好自行在不同產品中作選擇；控制產品的可取得性，僅對特定的顧客提供商品，運用行銷通路以及不同訂價方式；按購買者的特性區分，並且針對各項認知價值的關鍵差異而差別訂價；觀察交易的特性（時機或數量），進行差別訂價。

市場區隔（market segmentation）

將市場上某方面需求相似的顧客或群體歸類在一起，許多小市場之間存在某些顯著不同的傾向，更有效地滿足不同市場的不同慾望或需要；以市場需求面的發展爲基礎，將市場上的顧客分爲幾個需求類似的群體，每一群體區隔採用一種行銷組合來滿足。

目標行銷（target marketing）係指將整個市場區分爲許多不同部分後，選擇一個或數個市場，並針對此一區隔目標之需求擬定產品及行銷策略。目標行銷包括三個主要步驟：市場區隔、市場選擇及市場定位。

產品多樣化行銷（product-variety marketing）係指生產及銷售二種以上具不同特色、樣式、品質及尺寸的產品，市場區隔化就是依顧客之特性或偏好分類爲數個組內同質而組間異質之區隔族群，再選擇有效的區

隔市場提供服務，滿足目標顧客的需求。

直接區隔（direct segment）差別訂價

廠商直接依需求者特性（偏好）區隔不同市場，對每一區隔市場內之相同特性購買者統一訂價，但不同購買者之不同市場間則訂定不同價格，例如直接依需求者的年齡、職業、性別、身分等特性區隔不同市場。

間接區隔（indirect segment）差別訂價

需求者特性（偏好）不易直接辨識區隔市場，廠商依不同之購買者行為訂定不同價格與購買條件，不同購買者依其特定需求自行選擇不同價格與購買條件，間接形成市場區隔差別訂價效果。

廠商應評估各不同購買條件之相互影響。例如時間區隔、尖峰負荷等差別訂價，由不同需求彈性的消費者自行選擇不同購買條件（時間），而支付不同價格。

時間區隔（inter-temporal）差別訂價

廠商依需求者特性（偏好），在不同銷售期間對同一產品訂定不同價格。偏好較強（需求彈性較小）的消費者，在產品推出前期即願意支付較高的價格購買，廠商可以訂定較高價格；產品推出後期，則針對偏好較低（需求彈性較大）的消費者降價促銷，以獲得最大銷售量收入並提升利潤。

若消費者多期待產品終將降價而延後購買，使廠商必須延長銷售時間並降低售價（清倉拍賣），將反而因此提高銷售成本並減少利潤。

尖峰負荷（peak-load）差別訂價

廠商依需求量的時間不同（如特定季節、假日、時段等），在不同需求期間對同一產品訂定不同價格。整體需求量大的時間為尖峰期，消費者的需求彈性較小，廠商可以訂定較高價格；非尖峰期消費者的需求彈性較大，廠商降價促銷，以獲得最大銷售量收入並提升利潤。

尖峰負荷差別訂價不只為廠商提升利潤，亦可以價制量，分散消費者的需求時間，降低生產者的邊際成本，改善資源配置與生產效率。

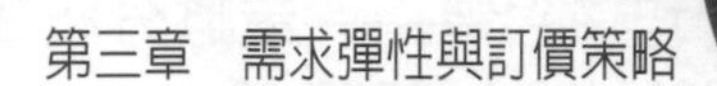

傾銷（dumping）

在國際貿易上，廠商對不同國家市場的銷售對象差別訂價；同一產品在不同國家市場，作國際差別取價的銷售，也就是在出口市場上，以低於其國內市場之價格銷售相同的商品。廠商對需求價格彈性較小的國內（壟斷）市場訂定較高價格，而對需求價格彈性較大的國外市場（國際競爭）訂定較低價格，亦即廠商以其在國內市場獲得補貼，而到國外市場低價促銷，形成國際貿易不公平競爭，廠商可以增加產量與利潤。

一國的產品以低於該產品的正常價格銷往另一國，以至於嚴重損害該進口國的某一產業，或阻礙某種產業的發展建立；各國政府在其本國產業有遭受不公平競爭的事實時，便會採取課徵反傾銷稅等報復手段對抗。傾銷屬於不公平之競爭行爲，所以各國對於傾銷都有制定反傾銷法，至於傾銷的認定各國仍有爭議，世界貿易組織有感於傾銷案件的增多及濫用，認爲傾銷與反傾銷的申訴應要改善。

移轉訂價（transfer pricing）

營利事業從事受控交易時所訂定之價格或利潤；許多跨國公司爲降低集團整體稅務負擔，透過聯屬公司間交易價格之安排，將利潤留在稅率較低的國家，造成高稅率的國家稅收嚴重短缺，促使各國財政單位透過立法，強迫跨國公司留下合理的利潤在當地作爲課稅所得。

財政部於2004年訂定發布「營利事業所得稅不合常規移轉訂價查核準則」，目的在健全我國移轉訂價查核制度，以防止營利事業藉不合常規移轉訂價交易之安排，規避或減少我國納稅義務，進而保障我國稅收、維護租稅公平。稅捐機關將可據此追溯查核前五年的營所稅是否涉及不合常規交易，關係企業、企業集團、在台外商及在大陸設廠的企業，將面臨關係人交易的重大稅負風險。企業編製財報時，必須在附註項中揭露關係人交易情形，至於企業按常規交易調整而核定有短漏報者，除補稅外須依稅法規定予以處罰。

管理經濟實務3-2：信用卡的差別訂價策略

根據銀行公會的統計，只要信用狀況良好、貢獻度高、任職於大型企業或公家機關，銀行多會給予不同程度的信用卡循環利率優惠減碼，在五十三家金融機構中，有十七家銀行提供差別利率的訂價策略。

外界質疑銀行業者以法定利率20%的最高上限，向民眾收取信用卡循環信用利率；銀行實施差別利率的訂價策略，會考量持卡人的其他因素，給予不同程度的循環信用利率優惠。銀行與特定業者共同推出聯名卡，可能會提供持卡人優惠的循環利率；中國信託一般卡循環信用利息20%，特定客群依往來情況及貢獻度，利率自5.97%-19%不等，聯名卡、認同卡的利率可達9%-19%。

銀行根據持卡人的往來信用如繳款或卡片使用狀況，以及貢獻度如活期存款一定期間的平均餘額、累計放款餘額、累計信用卡交易金額等條件，給予客戶不同等級的利率優惠，或不定期的專案期間提供優惠利率。例如台灣中小企銀六個月平均存款餘額達30萬元，循環利率就可降至8.25%；三信商銀針對公營事業、醫護、學校、五百大企業員工及專業技師，同時申辦該行信用卡及貸款，循環信用利率僅收9.86%；土銀一般信用卡利率14.2%，康鉑晶片卡或房貸戶可享12%優惠利率。

也有發卡機構針對在持卡一定期間後，若符合繳款紀錄良好、無其他不良債信紀錄、帳單金額達一定標準等條件，享有優惠循環信用利率並個別通知。發卡銀行也提供代償卡客戶一定期間之優惠利率，如台新銀行一般信用卡為20%，針對特定客戶群進行短期或不定期的專案利率可降至8.4%-16%，代償專案前六個月利率甚至降至2.99%，第七個月起15.99%。

直接區隔差別訂價直接依需求者特性，對每一區隔市場內之相同特性購買者統一訂價，但不同市場之購買者則訂定不同價格；按購買者的特性區分，並且觀察交易的特性，針對各項認知價值的關鍵差異而進行差別訂價。

信用卡積點換紅利商品，積了二千萬點相當於刷5億元，可以兌換環遊世界一百二十天的超值好禮；刷卡金累積上百到上千萬不等，兌換古堡及郵輪之旅；累計刷卡金1,900多萬，可以換五個限量LV包包；和機師上一樣的模擬開飛機課程，相當於刷150萬；麗星郵輪八日遊必須積三百二十五萬點，相當於刷9,750萬；到西印度群島獨享一整棟古堡六天五夜，刷卡金必須累積到2億6千萬；刷5,400萬換Catier坦克錶，刷1,900萬換即將停產的限量LV曼哈頓包；頂級紅利商品加上特約刷卡，積分五到八倍。

需求者特性（偏好）不易直接辨識區隔市場，間接區隔差別訂價依不同之購買者行為訂定不同價格與購買條件，不同購買者依其特定需求自行選擇不同價格與購買條件，間接形成市場區隔差別訂價效果；由不同需求彈性的消費者自行選擇不同購買條件，而支付不同價格。

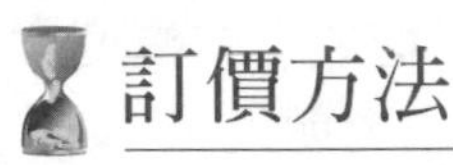

訂價方法

價格加碼（price mark up）

廠商的訂價能力愈強，可以高於邊際成本的幅度（邊際加碼百分比）愈大，即**勒納指數**（Lerner index）愈高；廠商均衡條件爲 $MC = MR = P〔1 - (1 / |\varepsilon|)〕$，即 $(P - MC) / P = 1 / |\varepsilon_d|$。

勒納指數＝邊際加碼百分比＝$(P - MC) / P = 1 / |\varepsilon_d|$

需求彈性小的商品，廠商漲價轉嫁成本能力（加碼幅度）較高，即消費者付費負擔較大；需求彈性大的商品，廠商成本轉嫁能力（加碼幅度）較低，即生產者自行吸收負擔成本。

平均成本訂價法（average cost pricing rule）

將價格訂定在需求線（AR）與平均成本線（AC）的交點，亦即在 $P = AR = AC$ 處，表示經濟利潤爲0。但若獨占廠商浪費成本，卻可以漲價轉嫁給消費者，造成社會資源配置效率低而且分配不公；若固定成本高，則訂價將偏高，且將設廠沉沒成本轉嫁給消費者。

班恩指數（Bain index）＝$(P - AC) / P$

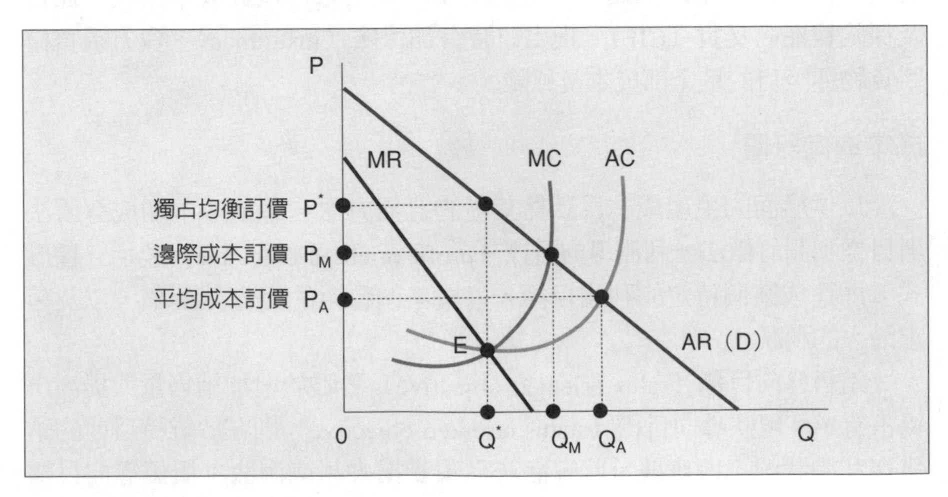

指數愈高代表廠商的訂價能力愈強，可以高於平均成本的幅度愈大，價格加碼愈高，廠商可得超額利潤的能力愈強即獨占力愈大。

邊際成本訂價法（marginal cost pricing rule）

將價格訂定在需求線（D）與邊際成本線（S）的交點（P＝AR＝MC），設廠固定成本極高而邊際成本低之產業，將因訂價過低（MC＝P＝AR＜AC）而須補貼，否則難以長期負擔虧損，無法擴充至最小效率規模（MES）。若廠商爲提高售價而調整邊際成本，可能導致廠商浪費資源而降低生產效率。

不含運費價格（free on board; FOB）

又稱爲**出廠價格**（ex-works price），即買方必須自行支付運費，廠商出廠價爲固定之統一訂價，但買方因地點不同而負擔不同運費成本，直接依需求者的運送地點區隔不同市場，購買者之實付價格差別完全來自運費成本差異。**地理訂價**（geographic pricing）就是將地理區域差異考慮在內之後的訂價。

成本運費價格（cost and freight; C&F）

又稱爲**交貨價格**（delivered price），即買方不必自行支付運費，廠商直接依需求者的運送地點區隔不同市場，因運費成本與需求彈性不同而訂定不同價格，不同地點之價格差別並非完全來自運費成本差異。**運費及保險費在內交貨**（CIF），指出口時有加保險（insurance），賣方須負擔將貨物運至目的地全部成本及風險。

成本導向訂價

以供給面的生產成本爲計算基礎的訂價方法，包括成本加成訂價法與目標利潤訂價法。**利潤導向目標**（profit oriented objective）包括三種形式，即達成某個特定的利潤目標，達成某個特定的投資報酬率，以及尋求最大的利潤。

銷售導向目標（sales oriented objective）著眼於增加銷售量或提高市場占有率；**現狀導向目標**（status oriented objective）則在於維持目前的銷售與利潤狀況，因應競爭狀況而避免蒙受損失甚或淘汰；**價值導向目標**

（value-oriented objective）重點是著眼於業主或股東的財富總值，以增加現金流量或提高股票價格爲目標。

廠商淨利＝（單位訂價－單位變動成本）×銷售數量－固定成本
損益兩平訂價（breakeven pricing）
＝（變動成本＋固定成本＋機會成本）／銷售數量
目標訂價（target pricing）
＝（總成本＋投資額×目標報酬率）／銷售數量
＝單位成本／（1－目標報酬率）

毛利加成法或成本附加法，其內涵即單位成本加一定百分比作爲價格依據；目標報酬率法即廠商估計在某一標準產量下，對其總投入成本要求一定百分率，作爲其合理報酬，經計入總成本後，除以總產量，即爲單位售價。

兩部分訂價（two-part tariff）

消費者購買每一單位量實際支付的價格均爲固定之統一訂價，但消費前須先支付一定金額的權利金（基本費或入場券），由統一訂價產生的消費者剩餘，再以加收權利金的方式移轉歸廠商所有，可行性高且銷售成本低，對廠商更有利。

通常第一階段基本費依購買量分級，購買量多者可付較低價格（大量折扣），亦藉此吸引需求量大的消費者，入場後第二階段每一單位量均爲統一訂價，因銷售量大而增加廠商總收入。

搭配銷售（tie-in sale）

將必須共同搭配的兩物（互補品）連結，須先購買固定耐久的主機（固定入場費用），並搭配相容的配件（變動消費額）才能使用。若基於交易習慣、品質維護、成本節省、免費服務等所爲之搭售行爲，不會產生排除其他競爭者之排他性或對消費者造成剝削。

廠商可以在技術上迫使消費者購買同一廠牌的主機與配件搭配使用（租用），並對互補的兩物採取兩部分訂價，剝奪消費者剩餘並且壟斷市場機會，以提高獨占利潤。

賣方要求買方需另行購買另一種產品作爲交易之條件，亦即被搭售產品（tyied product）是買受人購買搭售產品（tying product）時的強制條件，在搭售產品市場具有獨占地位之廠商，對於處於競爭狀態激烈之被搭售產品採取差別訂價，以獲取搭售產品市場中的獨占利潤。

配套銷售（bundling）

廠商生產多樣但非必須搭配互補的產品，組合套裝產品以單一價格共同銷售，可以降低成本，並使消費者方便一次購足。廠商只銷售配套組合產品稱爲**純粹配套銷售**（pure bundling），同時採取個別產品銷售與配套組合產品銷售策略稱爲**混合配套銷售**（mixed bundling）。

個別銷售單價較高而配套銷售之平均售價較低，混合配售區隔並吸引不同特性需求者，使需求彈性較小的消費者購買訂價較高之個別產品（特定偏好），但需求彈性較大（無特定偏好）的消費者購買平均訂價較低之組合產品（配套折扣）。

配套銷售產生多樣化經濟，即生產報酬隨產品多樣化而增加的條件爲：配套組合之個別產品邊際成本皆不高，且個別產品對不同需求者產生效用差異，使組合產品配套銷售可以擴大市場，大幅增加銷貨收益而小幅增加變動成本並分攤固定成本，因此提高廠商利潤。

自我競爭（cannibalization）

廠商在成本相同下訂定不同價格，使價格相對較低的商品組合需求量大增，而價格相對較高的商品組合需求量大減，產生自家商品相互替代競爭的現象，整體而言廠商未必能擴大獲利。

廠商可以依不同之購買者行爲訂定不同購買條件，有效區隔選擇條件且彼此間不能替代，不同購買者依其特定需求自行選擇不同條件（組合），間接形成市場區隔效果，降低各不同購買條件之相互影響。

訂價區間

負斜率需求線代表需求者對各特定商品數量所願意而且能夠支付的最高價格，也是廠商可以訂定的最高價格，稱爲**價格上限**（price ceiling）；當消費者實際支付的訂價低於其願意支付價格，其所多得的利

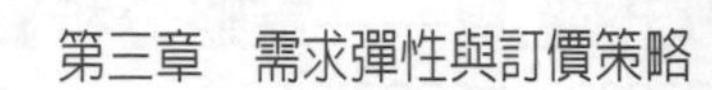

益稱爲**消費者剩餘**（consumer's surplus; CS），同一商品價格愈低則消費者剩餘愈大，表示消費者的經濟福利愈高。

正斜率供給線代表供給者對各特定商品數量所願意而且能夠供應的最低價格，也是廠商可以訂定的最低價格，稱爲**價格下限**（price floor）；當生產者實際收入的訂價高於其願意供應的價格，其所多得的利益稱爲**生產者剩餘**（producer's surplus; PS），同一商品價格愈高則生產者剩餘愈大，表示生產者的經濟福利愈高。

廠商訂價應衡量組織目標、行銷組合、成本結構等內部因素，以及市場特性、同業競爭、法令政策等外在因素，訂定買方所接受的價格，使其獲得最大利潤或最小損失。

滲透訂價（penetration pricing）

廠商訂價策略爲以低價進入市場，需求彈性大的商品降價促銷可以增加總銷售收入，廠商在市場競爭激烈下自行吸收成本上漲；廠商具有低成本規模量產優勢，以提高市場占有率爲目標，通常另有高利潤商品作爲彌補。

初在市場銷售時先採用較低價格，使產品在市場上能迅速推廣，以獲取長期較佳的市場地位，目的是期望犧牲短期利益以打擊競爭者進入市場，並謀求產品在市場上的優勢，以最短時間進入市場增加知名度。

消費者購買力薄弱的市場宜採用滲透訂價法；若潛在市場很大而競爭者又容易進入市場時，採滲透訂價利潤微薄使許多人不願加入競爭，市場占有率增加後再逐漸提高售價，則利潤亦隨之增加；若產品上市係採用低價政策，則價格將隨需求的增加而逐漸提高其價格。市場能否擴張與價格具有密切的關係，價格低時產品的需求彈性會因而提高，銷售量愈大時生產與管銷成本則愈低。

產品之特性逐漸消失，而成爲標準化產品且其商標的優越地位已經降低，賣方唯一的選擇只有採取低價格政策才能延長產品生命期間。此種犧牲血本的價格競爭結果兩敗俱傷，合理的競爭關係是應該在安定的價格下，從事於品質、服務及廣告等的非價格競爭。

市場衰退時期，由於產品的供給量超過需求量甚多，且消費者的形態也從高所得與高需要，轉變成顧客喜好偏低。配合需求量或成本的下

降逐漸降低價格，多數廠商退出該行業之後，剩下之廠商仍能有經營獲利的空間；利用機會調整價格以領導同業，大幅降低價格以阻延銷售轉向新的產品。

榨取訂價（skimming pricing）

廠商訂價策略為以高價進入市場，在市場競爭小（需求彈性小的商品）時漲價反映成本，可以轉嫁給消費者的空間較大；廠商具有品牌形象或壟斷優勢，以提高最大利潤為目標，通常市場進入障礙較大。

在最初發展階段中，採用最高價格推出產品，然後於市場擴大及成熟時再逐漸削價，主要目的在於獲得一筆最大的短期利潤。產品新上市時的需要彈性小，以偏高價格刺激顧客。

初期訂價高時，獲利空間甚大，所得到的資金可作為擴充市場預先準備，對於往後的發展更具有潛力及爆發力；市場不至於發展過於迅速，公司生產能力足以應付。

榨取訂價有幾個先決條件：市場可以依據價格敏感程度分成至少兩個區隔，有些人對價格不敏感可以接受高價，有些人對價格敏感只買低價產品；產品的高品質形象能夠與高價配合；競爭對手不能很快的進入市場，否則高價將難以維持一段時間。

中性訂價（neutral pricing）

廠商策略為以平價進入市場，需求彈性中立商品價格上漲（下跌）則銷售數量減少（增加）相同幅度，廠商不論降價促銷或漲價反映成本，都不影響總收入變動方向；廠商不具有特定優勢，以能與同業競爭為目標，通常市場進入障礙較小。

需求導向訂價（demand oriented pricing）

廠商訂價策略優先考量顧客需求反應，由需求者所願意而且能夠支付的價格上限向下調整；以市場的需求面、顧客所能接受的價格為訂價的基礎。需求導向可分為四種：人（顧客別）、地（地域別）、時（時間別）及物（產品別）等。

先依市場反應決定適當訂價，再倒推廠商所能承受的最高成本，調整控制各種成本以達成目標報酬率，稱爲**需求倒推訂價**（demand-backward pricing）；控制流程考量各中間商之進貨價格加碼，稱爲**連鎖加碼訂價**（chain-markup pricing）。

考量訂價對顧客需求量變動的影響，調整預估銷售數量，進而修正目標訂價或損益兩平訂價，稱爲**修正訂價**（modified pricing）；商品具有特性，廠商有價格加碼決定權，稱爲**知覺價值訂價**（perceived-value pricing），廠商必須不斷研發商品特性並促銷推廣，爭取消費者認同。

心理訂價（psychological pricing）是在決定初步價格後，考慮顧客對標價可能的心理反應，從而決定選擇某個適當的數字。

競爭導向訂價（competition oriented pricing）

廠商訂價策略主要考量市場競爭程度，參考同業競爭者訂價並加以調整，以產業內的競爭情況做爲訂價的基礎。

領導廠商決定價格稱爲**指標價格**（benchmark price）；其他廠商認同跟進稱爲**領導廠商訂價**（leader pricing），再加以調整稱爲**調適訂價**（adaptive pricing）。

財力雄厚的廠商壓低市場價格，稱爲**掠奪性訂價**（predatory pricing），新進廠商因所須成本較高，難以競爭獲利致知難而退，其他競爭者因不堪長期虧損而被迫退出市場。

賣方邀請買方出價稱爲**拍賣**（auction），拍賣底價高於市場均衡價格，因供給過剩（流標），賣方爲出清存貨而降價求售；當拍賣底價低於市場均衡價格，形成超額需求之市場失衡現象，因供給短缺，買不到的需求者喊價搶購，由出價最高者取得購買權。買方邀請賣方出價稱爲**競標**（bidding），由出價最低者取得出貨權；買賣雙方共同協商價格，稱爲**議價**（price negotiation）。

商品價格愈高，愈能使該商品的擁有者炫耀其身分地位，稱爲**炫耀訂價**（prestige pricing），願意而且能夠購買該商品的需求者多爲高所得的有閒階級，形成市場區隔差別訂價效果，有效區隔所得階級。

參考價格（reference price）

當消費者接觸產品訊息時所聯想的任何價格，內部參考價格是指存在消費者心中對產品價格適應水準，而外部參考價格則是指零售商提供給消費者參考的價格訊息，其中又有三種基本的形式：零售商過去的售價、競爭者的售價、相似產品的售價。

當廣告中參考價格誇大不合理時，消費者會產生對比效果，其可能之反應有拒絕廣告中之參考價格，因此一參考價格對消費者沒有產生任何作用；消費者認為廠商蓄意欺騙，因而對價格反應產生負面效果；當消費者為廣告中參考價格為誇大時，將它打折到合理的水準，誇大參考價格仍會影響到消費者的價格反應。

廠商訂價策略為不偏離參考價格而與同業平均水準相當，稱為**一般行情訂價**（going-rate pricing）。

關係訂價（relationship pricing）

廠商對特定需求者或長期購買者提供降價優惠或額外服務，通常給予貴賓卡（VIP card）或會員資格（club membership），購買量可以累計使總購買量愈大，以增加總銷售收入。

習慣訂價（customary pricing）是指在相當長的期間內維持固定的價格；**變動訂價**（variable pricing）是隨時根據成本、需求、競爭等因素的變化調整；**不二價政策**（one-price policy）是對所有的顧客一視同仁沒有價格差異；**彈性訂價**（flexible pricing）則是不同顧客適用不定的價格。

功能訂價（functional pricing）

針對中間商所執行的行銷功能來報價，銷售流程考量各中間商之進貨成本與銷售意願，又稱為**批發價格**（wholesale price）；零售商銷售予最終用戶之訂價稱為**零售價格**（retail price），又稱為**終端價格**（end price）；大部分製造業給中間商的訂價是按照牌價打折，因此為**功能折扣**（functional discount）；中間批發價格依終端零售價格打折，稱為**商業折扣**（trade discount）。

促銷訂價（promotional pricing）

商品降價促銷以增加需求量。購買量多者可付較低價格，稱為**數量折扣**（quantity discount）；每次交易之購買量可以累計使總購買量愈大者折扣愈高，稱為**累積折扣**（cumulative discount）。

依需求量的時間不同，廠商對非尖峰期（淡季）的購買者降價促銷，稱為**季節折扣**（seasonal discount）；廠商對特定季節、假日、時段等，專案限期降價促銷，稱為**促銷折扣**（promotional discount）。

廠商對一定期限內（提早）付清貨款的購買者提供降價優惠，稱為**現金折扣**（cash discount）；商品有部分破損，廠商對願意購買的需求者提供降價優惠，或對中間商之退換成本提供補貼，稱為**瑕疵折讓**（deficit allowance）；廠商對中間商或通路商提供降價優惠或成本補貼，鼓勵其配合商品促銷活動，稱為**促銷折讓**（promotional allowance）。

價格選擇權（price option）

價格折扣與付款條件多元化，購買者依其不同需求選擇特定產品組合，而享有廠商提供的不同價格折扣與付款條件，提供用戶選擇組合式費率、套裝費率或數量折扣費率。**產品組合訂價**（product mix pricing）是對各產品線上的各個品項加以考慮，決定其相對價格水準、個別標價及其他相關事項。

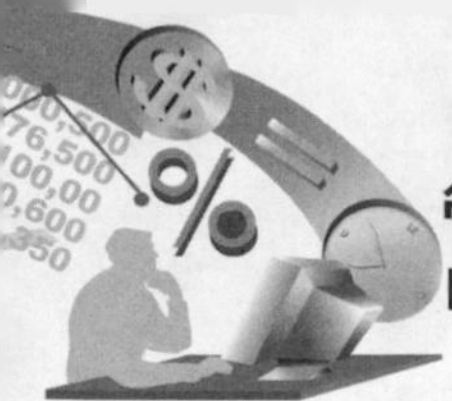

管理經濟實務3-3：數位內容產業的搭配銷售

數位家庭的夢想逐步實現，微軟Media Center Edition（MCE）作業系統上市，硬體產品也正式銷售，電腦真正走入客廳。裝載Microsoft® Windows XP Media Center版作業系統的電腦，整合一般電腦以及傳統視聽設備的功能，使用者除了可以利用Windows XP Media Center電腦收發電子郵件、瀏覽網站、編輯文件和儲存資料外，更能夠透過一支Windows XP Media Center專屬遙控器收看及錄製電視節目，觀賞DVD影片、瀏覽照片、聽音樂、聽廣播等。

擁有一台Windows XP Media Center電腦就等於擁有電視錄放影機、DVD播放機、音響、收音機以及一般個人電腦；搭配Windows Media Center Extender或X-Box，消費者更可以將Windows XP Media Center電腦的影音娛樂延伸到家庭中的每一個房間，電腦已成為數位家庭的影音娛樂中樞。

搭載Media Center Edition作業系統的硬體產品開始銷售，目前已知有十餘家廠商投入，目前美國銷售價格（不含螢幕）大約600-1,000多美元（約折合台幣19,800元至33,000元）。搭配銷售（tie-in sale）將必須共同搭配互補的兩物品連結，須先購買固定耐久的主機，並搭配相容的配件才能使用。廠商可以在技術上迫使消費者購買同一廠牌的主機與配件搭配使用，剝奪消費者剩餘並且壟斷市場機會以提高獨占利潤。

在硬體產品規格完全相同的情況下（包括硬體解壓縮的電視卡），搭載Media Center Edition產品大約比一般桌上型電腦貴1,000多元台幣。根據經濟部工業局預估，藉由電腦、通訊、內容、有線電視等4C（computer、communication、content、cable）產業的匯合，將大幅促進數位內容產業的發展，可望達到產值3,700億元的目標。

工業局定義的數位內容產業範疇，包含數位遊戲、電腦動畫、數位學習、數位影音應用、行動應用服務、網路服務、內容軟體及數位出版典藏等重點領域。多媒體、數位化科技、網際網路的興起及寬頻網路的普及，將促成4C的匯合；數位內容將成為未來4C匯合發展的重要關鍵，4C的發展也是數位內容產業發展及產值提升的重要推動力量。

4C產業指最新科技匯流下的四項關鍵性產業，亦即電腦、通訊、內容、有線電視及寬頻服務。在科技匯流的情況下不僅可以緊密結合，而且還可以衍生更多的服務；內容不但是4C緊密結合的重要關鍵，也是讓4C可以發揮更大功用的主要元素。台灣處於東西文化交會融合之處，擁有多元化的社會、優質的文化、豐富的生活形態與創新的環境，若能與電子資訊產業充分結合，在全球數位內容產業上將具有重要地位。

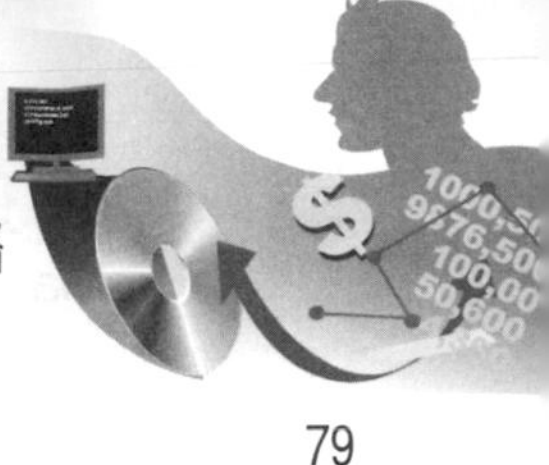

 策略行銷訂價

策略行銷（strategic marketing）

行銷人員分析市場機會，選定目標市場、爲產品定位等，具備策略規劃的引導功能。策略市場規劃是把行銷功能和企業政策結合，從公司的整體目標發展到整體策略，透過策略規劃，考慮環境因素、競爭因素、產品組合分析等，來分配求得適當的組合。

策略行銷過程不是每一部門在成長率、獲利率、現金流量目標相同，而宜有策略性的考量，是指行銷的策略面。針對市場進行全面掃描，了解顧客的需求及競爭者的實力，進行調整找出最佳市場區隔及發展定位策略。

訂價程序有六個步驟：決定訂價目標→估計需求和價格彈性→估計成本→分析競爭者成本、價格和品質→選擇訂價方法→訂定最後價格。

策略行銷 STP

先區隔市場，再選擇目標市場，最後建立市場定位，又稱爲 STP 行銷步驟。

市場區隔（segmenting）依據購買者的不同特徵或市場需求的差異性，對總體市場進行分析和歸類，爲企業營銷活動提供選擇和比較。**目標市場**（targeting）要求企業依據一定的條件和方法，對各個區隔市場進行評估選擇，並確定其進入的範圍和重點。**市場定位**（positioning）是企業爲自己及其產品在市場上樹立一定的特色，塑造預定的形象。

市場區隔經選擇及目標設定後，廠商必須將其產品在消費者心中加以定位，目的在影響或調整顧客對產品或品牌的認知，使消費者心中占有獨特的偏好地位，與廠商的整體行銷策略相一致。

行銷智慧服務（marketing wisdom service）

自動地判斷及採取適當對應能力，並正確果斷採取行動來滿足不同顧客的需求，進而擺脫競爭者的攻擊糾纏；企業將資金投資於顧客，期望獲得更佳的報酬，創造出更多的顧客資本及品牌權益。將顧客資料轉換成行銷資訊，並運用這些知識作爲規劃行銷活動之決策依據，爲企業創造出更多的品牌價值。

外顯單位效益成本

在不考慮公司專屬因素與品牌形象的影響下，需求者爲獲得最大效用（滿足感）所需支付的成本。因不對稱資訊須支付的資訊成本、資訊優勢者獲得超額利益之道德危險成本、以及購買後必須持續使用同類型產品的專屬陷入成本，則稱爲內隱交易成本。

消費者在市場交易前，會衡量實際所需支付的外顯單位效益成本及內隱交易成本，以總合之最終總成本決定其購買行爲。**交換總成本**（total exchange cost; TEC）主要由單位效益成本、資訊搜尋成本、道德危機成本及專屬陷入成本所組成，合稱 4C 。

量身打造的特定規格產品、製程、專用的檢驗生產設備、專屬團隊人員、符合其要求的資訊軟硬體等等，稱之爲關係專屬性資產，一旦移轉其價值必然降低。

外顯單位效益成本＝購買所支付的成本／需求者獲得的知覺效用

公司透過策略規劃，努力降低生產成本並控制相關費用，以降低購買所支付的成本（訂價）；同時了解消費者的需求變化與效用價值，以提升購買者獲得的知覺效用，而降低需求者的外顯單位效益成本，提高其購買意願。減少成本可能損及服務品質，增加產品或服務效益則可能提高成本，因此必須小心求取平衡。

市場吸脂（skimming）

公司策略透過新產品、管理、技術、市場等的發明或開發，降低廠商成本並誘發需求者的知覺效用與消費活動，藉由不斷研究創新持續享有各種新產品的獨占利益。

快速吸脂策略（rapid skimming strategy）以高價、高促銷活動，引發顧客對新產品產生興趣，快速獲取利潤。**慢速吸脂策略**（slow skimming strategy）以高價、低促銷活動，引發顧客對新產品產生興趣，降低行銷

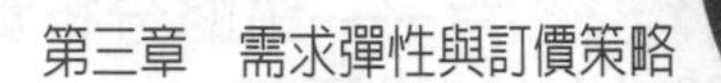

費用，創造品牌偏好，適用於市場規模不大時使用。

市場滲透（penetration）

以現有的產品對市場的組合方式擴大市場之占有率之策略，企業運用核心能力在既有領域提升產品銷量的計畫，以爭取更多的客戶。

廠商可以**擴充產能**（expanding capacity），使其產量足以供給整體市場甚至超額，其他廠商因不易占有市場而自動不願加入。廠商採取**限制訂價**（limit pricing）壓低市場價格，其他廠商因所須成本較高，難以競爭獲利致知難而退。

公司透過提高規模經濟、研發能力、生產技術等策略，努力降低生產配銷成本並控制相關費用，以降低購買所支付的成本（訂價），而降低需求者的外顯單位效益成本，提高其購買意願。提高市場占有率後，其最適產量足以供給整體市場，新進廠商因所須成本較高，難以競爭獲利，而自動不願加入；消費者購買後專屬陷入成本提高，必須持續使用同類型的產品。

快速滲透策略（rapid penetration strategy）採取低價、高促銷活動，快速占有市場，適用於市場潛力很大時。**慢速滲透策略**（slow penetration strategy）運用低價來滲透市場、低促銷活動來降低費用；適用於市場規模夠大，顧客對價格敏感，對促銷不敏感時使用。

掠奪性訂價（predatory pricing）

財力雄厚的廠商，訂價低於邊際（變動）成本，其他廠商因不堪長期虧損而被迫退出市場；事業犧牲短期利潤，以低價方式來吸引顧客打開市場，迫使其競爭者退出市場，或阻礙潛在競爭者進入市場，藉以爭取日後之優勢地位，獲取長期超額利潤。在經濟上的意義係指廠商以低於成本之訂定價格方式，企圖排除市場中其他競爭者後，再進行奪取獨占利潤之行為。

進行掠奪性訂價的廠商需具相當市場力量與足夠的財務能力，足以承受前階段的低價競爭所受損失。通常廠商優先占有市場可以享有**優先利益**（first mover advantage），隨後跟進的其他廠商須考量市場既有的產量規模及本身的競爭力。

在反托拉斯法領域中欲構成掠奪性訂價需具備二個要件：所訂立之價格，只有微薄利潤甚至毫無利潤或導致虧損；在將競爭對手逐出市場取得市占地位後，具有提高價格獲取利潤，以彌補前一階段所生之損失的危險可能性。

垂直價格擠壓

同時經營上、下游市場的垂直整合事業，為阻礙或排除下游市場內之競爭者，而提高上游市場產品或服務的價格，增加下游市場競爭者購買中間投入要素所需成本，藉以削弱競爭者在下游市場之競爭能力。

於上游市場所提供產品或服務，為其他下游市場內競爭者的關鍵投入要素；價格足以迫使具有相同效率的下游競爭者退出市場。

價格領導（price leadership）

領導者之高價政策，是為了維持高品質形象或因為高成本結構；市場跟隨者的策略是盡量保有既有的顧客，並盡量去爭取新的客戶；市場挑戰者的策略，通常是集中快速成長策略，提高市場占有率。

割喉式競爭（cut-throat competition）

激烈的價格戰。當市場競爭激烈時，產品供應者為了能刺激產品銷量，不斷地以劇烈的價格競爭作為促銷手段，甚至不惜成本將價格砍到低於成本的價位。

當市場中各廠商訂價不同，最低價的廠商將獨享市場利益，使其他廠商必須跟進降價或退出市場，形成割喉價格戰。第一家廠商先決定價格水準，隨後跟進的其他廠商可能以低價競爭搶占市場，因此領導廠商並不具有優先利益。

價格品質聯想

以不同價位區隔不同品質商品，因此劣質品廠商不能獲得長期利潤，而高價位高品質商品，廠商必須不斷推廣爭取消費者認同，非價格競爭使整體市場享有高品質多樣化的商品。

品牌使用人數（brand user）

運用多品牌策略（multi-brand strategy）、品牌延伸策略（brand-extension strategy）、品牌重定位策略（brand repositioning）來提升品牌使用人數。

顧客重複購買率（repeated-purchase）

運用拉力（pull）與推力（push）策略來提升顧客的重複購買率，先大肆宣傳活動，運用媒體或活動效果產生拉力吸引顧客上門，再運用促銷活動產生推力使購買率提升。

顧客滲透率（customer penetration）

運用差別化戰術來增加顧客對產品本身使用的次數（frequency）、使用的數量（quantity）、使用的機會（opportunity）及使用的用途（application），藉由吸收游離消費群，提高顧客的滲透率。

顧客忠誠度（customer loyalty）

運用資料庫行銷及關係行銷，藉由舊客戶資料發行會員卡或認同卡，使顧客有品牌歸屬感及認同感。

顧客選擇性（customer selectivity）

採用多樣化、差異化的行銷策略，推出各種不同大小的版本、塗裝、材質及周邊商品，以提供一般消費者或收藏的選擇。**價格選擇性**（price selectivity）運用策略規劃工具，提升平均單價消費水準。

市場占有率（market share）

市場占有率＝品牌使用人數× 顧客重複購買率

整體市場占有率

整體市場占有率＝顧客滲透率×顧客忠誠度×顧客選擇性×價格選擇性

達到增加本身市場的持久性競爭優勢（competitive advantage），並使原先單純的市場占有率，走向心理占有率（mind share）、機會占有率（opportunity share）及影響力占有率。

管理經濟實務 3-4：筆記型電腦的價格割喉戰

惠普電腦在暑假檔期推出2萬元不到的筆記型電腦，明碁的NB也在超微及燦坤的合力拉抬下，推出2萬元有找的機型；戴爾在大陸推出人民幣5,999元的NB，聯想、方正在暑假旺季，也都推出低於人民幣6,000元的NB。低價NB浪潮同步在兩岸掀起，也更壓縮桌上型電腦的市場空間。

根據資策會資訊市場情報中心（MIC）統計，2005年整體個人電腦（含桌上型電腦及筆記型電腦）全球銷量預測為1.8億台，其中桌上型電腦的出貨成長率，已多年維持個位數，成長力道轉弱；反觀筆記型電腦的出貨成長率都呈兩位數成長，占整體個人電腦的比率也將首度站上三成關卡。

開啓NB價格戰端，首先是沃爾瑪推出一款498美元的筆記型電腦，接著領導品牌戴爾祭出549美元的超低價NB，戴爾並已在大陸推出人民幣5,999元NB，只要加人民幣400元就可內建視窗XP作業系統。一線大廠加入降價熱戰將可藉此打擊二線廠，提高市場占有率。

不僅大陸當地市場NB價格戰方興未艾，在超微為搶攻市場占有率，加上通路間的競爭，以及預測新聯想將搶攻台灣市場等種種因素，已使得低價NB不再是二線廠商的專利。惠普推出2萬元以下的青年機，在暑假電腦展成功為惠普的NB創造一波搶購熱潮，也帶動其他機種的銷量成長。

根據國際數據資訊（IDC）統計，台灣筆記型電腦由華碩、宏碁、HP及IBM分占前四大廠商，共占整體市場出貨的77%；而桌上型電腦方面，則由宏碁、HP、IBM與華碩分別名列前四大廠商，占總體市場的29%。惠普認為，NB的低價化趨勢已確立，一線大廠推出超低價NB刺激市場，已無關乎打擊品牌形象的問題，而是必須建立更長的價格戰線，包括最低價至最高階的產品線都需一應俱全，符合各市場的需求。

終端售價的降低意味代工價格也將跟著壓縮，低價化造成二線品牌退出市場；代工毛利率的壓低，也讓二線代工業者僅能退居通路市場，大者恆大的態勢將同時出現在品牌及代工市場。當市場中各廠商訂價不同，最低價的廠商將獨享市場利益，使其他廠商必須跟進降價或退出市場，形成割喉價格戰。

為了能與HP與Dell維持三足鼎立的態勢，如今已落居全球第三大筆記電腦商Toshiba必須進行結構的改革；在目前的環境下若對手降價，不可能自認為高階機種就不跟進更低的價格。曾經是DRAM大廠的Toshiba，在2001年因不敵新興競爭對手的搶攻宣布退出，轉進高階記憶體晶片領域，目前是1.8吋HDD的主要製造大廠，占了全球98%市占率，這類硬碟機主要用在PDA與數位音樂播放器上，而預估此一市場在2006年將成長八倍達2,500億台。策略行銷針對市場進行全面掃描，了解顧客的需求及競爭者的實力，進行調整找出最佳市場區隔及發展定位策略。

第四章 消費行爲與行銷策略

消費相關理論

無異曲線分析

消費者偏好

行銷策略

 消費相關理論

民間消費（consumption; C）

經濟體內的家戶部門，在一段期間內對消費財之總支出，包括購買耐久財與非耐久財等財貨，以及使用各種勞務所須支付的費用。家戶部門可以動用之可支配所得，用於其經濟活動成本爲消費支出（C），剩餘未動支部分稱爲儲蓄（S）。

可支配所得（DI ； Yd）＝消費（C）＋儲蓄（S）

基本心理法則（fundamental psychological law）

由凱因斯（J. M. Keynes）提出，強調消費支出與消費者現有實質所得水準的關係，又稱爲**絕對所得**（absolute income; AI）消費理論。一般人的消費支出大小，與可支配所得呈同方向但不同比例變化，即消費支出隨可支配所得的增加而增加，但消費支出增加率小於可支配所得增加率。

消費函數： $C = Ca + mpc \times Yd$

消費支出＝自發性消費＋誘發性消費

自發性消費（autonomous consumption; Ca）

不受可支配所得大小影響的基本消費水準，亦即當可支配所得爲0時，爲維持基本生活所須支付的最低消費額。與可支配所得無關，故稱爲自發性，但仍與其他因素有關，受到所得以外之因素影響而改變，如主觀偏好、生活習性、政策制度、物價水準、未來預期、信用利率、實質資產等。

誘發性消費（induced consumption; mpc × Yd）

會隨可支配所得的增加而增加的消費支出，可支配所得乘以消費支

出增加率即是誘發性消費額，意指受到所得增加所誘發增加的消費支出，亦即總消費支出扣除自發性消費後之部分。

邊際消費傾向（marginal propensity to consumption; mpc）

每變動一單位所得所誘發的消費變動量，表示在增加的可支配所得中，可以用來增加消費支出的比例，亦即消費支出增加率。消費支出增加率小於可支配所得增加率，因此 $0 < mpc < 1$。

mpc ＝ Δ C ／ Δ Yd ＝消費線斜率

平均消費傾向（average propensity to consumption; APC）

每一單位總所得的總消費額度，表示在一定總量的可支配所得中，可以用來消費支出的比例，亦即消費支出率。

APC ＝ C ／ Yd

恆常所得（permanent income; PI; Yp）

由傅里曼（Friedman）於 1957 年所提出，認爲消費支出的比例依據可支配所得中之恆常所得，而不受暫時所得的影響，亦非只依據目前所得來規劃消費；消費支出不能依據暫時所得，而應衡量恆常平均所得以規劃平均消費水準。

恆常所得是目前財富可以在未來產生的固定收益，包括生產性人力資源產生的勞動所得，以及非生產性經濟活動產生的財產所得，因此財富現值爲恆常所得的折現值，而消費支出爲恆常所得之固定比例 k。

PV（財富現值）＝ Yp ／ i
C ＝ k · Yp；$0 < k < 1$

暫時所得增加使實際所得增加，造成依較低之恆常所得所定之消費支出比例 APC 偏低；反之暫時所得減少使實際所得減少，則依較高之恆常所得所定之消費支出比例 APC 偏高，APC 隨暫時所得增加而遞減。

生命循環（life cycle; LC）

由莫迪格里尼（Modigliani）於1985年所提出，將恆常所得之消費更擴大跨期，為依據一生中之所得變化來規劃一生之消費變化，以一生中之所得限制條件，包括預期未來勞動所得及財產所得，追求一生之消費效用極大，而非只依據目前所得來規劃目前之消費。

一般而言，年輕初入社會工作時（青年期），雖然當時所得不高，但預期未來所得增加且對耐久財消費需求較大，因此APC偏高而儲蓄偏低，甚至發生消費透支之負儲蓄；中年時期所得達到一生中之高峰，但愈接近退休則消費保守而增加儲蓄，因此APC偏低；老年時期所得減少而基本生活消費有增無減，造成APC偏高，可能須動用過去的儲蓄或接受社會救助（負儲蓄）。

相對所得（relative income; RI）

由笛生柏林（Duesenberry）於1949年所提出，認為消費支出大小並非完全依據其絕對所得大小，消費效用還會受到社會上其他人的消費水準所影響，稱為示範效果（demonstration effect）。

相對所得意指本身的絕對所得相對於全體平均所得的地位，當相似或更低地位的所得者消費水準偏高時，即使其絕對所得（購買力）已降低，但為顯示其相對地位（效用），仍將維持偏高之消費水準。

效用（utility; U）

消費者消費商品獲得滿足感的程度，滿足感愈強則效用愈大，反之則小。效用是個人的偏好感受，為因人而異的主觀價值判斷，甚至同一人在不同時點等環境變化下，也可能會有不同感受而效用不同，因此產生不同的選擇決策與消費行為。

消費為基本經濟活動的終極目的，在耗用有限資源以滿足無窮慾望的過程中，消費者依其偏好選擇取捨商品。消費者對各種財貨勞務有需求，是因為消費該商品可以獲得滿足感，偏好愈強則消費者所能獲得的滿足感愈高，對該商品的需求也就愈大，反之則小。消費者對各種財貨勞務有需求，是因為消費該商品可以獲得滿足感，偏好愈強則消費者所能獲得的滿足感愈高，對該商品的需求也就愈大，反之則小。

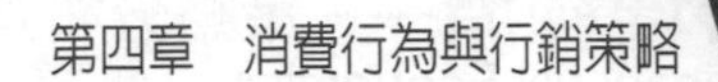

總效用（total utility; TU）

在一定時間內，消費某一財貨勞務所累積得到的效用總和，亦即消費該商品總數所產生的總滿足感。$TU = U_0 + U_1 + U_2 + \cdots$

邊際效用（marginal utility; MU）

在一定時間內，每增加一單位消費量所能增加的效用單位，亦即多消費該商品一單位所增加的滿足感幅度。

$MU = \Delta U / \Delta Q$ ＝效用變動量／消費變動量

邊際效用是每一單位消費的效用變動幅度，而總效用爲每一單位邊際效用之總和。

邊際效用遞減法則（law of diminishing marginal utility）

在一定時間內，其他條件不變下，當開始增加消費量時，邊際效用會增加，即總效用增加幅度大，但累積到相當消費量後，隨消費量增加而邊際效用會逐漸減少。

一般而言，消費者想要（偏好）某物而未能獲得，或擁有數量不夠大時，增加消費量則其滿足感大增（邊際效用增加）；但擁有數量足夠時，再增加消費量則其滿足感增加幅度逐漸平緩（邊際效用遞減）；擁有數量太多時，再增加消費量則反而感覺厭惡（邊際效用減爲負且繼續遞減，累積之總效用因此亦減少）。在正常狀況下，消費者擁有足夠數量而邊際效用遞減後，會將有限資源配置轉移以滿足其他慾望，不至於消費同一商品過量到感覺厭惡。

按照生理學和心理學的觀點，隨著同一種消費品數量的連續增加，人們從單位消費品中感受到的滿足程度和對重複刺激的回應程度是遞減的。一種商品具有幾種用途時，消費者總是將第一單位的消費品用在最重要的用途上，第二單位的消費品用在次重要的用途上，消費品的邊際效用便隨著消費品用途重要性的遞減而遞減。

消費者均衡（consumer's equilibrium）

消費者的理性選擇行爲應在有限資源（預算）下，追求最大效用

（滿足感），爲最佳消費組合亦即消費者行爲不再變動的穩定狀態。

消費者均衡的邊際條件爲 $\frac{MU_1}{P_1}=\frac{MU_2}{P_2}=\cdots=\frac{MU_M}{P_M（1元）}$

邊際效用均等法則表示，消費者花費的最後一元預算，不論購買消費何種財貨勞務，所獲得的滿足感（邊際效用）相同，則其消費的總效用亦達到最大。若任兩物之間等式不成立，即處於不均衡狀態，消費者須再調配其預算支配直到均衡爲止。

當 $MU_X / P_X > MU_Y / P_Y$，表示消費者花費的最後一元預算，消費 X 比消費 Y 獲得更大的滿足感（邊際效用），因此消費者會增加消費 X 而減少消費 Y，依據邊際效用遞減法則，MU_X 減少而 MU_Y 增加，此消費行爲持續調整直到 $MU_X / P_X = MU_Y / P_Y$ 的均衡狀態爲止，即總效用亦持續增加達到最大；反之亦然。

一般而言，消費者在可支配所得預算有限下，會理性選擇邊際效用（獲得滿足感）較高的商品，將其有限資源作最有效配置。

持有貨幣（M）亦可使消費者獲得效用（儲蓄財富），因此可將持有貨幣的邊際效用與購買商品的邊際效用比較，如 $MU_X / P_X > MU_M / P_M$，表示持有貨幣的邊際效用，小於將最後一元貨幣支出以購買商品 X 的邊際效用，此時消費者會理性選擇支出貨幣（減少持有）而增加消費（購買）商品 X，依據邊際效用遞減法則，MU_X 減少而 MU_M 增加，此消費行爲持續直到 $MU_X / P_X = MU_M / P_M = MU_M$ 的均衡狀態爲止；反之亦然。

行銷近視症

企業過分專注於產品，忽略了滿足顧客需求的重要性；迷信大規模生產時單位成本快速下降的利益，而忽略了市場環境和顧客需求的改變，使企業因產品過時而步上衰退沒落的命運。

一般產品針對人們的生理需要或物質生活需要，這種需要有一個限度，因此消費的商品或服務達到一定數量，它帶給人們的滿足程度就會下降。公司提供的服務具有壟斷特點，使顧客始終有著濃郁的新鮮感，用戶爲了獲得更大程度的滿足，甚至願意付出更高的費用。

管理經濟實務 4-1：網路經濟的邊際效用

傳統經濟學邊際效用遞減規律認為，隨著消費數量的增加，單位商品或服務給人們帶來的滿足程度會逐步下降，擁有的某種產品愈多興趣就愈小，其邊際效用就愈低。在網路經濟中情況恰好相反，消費者對某種商品使用得愈多，增加該商品消費量的慾望就愈強，出現了邊際效用遞增規律。

微軟公司的用户一旦使用了該公司的產品，對其具有愈來愈大的倚賴性；由於用户已被鎖定在某一文字處理或排版系統上，不願學習使用新系統，於是不斷購買原系統的新版本，更新計算機系統的轉移成本可能會達到天文數字。

對知識含量較高的產品，無論是虛擬產品還是智能產品，都會出現邊際效用遞增的現象；不僅由於消費這些產品需要較多時間進行學習，有著較高的轉移成本而被鎖定，還因為知識本身是可以系統增值的。隨著掌握的知識數量的增加，人們對訊息的理解程度逐步加深，訊息所起的作用愈來愈大；擁有的訊息愈多，就會對掌握更多的知識產生更加迫切的需要，形成知識的累積效應；一個知識淵博的人，知道如何充分發揮訊息的使用價值，增加的效用就較大。

在網路經濟時代，產品或服務的網路價值比其自身的價值更加重要，由於超越空間限制的互連，根據麥特卡夫定律，網路價值與網路用户數量的平方成正比，即 N 個連結能創造 N^2 的效益；隨著網路以算術級數增長，網路的價值以指數模式增長。在網路經濟中，收益遞增可使加入網路的價值增加，而使塑造平台的經濟驅動力愈強大，吸引更多的公司加入網路，導致網路價值滾雪球般地增大；較小的努力會得到巨大的結果，產生令人震撼的蝴蝶效應。

對大批量生產、技術變化速度比較小的傳統經濟來說，邊際效用遞減涉及的產品或服務，在質量和性能上沒有變化，簡單重複性的消費很容易達到飽和狀態。在正常狀況下，消費者擁有足夠數量而邊際效用遞減後，會將有限資源轉移以滿足其他慾望。

對小批量生產或定製生產、技術進步迅速的網路經濟來說，邊際效用遞增涉及的產品或服務，在質量和性能上不斷改進，在消費數量增加的同時，也不斷給人新的刺激，而能不斷提升人們的滿足程度。邊際效用遞增所涉及的滿足，是針對人們的社會需要或精神生活需要，由於網路效應，使用某種產品的數量愈多，該產品的效用就愈大，其邊際效用在遞增。

凡是僅滿足人們的物質需要或知識含量較少的網路產品和服務，其消費仍然體現出邊際效用遞減規律。幾乎所有的電子信箱都具有相同的功能，當用户只能擁有一個電子信箱時其邊際效用最高，當用户可以擁有無窮個電子信箱時，邊際效用就會不斷下降為零了，因此人們只願意使用免費電子信箱。

無異曲線分析

無異曲線（indifference curve）

假設X與Y為可使消費者產生效用的兩種商品，且消費者只能選擇此二商品為其消費組合，圖中橫軸代表X消費量，縱軸代表Y消費量，X-Y構成之平面稱為商品空間，在此空間內的任一曲線代表兩物消費組合，可產生相同效用水準的軌跡。同一無異曲線代表某一效用水準；線上每一點則代表兩物不同的消費組合，可產生相同的效用水準（消費者滿足感無異），因此又稱為等效用曲線。

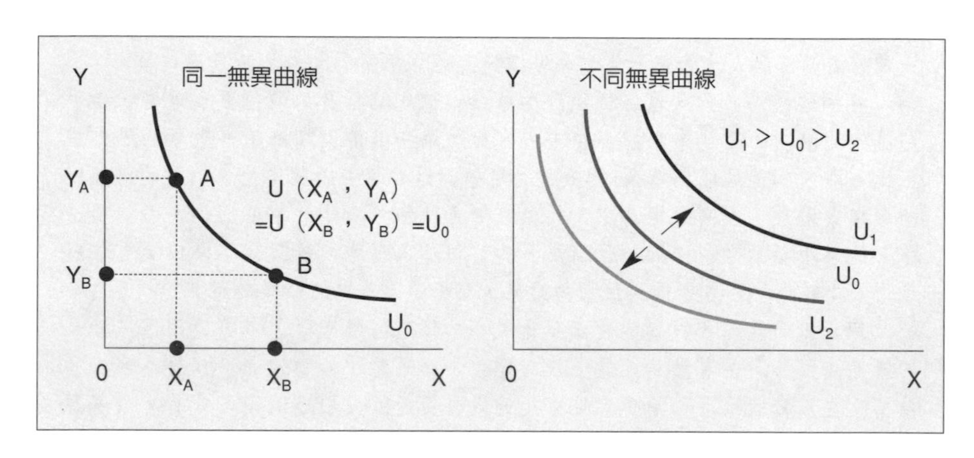

無異曲線特性

不同曲線則代表不同效用水準，整條無異曲線往外側（遠離0點）位移，代表較大的效用水準，如圖$U_1 > U_0$，而U_1上每一點不同的消費組合可產生相同的效用水準U_1。反之若整條無異曲線往內側（接近0點）位移，代表較小的效用水準，如圖$U_2 < U_0$，而U_2上每一點不同的消費組合可產生相同的效用水準U_2。

商品空間上每一點都有唯一一條無異曲線通過，亦即在某一商品空間上有無限多條無異曲線，但無異曲線彼此不能相交。

無異曲線由左（X小）上（Y大）向右（X大）下（Y小）方延伸，

X與Y之消費量反向變動以維持相同的效用水準，而形成負斜率曲線。

無異曲線由左上方向右下方延伸，而且由陡直（斜率大）而漸平坦（斜率小），無異曲線凸向原點爲邊際替代率遞減法則所造成。

邊際替代率（marginal rate of substitution; MRS）

爲維持相同的效用水準，消費者要增加一單位X消費量而必須減少Y的消費量，亦即「以X代替Y的交換比例：$MRS_{XY} = \triangle Y / \triangle X = MU_X / MU_Y$」。增加X消費量而增加的效用$\triangle X \cdot MU_X$須與減少Y消費量而減少的效用$\triangle Y \cdot MU_Y$相同，而$\triangle Y / \triangle X$爲無異曲線上任一點（X，Y）的切線斜率，所以邊際替代率即是無異曲線上的點切線斜率，亦爲X與Y之邊際效用比值。

邊際替代率遞減法則（law of diminishing MRS）

隨著X消費量增加，爲增加一單位X消費量而減少的Y消費量隨之遞減，圖形上同一無異曲線愈往右（X增加）愈平坦（斜率減小），亦即邊際替代率遞減。依據邊際效用遞減法則，消費者增加消費X而減少消費Y時，MU_X減少而MU_Y增加，因此MU_X / MU_Y（邊際替代率）下降。因爲隨著X消費量增加，X的邊際效用遞減，消費者願意付出的代價（減少消費Y）降低，亦即以X代替Y的交換比例降低，所以邊際替代率隨著X消費量增加而遞減。

預算線（budget line）

消費者若將所有預算購買X與Y兩種商品，其購買之商品總價值＝總支出（TE）＝$P_X \cdot X + P_Y \cdot Y$＝總預算（M），預算線即爲在商品空間上，同一預算水準下，消費者購買X與Y兩種商品不同數量組合的軌跡。

$M = P_X \cdot X + P_Y \cdot Y$，當$Y = 0$時表示所有預算（M）只購買X的消費量爲$M / P_X$，而$X = 0$時表示所有預算（M）只購買Y的消費量爲$M / P_Y$，兩點連線即成預算線。預算線內側，即左（X小）下（Y小）方三角形，爲消費者預算可支付之能力範圍，又稱預算空間；線外側即右（X大）上（Y大）方，表示已超過消費者預算可支付之能力範圍，

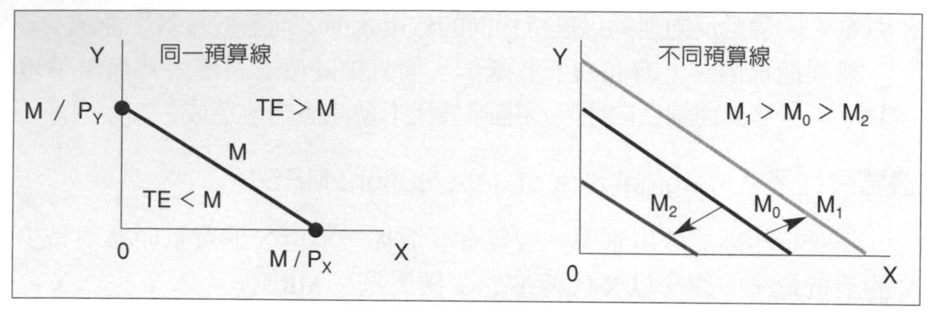

因此預算線又稱爲消費可能疆界或預算限制。

同一預算線代表某一預算水準，而線上每一點則代表兩物不同的消費組合所產生相同的支出水準。不同預算線代表不同預算水準：整條預算線往外側（遠離0點）位移，代表較大的預算水準，如圖 $M_1 > M_0$；反之若整條預算線往內側（接近0點）位移，代表較小的預算水準，如圖 $M_2 < M_0$。

$$\text{預算線斜率} = \triangle Y / \triangle X = (M / P_Y) / (M / P_X) = P_X / P_Y$$

預算線斜率又等於X與Y兩種商品價格的相對比例，因此預算線又稱價格線。

預算線爲直線而非曲線，線上每一點斜率均相同，但X與Y之購買量須反向變動以維持相同的預算水準，而形成負斜率預算線。當兩物相對價格不變而所得支出水準改變，則預算線平行位移；若兩物相對價格改變，則預算線斜率改變，P_X 相對上漲則斜率較大（預算線較陡），P_Y 相對上漲則斜率較小（預算線較平）。

消費者均衡

消費者購買兩種商品時會衡量所能獲得的滿足感（無異曲線）、價位與支付能力（預算線）等因素，以取得均衡（最佳消費組合），在有限資源（預算）下能得到最大滿足（總效用）。因此將客觀存在的預算線與主觀排列的無異曲線相配合，以決定消費者均衡的最佳消費組合，亦即在有限預算下使消費者得到最大效用，又稱爲一般的選擇原則。

消費者均衡在預算線與無異曲線相切之切點（E）處，在預算（M）

有限下，消費者得到最大效用（U_0），並對應最佳消費組合之消費量（X^*，Y^*）。如圖，在消費者預算可支付之能力範圍之預算空間內（預算線 M 左下方），可得最大效用 U_0，而切點 E（X^*，Y^*）爲無異曲線 U_0 上，唯一消費者預算可支付能力範圍內之消費組合。

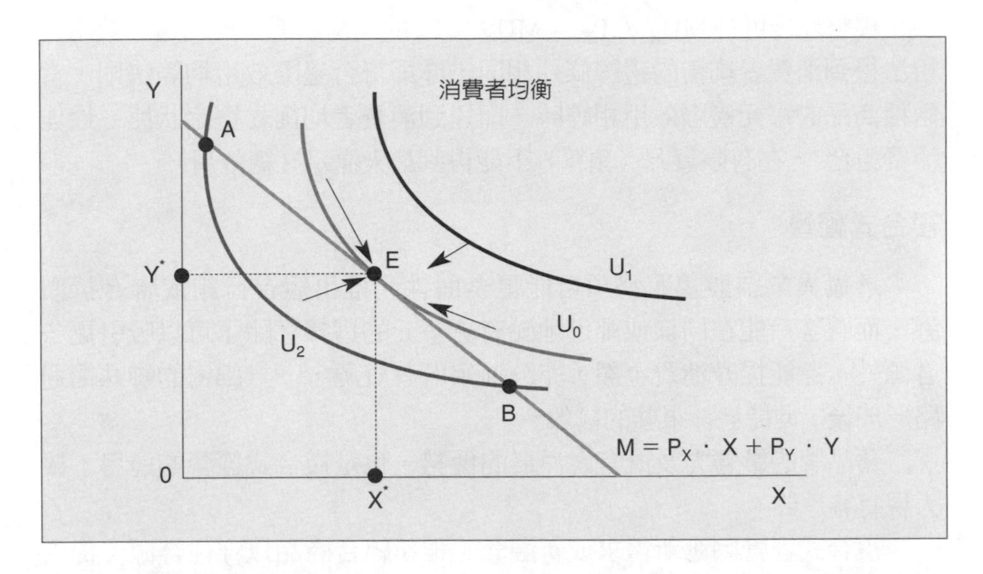

雖然無異曲線 U_0 上切點 E 以外各點，同樣可以獲得最大效用 U_0，但均落在消費者預算可支付之能力範圍外（預算線 M 右上方），因此非最佳消費組合，要調整消費量以減少支出至切點 E（X^*，Y^*）。而遠離預算線之無異曲線，如圖 U_1 之消費組合可以獲得較大滿足感，但已超過消費者預算可支付之能力範圍，無法達成此一效用水準，必須調整消費量以減少支出至無異曲線 U_0 上之切點 E（X^*，Y^*）。與預算線相交之無異曲線，如圖 U_2 上 AB 段之間的消費組合，均落在消費者預算可支付之能力範圍內，但 U_2 效用較小，亦即消費者尚未將有限資源（預算）作最有效配置以獲得最大滿足（效用），因此應該調整消費量以增加效用至無異曲線 U_0 上之切點 E（X^*，Y^*）。

消費者均衡條件

消費者均衡在預算線與無異曲線相切處，亦即預算線 M 爲無異曲線 U_0 上之均衡點 E 的切線，因此該切線斜率等於預算線斜率，所以消費者均衡的條件：

$$MRS_{XY}（無異曲線切點斜率）= \triangle Y / \triangle X = MU_X / MU_Y = P_X / P_Y（預算線斜率）$$

經整理後可得$MU_X / P_X = MU_Y / P_Y$的均衡狀態，與由邊際效用分析法得到消費者均衡的邊際條件相同，亦即符合邊際效用均等法則，當兩種商品的每元邊際效用相等時，即達到消費者均衡之穩定狀態（最佳消費組合），在有限資源（預算）下能得到最大滿足（總效用）。

複合式經營

透過異業結盟讓服務項目能更全面性，推出組合行銷或聯合折價券，而讓客戶能在同樣或鄰近地點有更多元的選擇；除了可以吸引更多客源外，還能提升消費金額，充分運用既有資源，一旦綿密的蜘蛛網通路形成後，便能發揮很強的綜效。

藉品牌的影響力及既有客戶群的優勢，也是複合式經營的運用，擴大現有客戶群。

複合式經營因應新需求或新觀念，推新組合商品以守住客源；提供全方位及便利服務，提高消費金額；充分運用企業現有資源，推出新服務擴大客戶群。隨消費量增加而邊際效用會逐漸減少，偏好轉變因此消費者願意支付的價格也降低，供應民眾邊際效用大的商品，消費者會將有限預算，分配給每元邊際效用較高之商品。當兩物完全互補，消費者只能依兩物固定組合比例搭配（組合套餐），若只增加一物消費量而另一物未增加，則無法增加消費效用。

管理經濟實務 4-2：複合式經營滿足最佳消費組合

在市場不擴張即萎縮、一次滿足消費行為、互補式經營對景氣起伏具抗壓作用、房仲業的特殊社區互動性自然衍生出多元商品服務，以及企業經營的長久考量的環境因素下，複合式經營將是未來十年的房仲市場主流之一。例如力霸房屋在原通路發展出東森便利店，住商不動產在上海據點推出租賃管理服務，信義房屋成立信邑裝潢並發行居家雜誌；因為要尋求創新，就是創造有效的新需求，進行有價值的差異化，擴大產業的領域。

郵局近年不僅只經營郵政業務傳統通路，還在店頭試行化妝品、保單、玩偶公仔、套幣等商品銷售。《藍海策略》作者金偉燦針對全球一〇八家企業所做的研究報告，這些企業將86%精力放在既有產業，營收占整體營收的62%，貢獻度只占39%；14%用來推展新業務，卻創造了38%的營收，對整體獲利貢獻達61%。

一次滿足的行為習慣，將促進複合店的快速拓展；消費者購買商品時會衡量所能獲得的滿足感、價位與支付能力等因素，以取得均衡，在有限資源下能得到最大滿足；在預算有限下，最佳消費組合之消費量，消費者得到最大效用。

加油站市場在贈品戰及價格戰告一段落後，已邁向複合式經營模式，進一步提升非油品的業外獲利。從單純的洗車、設置提款機，延伸到便利商店、汽車百貨、停車場及速食餐飲等服務，加油站經營在大型及集團化下具有通路優勢，導入複合式經營可以提升通路效益，增加油外收益，拉抬油品銷量，積極創造業外收益。

全國加油站目前包括汽車百貨、洗車及商場，肯德基等速食業者租金收益豐厚穩定，其中洗車收入每月達600萬至700萬元，加上速食業者包底抽成收益、竹北交流道商場及板橋汽車百貨租金收入，整體油外業務占獲利的五成以上；中油與萊爾富超商、普利擎、日本百克士及出光石油等業者合作，經營複合式加油站；台塑石化看中經營複合式加油站的商機，與日本出光石油合作，在台亞林口示範站等地成立汽車快速維修保養中心。

休閒小站提供多樣的飲料、炸雞、簡餐等；觀光休閒度假村提供農場、民宿、果園、餐廳、咖啡廳等多元化功能；健身俱樂部除了運動設備、三溫暖的基本設施外，還附有健康飲食吧台、養生茶、護膚服務、減肥健身等。舊有產品無法滿足，複合式經營推出新產品以穩固客源，端視經營的形態與消費者接受的程度。

因每一商品有邊際效用遞減現象，消費者會選擇多樣商品，增加消費邊際效用較高而減少邊際效用較低之商品，直到消費者均衡之穩定狀態（最佳消費組合）。

消費者偏好

需求法則（law of demand）

一般而言，在一定期間內，其他條件不變下，本身價格上漲時需求量減少，本身價格下跌時需求量增加，爲需求者購買行爲普遍存在的通則，亦即本身價格與其需求量之間呈反向變動關係，因此需求線爲負斜率直線或曲線。

需求法則形成的原因，主要爲需求者的替代效果（意願）與所得效果（能力）；若形成正斜率需求線，則是需求法則的例外，包括韋伯侖財、季芬財、標新立異財等。

替代效果（substitution effect）

在商品本身價格以外的因素不變下，因本身價格變動而與其他商品的相對價格改變，需求者將以相對價格較低的商品取代相對價格較高者。相對價格較高的商品提高了其潛在購買者的支付成本，而使其願意而且能夠購買該商品的數量減少，轉而多買其他相對價格較低的替代品。

所得效果（income effect）

在商品本身價格以外的因素不變下，價格較低的商品其潛在購買者願意而且能夠購買該商品的數量增加，亦即需求者的實質購買力提高；反之價格較高的商品降低了其需求者的實質購買力。實質購買力又稱爲實質所得，表示名目所得實際的購買力效果。

韋伯侖財（Veblen goods）

商品價格愈高愈能使該商品的擁有者炫耀其身分地位，反使該高價商品需求量增加。願意而且能夠購買該商品的需求者多爲高所得的有閒階級，又稱爲炫耀財，例如豪宅、珠寶等。

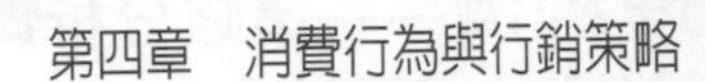

標新立異財（Snobby goods）

需求者爲標新立異或追求時尚，以凸顯個人特色或愛慕虛榮，亦具有炫耀性質，但不限於高所得的有閒階級，需求者亦非追求高價商品。例如許多年輕人喜著奇裝異服或以擁有超炫手機爲傲，廠商不斷推陳出新帶動流行，吸引追隨者搶購使價格居高不下，即該高價商品需求量增加；當擁有該商品不再與衆不同，降價求售亦乏人問津，該低價商品需求量即減少。

季芬財（Giffen goods）

商品價格愈高，其支出占所得比例愈高，使購買該商品的需求者愈無力購買其他商品，而只能再多買該商品；反之物價水準降低使需求者購買力提高，則改購買其他商品，反而減少消費季芬財。

季芬財多發生在低所得階層的生活必需品，爲劣等財的一種，其負所得效果大於替代效果。例如早期台灣貧農社會主食番薯，當物價上漲，更買不起米飯魚肉，只得再多買番薯裹腹。

劣等財（inferior goods）

所得與需求反向變動的物品，即所得增加使偏好降低，所得減少則使偏好提高的物品。

所得與需求同向變動的物品稱爲**正常財**（normal goods），所得增加使一般人增加正常財的需求，而減少對品質較低的劣等財的需求；所得減少則使一般人偏好價格較低的劣等財，而減少對正常財的購買力。

季芬財代表負的所得效果超過替代效果；所以季芬財是劣等財的一種，而劣等財不一定是季芬財。

耐久財（durable goods）

可以長期使用的物品，例如家戶之汽車、家電、房屋，廠商之機器、設備、廠房等，通常價位較高，商品消費占需求者總支出的比例較大，因此對未來預期的價格、所得、貸款利率水準，影響需求者的消費意願與購買能力。

所得增加使一般人增加購買耐久財的需求，所得減少則使一般人偏好相對價格較低的二手貨（劣等財）或遞延消費需求。

價值矛盾（paradox of value）

又稱爲鑽石與水的矛盾。一般而言，水比鑽石有用（總效用），但鑽石卻比水更貴，此因鑽石稀少而水量卻大得多，依據邊際效用遞減法則，消費量少的鑽石邊際效用（$MU_{鑽}$）大而消費量大的水邊際效用（$MU_{水}$）小，而在消費者均衡時，$MU_{水} / P_{水} = MU_{鑽} / P_{鑽}$，因此 $P_{鑽} > P_{水}$，消費者願意支付的價格決定於邊際效用而非總效用。

邊際效用遞減與需求法則

邊際效用遞減法則主張，隨消費量增加而邊際效用會逐漸減少，因此消費者願意支付的價格也降低，形成隨消費量增加而商品價格降低的需求法則，亦即降價可使 MU_X / P_X 上升，消費者才願意再增加消費商品 X。如此由邊際效用遞減導出負斜率的需求線，線上每一點代表每一需求量，對應消費者願意支付的最高價格。

完全替代品

用途相近而能互相取代的事物，當兩物可以完全替代（偏好相同），效用函數 $U = AX + BY$，爲線性函數。減少 Y 的消費量可以完全被增加 X 消費量所取代，而不影響消費效用，亦即邊際替代率不會遞減（偏好不變），而形成固定斜率（$MRS = A / B$）的直線形無異曲線，但該斜率未必與預算線相同，因此最佳消費組合在兩線交點（一點）。無異曲線愈平直（接近直線形），則兩物替代性愈大。

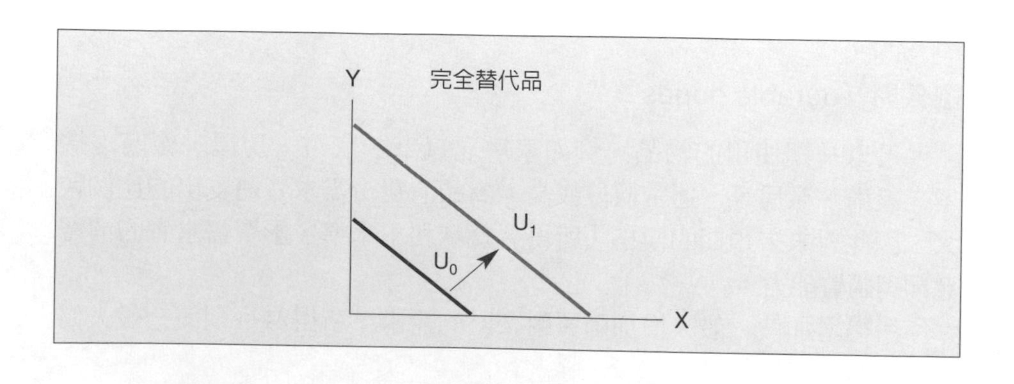

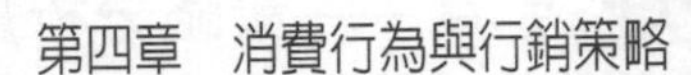

完全互補品

須共同搭配使用的事物，當兩物完全互補，則兩物必須同時增減才能滿足相同消費效用，效用函數 U ＝ min（X ／ A，Y ／ B），又稱為李昂蒂夫（Leontief）效用函數。消費者只能依兩物固定組合比例（A ： B）搭配，若只增加一物消費量而另一物未增加（水平或垂直），則無法增加消費效用，亦即邊際替代率不會遞減，而形成固定比例的直角形無異曲線，因此與預算線相切之角點為最佳消費組合。無異曲線愈彎曲（接近直角形），則兩物互補性愈大。

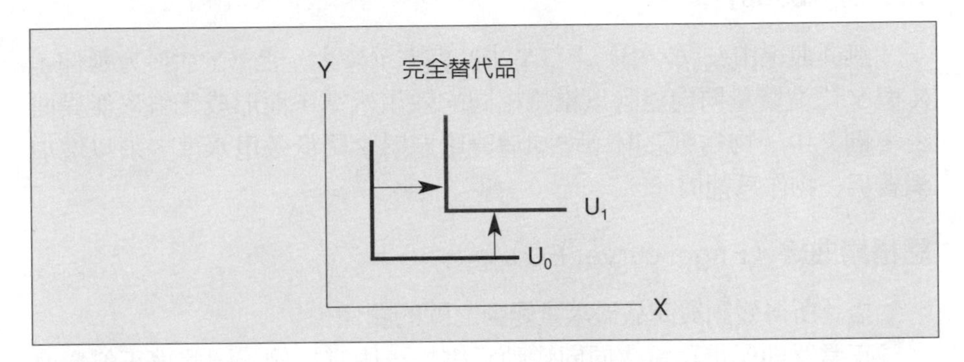

無異曲線偏好

凸向原點的無異曲線代表邊際替代率遞減，若對 X 偏好較高則曲線較陡直，表示邊際替代率較大，消費者願意付出較大代價（減少消費 Y）來多消費 X ；反之對 Y 偏好較高則曲線較平坦，表示邊際替代率較小，消費者不願減少消費 Y 來多消費 X 。若對 X 偏好提高則曲線偏右移動 X（消費量增加較多），反之對 Y 偏好提高則曲線偏上移動（Y 消費量增加較多）。

若為邊際替代率遞增之負斜率無異曲線（凹向原點），即隨著 X 消費量增加，而消費者願意付出更大代價減少消費 Y 時，則 X 是上癮財（對 X 偏好）。水平無異曲線之 MRS ＝ 0 ， MU_X ＝ 0 代表 X 為中性財， Y 消費量固定則是必需品（對 Y 偏好），消費者不願減少消費 Y 來多消費 X ；反之垂直無異曲線之 MRS ＝∞， X 為必需品（對 X 偏好）， Y 為中性財，消費者願意付出代價（減少消費 Y）來多消費 X 。

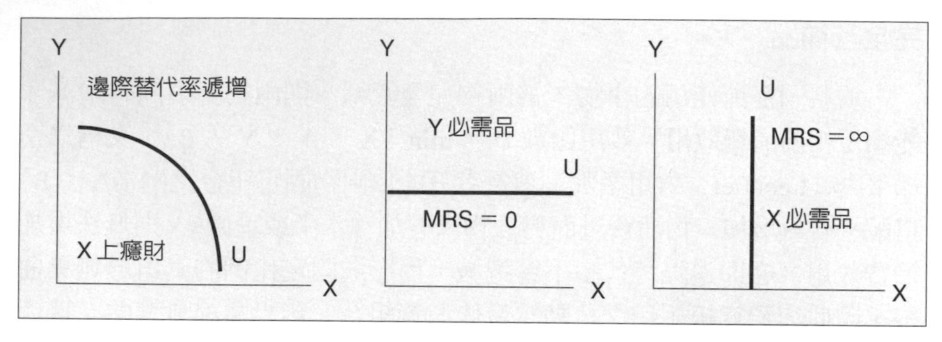

厭惡財（bads）

無異曲線由左（X小）下（Y小）向右（X大）上（Y大）方延伸，X與Y之消費量同向變動以維持相同的效用水準，而形成正斜率無異曲線，則其中一物爲厭惡財；增加消費厭惡財會降低效用水準，須以增加消費另一物作爲補償。

恩格爾曲線（Engel curve; EC）

描述所得變動與商品需求量變動之間的關係。

正常財即所得與需求同向變動且維持一固定比例，因此爲正斜率直線；奢侈品之所得彈性大，而且隨所得增加其支出占所得之比例增加，因此爲正斜率彈性漸增曲線；所得增減對必需品消費影響不大，而且隨所得增加其支出占所得之比例降低，因此爲正斜率彈性漸減曲線；劣等財即所得增加使一般人減少對品質較低的需求，因此爲負斜率曲線。

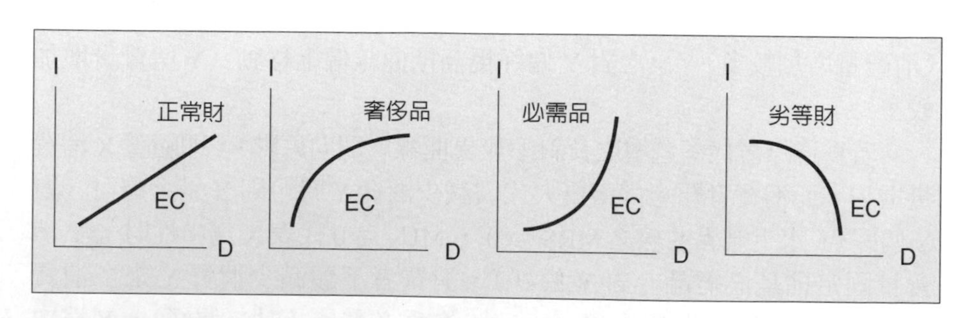

所得消費曲線（income-consumption curve; ICC）

一般而言，所得增加使消費者預算增加以獲得較大滿足，若兩物相對價格不變，則預算線平行位移（預算線斜率＝P_X / P_Y不變）。當所得增加，整條預算線往右上方位移，亦會與較外側之無異曲線相切，表示可得到較大的效用，將每一不同所得預算線與無異曲線相切之點連接起來，就是所得消費曲線，代表每一所得水準所對應之最佳消費組合軌跡。

隨著所得增加，若ICC往右（X增加）上（Y增加）方延伸，則X與Y均爲正常財；若ICC往左（X減少）上（Y增加）方延伸，則X爲劣等財；若ICC往右（X增加）下（Y減少）方延伸，則Y爲劣等財。若ICC水平延伸，則Y消費量固定爲中性財；若ICC垂直延伸，則X消費量固定爲中性財。

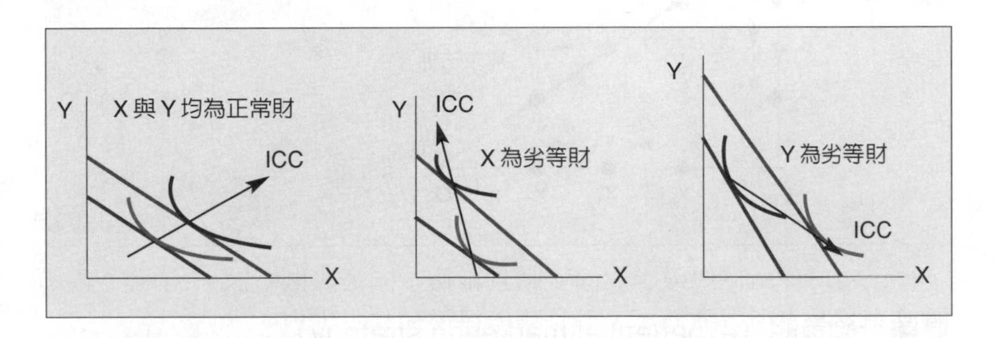

價格消費曲線（price-consumption curve; PCC）

在商品本身價格以外的因素不變下，本身價格變動引起該物需求量變動。若兩物相對價格改變，則預算線斜率＝P_X / P_Y改變，P_X上漲或P_Y下跌則預算線較陡直（斜率＝P_X / P_Y增大），而P_X下跌或P_Y上漲則預算線較平坦（斜率＝P_X / P_Y減小）。

不同斜率預算線會與不同之無異曲線相切，將每一不同斜率預算線與無異曲線相切之點連接起來，就是價格消費曲線，代表每一不同價格所對應之最佳消費組合軌跡。如圖，若P_Y不變而P_X下跌，則PCC往右（X增加）方延伸，符合需求法則（負斜率需求線）；若PCC往右（X增加）上（Y增加）方延伸，則X與Y爲互補品（變動量同向）；若PCC往右（X增加）下（Y減少）方延伸，則X與Y爲替代品（變動量反向）；若PCC水平延伸，則Y消費量固定不受P_X影響，爲與X無關的

中性財。

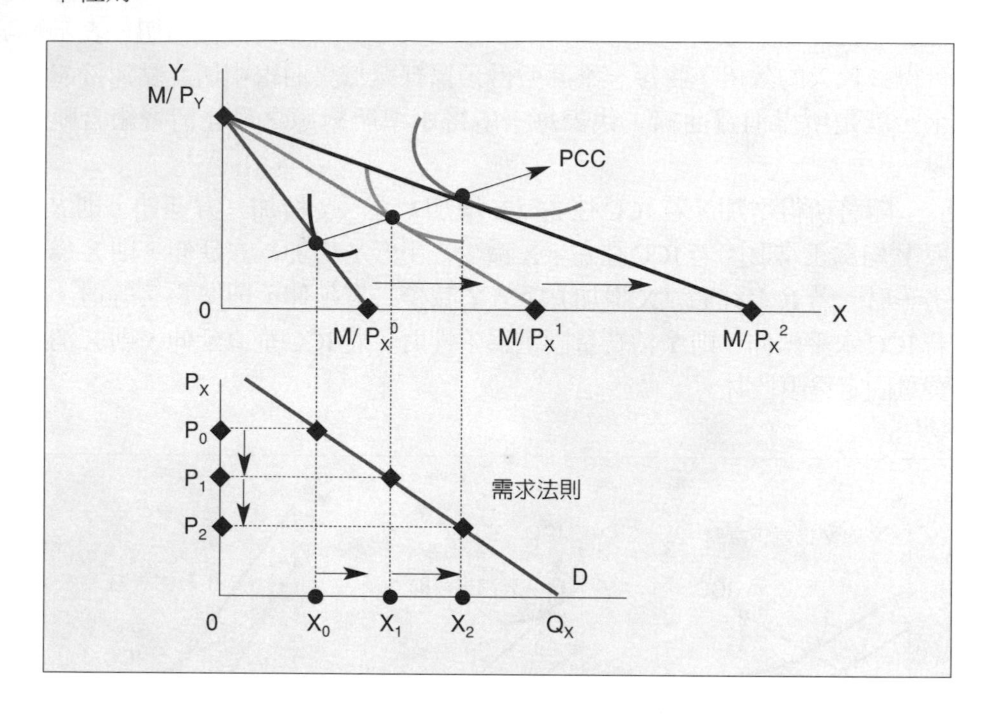

體驗行銷策略（experiential marketing strategy）

特別針對休閒或服務產業，根據娛樂、教育、逃避現實和審美的四個領域，進行體驗服務藍圖分析與規劃，並以體驗行銷的五個策略構面：感官、情感、思考、行動、關聯，設計全面的顧客體驗活動，進而提升品牌價值及聯想。

管理經濟實務 4-3：體驗行銷提升消費者偏好

傳統經濟注重產品之功能、外型、價格，現在趨勢則是從生活與情境出發，塑造感官體驗及思維認同。體驗經濟在生產行為上以提升服務為首，創造值得消費者回憶感受之活動，並注重與商品之互動，設計全面的顧客體驗活動，進而提升品牌價值及聯想。

於服務及體驗經濟時代，除產品生產外更強調提供服務與體驗之設計。因產品呈現多樣化且各具特色，故市場競爭區隔顯著，精心設計之體驗已被當作商品來銷售，且消費者願意為體驗付費，因此商品可具備優勢價格。各種市場與產業、各個組織與企業，已經藉由使用體驗行銷之手段開發新產品、與顧客溝通、改善銷售關係及設計環境。

X-TRAIL 舉辦「大地傳奇」車主活動，讓車主實際享受各式戶外極限活動，親身體驗所帶來的豐富生活，使得 X-TRAIL 勇奪銷售冠軍，成功成為體驗式行銷的經典案例，能帶給車主實質上的享受，真正實踐「改變你的世界」之品牌精神；透過車主的實際體驗，同時藉由車主之間的交流，X-TRAIL 發揮口碑傳播，累積高度的認同，贏得廣大車主的信任及高忠誠度。現代人希望在心靈上能有改變生活的憧憬，生活上因 SUV 商品擁有各種情境之高適應特性，加上近幾年生活休閒品質要求提升，使得 SUV 車已列入主流車種之一；目前 SUV 車主要由福特 ESCAPE 與本田 CR-V 以及裕隆日產 X-TRAIL 三大廠牌競爭，各車廠莫不提供更多的附加價值，吸引消費者注意。

工業區之意象塑造即體驗行銷具體手段之一，透過感官、情感、思考、行動及關聯等五項要件之塑造，賦予工業區之相關體驗對象，如企業投資者、就業者、造訪者、洽公者、地方居民及學生等有深刻體認，進而願意進駐、接納，甚至與地方發展密切結合。體驗之規劃可運用科學、樂趣、文化、環保、歷史等不同元素，豐富工業園區之內涵，以提高產品或工業區之附加價值。

Yahoo！奇摩行銷總監陳琚安指出，過去網路廣告以旅遊、銀行借貸等產業為大宗，目的是希望消費者能前來交易，而今明顯趨勢是知名的消費性品牌、汽車、房地產、時尚等傳統廣告的重要客群，也開始在網路投入資源，為的不是直接交易行為，而是透過網路展現品牌價值、溝通品牌形象。Sony Ericsson K500i 的上市活動，就是為了要抓住十五至二十四歲的年輕目標族群，互動體驗網站模擬信義華納商圈的 3D 場景，當游標移動點選到不同地點的人物時，就會開始拍照、下載 MP3、打電話，商品訊息與使用情境巧妙地融合在日常經驗當中。克寧奶粉則用黃色奶粉罐調出一份濃濃懷舊風，舉辦跨媒體活動並徵求對克寧的感動，在網路發動喝過克寧的網友上傳照片，訴求新舊世代的不同感動，都用體驗達到感性設計，強調要訴諸人們的感性情緒和經驗。

行銷策略

行銷組合

行銷活動是一個組合，包括產品（product）、訂價（price）、通路（place）、推廣（promotion），亦即行銷的四個P構成。消費者乃是行銷組合的核心目標，因此擬定行銷組合策略時就要考量消費者的需求，4P是行銷的戰術面。

行銷的內容包括了解市場研究、產品競爭力分析、產品發展及規劃、廣告及促銷、行銷通路、訂價策略及顧客服務等。在服務行銷中，在原有的4P加上3P：人員、流程、實體表徵；或者是以外部行銷、內部行銷、互動行銷，來凸顯服務業行銷須特別注意的要點。

產品（product）

任何在行銷程序中提供來交換的標的物，如貨品、服務、觀念、地點、人物等。產品決策主要是指設計、創造與維持一個貨品、服務或觀念等，以滿足目標顧客需要，包括產品的屬性、包裝、品牌、保證等，也包括多品項的產品線和產品組合。

產品是行銷組合之首，沒有產品便無法訂價，也不知如何安排通路，推廣也沒有標的物，必須先有良好品質的產品和服務，才能得到消費者的青睞。

核心產品（core product）

公司提供此產品，是要解決顧客的某項需求，是企業在發展自己的產品之前，最基本的產品觀念層面。根據核心產品的觀念，發展出**有形產品**（actual product），包括品質水準、特色、設計、品牌名稱及包裝等五項特徵；再發展出**附增產品**（augmented product），包括售後服務、保證、運送及裝設等。

產品包含有形的產品及無形的服務，有形產品例如功能、樣式、品質、品牌、包裝等；無形服務則包含品質保證、售後服務、安裝、交貨條件等。

訂價（price）

消費者付出一定金額，對某一產品取得所有權或使用權，或對某種服務享有利益。訂價決策主要是指建立訂價目標、政策與擬定產品特定價格等相關的行動。

價格是行銷組合中攻擊性最強的手段，商品與服務有合宜的訂價，既能爲消費者服務，也可爲公司謀求利潤以增進公司的成長。訂價太高消費者不願意買，訂得太低公司又沒利潤，價格的調整很容易會造成市場內競爭者的緊張。

通路（place）

將產品在正確的時間和地點，送達顧客手中的相關決策和行動。行銷通路是在交易過程中，取得產品所有權或協助所有權移轉的所有機構和個人，俗稱中間商或經銷商，中間商可使消費者在一個地方買到他所需要的各種產品，並可增加購買的地點及減少交易的次數。

通路決策是考慮如何將自己的產品或服務讓其目標市場中的顧客可以接觸到（assessable）和可以利用到（available）。行銷通路係由一群組織機構所組合而成，負責承擔將產品及其所有權由生產者移至消費者手中的所有活動。

在產品移轉過程中，伴隨著所有權的移轉，稱爲所有權流程；經過詢問、議價、下單等作業流程，稱爲商流；交易中伴隨某種既定的付款流程，稱爲金流；產品在廠商與最終顧客之間移轉的過程，稱爲物流；通路業者提供許多有關顧客、競爭者等方面的資訊，廠商及最終顧客也在其中傳送並取得資訊，稱爲資訊流。

直銷（direct marketing）

生產者將產品或服務直接交給消費者，不透過任何中間商的一種形式，公司直營店面或以銷售人員將產品直接賣給最終消費者，售貨前、售貨中及售貨之後的服務，爲直銷商所力行的銷售重點。

多層次傳銷（multilevel marketing）制度又稱爲網絡行銷（network

marketing）、結構行銷（structure marketing）或多層次直銷（multilevel direct selling），以面對面的方式，直接將產品及服務銷售給消費者，銷售地點通常是在消費者或他人家中、工作場所，或其他有別於永久性零售商店的地點。直銷通常由獨立的直接銷售人員進行說明或示範，稱爲直銷人員（direct sellers）。

直效行銷（direct marketing）爲一互動式的行銷系統，它運用一種或多種廣告媒體，在任何地點達成可評量的回應交易，並將活動資料儲存在資料庫內，常見的直效行銷與遠距行銷的技巧包括：電話行銷、直效信函 DM 、直接回應等。

推廣（promotion）

對目標顧客所進行有關於產品與組織的告知與說服活動，告知目標顧客某些組織與產品相關的訊息，改變顧客的態度，促使顧客採取某些行動。推廣常用的工具有廣告、人員銷售、公共關係和促銷活動，是行銷組合中最多樣化的工具。

廣告（advertising）

廠商與消費者進行溝通的一種重要工具，可以選擇各式各樣的媒體，例如電話、報紙、電視、雜誌、傳單、戶外看板、商品目錄等，將其所欲傳達的訊息，有效地傳播出去，達到廣而告之的目的。

允諾避免過分誇大，導致顧客反感或失望。提供有形的線索，利用有形的人或證據做爲廣告的主題，讓顧客知道公司能提供什麼利益，以滿足顧客需求。做連續的廣告將自己的產品與同業間或競爭者之產品的差異區分出來，同時用持續的符號、形式或主題來建立或加強公司的形象。

公共關係（public relationship）

有關企業組織與其他團體之間的關係，會影響企業達成目標與目的的能力，所著重的推廣焦點乃是市場對於組織所抱持的印象以及資訊，就是企業在市場的定位。公共關係是推廣組合中一個重要的部分，公共報導並且對消費大衆態度與意見上具有甚大的影響力，所以組織想利用公共關係去接觸一些團體。

人員銷售（personal selling）

銷售人員與潛在購買者之間的雙向溝通，使人員能了解對方的需求，面對面的溝通提供訊息，透過與潛在顧客所建立的人際關係，常能說服其購買產品，可立即得到對方的回饋。

促銷活動（sales promotion）

除了人員推銷、廣告和宣傳報導之外，所有刺激消費者購買意願及經銷商銷售效果的活動，例如免費樣品、現金抵用券、特賣會、抽獎、產品發表會等。促銷活動也會使消費者轉移對產品的注意，而被贈品或抽獎活動所吸引，能增加銷售。

市場區隔（market separating）

廠商可以依需求者特性（偏好）選擇不同銷售對象，也包括多品項的產品線和產品組合，例如直接依需求者的年齡、職業、性別、身分等特性區隔不同市場，或由不同需求的消費者自行選擇不同產品。

行為區隔（behavior segmentation）

依據購買者實際的一些購買行為（如購買次數、購買數量、使用後的滿意度、再購買意願等），及其對產品的認知、態度等，將購買者加以分群，可從市場調查用來作爲區隔市場的基礎。

心理性區隔（psychological segmentation）

消費者的心理差異，包括社會階層、生活形態及個性等，使消費者對產品的需求或購物習慣，有不同的消費形態，這些差異必須用更進一步的心理性基礎來加以解釋。

地理性區隔（geographic segmentation）

消費者對產品的需求或購物習慣，有時會因爲其所居住地方之不同而有所差異，行銷人員便會選用地理性區隔，將市場分爲不同的國家、區域、不同的城市大小等區隔市場，甚至人口密度、氣候等因素亦常被用來作爲區隔基礎。

人口統計區隔（demographic segmentation）

廠商可利用如年齡、性別、所得、職業、教育程度、宗教、種族、國籍、家庭大小、家庭生命週期等人口相關變數，將市場予以劃分。

異質市場（heterogeneous markets）

市場中的顧客群對產品有不同的需求，廠商分別設計不同的行銷組合來滿足各個市場，以區隔不同消費者的需求。

目標市場（target market）

當行銷人員利用市場區隔時，公司會集中行銷力量來滿足特定市場的購買族群需要。將整個大市場區隔爲數個區隔市場之後，接下來就是要選擇一個或多個目標市場進入。若公司財力充足，可以提供不同的行銷組合來滿足不同區隔市場中買者不同的需求；若公司財力有限，則只選擇一個行銷組合來滿足單一區隔市場買者的需求。

無差異策略（undifferentiated strategy）

無法確定市場是否爲可區隔，所以視爲一個整體市場，提供一種產品與採用一個行銷方案，來吸引大多數的購買者，並利用大量配銷通路及推廣活動，在消費者心裡建立產品的良好印象，但消費者嗜好不能一致，其目的在設法使其產品適合大多數人。

差異策略（differentiated strategy）

選定兩個或兩個以上的異質市場區隔。廠商可選擇進入所有的市場區隔，或依據公司資源及各市場區隔的需求潛力，選擇進入其中的數個市場區隔，效果就是創造較多的總銷售量，由於多樣化的產品線而收益隨之增加，但成本可能會提高。

集中策略（concentrated strategy）

選定一個市場區隔作爲其目標市場，並集中所有行銷力量於該市場區隔上，只設計一種行銷組合來滿足某一市場區隔的需要，因爲專業化可導致營運上較多的利益，但當消費者的需求改變，或是一個強有力的競爭者進入此一市場區隔，很可能對公司造成損失。

管理經濟實務 4-4：百貨賣場進行市場區隔

台北信義計畫區、東區、南京西路、內湖天母等百貨商圈各具特色，因應商圈特色發展吸引不同屬性客層。消費者對產品的需求或購物習慣，會因為其所居住地方之不同而有所差異，便可選用地理性區隔。

信義計畫區主打時尚精品，以 101 購物中心為代表；董事長陳敏薰強調經營策略就是與全球同步流行。東區特色為住商混合，交通線匯集擁有高密度人潮；其中太平洋崇光百貨主打化妝品，微風廣場強化精品路線。天母內湖商圈充滿高收入住宅社區特色，大葉高島屋與新光三越信義新天地皆強化家庭消費商品，加上家樂福已開幕，附近的愛買也將開業，全商圈幾乎以滿足家庭消費及內湖園區上班族需求為經營方向。

彼此在風格上較勁，有助台灣百貨分眾市場的成熟發展。信義新天地 A4 女店力求在空間上創新設計，四面可透視户外，館內餐館可以觀賞 101 大樓全景，另有大型陽台可舉辦水舞秀、時尚秀等大型活動；並大幅提升國內自創品牌業者櫃位，讓精品化發展的國產品牌進駐。南京商圈有衣蝶台北館專售女性商品、S 館專售年輕族群商品，及全客層的新光三越南西店，加上附近美髮、餐飲個性商店以及晶華、老爺酒店，南京商圈已宛如日本原宿，與信義計畫區的客層屬性不同。消費者的心理差異，包括社會階層、生活形態及個性等，使消費者對產品的需求或購物習慣，有不同的消費形態。

全球第二大零售商法商家樂福（Carrefour）宣布，將以 1.32 億歐元收購第三大零售商特易購（Tesco）在台六家店面與兩件開發案；家樂福也將以 1.89 億歐元出售在捷克與斯洛伐克的總計十五個零售據點經營權給特易購集團，兩大零售巨擘以互換市場資產的方式，深耕重點區域市場，也啓動台灣量販版圖重組。英國特易購總部聲明表示，這是全球市場策略行動之一，以強化在中歐地區的業務，在極具競爭力的捷克和斯洛伐克市場能有機會成長，而脫離缺乏關鍵規模的台灣市場。集中策略選定一個市場區隔作為其目標市場，並集中所有行銷力量於該市場上，來滿足某一市場的需要，專業化可導致營運上較多的利益。

英國特易購等於退出台灣市場，家樂福全盤接收特易購賣場，顯示集團持續看好未來台灣市場發展潛力，希望藉此能強化在台的領導地位，拉開與競爭對手的距離。在台灣的量販版圖中，大潤發二十三店，愛買十三店，家樂福以三十七店領先；若再加上收購的特易購店面，家樂福賣場預計 2006 年將擴增至四十九家。國內第二大量販連鎖系統大潤發，對於未來大潤發與愛買吉安有無可能共組聯合陣線不願多談，強調併購策略尚須由法國總部評估，目前沒有任何進度。

第五章 企業功能與組織管理

經濟組織

企業內部協調

廠商間合作策略

組織行為與管理

經濟組織

組織（organization）

具有某些共同目標的成員組合而成，以系統架構執行功能活動並完成目標，通常建立層級分工，定位每一成員的職務與角色，並有效率地運用配置有限資源，理性選擇最適決策，以發揮最大效益，滿足其管理目標。在組織內部形成共同規範與組織文化，作爲成員行爲的判斷評價；組織內外亦有明顯的特性區隔或辨識標準，並強化組織內成員的責任與向心力。

經濟組織（economic organization）

具有某些經濟目標的成員組合而成，透過契約規範並辨識組織成員，將有限資源花費在最有價值的用途上，追求最好的經濟目標，一般通稱廠商或企業，投入土地、資本、勞動及企業能力四大生產要素，有效率地執行規劃、組織、領導、控制四大管理活動，以完成經濟目標的最大產出。

交易成本（trade cost）

在市場交易過程中，潛在的供給者與需求者以及買賣雙方所需耗費的資源成本，包括交易前之搜尋與資訊成本、交易中之議價與決策成本、交易後之執行與查核成本等。

當外購的交易成本高過某一水平後，企業就考慮要自行透過成立部門或子公司，將外部性活動，如生產、採購、行銷、研發、人員培訓等加以內部化，來滿足原來可在市場上購得的需求。廠商經濟組織爲生產要素的組合，透過組織成員的分工合作完成經濟活動及其目標，減少彼此之間的交易成本，使整體經濟社會運作更有效率。

組織化（organizing）

透過系統架構執行功能活動並完成目標，即分工授權的過程，使資源運用配置有效率，以發揮最大經濟效益。

系統架構中明確的從屬關係與授權層級，稱為**指揮鏈**（chain of command）。**非正式組織**（informal organization）則是以感情聯繫為主的個人接觸或團體互動，可以藉由人際關係完成管理功能。

組織化的系統架構建立每一成員的職務角色分工與彼此間的層級從屬關係，形成共同規範與內部秩序，使不同成員分工完成共同目標的經濟效益大於每一成員個別完成同一目標的總合效益，達成**綜效**（synergism）。

企業文化（corporate culture）

公司長期運作所累積形成的工作互動方式與組織形態慣例，雖未明確定位每一成員的職務角色與具體目標，但在建立正式層級分工與規範內部秩序，以及詳細規劃執行步驟與具體措施時，通常會受文化慣例特性影響，藉由內部溝通符合組織成員的預期價值，以完成管理功能。

企業文化是員工之間共有的心態與做法所表現出來的組織整體氣氛，雖然沒有明列在公司的條文之內，但員工為了讓自己在企業內更容易生存，往往會調整自己的行為來配合大多數人認同的使命、願景、價值觀、行為規範等。企業在成立之後，透過員工彼此之間以及與管理者之間的互動中，產生共同的價值觀，同時屬於該企業特有的行為模式及規範也會逐漸形成。

企業文化要生根，領導階層要持續提倡並身體力行，讓企業有大方向，在決策中不至於迷失，有效降低組織內部的溝通成本，公司上下擁有一致的價值觀，就會形成共同的語言。

部門化（departmentalization）

將組織執行的功能活動細分為不同的工作群，部門分工愈專業細緻，其工作範圍愈狹小，即部門內的成員重複同一工作的次數愈多。

以外部市場為基礎的部門化分工，包括依產品別將同一類型產品的相關專業技術人員集結在同一部門，例如為管理不同產品製程銷售的各產品事業處；依顧客別將不同銷售對象市場區隔，成立專屬的服務窗口；依地理別將不同銷售地區分隔就近管理，例如各地區的管理處或銷售中心。

以內部作業爲基礎的部門化分工，包括依功能別詳細規劃每一部門的執行步驟與具體措施，主要是行銷服務、生產作業、人力資源、研究發展、財務管理等部門；依作業程序將同一類型工作的相關專業技術人員集結在同一部門，將產品製程的不同階段分工監控。

通常較大型或多樣化的企業，先依產品別部門化分工，各產品事業處再依功能別各自詳細規劃，各功能部門再依顧客別、地理別、內部作業程序進一步部門化分工，形成多重部門。

高聳式組織（tall organization）

傳統的金字塔層級，基層的營運核心人員最多，負責規劃領導的策略頂點人員最少，中間主管連接成完整的指揮系統，通常配備有提供建議指導的技術架構與輔助營運的支援幕僚。

扁平式組織（flat organization）

將組織中間架構簡化，使基層人員與策略頂點拉近距離，層級愈少則指揮鏈的控制幅度愈大，人際互動關係愈複雜。

機械式組織（mechanistic organization）

組織架構明確化，建立指揮鏈規範每一成員的角色分工與層級從屬關係，職務專業且權責固定，彼此間透過垂直正式溝通，規章嚴明且決策權集中。

機械式組織傾向**集權式組織**（centralized organization），通常爲大型企業或標準規格製程部門所採行，便於管理組織控制品質，但成員聽從指揮而不參與決策，可能逃避授權而缺乏責任心與向心力，面對環境變化不易快速反應彈性調整。

有機式組織（organic organization）

組織架構從屬關係不明確，每一成員的權責角色分工依需要彈性調整，職務設計團隊化，規章層級簡化且決策權分散，彼此間透過水平非正式協調溝通。

有機式組織傾向**分權式組織**（decentralized organization），通常爲小型企業或創意機動部門所採行，成員參與決策分享授權，具有獨當一面

的責任與能力，便於快速反應外部環境變化。

責任中心（responsibility center）

高層主管全面授權給部屬或下層部門，在一定規章規範下達成組織目標，過程內容由成員完全參與自行決策，分工部門採行非標準規格作業，成員參與決策分享授權，便於保持組織的機動彈性，不影響原系統架構之正常運作而能分工完成目標。

責任中心是指一個營運部門或一個地區負責的管理人員，有權對於該中心的營運下決策，對於上級有遞報的責任以及營運績效責任。

事業內部應按各單位之性質，主管人員所能控制之項目，分按不同之作業功能、營業區域、產品類別、生產方法或顧客分類，劃分爲不同之成本中心、收益中心、利潤中心或投資中心。責任中心爲企業之組織單位，每個中心均指定適當之主管人員，各中心績效由主管人員負全責。

成本中心（cost center）

管理者負責分析改善作業程序與組織精簡，確保其部門以最低資源成本完成最大目標效益，管理人員主要的責任是成本的控制。各該單位主管對收入無控制能力，無法精確地衡量投入、產出之關係，而對成本有控制能力，其考核重點在於彈性預算範圍內對各項成本之控制，發揮最大之效能以達到最低成本之目的。

收入中心（revenue center）

管理者負責開發市場，使其部門銷售服務的商品獲得最大業績收益；在事業決定之售價下盡力推展業務，並注意單位費用之節用。各該單位主管僅對收入有控制能力，但對產品生產成本無法控制，考核重點在其銷售目標之達成及銷售費用之控制。

利潤中心（profit center）

管理者控制資源投入成本與績效產出收益，負責組織的獲利能力，主要的責任是收入與成本控制。各該單位主管對收入及有關之成本皆有控制之能力，即對產品之生產效率、成本數字、銷售之單價與數量皆有控制能力，其考核重點爲收入、成本、利潤之數字及其間之關係。

投資中心（investment center）

確保其組織的長期發展與競爭實力，各該單位主管除具有利潤中心主管之控制能力外，對資本之投資亦具有影響力，目標在求利潤之極大與資金之有效利用，考核重點在所達成之投資報酬率或保留盈餘。

專案組織（project organization）

爲完成某些非常態目標的臨時組合，通常專案成員由原組織部門中調派，又稱爲**矩陣式組織**（matrix organization）。專案負責人對內負責專案之推動與協調，對外負責承包業者之督導與協調，審核並確認專案組織，以確保專案能有足夠且適當之人力。

正式組織可以依其需要彈性組成專案組織，臨時目標完成後即回歸原正式組織，而不影響原系統架構之正常運作，並提升企業的應變能力，節省資源且增進效率。然而，專案組織執行特定活動期間，專案成員亦同時歸屬原組織部門，可能造成命令授權不統一的混亂局面。

專案組織常態化並影響原系統架構不斷拆解重組，使整體企業可以快速反應外部環境變化，彈性調整內部組織架構，又稱爲**變形蟲組織**（adhocracy）。

網狀組織（network organization）

將組織架構部門簡化，只保留核心管理規劃部門，而將其他功能活動的執行外包，專案成員來自原正式組織以外的其他企業，目標完成後即解散，核心部門再規劃其他工作目標，又稱爲**虛擬企業**（virtual corporation）。

網狀組織須與其他外包企業建立緊密的關係網絡，以便依其需要彈性組成合作專案組織，通常爲缺乏資源或以創意規劃爲核心的小型企業所採行，可以保持本身企業的機動彈性，但個案交易對來自其他企業的外包組織或專案成員不易控制管理，通常以合作契約、策略聯盟、交叉持股等方式確保企業功能可以長期完整順利運作。

管理經濟實務 5-1：明碁新團隊試行矩陣式組織

經過半年調整，明碁（Ben-Q）筆記型電腦（NB）Joy-book 團隊已大致底定，為兼顧台灣家用市場及兵家必爭的大陸市場，決定試行矩陣式組織，將台灣及大陸業務區直接隸屬總部，增加資源與縮短溝通時程。

Joy-book 自問世後，明碁一直期望每年來自 NB 營收可達新台幣 100 億元、銷售量達二十五至三十萬台，但累積兩年銷售量卻僅達十萬台，距離目標仍有一段差距。明碁電腦產品策略事業部總經理洪漢青表示，在經歷產品、組織、通路的整頓後，Joy-book 在第三年的成績，絕對能夠追趕上同業在 NB 布局五年以上的成績。

明碁電腦產品策略事業部為明碁組織內獨立事業體，負責 Joy-book NB 全球營銷，2005 年 2 月開始將台灣及大陸業務團隊直接規劃隸屬總部，為在台灣、大陸兩地主戰場，強化溝通與追求顯著成長，新計畫是開發符合市場的產品線，增進組織效率與行銷通路的綿密擴充。

在海外通路布局方面，被列為重點地區之一的大陸市場，明碁在華北區新增通路代理夥伴，也是 Joy-book 首次在大陸交由代理商銷售，未來更將持續尋覓各區通路夥伴。受到世足賽行銷效應，歐洲 1 月 NB 銷售已占明碁 NB 海外營收三分之一強，加上包括墨西哥、俄羅斯、土耳其等新興市場，都將是 2005 年 Joy-book 布局的重點地區。

矩陣式組織成員由原組織部門中調派，專案負責人對內負責專案之推動與協調，對外負責承包業者之督導與協調，確保專案能有足夠且適當之人力。節省資源且增進效率，使整體企業可以快速反應外部環境變化，彈性調整內部組織架構。

明碁、西門子手機部門正式合併，新公司 Ben-Q Mobile 隨之上路，成為全球第六大手機品牌，也象徵國內品牌邁向國際的大躍進，雙方的研發資源、各銷售區域人事布局、製造等各項安排與分工都已經完成。以目前明碁與西門子研發資源分配來看，中高階手機將以西門子研發團隊為主，明碁原有研發團隊則以開發中低價手機、智慧型手機（網站、商品）與三 G 為主。明碁網通部門總經理、全球營銷總部總經理、西門子手機部門總裁組成的三人小組，將定期向董事長李焜耀報告；各銷售區域人事也逐漸明朗，歐洲區與美洲區繼續由西門子人員掌舵，中國區與亞太區則以明碁銷售體系為主。

明碁網通部門因為少了九成代工訂單的挹注，品牌手機銷售不足以負擔龐大的購料成本、工廠折舊攤提與研發支出，自 2005 年上半年都是處於虧損狀態。而西門子手機部門與明碁合併後就面臨困擾，產品線在高階產品規格與特殊性戰力不如諾基亞、摩托羅拉一線大品牌，低階價格又無法向前兩大看齊。看到代工產業毛利愈來愈低，明碁還是堅持朝附加價值高道路前進。

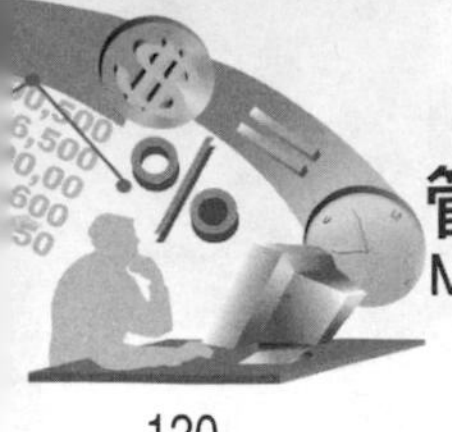

企業內部協調

當事—代理問題

雇主或股東是廠商的**當事人**（principal），目標為獲得最大廠商利潤；經理或員工是為廠商工作的**代理人**（agent），目標為獲得個人最大權益，當雙方目標不同，便產生問題。

員工可能獲得超額利益滿足私利，造成企業的當事—代理問題。當事人建立管理考核機制，加以適當監督獎懲代理人，足夠誘因使代理人的工作目標與當事人利益一致。

利害關係人（stakeholder）

受到廠商的表現或決策而影響利害的個人或團體。內部利害關係人包含股東、董事會（雇主）、經理（管理者）及員工等；外部利害關係人包含合作廠商、購買者、債權人、政府、社會大眾等。

代理成本（agency cost）

代理人缺乏誘因而犧牲當事人利益，造成企業組織與當事人的損失，以及廠商建立考核管理機制所需支出的成本。

溝通協調成本（communication & coordination cost）

組織分工複雜而管理階層擴大，部門分工愈專業細緻，使得管理成本提高卻不易協調控制，制度僵化而降低了管理效率，因此造成企業經濟效益降低的損失，以及廠商建立內部協調機制所需支出的成本。

影響成本（agency cost）

組織化系統架構分工授權的過程，組織成員為爭取有利的職務角色與較高的指揮鏈層級，因此造成企業經濟資源的誤用或配置不當，甚至可能將資源耗費在公關、遊說、賄賂等非生產用途，因而降低生產效率，組織內部分配不均並導致人事鬥爭與分裂。

決策成本（decision cost）

大型企業通常採行組織架構明確化，建立固定指揮鏈規範每一成員的角色分工與層級從屬關係，決策權集中便於管理控制，但高層決策者可能缺乏足夠資訊而影響決策品質，成員逃避授權而缺乏責任心與向心力，企業組織面對環境變化不易快速反應彈性調整。

階梯擴大投入（escalation of commitment）

高層決策錯誤卻持續一意孤行，不當機立斷更改決策，反而投入更多資源於原決策以爭取成功可能性，因此造成企業經濟資源的誤用浪費，成本不斷提高卻降低了管理效率，並導致更大損失。

決策者可能缺乏足夠資訊，且受制於本身的思考模式、工作習性、判斷能力、價值觀等影響，而無法完全以理性過程來決策，因此影響決策品質，稱爲**有限理性**（bounded rationality）。

管理資訊系統（management information system; MIS）

管理人員持續且有系統地搜尋並整理決策所需之各項資訊，以理性過程來決策，因此提高決策品質。通常由電腦資訊系統記錄、整理、組織、儲存一般例行規格化的資訊，決策過程透過作業系統便於資訊傳輸與應用，再加上決策當時所需之關鍵資訊。

決策支援系統（decision support system; DSS）

決策所需之各項資訊經由程式設計，進行問題分解、比較判斷、排列順序等分析程序，導入設計完善之決策模式與專家系統，透過作業過程，組織可以直接應用的重點資訊或關鍵指標，下達決策與執行指令。

協調（coordination）

組織化的系統架構建立成員彼此間的層級從屬關係與職務角色，部門化將組織執行的活動細分爲工作群，不同層級與不同部門之間須進行有效溝通與分工，才能有效率地運用配置有限資源，發揮最大效益以完成組織目標。

契約（contract）

明確定義組織內部的系統架構，包括決策層級、績效評估、監督獎懲機制等，提供標準化的處理方法與程序，以足夠誘因解決內部衝突與溝通協調問題。

未明訂於契約制式條文的約定協議稱爲**隱含契約**（implicit contract），藉由人際關係的承諾與誘因來維繫，但在法律上缺乏強制力。

領導（leadership）

管理者影響組織成員，以執行活動並完成目標的過程。領導人權衡各種情境因素與環境特徵，選擇最適當的領導風格與團隊行動方式，每一成員分工適合的職務與角色，並有效率地運用配置有限資源，以發揮最大效益之管理目標。

權力（power）

管理者的領導能力，即領導人對組織成員行動的影響力。行使職權命令要求成員順從，稱爲**法定權力**（legitimate power）；給予成員績效獎金、薪資加碼等利益或資源分配，稱爲**獎賞權力**（reward power）；監督懲罰以削減成員利益爲手段迫其就範，稱爲**強制權力**（coercive power）；管理者本身具有專業素養或掌握足夠決策資訊使成員信服，稱爲**專家權力**（expert power）；管理者本身特質吸引成員追隨支持，稱爲**參考權力**（referent power）或**魅力領導**（charismatic leadership）。

權能賦予（empowerment）

又稱爲授權或權力下放，管理人員持續且有系統地分散決策權，藉由完整的教育訓練使成員具有專家權力，擁有獨當一面的責任與能力，管理者因此亦可以與成員分享法定權力，成員進一步參與制定績效考核標準與監督機制規範，而享有獎賞權力與強制權力，成員參與管理過程內容自主達成組織目標。

激勵（motivation）

管理者透過誘因激發成員的行動，針對成員需求與工作情境特性，

設計最適當的制度與方式，提升成員的努力意願並發揮潛能，強化組織成員的責任與向心力，以發揮最大經濟效益完成目標。

溝通（communication）

傳遞資訊的傳送者，將訊息編碼使別人容易了解，透過管道媒體傳達給接收者，將訊息解碼以了解訊息意義，並給予適當的反應回饋。

溝通過程可能發生干擾雜訊，原因包括傳送者的編碼語意不清、接收者知覺反應不佳、管道媒體中介傳達不當、訊息本身過量超載或複雜難解、溝通鏈過長、傳收雙方地位背景距離過大造成認知差異等。

走動式管理（management by walking around; MBWA）

管理人員直接接觸觀察各部門層級人員的工作行為，並立即處理解決疑難，面對面直接溝通可以避免管道媒體中介傳達不當，縮短溝通鏈使訊息迅速清楚傳達，了解接收者知覺反應並修正訊息傳送的語意內容，肢體語言與情感交流拉近雙方距離。

控制（control）

建立管理考核機制，使組織與成員的行動與成果符合預期，以有效率地運用配置有限資源，達成組織目標。控制可以避免錯誤的發生，或在錯誤初現即了解並修正，減少損失進一步擴大；控制過程中的資訊，亦可以作為規劃下一階段活動的參考。

透過組織系統架構中明確的指揮鏈，紀律嚴明由上而下規範每一層級與部門的活動，提供標準化的處理方法與程序，稱為正式控制或**官僚式控制**（bureaucratic control）。經由水平協調溝通與彼此間感情聯繫，以在組織內部形成的共同規範與組織文化，作為各層級與部門成員行為的判斷準則，稱為非正式控制或**有機式控制**（organic control）。

內部控制（internal control）

配合日常營運活動的具體工作準則，採取標準作業程序控制每一執行步驟，並對相關人員要求一定的目標與責任。

內部會計控制以有效的會計資訊，確保有限資源運用配置有效率；內部管理控制以最適當的執行決策，發揮組織最大管理目標效益。

預算控制（budgetary control）

各部門先針對下一期的活動收入與支出編列計畫，執行活動與事後考核以該預算內容作為判斷準則。

成本控制（cost control）

設計最適當的會計制度與考核方式，追蹤分析每一執行活動與作業程序的成本資料，確保企業以最低資源成本完成最大目標效益。

例外管理（management by exception）

執行活動偏離預期目標過大時，須追蹤分析原因，加以監督管理；若執行活動目標誤差不大則不予干涉，由成員自行運作。

以預期目標為中心標準，其上下可容許的範圍界線為管制上下限，將執行的實況與目標範圍比較，以了解是否發生偏差。針對關鍵管制點進行控制活動，並建立互相牽制準則避免疏失的發生。

過度控制（over-control）

控制活動本身干擾原系統架構之正常運作，反而影響成員的工作效率與士氣，造成執行活動偏離預期目標更大。

標準規格作業程序便於管理控制，但成員可能聽從指揮而缺乏責任心與向心力，面對環境變化不易快速反應彈性調整。預期目標由成員完全參與自行決策，便於保持組織的機動彈性，不影響正常運作而能分工完成目標。

決策者須衡量各種條件因素，評估成本效益後，找出最適控制均衡點。增加控制活動獲得的利益大於所須支付的成本，應再增加控制活動，調整直到控制效益最大。若控制活動獲得的利益小於所須支付的成本，即當時控制量已大於最適控制量，應減少控制量，直到控制成本最小。

管理經濟實務 5-2：證券市場例外管理與內部控制

證交所規定，上市公司董事或監察人連續三個月以上持股不足，列為例外管理查核對象，藉此清查該公司財務、業務是否異常。上市公司資訊評鑑制度，對上市公司資訊揭露的品質作全面性的評量；除了強調重大資訊揭露的及時性之外，也側重資訊的完整性、正確性、明確性，上市公司揭露資訊若被評鑑不佳，將成為例外管理、實地查核選案對象。評鑑資訊不良的上市公司，證交所可加強其例外管理；反之優良者，則儘量減少對其平時管理的頻率。

若執行活動目標誤差不大則不予干涉，由成員自行運作；執行活動偏離預期目標過大時，須追蹤分析原因，並謀求可行之道加以監督管理；例外管理針對關鍵管制點進行控制活動，並建立互相牽制準則避免疏失的發生。

證券市場例外管理，是證交所就重大事件對上市公司經營或市場造成影響，指派專人進行實地查核，必要時甚至可請會計師出具意見，並報請主管機關進一步處理。被列入例外管理的公司，包括財務、業務有重大缺失、異常或變動之外，還有董監事二分之一以上無法執行職權、內部人員發生舞弊、有重大訴訟案、股票發生重大違約等十餘項嚴重情事，會列入例外管理選樣標準。

金融業所面臨的風險包括市場風險、信用風險、流動性風險、作業風險、法律風險等，當有業務單位的曝險程度超出其風險限額時，風險管理部門應發出警示通知書，告知該單位已超過可容忍的風險程度，並且按機制採取相關的超限處理措施。除監控風險外，積極的風險管理還包括對各業務部門的損益，進行風險調整後的績效評估，以作為公司資本配置及風險額度分配的依據。風險管理報表與風險資訊的定期揭露，以及風險管理執行結果報告，除了可協助高階主管的決策制定外，也達成即時風險管理之目的。

內部控制配合日常營運活動的具體工作準則，採取標準作業程序控制每一執行步驟，並對相關人員要求一定的目標與責任。在建立風險限額時，其風險承擔應在正常狀況下，主管可以決定例外管理方式；交易單位提出理由才可以提高風險限額，都必須再次與交易單位、風險管理部門及決策高層溝通。例外管理以預期目標為中心標準，其上下可容許的範圍界線為管制上下限，將執行的實況與目標範圍比較，以了解是否發生偏差。

各業務單位或交易員在取得各項風險限額後，所有交易的風險便應該控制在這個公司給定的限額內。風險管理部必須根據業務單位的持有部位計算各項風險數據，一旦發現風險數據超過訂定之風險限額，風控人員將發出超限通知給相關人員（風險管理主管、交易員及交易主管等），並要求超限之交易員做後續的處理，包括降低風險（如沖銷部位）或調整風險限額。

廠商間合作策略

全面品質控制（total quality control; TQC）

提升品質並非只是產品製程終端的品管部門之責任，而是從進貨生產到銷售服務的每一階段流程，都須嚴格要求高標水準。因此相關的協力合作廠商，包括上游供應之品質與時效配合度，以及下游存貨管理與物流通路等，應維持長期穩定之合作關係，並符合品質控制的標準。

垂直生產鏈（vertical chain of production）

產品製程的每一階段流程，由頂端的原物料，初步加工製成中間產品，再組裝完成最終產品，經過通路流程運送到零售商，銷售予消費者，並處理售後服務。企業可以藉由內部組織的功能部門分工支援，管理完成完整的垂直生產鏈；亦可透過廠商間的長期合作，垂直整合完成兩個以上階段的生產鏈。

外包（outsourcing）

垂直生產鏈中某些階段的支援活動，由企業內部組織的功能部門，轉移至外部由其他廠商經營處理。核心企業與其他外包企業建立緊密的關係網絡，以便依其需要完成完整的垂直生產鏈，並保持本身企業的核心專長與機動彈性，可以節省內部管理成本。

外包長期契約包括標準供應配送合約、合資、租賃、品牌經銷授權、連鎖協議、策略聯盟等形態，要求外包廠商劃定銷售區域、設定最低配額、簽訂特許權、限制產品種類等方式，以確保企業功能可以長期完整順利運作，且能全面品質控制。

接單生產（built-to-order; BTO）

製造商與上游供應商以及下游通路商分工合作，可以在接受訂單後，配合消費者的特定需求，修改產品規格並快速完成交貨服務，了解市場反應並增強產品競爭力，降低存貨管理成本。

原廠委託製造（original equipment manufacture; OEM）

簡稱委託代工，製造商與組裝廠商合作，依其訂單特性設計產品，尋求符合標準之組裝廠商，規格化大量快速生產，可以減少存貨及降低運輸成本，並快速反應市場的需求變化。

核心廠商請別家工廠進行產品加工處理，而代工廠只需要將製造好的產品給核心廠商進行產品推銷。受託廠商按原廠之需求與授權，完全依照上游廠商提供的產品規格與完整的細部設計，進行產品代工組裝來進行製造加工，並依據指定的形式交貨。

委託設計生產（original design manufacture; ODM）

簡稱設計加工，品牌廠商與代工廠商合作，針對客戶特定需求的訂單，視產品特性與製程設計不同規格，加速新產品上市時效。品牌廠商專心經營商譽行銷接單，代工廠商專心設計生產與維修服務，雙方分工合作，可以快速擴大市場並各自降低成本。

受託廠商技術能力足以提升設計能力，進而能夠接案並處理設計開發的相關事務，以自行設計的產品爭取買主訂單，並使用買主品牌出貨，在產品設計與發展上，經由產品開發速度與具競爭力的製造效能滿足買主需求。

建立品牌（original brand manufacture; OBM）

發展出自己的企業形象，嘗試建立自有品牌，直接經營市場，進而獲取最大的經濟利益。OEM 廠商的價值鏈活動以製造裝配爲主，完全依循買主所指定的規格生產，缺點在於訂單來源不穩定，產品行銷設計階段的利潤無法掌握。隨著產品生產經驗的累積及新產品開發活動的投資，逐漸轉型爲 ODM，廠商的價值鏈活動包括產品設計、製造及裝配，需具備產品設計開發及生產組裝之能力，並能與 ODM 買主共同議定產品規格，據以進行產品設計或改良，進而轉型爲 OBM。

策略聯盟（strategic alliances）

連結各公司活動的一種正式、長期但非合併之合作關係，夥伴希望透過聯盟學習並取得彼此的技術、產品、技巧和知識。兩個組織爲互補、互利而進行的一種合作方式，依然維持獨立經營，但聯盟夥伴也可能彼此競爭。締結策略聯盟需要經過策略發展、夥伴評估、合約協商和聯盟運作四個步驟。

兩家以上的企業在某一特定的事業領域中，進行專案或合作之合夥關係。組成聯盟的企業共享開發和採用新事業的機會成本、風險和利益。策略聯盟可以是暫時性或是長期性的，其方式包括：合資、加盟、特許、合作研發、合作營運、長期共同供應契約、共同行銷契約等。

策略聯盟的主要優點，由於企業仍維持分離與獨立，因此官僚和協調成本增加有限；每個企業無需自行承受開發新事業機會之所有成本與風險，就可自聯盟中享受利益。策略聯盟的主要缺點，有些合夥者擁有的知識與先進科技少，在未來可能利用他們新獲得的知識與科技，直接與較進步的策略夥伴們競爭。

X 聯盟

在產業內不同企業間進行不同的價值活動，當企業間在各種價值活動有不對稱的地位或優勢時，使用此種互補性的策略聯盟。

Y 聯盟

當企業具有同樣或相似的價值活動進行聯盟，以強化企業在該價值活動的產業地位，主要在取得經濟規模、知識移轉、共同分擔風險、降低過剩產能。

技術聯盟（technology alliances）

聯盟夥伴之技術互換，研究資源與能力整合之合作關係，減少研發之資本投入，減輕財務負擔，可以經由聯盟取得技術，擴充知識資源，接近策略目標市場。

企業可以直接投資另一家高科技研發公司，以持有股權影響研發公司之發展方向，取得技術之優先使用權；可以與另一家高科技研發公司簽約合作，優先取得某些新產品與技術之使用權。聯盟夥伴可以合資成立新公司，共同負責研發新產品與開發新市場；可以簽訂技術互換協定，進行交叉授權分享專利。

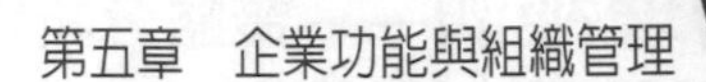

生產聯盟（production alliances）

聯盟夥伴之聯合生產或產能互換，整合產業上下游關係，建立產業標準及壟斷市場，加速擴張速度或降低其他公司的競爭優勢。

共同生產可以降低開發新產品的財務負擔與風險，並發展互補性產品；共同製造可以享有產業經濟規模，觀摩學習對方的知識與長處。

行銷聯盟（marketing alliances）

聯盟夥伴合作開發市場、產品競爭力及發展、廣告及促銷、行銷通路、訂價策略及顧客服務等。

產品行銷聯盟可以共同協定產品規格，產品互補相容使相關產品線完整，考量消費者的需求與接受度而擴大市場規模，並共同分攤市場開發成本。

以聯合減產或協議訂價方式，哄抬市場價格或共同瓜分市場配額，在法令的監督限制下，防止廠商聯合壟斷之不當企圖，卡特爾組織不能明文勾結，亦因此對價格行銷聯盟缺乏約束力。

通路聯盟是製造商與銷售商分工合作，可以共同擴大產品的市場占有率，了解市場反應與產品競爭力，並降低市場開發成本。藉由加盟連鎖、代理經銷、商標授權等方式，透過綿密的行銷通路在各地區大量銷售，亦使產品製造商享有規模經濟與學習效果，而提升生產效率。製造商或銷售商亦可與運輸、倉儲、金融、資訊等產業合作聯盟，增強產品的物流、金流、資訊流之效率，並降低相關成本。

促銷聯盟結合相關產業之不同廠商共同進行促銷活動，藉由舉辦展覽會、商場市集、聯合廣告等方式，吸引人潮與接受度而擴大市場規模，並滿足消費者一次購足的需求。

合併（merger）

兩家或兩家以上獨立之公司，經雙方或多方簽約同意後，按法律所訂之程序，將消滅公司之權利義務概括移轉由合併後之一家公司繼續營運的情況。

自願性合併又稱積極性合併，指兩家或兩家以上健全之機構為提高經營效益所作之合併；強制性合併又稱協助合併、命令合併、消極性合

併，是由政府強制經營不善的機構被健全的機構合併。

吸收合併（consolidation merger）

指兩家以上機構依法定程序合併後，一家合併之主併機構仍然存續，又稱存續合併；其餘的被併機構則消滅且被併入存續機構，權利義務由存續機構概括承受。

新設合併（statutory merger）

兩家以上機構依法定程序合併後均歸於消滅，另外成立一家新的機構，解散的原機構之權利義務，則全由創設之新機構概括承受，又稱創設合併，即合併而另成立一家新公司。

水平式合併

企業爲了擴大經營規模，與另一家從事相同業務的公司的結合，以控制或影響同類產品的市場，減少替代品的競爭，強化企業的競爭優勢與產業集中度，又稱橫向收購。

垂直式合併

一家公司與其供應商或客戶的結合，力圖原料、加工與市場通路的上、中、下游整合，以降低成本及減少營運支出，創造有利的市場競爭條件並靈敏掌握市場變化情況，又稱縱向收購。

同源式合併

廠商與在相同的產業中，所經營的業務相關但不太一樣，且原本沒有往來的公司結合。企業爲了擴大產品或服務類別，達成產品延伸的多樣化全方位服務，或市場延伸得以進入新市場經營銷售，降低開發新產品與新市場的風險與成本。

複合式合併

兩家業務沒有任何關聯的公司的結合，爲了使企業達到多角化經營，又稱混合型收購。與完全無關的產業結合，進入經營全新的市場，形成**企業集團化**（pure conglomerate）。

營運合併

兩家公司的營運被整合在一起，預期可爲購併公司帶來綜合效益，即整體的價值會大於個別個體的價值總和。

財務合併

購併公司的營運與被購併公司的營運在合併後依舊彼此獨立，故不會使購併公司享受到營運方面的綜合效益。有助於降低營運風險，但卻預期不會產生任何營運規模經濟利益。

合併綜效

一加一大於二的效果。達到規模經濟將行銷、生產方面予以整合，降低營運成本，提供客戶多元化之服務與產品；財務方面以較低的負債成本和較大舉債能力有效統籌及運用資本，以提升獲利能力及股東之報酬率；裁併功能相同、業務重疊的單位，管理整合各子公司之資源，加強交叉行銷，以迅速擴展業務。

收購（acquisition）

一家買方企業透過購買或證券交換方式，向賣方的企業購入全部或部分所有權，進而能掌握其企業經營控制權。

企業收購隱藏著不少誘因或預期利益，透過收購結合使收購與被收購雙方互補性的經營資源，產生更高的經營成果，達到經濟規模，也就是企業經由策略性收購，創造企業價值。

策略收購

又稱股權收購及善意收購，是經由收買另一家企業部分或全部股份，進而取得控制權的產權交易行爲。經由控制股權取得目標公司的經營決策權，對目標公司進行必要的改組，安置重要人事布局，導入新的管理制度與模式，實施新的經營策略，分享盈餘與分擔風險。

賣出管理收購指企業現有的經營管理人員集資，收購現有企業股東手中持有的股票，進而取得企業的所有權；買入管理收購指企業引進一批企業經營管理高手，企圖進行整頓與改進經營。

財務收購

又稱惡意收購，公司以極少的自有資金及大部分透過借款方式，來收購目標公司全部資產或股份權，然後從被收購公司的現金流量償還負債，或以購入的資產分別支解再分批陸續出售，以賺取暴利。

併購（M&A）

合併與收購的簡稱，但二者具有不同的法律地位。

合併需依法（例如公司法）辦理，收購則經雙方同意並依各公司內部規定（例如經股東會同意）即可；合併僅留一存續公司，參與之其他公司皆爲消滅公司，收購後各公司仍屬獨立之法律個體可繼續營運，並無消滅公司之現象；各合併公司之股東享有爲存續公司股東之權利，收購案下各公司仍然維持原狀並不改變；合併案需先計算各公司之實際價格以計算股權轉換率，收購案則只計算被收購之標的物價值即可。

控股公司（holding company）

持有其他公司股份，以支配控制被控股公司之經營活動爲主要目的，而並無實質之生產事業，但仍必須有董事會作爲業務執行機關，在組織上也必須有總務、會計、財務等部門，控股公司的管理部門必須兼具對被控股公司之經營管理。

控股公司以財務、業務、風險控管三管齊下，加強經營與管理。財務方面，有效統籌及運用資本，提升獲利能力及股東報酬率。業務方面，橫向深耕客戶，提供多元化之服務與產品；縱向整合各子公司之資源，加強交叉行銷。風險控管部分，強化風險控管機制，降低經營風險。

金融控股公司

金融業以控股公司形態跨業經營，所控股的子公司得經營銀行、保險、證券及相關金融事業，朝向跨業經營、集團化、國際化與大型化，可以擴大金融業者的經濟規模，增進與外國金融機構競爭的實力。

金融控股母子公司可選擇合併申報稅制，由母公司申報，各子公司之盈餘與母子司相互扣抵，列入連結稅制的設計，超越現行公司法等相關稅制規定。銀行將所轄承做的證券業務、信託業務、票券業務等，以業務別設立獨立公司方式經營，金融控股公司爲主要決策樞紐。

管理經濟實務 5-3：策略性外包提升市場競爭力

近年勞動彈性化蔚為風潮，外包、契約工、人力派遣逐漸成為雇傭關係的常態。隨著全球化競爭愈趨激烈，大量工作被外包到國外，不少人更擔心可能會因此失業。大企業和經濟學者強調外包能夠提升競爭力，辯解外包流失的工作尚不及因生產率提升而流失的工作多，企業利潤提升並可以創造更高就業機會，海外外包可以促進低度發展國家就業並提升生活水平。外包讓美國企業省下的成本預估將從 2003 年的 67 億美元上升到 2008 年的 209 億，企業利潤提高並間接帶動美國經濟復甦。

據國際數據公司發布研究報告指出，2008 年全球財務和會計外包市場規模將達到 476 億美元；台灣應掌握服務業外包龐大商機，加速企業及經濟轉型。聯合國貿易與發展會議指出，跨國企業經由外國直接投資、境外外包、境外自營等模式，將服務業務外包新興國家是世界潮流，並蘊藏龐大商機。目前跨國公司服務業境外外包業務，集中在 IT 服務、電話客户服務、金融保險、人力資源管理、會計服務等行業。據美國麥肯錫公司調查預計，未來五年已開發國家服務業約一千三百萬個工作中，將有二百萬個轉移到新興市場國家；預估到 2007 年，美國整個 IT 行業 23% 就業機會將移至海外。

耐吉（Nike）公司為全球最大的運動鞋製造商，但事實上它將所有生產和製造的相關業務都外包出去，只保留有關氣墊鞋的獨門技術，不論在生產和行銷上，都保持高度的彈性以因應消費者需求，外包商在這方面能夠即時提供好的品質。就耐吉公司來說，所專長的是研發和銷售方面，因此將公司經費投注於此，建立最好的市場資訊系統，再善加利用管理分布於全球各地的供應商，創造出相當高的利潤。經由策略性的外包，更有效的提升在市場的競爭力。依其需要完成完整的垂直生產鏈，並保持本身企業的核心專長與機動彈性，可以節省內部管理成本。

外包的一大好處即是高層經理有更多時間處理核心業務，讓公司的每一個員工發揮其能力於專業事務，人力做最有效的配置，不會浪費於無效率的雜務。台塑公司總管理處便以人力派遣的方式，將事務性的打字等工作，交由人力顧問公司負責，員工就可專注於附加價值高的工作。

與外包商合作的過程中，難免會有技術交流，企業必須小心保護其獨特技術，維持在市場的競爭力。可口可樂公司雖然在台灣生產瓶子及飲料，但是關鍵性的糖漿配料則由總公司提供，避免外洩的可能性。從事外包服務的通常是規模較小的公司，組織小有彈性，比較能夠快速回應環境的變化，彌補了大企業作業流程繁雜的缺點。在快速變遷的環境中，為了符合科技和消費者的各種需求，要縮短生產流程、降低風險、減少投資成本，以及快速回應市場需求，不少企業將專案以委外的方式轉由專業之接案工作者承接。

組織行爲與管理

組織行為（organizational behavior; OB）

個人與群體在組織內的態度與行爲，包括組織內個人的行爲動機與群體的人際關係互動；個人行爲可以影響組織文化，組織文化亦制約個人行爲；組織行爲須衡量個人心理與態度、組織內部結構等內在因素，以及外部環境、其他組織等外在因素。

組織管理者須了解個人、群體與組織間的互動關係，學習人際溝通、壓力適應、時間管理等技巧，以掌握適用的領導管理模式及組織成員的可能反應，有效率地控制組織活動並完成其管理目標。

組織行爲的內容包含個人心理學的人格、知覺、態度、動機、學習、領導、績效、壓力等，群體社會學的團體、溝通、地位、權力、衝突等，社會心理學的行爲態度改變、溝通協調方式、團體決策過程等，人類學的價值比較、文化分析、環境變遷等，政治學的衝突妥協、權力運用、系統運作等。

組織文化（organizational culture）

組織長期運作所累積形成的成員互動方式與組織形態慣例，通常會影響組織的價值特質，使其不同於其他組織而有所區隔，並強化內部成員的認同感與團隊精神。組織文化可以使組織具有穩定性，但外部環境快速變遷時，可能受束縛而不易改造，組織缺乏彈性而失去競爭力。

社會化（socialization）

組織成員認同並適應組織文化的過程。爲使組織社會化順利進行，並避免內部衝突，甄選新進成員時通常會篩選符合組織文化價值特質的人員，職務角色與規範秩序亦受文化慣例特性影響。新進成員的訓練通常會強化對組織文化的了解與認同，藉由內部溝通完成管理功能。

必須進行改造創新文化時，爲徹底解構原文化特質，反而會引進屬性截然不同的高階主管人才，甚至進行內部成員大換血，重組系統架構

並引導新文化的形成，但新的社會化過程可能引發內部衝突。

文化變革（culture change）

透過內部溝通與重新訓練再社會化，改變組織成員習以爲常的文化特質與角色規範，通常會配合組織架構重組與職務分工重新設計的**結構變革**（structure change），以及調整組織定位與核心價值的**策略變革**（strategic change）。當公司的重大變革涉及內部成員的資源重分配、權力結構改組、部門層級重組，以及組織對外的形象、價值觀、競爭力、核心領域時，可稱爲**企業轉型**（business transformation）。

組織變革三部曲的第一階段，須先診斷組織的內部問題與外部環境變化，激發成員體認變革的必要性與改變現狀之動機，並消除維持現狀積習的心態與行爲，稱爲舊文化的**解凍**（unfreezing）。第二階段須因應外部環境變化與解決內部問題的需求，進行評估決策選擇適當的替代方案推動變革，稱爲組織文化的**變遷**（changing）。第三階段須詳細規劃具體措施與規範內部秩序，以及溝通訓練與考核檢討，強化成員對新文化的了解與認同，使組織進行社會化，適應並維持新文化的過程順利，稱爲新文化的**再凍**（refreezing）。

組織變革的主要阻力來自成員對未來不確定性的惶恐排斥，因既得利益可能受損或現行慣例必須改變而引發反彈，懷疑變革的必要性與變革方向而消極應付。在解凍過程應加強溝通協商，尊重成員想法並容許參與變革決策以爭取認同；在變遷過程應推動教育進行再社會化，並提供必要的支援協助以克服障礙；在再凍過程應安撫成員的反彈情緒並彌補受損利益，甚至藉由操縱收編與威脅利誘等手段，規範成員具體落實新文化的變革方向。

標竿評比（benchmarking）

將組織本身的狀況與傑出組織的表現比較，或藉由專業取向的選拔競賽，調整本身的現行作法以謀求修正補救。

標竿評比的對象包括組織內各部門單位相互比較競賽的**內部**（internal）**標竿評比**、與相關同業比較競爭的**外部**（external）**標竿評比**、與其他不同產業相關作業部門比較觀摩的**功能**（functional）**標竿評比**。

標竿評比的標準包括評估內外在環境與本身資源限制自訂的目標、參考過去實際狀況與未來環境變化所訂的成長目標、跟隨領導廠商作爲效法或超越的目標。

創新（innovation）

具有價值的創造革新。創新的過程可以爲全新的發明，或是經過改良連結的重新組合；創新的內容可能是事物、構想或活動。

創新能力是由智力與其他能力組合產生，受到個人內在能力與動機的交互作用以及外在環境影響。創新管理即透過外在訓練過程，培養激勵組織成員內在的創新動機與潛能，產生對組織具有價值的創造革新。

腦力激盪（brain storming）

透過群體討論產生許多創新構想或方案，並互相激發創新能力。腦力激盪過程鼓勵成員盡量發揮，任何想法都不會受到批評與質疑，其他成員可以再加以衍生應用，最後產生最有價值的創新。

腦力激盪法是由 Osborn 於 1937 年所倡導，強調集體思考的方法，著重互相激發思考，鼓勵參加者於指定時間內構想出大量的意念，並從中引發新穎的構思。主要以團體方式進行，但也可於個人思考問題和探索解決方法時，運用此法刺激思考，只專心提出構想而不加以評價，不局限思考的空間。

敏感性訓練（sensitivity training）

透過群體動態關係啓發個人對周遭事物的敏感度，進而激發創新想法。敏感性訓練過程中，小組成員藉由每人的自由發言感受到彼此間的反應，培養組織成員在群體中的敏感反應能力，體驗並運用到對事物、構想或活動的敏感反應與對組織具有價值的創新能力。

群體討論（group discussion）

藉由每人的發言表達意見，進而改良重新組合爲具有價值的創造革新。每一小組成員皆可自由發言表達對某一事物或觀念的看法並說明其理由，藉由相互學習吸收其他成員提供的資訊與知識，了解彼此間不同的思考模式與特殊觀點，進而啓發個人產生創新的構想。

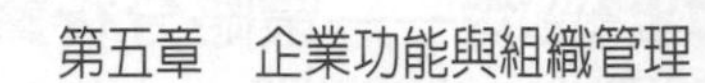

管理競賽（management games）

模擬實際的管理情境，藉由彼此間的競爭，互相激發改良現狀之創新能力。過程中分成數個小組，針對某功能管理各自進行群體決策與執行方案，不同的小組間觀摩了解彼此的優缺點與勝負關鍵，進而產生組織具有競爭優勢的創造革新。

企業競賽（management games）

模擬實際的公司運作情境，藉由角色扮演了解操作實務，啓發解決問題之創新能力。管理競賽過程中，小組成員針對公司組織與實際問題，分別扮演不同角色，分工執行各功能部門之任務，設定與外部同業比較競爭的標竿評比，爲達成目標，激勵成員的創新動機與潛能，產生使組織追求卓越的創造革新。

平衡計分卡（balanced score card; BSC）

以平衡觀念來驅動組織績效的量度，企業內部績效、短期和長期目標之間的平衡、財務和非財務量度之間的平衡、落後及領先指標之間的平衡、外界和內部績效構面的平衡等狀態。由顧客、內部業務流程、學習及成長的觀點來監督，同時以最新的績效成果來評估修正策略，並即時回饋學習成果，以專業導向控管整個組織的流程及調整組織的動向，是策略性組織管理工具，爲凝結員工共識的基礎指標。

平衡計分卡的四個構面：財務、顧客、企業內部流程、學習與成長，納入財務性指標以及三項營運性指標，涵蓋了顧客滿意度、內部流程、組織學習及改善能力等，可以提供一套全面的管理架構，協助企業在產品、流程、顧客及市場開發等重要的領域，激發出突破性的成長與進步，高階主管同時以不同的角度去看公司的整體表現。

顧客方面企業應先行找出市場和顧客之間的區隔，並將顧客面的核心衡量群與目標市場及顧客相結合，且幫助企業找出及衡量企業顧客面的價值計畫。建立忠誠的概念，將顧客滿意度、顧客延續率、市場占有率、顧客競爭率以及如何維持顧客忠誠度等一併考量。

財務方面企業針對其所處不同階段的生命週期，有不同的財務策略，決定適合的財務衡量尺度，配合收入成長與組合、成本降低、生產力改進、資產利用、投資策略等財務性議題，找出各個財務性議題所適合的績效衡量指標。

內部程序方面，企業爲滿足股東及目標消費群的期望，必須確認其所創造的顧客價值的程序，才可有效地運用有限的資源，建議企業就完整內部程序價值鏈，包括創新程序、營運程序、售後服務程序，建立各種衡量指標，改善減少顧客抱怨，快速回應顧客需求。

學習與成長方面，使前三項構面能順利達成，實現企業長期成長的目標，並強調未來投資的重要性，組織必須投資在基礎結構上，包括人員、系統及程序，透過員工能力及資訊系統能力的增強、激勵及授權一致性的增強等原則，以建構學習與成長構面的績效指標。員工的成長帶動企業的成長，給予員工教育訓練不僅可以培養各部門的種子菁英，而且在企業面臨必要的變革時將是疏通變革的關鍵人物，同時也是組織因應變革的良方。

平衡計分卡是由哈佛教授羅伯．柯普朗（Robert Kaplan）與諾頓研究所最高執行長大衛．諾頓（David Norton）所共同發展出來，主要目的是將公司的使命與策略具體行動化以創造企業競爭優勢，將組織的使命和策略轉換成目標與績效量度，做爲策略衡量與管理體系的架構，使管理者澄清願景與策略，溝通連結策略目標與衡量的基準，規劃與設定績效指標，經由績效面談、雙向溝通並調整行動方案，加強策略性回饋與持續的教育訓練，達成績效發展的目標。

規劃與設定指標，整合公司的業務與財務計畫，透過平衡計分卡的指標，決定資源分配及設定優先順序，以達成長期策略目標。回饋與學習使公司有能力從事策略學習，檢討流程的重點在公司、部門或個人是否達成財務預算目標。

六標準差（six sigma）

一種企業流程管理，從工作流程中盡力排除失誤，成本和循環週期也會減少，客戶滿意度也會增加，重視品質的企業文化，目標在創造顧客滿意的價值，達到永續經營的境地。

標準差（sigma; σ）是統計上用來解說存在於一組資料或一個流程中的變異，是一個品質改善目標的代號，源自統計製程管制理論。一倍標準差時良率是68.26%，二倍標準差時良率是95.45%，三倍標準差時良率是99.73%，達到六倍標準差時，表示每百萬次只有3.4次的不良狀況，產出不良品或服務的機會已經近乎於零，成本費用大幅降低，顧客服務以及員工生產力大幅提升。

六標準差是顧客導向的持續品質改善策略，改善範圍包括產品的設計與製造以及管理作業，在製程初期即發現瑕疵點並加以改善的商業過程。縮短週期時間、減少產品誤差、增加顧客滿意度的最佳工具，爲對流程或產品績效的統計衡量，達成近乎完美績效改善的目標，追求長遠的企業領導地位和世界級的績效管理系統。

六標準差運動開始於摩托羅拉，公司爲了維持其在半導體市場的地位，集中精力降低產品瑕疵率，是適用於所有生產線的有價值改進方案。客戶的規範界限，即客戶所願意接受的產品質量爲平均值上下的六個標準差；傾聽客戶的意見，將其轉換成設計中具體量化規格，然後用最佳的工具生產最好的產品，滿足客戶自己未意識到的更高級期望。

六標準差的方法包括確定計畫、目標和可行性，衡量當前流程績效、分析和確認缺失的根源，改善流程消除缺失，控制流程績效；MAIC步驟：M即評量（measure），A即分析（analyse），I即改善（improve），C即控制（control）。評量運用管理及統計工具，驗證問題與流程、衡量作業績效及收集資料。分析根據抽樣計畫，收集數據確認改善目標、確認關鍵流程輸入變數、確認所有變數來源及評估流程設計。改善針對關鍵變數問題，訂定方案設計新流程與測試追蹤。管制對變數量測系統的持續有效管制，建立關鍵變數的流程管制計畫，使流程能持續改善，以六標準差的目標設計流程或產品。

管理經濟實務 5-4：華碩電腦的成長標竿

華碩電腦2005年除在全球三大設計獎中嶄露頭角外，並有高達四十項產品入選台灣精品，其中P505智慧型手機及J102手機更獲頒國家產品形象獎。由經濟部國貿局、外貿協會執行的評選大賽「台灣精品」，每年選出最能代表台灣產品創新與價值的產品，已成為台灣產業新世紀的成長標竿。外部標竿評比將組織本身的狀況與相關競爭同業的傑出表現比較，跟隨領導廠商作為效法或超越的目標，調整本身的現行作法以謀求修正補救。

2005年華碩提出參選的四十項產品全都得獎，並獲頒兩座國家產品形象獎，也是唯一獲得「傑出台灣精品廠商」獎項的公司，證明華碩在研發創新、設計與創新、品質系統、市場、品牌認知等五個面向，都獲得評審肯定。當初華碩看好未來手機取代掌上型電腦的趨勢，由個人電腦領域進入通訊等3C整合較一般手機廠更具優勢，P505 PDA智慧型手機獲得國家產品形象獎。

P505 PDA智慧型手機整合商務應用、行動通訊、上網、娛樂多媒體等功能，並擁有運算效能及介面擴充性，包括外型、體積，以及重量的輕薄化，都是P505在工業設計上的重點所在，並接連獲得德國工業論壇設計獎及日本G-Mark設計大賞等多項殊榮。另一項獲得國家產品形象獎的華碩J102手機，以時尚奢華為定位，首創髮絲紋鋁合金霧面外殼，頗受外籍評審好評，同時結合自拍、十六連拍、數位變焦、動態錄影、圖片編輯與下載等強大影像功能，並配備內外二十六萬色TFT雙螢幕，在上市前即獲得2004年國際工業設計大獎日本G-Mark，代表華碩在工業設計上也達到世界級水準。

2004年華碩在全球共計得到一千一百七十一個獎項，平均每天就有三個。2005年華碩品牌多項產品在德國工業論壇設計獎、德國紅點設計獎及美國IDEA設計獎等全球三大設計獎中嶄露頭角；其中W1筆記型電腦更首開台灣紀錄，奪得工業設計界金獎，而可攜式燒錄機SDRW 0804P-D則一舉囊括此三大國際獎項。

德國工業設計獎素有設計界奧斯卡獎之稱，歷來只有Sony、Apple等幾家美、日科技大廠包辦金獎，而台灣廠商在奮鬥五十年後，終於由華碩在超過二千三百件各國參賽作品當中脫穎而出奪下金獎，是躍入世界主流競爭的證明。

華碩以生產主機板起家，目前產品線已延伸至繪圖卡、筆記型電腦、無線網路、伺服器、手機、準系統等。在自有品牌部分，華碩的主機板全球市場占有率35％，穩居龍頭地位；顯示卡也排名第一，筆記型電腦已躋身全球第十大品牌。根據國際知名品牌評鑑機構Inter-brand、經濟部國貿局及數位時代合辦的2004十大國際品牌價值調查，華碩電腦以8.2億美元的品牌價值，連續兩年榮獲IT硬體製造產業第一品牌。從自有品牌主機板到筆記型電腦，相較於部分廠商依賴廣告力量或價格策略，華碩堅持一貫的策略，選擇將產品實機交由公正客觀的第三者評比測試，透過使用者的滿意度形成口碑行銷。

第六章　成本效益與生產決策

產量與供給彈性

生產作業與績效管理

成本與效益

企業發展策略

產量與供給彈性

生產（production; P）

廠商投入要素以產出各種財貨勞務，四大生產要素：勞動、土地、資本、企業能力可簡化為人力（labor; L）與物力（capital; K）。在一定的技術水準下，投入最少生產要素（最低成本），以產出最大產量（最高利潤），亦即將有限的生產資源作最有效配置。

投入 ——→ 產出（產量） ——→ 收益（P × Q） ——→ 利潤
生產要素　　　　　　銷售　　　　收益－成本（TR － TC）

產出同一產量水準所使用的生產要素組合，若所需勞力（L）之比例相對較高，稱為**勞力密集**（labor-intensive）；所需資本（K）之比例相對較高，則稱為**資本密集**（capital-intensive）。

固定要素（fixed factors）

短期內不易變動的生產要素，通常為會計科目所稱之固定資產，包括土地、廠房、設備等，簡化為資本 K。

變動要素（variable factors）

短期內可以變動的生產要素，以人力調整為主，簡化為勞動力 L。

短期生產

供給者來不及調整部分生產資源以改變其產量或生產線的期間，指投入固定要素 K 不變而只能調整勞動力 L，在此限制下產出特定水準的生產潛能（規模）。

長期生產

供給者可以完全調整生產資源，足以改變產量或生產線的期間，指投入的所有生產要素 K 與 L 均能調整，因此產出之生產規模亦可改變。

總產量（total product; TP）

在一定時間內，技術水準與固定要素（K）不變下，投入某一變動要素（L），所累積產出的產量總和。

$TP(Q) = Q_1 + Q_2 + \cdots = MP_1 + MP_2 + \cdots$

邊際產量（marginal product; MP）

在一定時間內，技術水準與固定要素（K）不變下，每增加一單位變動要素（L），所能增加的產量單位。

$MP_L = \Delta Q / \Delta L$ ＝產量變動量 / 要素變動量

平均產量（average product; AP）

在一定時間內，技術水準與固定要素（K）不變下，平均每單位變動要素（L）所能產出的產量單位，又稱爲**勞動生產力**（labor productivity）。

$AP_L = TP / L$ ＝總產量 / 總要素量

當變動要素（L）爲 0 時，生產者未產出任何產量，因此 TP ＝ MP ＝ AP ＝ 0 ；當 L 爲 1 單位時，若產出 10 單位產量，則 TP ＝ MP ＝ AP ＝ 10 ；當 L 爲 2 單位時，若第 2 單位 L 產出 12 單位產量，則 MP ＝ 12 ，與由第 1 單位 L 產出的 10 單位產量累積，總共獲得 22 單位產量，因此 TP ＝ 22 ， AP ＝ 22 / 2 ＝ 11 ，以此類推。

邊際報酬（產量）遞減法則（law of diminishing marginal returns）

增加勞動量所能增加的產量反而減少的現象，即總產量增加幅度逐漸平緩。

一般而言，在固定資產（K）不變下，開始增加投入勞動量，因資產設備充分利用發揮產能，其產量大增（邊際產量增加）；但擁有勞動量足夠時，再增加勞動量則因每人可用之資產設備減少，其產量增加幅度逐漸平緩（邊際產量遞減）；擁有勞動量太多之後，已無更多資產設備可用，再增加勞動量則反而干擾產出（邊際產量減爲負且繼續遞減，累積之總產量因此亦減少）。在正常狀況下，生產者擁有足夠勞動量而邊際產量遞減後，會將有限資源配置轉移以提升生產效益，不至於雇用過量勞工到干擾產出。

在固定資本不變下，勞動量遞增導致（K／L）比値（每人可用之資產設備）遞減；擁有勞動量足夠之後，勞動生產力受限於固定資本而不能再提升，稱爲**瓶頸**（bottleneck）。勞動量遞增導致變動要素（L）之投入與固定要素（K）的組合比例改變，生產資源配置愈趨不適，稱爲**變比法則**（law of variable proportion）。

TP、MP、AP之相互關係

邊際產量是每一單位勞動的產量變動幅度，而總產量爲每一單位勞動邊際產量之總和，平均產量則是總產量除以總勞動量之總量平均值。

依據邊際報酬遞減法則，當開始增加勞動量時，邊際產量會增加（0→F），亦即總產量增加幅度遞增（0→A），但累積到相當勞動量（L_1）後，隨勞動量增加而邊際產量會逐漸減少；若邊際產量仍爲正（F→H），表示總產量持續增加，但增加幅度逐漸平緩（A→C）；邊際產量遞減至0（H點）時，表示總產量不會再累積增加，此時總產量達到最大（C點）之 q_3，因生產規模固定，總產量不再增加；邊際產量持續遞減爲負（H之後），表示總產量亦會逐漸減少（C之後）。

當MP在AP之上（L_2之前），表示每增加一單位勞動量所能增加的產量大於原來之平均水準（AP），亦即每增加一單位勞動量可使AP持續增加，對應AP上升之0G段；當MP在AP之下（L_2之後），表示每增加一單位勞動量所能增加的產量小於原來之平均水準（AP），亦即每增加一單位勞動量會使AP減少，對應AP下降之G點後段，而L_2對應AP之頂點G；因此MP與AP均爲先增後減，而MP向下通過AP之最高點。

AP在下降時，MP必然也下降（MP在AP之下）；MP在下降而尚未通過AP之最高點時（MP在AP之上），表示每增加一單位勞動量所須增加的產量遞減，但仍大於原來之平均水準，因此每增加一單位勞動量使AP增加（AP上升）。

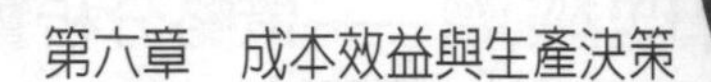

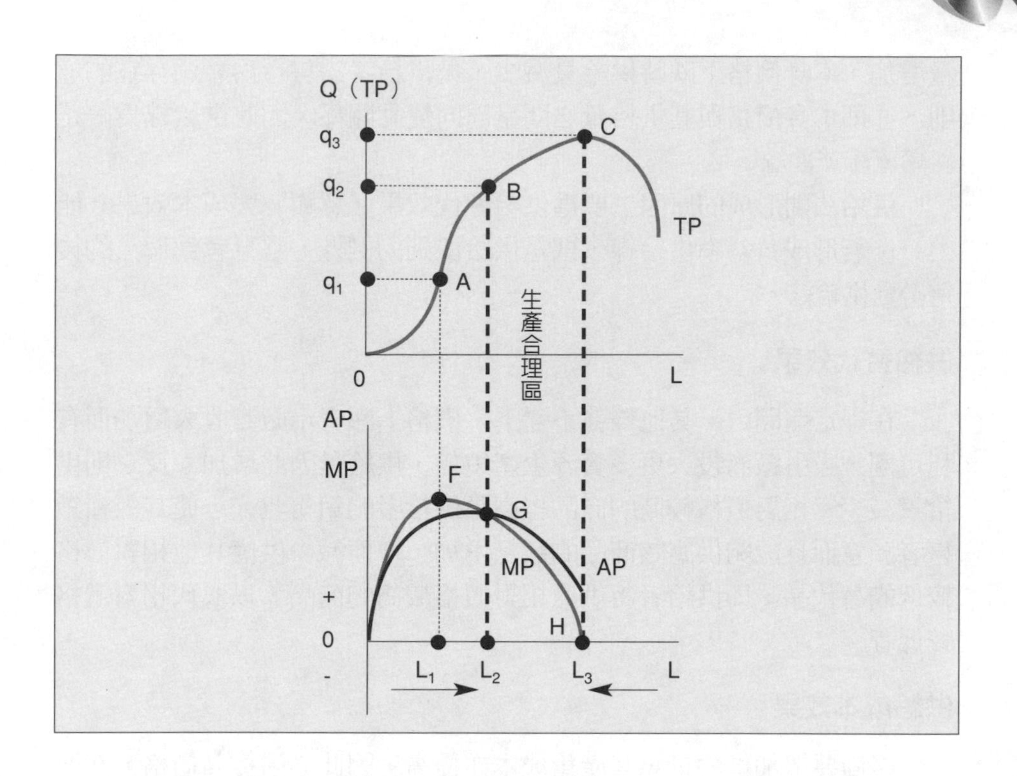

生產合理區

在邊際產量小於平均產量但仍爲正值之區間，即雇用勞動量 L_2 至 L_3 對應總產量 q_2 與 q_3 之間，代表從平均產量最大開始遞減至總產量持續增加達到最大，此段爲生產資源配置（勞動雇用量與固定資本組合）最佳之理想生產狀態。

雇用勞動量少於 L_2 則 MP 在 AP 之上，表示增加勞動量可使 AP 持續增加，即固定資產尚未完全充分利用，又稱爲**資本閒置**（capital idle），所以此段未達生產合理區，廠商應再雇用更多勞動量以增加平均產量。

雇用勞動量多於 L_3 之後則邊際產量遞減爲負，表示廠商再雇用更多勞動量反而干擾產出，使總產量逐漸減少，即勞動量過剩，又稱爲**技術無效率**（technical inefficiency），因此並非生產合理區，應減少勞動量。

供給法則（law of supply）

一般而言，在一定期間內，其他條件不變下，本身價格上漲時供給

量增加，本身價格下跌時供給量減少，爲供給者銷售行爲普遍存在的通則，亦即本身價格與其供給量之間呈同向變動關係，因此供給線爲一正斜率直線或曲線。

供給法則形成的原因主要爲供給替代效果（意願）與成本效果（能力）；若形成負斜率供給線，則是供給法則的例外，常見者爲個人的後彎勞動供給線。

供給替代效果

在一定期間內，其他條件不變下，價格上漲表示廠商收入增加而有利可圖，吸引廠商投入更多資源生產銷售，供給量因此增加；反之則供給量減少。相對價格較高的商品提高了供給者的銷售收入，使其潛在銷售者願意而且能夠供應該商品的數量增加，轉而減少供應其他相對價格較低的替代品，即供給者將供應相對價格較高的商品，以取代相對價格較低者。

供給成本效果

廠商要增加供給量，其產銷成本亦提高，因此必須提高價格。在一定期間內，其他條件不變下，價格上漲表示提高了供給者的銷售所得，廠商能夠負擔較高的成本來增加供給量，使其潛在銷售者願意而且能夠供應該商品的數量增加；反之售價降低使銷售所得減少，不符產銷成本則供給量減少。

生產者剩餘（producer's surplus; PS）

當生產者實際收入的市場均衡價格（P^*）高於其願意供應的價格，所多得的利益。供給線代表供給者對各特定商品數量所願意而且能夠供應的最低價格，如圖，供給量 0 至 Q^* 生產者願意供應的價格爲 B 至 P^*，但生產者供應每一單位供給量實際收入的價格均爲 P^*，因此△B P^*E 所涵蓋之面積，爲生產者願意供應而多收入的總價值，即生產者剩餘。

生產者剩餘代表生產者在市場上多賺得的經濟福利，同一商品市場均衡價格愈高則生產者剩餘愈大，表示生產者的經濟福利愈高。負斜率需求線上每一點代表每一需求量對應消費者願意支付的最高價格，△

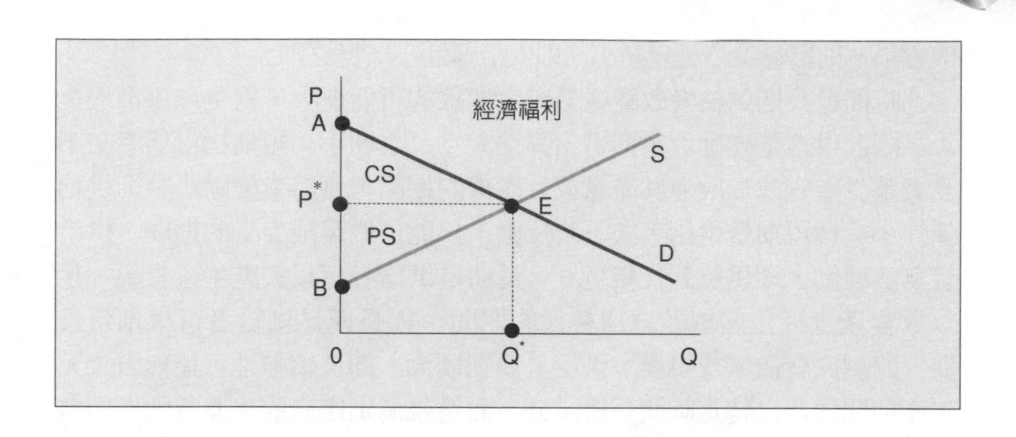

AP^*E 所涵蓋之面積爲消費者願付而未付的總價值，即消費者剩餘（CS），同一商品市場均衡價格愈低則消費者剩餘愈大，表示消費者的經濟福利愈高。

供給（價格）彈性

商品本身價格變動引起供給量變動的反應程度，亦即供給量受商品本身價格變動影響的敏感度指標，供給彈性大小之衡量及意義與需求彈性相同。

ε_s ＝供給量變動百分比 / 價格變動百分比

依據供給法則，價格與其供給量之間呈同向變動關係（正斜率需求線），因此供給彈性係數爲正值。

影響供給彈性大小的因素

供給彈性爲供給量受影響的敏感度，而生產替代性爲影響供給量變動的最主要因素，當供給者的生產選擇機會大，則影響供給量變動大，即供給彈性大；反之則小。

生產要素特性容易相互替代或用途較廣，生產技術多樣化或產能高等**資源流動**性因素，使生產者有能力擴產或改變產品，代表供給者的生產選擇機會大，則影響供給量變動大，即供給彈性大；反之則小。

當增加產量或改變生產線會使**成本**增加較大，使供給者的生產選擇機會小，則影響供給量變動小，即供給彈性小；反之則大。

時間愈長則供給者改變產量或生產線的可能愈大，對生產選擇機會大，因此供給量變動大，即供給彈性大；反之則小。**短期**指供給者來不及調整生產資源以改變其產量或生產線的期間，供給量變動小，即供給彈性小；**極短期**是供給者來不及反應，只能供應現成存貨的期間，供給量無法變動，即供給彈性接近0。**長期**是供給者可以調整生產資源，足以改變產量或生產線並選擇替代的期間；**極長期**是供給者可以創新發展，跨越原有領域或規模，供給量變動極大，即供給彈性可達無限大。生產期間並非以特定時間長短區分，而是視個別廠商的生產特性與調整能力而定。

成本轉嫁能力

當商品需求彈性大，代表需求者的選擇調整機會大，廠商在市場競爭激烈下不敢漲價以免被其他供給者替代，亦即需求彈性大的商品成本轉嫁能力較低，則消費者剩餘較大而生產者剩餘較小。反之，需求彈性小的商品，代表需求者的選擇調整機會小，廠商可漲價轉嫁給消費者，被其他供給者替代數量不大，成本上漲不須完全自行吸收，亦即需求彈性小的商品成本轉嫁能力較高，則消費者剩餘較小而生產者剩餘較大。

供給彈性大代表供給者的生產選擇機會大，供給量受成本上漲影響的敏感度較大，供給者可以改變產量或生產線，成本上漲的商品減量供應，商品價格上漲轉嫁給消費者，亦即供給彈性大的廠商成本轉嫁能力較高，則生產者剩餘較大而消費者剩餘較小。反之，供給彈性小代表供給者的生產選擇機會小，供給者難以改變產量或生產線，成本上漲的商品不易漲價轉嫁給消費者，亦即供給彈性小的廠商成本轉嫁能力較低，則生產者剩餘較小而消費者剩餘較大。

實際負擔成本者向前至最終消費者付費稱爲**前轉**（forward shifting），實際負擔成本者向後至生產者付費稱爲**後轉**（backward shifting）。因此需求彈性小的商品或供給彈性大的廠商，前轉較大而漲價轉嫁成本能力較高，即消費者付費負擔較大；需求彈性大的商品或供給彈性小的廠商，後轉較大而成本轉嫁能力較低，即生產者自行吸收負擔成本。

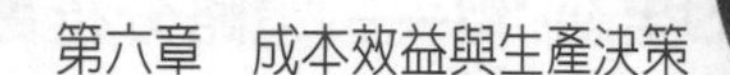

管理經濟實務 6-1：電源供應器的成本轉嫁能力

原物料成本持續飆漲，對原料占成本七成以上的電源供應器廠商毛利率衝擊大；幸好市場需求強勁，部分高階及利基型產品在賣方市場主導的環境下得以順利轉嫁成本，至於低階大眾化產品以及變壓器廠商則面臨較大壓力；影響程度存在差異，轉嫁能力更有明顯差別。

供給彈性大代表供給者的生產選擇機會大，廠商成本轉嫁能力較高，則生產者剩餘較大而消費者剩餘較小。反之，供給彈性小代表供給者的生產選擇機會小，供給者難以改變產量或生產線，成本上漲的商品不易漲價轉嫁給消費者，則生產者剩餘較小而消費者剩餘較大。

電源供應器、變壓器相關產品主要原材料有銅線、矽鋼片及鐵心等，材料成本占產品售價約 70-80%，其中矽鋼片及銅線又占材料比重的 70%。這波原材料價格以銅的漲勢最明顯，每公噸單價已由原先的 1,600-1,700 美元一路飆漲至 3,100 美元價位，漲幅近九成，反映在電源供應器廠商的成本約上揚 3%。

由於東歐及俄羅斯的廢鐵釋出紓解供給吃緊，以致鐵價漲勢稍緩；矽鋼片反映在電源供應器廠商成本約為 1%，但由於漲勢未歇，供應商恐將以較強烈的手段轉嫁成本，預計將再調漲 11%，電源供應器廠商成本將再墊高 1%。除了主要原料銅與鐵上揚外，其他次要材料例如塑膠等也處於價格攀升趨勢，但由於規格多，因此漲幅尚不明顯。預期全球原物料供不應求景象短期內難以翻轉，廠商普遍以增加原料庫存量因應，在多儲備安全存料的情形下，無形中也成為助漲的推手。概括而言，交換式電源供應器為模組化產品，主要材料為 IC、電阻、二極體及變壓器等，不需用到銅線及矽鋼片，比線性產品有利。

由於電源相關產品種類眾多，產品價格的轉嫁非全面性，其中低階產品、成熟度高、進入門檻低、客户選擇性多樣化，相對競爭大的情形下，轉嫁成本的空間較受侷限；至於毛利率較高的高階產品單價高，例如通訊、伺服器、工業用電腦、網路用的交換機及 LCD TV 等，本身在吸收成本上較有彈性，在供應商較少的情形下，客户短期轉單不易，因此成本轉嫁較容易。

市場競爭激烈下商品需求彈性大，代表需求者的選擇機會大，廠商不敢漲價以免被其他供給者替代，則消費者剩餘較大而生產者剩餘較小。反之需求彈性小的商品，代表需求者的選擇機會小，廠商可漲價轉嫁給消費者，被其他供給者替代數量不大，成本上漲不須完全自行吸收，則消費者剩餘較小而生產者剩餘較大。

在成本結構改變後，電源供應器整體產業面變動的幅度不致太大，但迫使個別公司重新檢視產品組合，已有不少廠商積極切入高功率高瓦特產品，以爭取較高的毛利空間，其中尤以力信、全漢、新巨、台達電、光寶等最具成效。

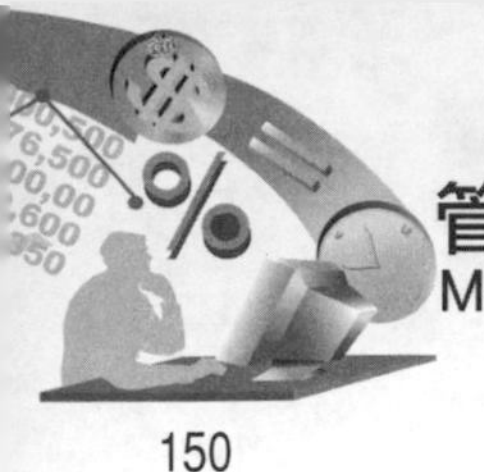

 生產作業與績效管理

生產功能（production function）

廠商投入要素以產出各種財貨勞務的過程，其中包含轉換活動（生產作業）與隨機事件（環境變化），有系統地將投入資源轉換成爲產出供給稱爲**生產作業管理**（production and operation management; POM）。

執行生產功能的前置設計包括製程選擇、資源配置、設施地點、人員工作、產能規劃等，生產流程包括工作排程、物料需求、品質控制、存貨管理與整體規劃，相關輔助功能包括零件採購、設備維護、能源效率、績效評估、安全標準等。

連續生產（continuous production）

以高度系統化作業流程產出大量標準化產品，使用機械化加工設備而且分工明確專業細緻，其人員權責固定且工作範圍狹小，標準規格製程傾向採行機械式組織，便於管理組織控制品質，對創新技術與彈性調整能力要求不高。

針對市場區隔依需求者特性（偏好）設計相似類型的差異化產品，但同一款式產品仍以高度系統化作業流程大量產出，稱爲**反覆加工**（repetitive processing）或**半連續生產**（semi-continuous production）。

間斷生產（intermittent processing）

以不同加工製程條件產出少量部分標準化產品，權責角色分工依需要彈性調整，工作職務設計團隊化，成員具有獨當一面的責任與能力，便於快速反映外部環境變化。

使用相同機械化加工設備與標準化作業流程，在不同時程下產出相似類型的差異化產品，稱爲**分批生產**（batch production）。可以節省運用有限資源以發揮最大效益，但工作排程配置與物料需求規劃可能發生衝突，須保持工作排程的機動彈性，且不影響原作業流程之正常運作而能分工完成目標。

使用相同機械化加工設備但非標準化作業流程，針對不同客戶需求產出相似類型的差異化產品，稱爲**訂貨生產**（order production）。針對特定需求訂單少量生產，因此單位成本較高，工作排程配置與物料需求規劃複雜，須彈性調整工作職務設計，使整體生產作業管理可以快速反映外部環境變化。

專案生產（project production）

使用不同加工設備且非標準化作業流程，針對客戶需求產出差異化產品，爲完成某些特定目標的臨時組合，完成後即回歸原正式工作職務，而不影響原系統架構之正常運作，並提升企業的應變能力，節省資源且增進效率，通常爲創意機動生產部門所採行，但個案交易的專案成員不易控制管理。

網狀組織只保留核心管理規劃專案，而將生產作業流程與其他功能活動的執行外包，可以保持本身企業的機動彈性，但須與其他外包企業建立緊密的關係網絡，以便依其需要彈性合作完成專案生產，確保企業功能可以長期完整順利運作。

產能（capacity）

系統化作業在一定時間內正常工作所能生產的最大產出。產能決策須反映未來外部環境變化與市場需求，調整加工設備與作業流程，有效率地運用配置有限資源，建構每一工作成員的職務角色分工，以完成經濟目標的最大產出。

生產力（productivity）

平均每單位資源投入所能產出的價值，用以衡量組織的工作績效或資源（成本）利用效率。提升產量與品質、產品組合創新提高附加價值、改善作業流程控制成本等，可以增進組織的生產力。

總產量爲各個別單位勞動產量之總和，代表所有成員所累積的整體產出表現；平均產量則是總產量除以總勞動量之總量平均值，又稱爲勞動生產力，代表工作團隊的整體平均績效；邊際產量是每一個別單位勞動的產出，亦即對總產量的影響變動幅度，代表團隊中的個人貢獻度。

勞動生產力＝總產值／勞動投入
資本生產力＝總產值／資本投入
整體生產力＝總產值／總要素投入
原料（能源）生產力＝總產值／原料（能源）投入
行銷生產力＝總銷售額／行銷資源投入

品質控制（quality control）

以作業的技術活動來達成品質要求，但不僅是操作流程，還包含相關的知識、經驗、觀念、態度等，衡量並改善工作內容，將品質水準誤差降到最低。品質控制依據所設定的品質標準，掌握工作過程中事先、事中、事後的控制重點與規格標準，建立全面的控制計畫，從中診斷出誤差原因，提出修正方案並執行改善行動。

品質保證（quality assurance）

組織對有系統地完成品質標準要求的信心與承諾，代表在管理活動監控過程中維持品質標準的能力。品質保證通常以書面文字（保證書）對外表達公司對產品或服務的標準與政策，對內研擬達成品質要求的控制計畫與檢驗規格，了解客戶對品質的滿意程度與忠誠度，以維持雙方良好關係並滿足市場需求。

品質改善（quality improvement）

提升品質標準的企業活動，突破現狀並改善組織效能，以追求更卓越的產品或服務，包括外型、材料、流程、方法等方面的改變。須先決定新的目標，提出可行的方案政策，要求成員學習相關的新技術能力，配合改善計畫重新整合所需之資源，以順利達成新的品質標準。

再造工程（reengineering）

重新設計組織架構與作業流程，以改善品質與降低成本，提升管理效能與附加價值。再造工程須先導正策略目標，配合新的管理方法和技術工具，賦予成員新的任務使命；再造過程中須不斷改善問題，使企業組織持續成長，追求更高的績效標準與成長機會。

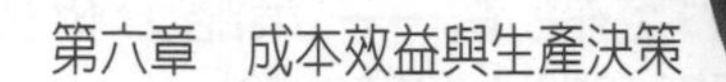

績效管理（performance management）

針對組織活動的過程與結果，選擇適合的評估方式重點管理，以提升公司的營運能力。績效管理須反映明確的目標、組織的生產力與應變力、獲取資源與利用環境的能力、投入到產出的品質與效率、成員的凝聚力與安定性、以及全體的成長與報酬等。

目標管理（management by objectives; MBO）

由員工參與設定工作目標，增強對組織的認同感與向心力，進而貢獻努力達成組織目標。員工配合公司運作設定個人目標，並與管理者溝通以獲取共識及支援，訂定工作內容、計畫、期間、標準等作爲考核依據，並隨時追蹤改善問題，提升了組織全體的管理績效而完成企業目標。

行為替代（behavior substitution）

績效管理所評估的目標通常偏重較易衡量的表面成效，而不能完全反映實際的工作績效；員工爲達成表面目標，致力於容易獲得評價與獎賞的特定項目，而忽略了專業素養與幕僚服務的實質貢獻與長期發展。

局部最適化（sub-optimization）

組織內部各專案、事業部、功能部門等，爲爭取本身的績效評價，各自爲政暗中較勁，本位主義妨礙協調合作，各自（局部）績效達到最佳卻忽略了組織全體的最適化。

能力開發（ability development）

增進員工的工作能力與動機，培養未來所需之專業技術與管理方法，即培訓幹部提升其價値的成長過程，著重知識的理論基礎和自我學習的思考能力。**教育訓練**（training）則是針對員工目前的工作，教導相關之技能行爲與流程規則，使其符合現實工作要求的系統化過程，強調即訓即用的組織目標。

訓練與開發須配合工作目標進行組織分析、工作分析及個人分析，有系統地事前規劃設計，並提供激勵誘因與績效標準，提升員工的生產力、執行力、忠誠度、服務態度以及品質水準，降低作業疏失、意外事故、產

品瑕疵、顧客抱怨、員工缺勤等，以達成組織要求的目標及願景。

在職訓練（on the job training; OJT）

在職場的工作中所實施之教育訓練，藉由經驗傳承與實地演練，學習相關之技能行爲與流程規則，以達成組織要求的工作目標。

教練法（coaching）由主管直接指導下屬或新進接手者，使員工減少嘗試錯誤而能很快順利進入狀況，同時契合公司的企業文化及應對進退，但主管指導時亦傳達個人主觀好惡與領導風格，可能造成誤導或形成師門派系。

特定派任（special assignment）由高階管理者指派員工擔任特定職務，培訓幹部所需之專業技術與管理方法，通常以副手、代理人、特別助理等方式，直接觀摩學習主管的特定技能與處事態度，使其未來能獨當一面順利接手任務。

工作輪調（job rotation）在專業技能相近的作業部門間調動工作，使員工了解彼此的工作內容特性，有助於組織內部分工合作及彈性調整支援，並培訓未來幹部管理時能權衡整體而不致本位主義。

職外訓練（off the job training; Off-JT）

在職場工作以外的時間／地點所實施之教育訓練，培養員工思考能力並吸收新知，同時拓展人際關係與經驗領域，提升其價值且不斷成長卓越。

課程講授（lecture）通常由企業內部專屬的訓練中心／講師顧問進行有系統的技能傳授，亦可針對特定需求鼓勵或外派員工到企業外部的教育機構參加研習活動。課程講授可以藉由錄放影機、電腦視訊、網路多媒體等方式進行分批研習或個別遠距學習。

經營模擬實戰（business simulation game; BSG）利用電腦程式設計實際經營活動，模擬可能發生的狀況訓練決策與應變能力，或虛擬實境熟練技巧經驗，亦可透過**角色扮演**（role play）了解不同的工作內容特性。

個案研討（case study）以眞實企業的經營實例爲內容，訓練成員診斷問題與分析能力，並透過小組討論經驗交流，激盪創新方法而互動學習，亦可**參訪**（visit）其他企業的實際經營活動，實地觀察體驗並取得第一手資料進行個案研討。

管理經濟實務6-2：晶圓代工產業的產能變化

根據IC-insight調查顯示，我國晶圓代工產業占有七成以上全球專業晶圓代工產能；晶圓雙雄台積電、聯電在先進製程技術或產能上，皆居於領先地位。

專業晶圓代工產業幫客户生產製造其委託的IC產品，自身並無自有產品的製造服務，因此生產管理都以接單式生產而非計畫性生產；觀察其產能利用率及接單價格的變化，通常能正確反映出整體產業的變化情況。

晶圓代工產業以不同加工製程條件產出少量部分標準化產品，權責角色分工依需要彈性調整，便於快速反映外部環境變化。使用相同機械化加工設備與標準化作業流程，在不同時程產出相似類型的差異化產品稱為分批生產，可以節省運用有限資源以發揮最大效益，須保持工作排程的機動彈性；使用相同機械化加工設備但非標準化作業流程，針對不同客户特定需求訂單少量生產，產出相似類型的差異化產品稱為訂貨生產，工作排程配置與物料需求規劃複雜，須彈性調整使整體生產作業管理可以快速反應。

隨著晶圓代工業轉換為明星產業後，不僅有先進整合元件製造商（IDM）IBM宣布跨足晶圓代工產業，更吸引後進地區包括大陸及東南亞等地業者相繼跨入。2003年在競爭業者產能逐步開出後供給面急速成長，造成不論產能利用率降低或走高，代工價格都緩步下跌，反映出整體電子業走向低價化、普及化的發展趨勢。大陸晶圓代工業者中芯、宏力等大廠產能陸續開出，勢將引發另一波價格戰；日本東芝晶片製造商在價格下跌及庫存揚升之際，延後生產投資。我業者在產能利用率逼近滿載後適度提高代工價格拉高毛利，但卻可能導致訂單流失，因未對競爭市場做有效區隔，而造成負面效應。

產能是指公司利用現有的資源，在正常狀況下所能達到的最大產出數量；而產能利用率則是指廠商實際總產出占總產能的比率，愈高代表閒置產能愈少，象徵製造活動熱絡，若產能利用率太高也可能代表景氣過熱。產能決策須有效率地運用配置有限資源，以完成經濟目標。短期廠商可以透過員工加班或增加臨時工人使產出增加，產能利用率便可能超出100%；在固定資產不變下，開始增加投入勞動量，因資產設備充分利用發揮產能，其產量大增（邊際產量增加）；但每人可用之資產設備減少時，其產量增加幅度逐漸平緩（邊際產量遞減）；長期來看，廠商的產能增加有賴資本投資的增加。

在奈米世代，聯電傾全力急起直追，90奈米已有超前的跡象，而台積電的65奈米開始試產，兩大廠製程研發皆接近完成，已有客户導入設計產品，高階製程競爭愈來愈激烈。未來12吋晶圓產能利用率提升後，高單價產品出貨比重提高，將大幅減輕高額設備折舊帶來的壓力，毛利率成長將會相當快速。晶圓雙雄營運成長的動力以高階製程為主，台積電預期90奈米比重將提高到10%，聯電則希望90奈米在2005年底提高至20%以上。

成本與效益

總收益（total revenue; TR）

在一定時間內，累計所生產的總產量在市場上售出可以得到的總收入。

TR ＝ P（售價）× Q（產量）

邊際收益（marginal revenue; MR）

在一定時間內，變動一單位產量在市場上售出的收入變動，每增加一單位變動產量所能增加的收入單位。邊際收入至0時，表示總收入不會再累積增加，此時總收入達到最大。

$$
\begin{aligned}
MR &= \Delta TR / \Delta Q = \text{收入變動量} / \text{產量變動量} \\
&= (P\Delta Q + Q\Delta P) / \Delta Q \\
&= P[1 + (Q / P)(\Delta P / \Delta Q)] \\
&= P[1 + (1 / \varepsilon_d)] \\
&= P[1 - (1 / |\varepsilon_d|)]
\end{aligned}
$$

平均收益（average revenue; AR）

在一定時間內，平均每一單位產量在市場上售出的收入。

AR ＝ TR ／ Q ＝ P × Q ／ Q ＝ P（單位售價）

成本（cost; C）

廠商爲從事生產而投入要素所必須支付的代價，產出更大產量需要更多要素，生產成本即會增加，爲將有限的生產資源作最有效配置，在一定的技術水準下，應投入最少生產要素（最低成本），以產出最大產量（最高利潤），利潤爲收入與成本之差額。

外顯成本（explicit cost）

會計帳目上記錄實際發生的交易支出，又稱爲**會計**（accounting）**成本**或**商業**（business）**成本**。

會計利潤＝總收入－外顯成本

隱含成本（implicit cost）

使用自行擁有的要素，在會計帳目上無交易支出紀錄，但可合理估算將該資源投入其他用途可獲得的最大報酬。

經濟成本（economic cost）

包括外顯成本及隱含成本，亦即將交易支出的資金及自有資源投入其他用途可獲得的最大報酬，也就是選擇該生產活動的**機會成本**。

經濟利潤（economic profit）

會計利潤記錄帳面上之盈虧，而經濟利潤多扣除一項隱含成本，用以評斷生產者是否做了理性抉擇。當經濟利潤爲0時之會計利潤稱爲**正常利潤**，亦即帳面盈餘恰可彌補隱含成本，爲中立選擇；經濟利潤爲正稱爲**超額利潤**，表示該資源配置較投入其他用途獲得更大的報酬，爲有利選擇；經濟利潤爲負稱爲**經濟損失**，則是不利選擇，因爲不論會計帳面盈虧均無法彌補隱含成本，表示該資源配置較投入其他用途獲得更少報酬，並非理性抉擇。

經濟利潤＝總收入－經濟成本
＝總收入－外顯成本－隱含成本
＝會計利潤－隱含成本

變動成本（total variable cost; TVC; VC）

在一定時間內，技術水準與固定要素（K）不變下，隨產量增加而遞增之成本，即產出某一產量（Q），所累積支付的變動要素成本總和。

$$TVC = VC_1 + VC_2 + \cdots = MC_1 + MC_2 + \cdots$$

邊際成本（marginal cost; MC）

在一定時間內，技術水準與固定要素（K）不變下，每增加一單位產量（Q），所需增加的變動成本。

MC ＝Δ VC ／Δ Q ＝成本變動量／產量變動量

平均變動成本（average variable cost; AVC）

平均每單位產量所須支付的變動成本。

AVC ＝ VC ／ Q ＝變動成本／總產量

邊際成本遞增

在一定時間（短期）內，技術水準與固定要素（K）不變下，因爲生產規模固定，對應邊際產量先增後減，邊際成本（Δ VC ／Δ Q）會先減後增。

總產量增加幅度（Δ Q）大時邊際成本遞減（F 之前），因變動成本增加幅度相對較小（0A 段）；但累積到相當產量（Q_1）後，隨勞動量增加而邊際產量會逐漸減少，亦即總產量增加幅度（Δ Q）減小時邊際成本遞增（F 點之後），因變動成本增加幅度相對較大（A 點之後）。

VC 、 MC 、 AVC 之相互關係

邊際成本是每一單位產量的成本變動幅度，而總變動成本爲每一單位邊際成本之總和，平均變動成本則是總變動成本除以總產量之平均數。

AVC 在上升時， MC 必然也在上升（MC 在 AVC 之上）； MC 在上升而尚未通過 AVC 之最低點時（MC 在 AVC 之下），表示每增加一單位產量所須增加的成本遞增，但仍小於原來之平均水準，因此每增加一單位產量使 AVC 減少，對應 AVC 下降。

當 MC 在 AVC 之下（Q_2 之前），表示每增加一單位產量所須增加的變動成本小於原來之平均水準（AVC），亦即每增加一單位產量可使 AVC 減少，對應 AVC 下降之 G 點前段；當 MC 在 AVC 之上（Q_2 之後），表示

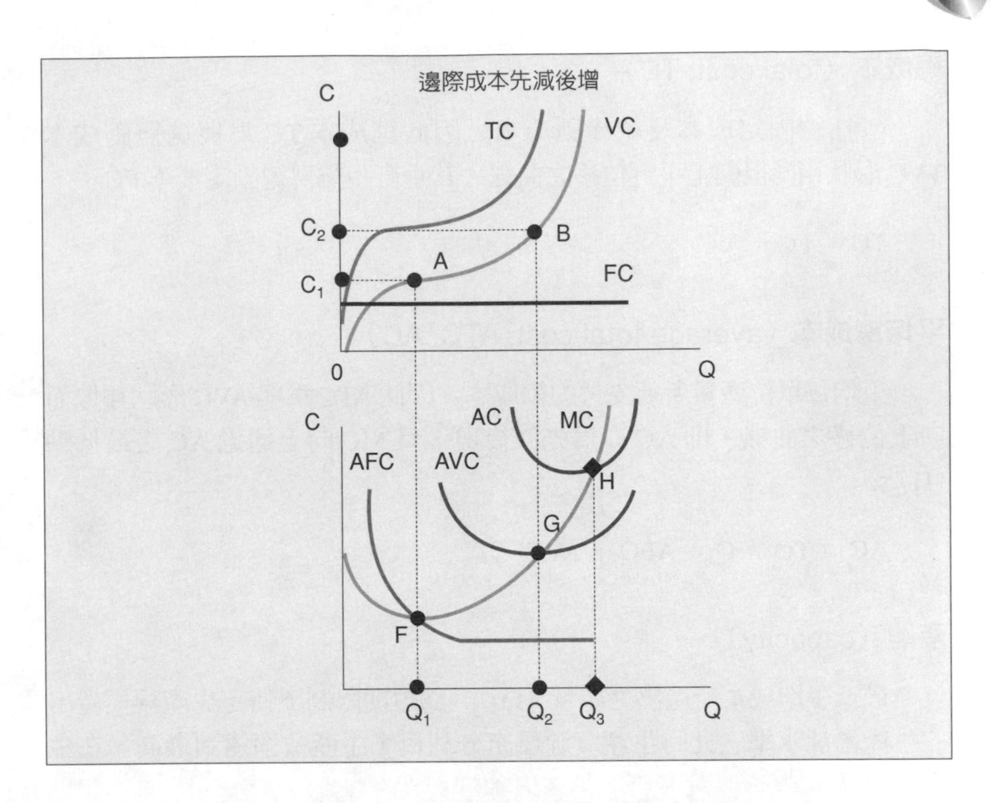

每增加一單位產量所須增加的變動成本大於原來之平均水準（AVC），亦即每增加一單位產量會使 AVC 增加，對應 AVC 上升之 G 點後段，而 Q_2 對應 AVC 之底點 G；因此 MC 與 AVC 均爲先減後增，而 MC 向上通過 AVC 之最低點。

固定成本（fixed cost; FC）

短期內不易變動的固定要素成本，不隨產量的變動而變動，因此爲一水平線。固定成本若已先行支付，即使未投入生產仍須負擔之費用，則稱爲沉沒成本（sunk cost）。

平均固定成本（average fixed cost; AFC）

平均每單位產量所須支付的固定成本，平均固定成本隨產量的增加而減少，因此 AFC 爲一負斜率曲線。

AFC ＝ FC ／ Q ＝固定成本／總產量

總成本（total cost; TC）

包括總固定成本及總變動成本，因此總成本 TC 為與總變動成本 TVC 形狀相同但向上平行位移之曲線，其垂直距離為總固定成本 FC。

$$TC = FC + VC$$

平均總成本（average total cost; ATC; AC）

平均每單位產量所須支付的總成本，因此 ATC 為與 AVC 形狀類似而向上位移之曲線，即 AC 亦為先減後增，且 MC 向上通過 AC 之最低點（H）。

$$AC = TC / Q = AFC + AVC$$

產能（capacity）

最低平均成本所產出之產量（Q_3），為短期限制下特定生產規模產出的生產潛能水準，此時生產資源已充分利用，生產效率達到最高，在生產合理區。

廠商均衡（firm equilibrium）

在一定時間（短期）內，生產規模固定下的廠商產量與市場價格，使其獲得最大利潤或最小損失，則廠商的短期生產達到最佳之穩定狀態（均衡），產出最適產量不再變動，又稱為**生產者的短期均衡**。其條件為 $MR = MC$，亦即使廠商的邊際收益等於邊際成本時之產量（Q^*）。

利潤為總收入扣除總成本後之淨利，利潤變動 $\Delta\pi = \Delta TR - \Delta TC$，一單位產量變動之利潤變動即為 $M\pi = MR - MC$，$\Delta\pi / \Delta Q = (\Delta TR / \Delta Q) - (\Delta TC / \Delta Q)$，邊際利潤為邊際收入扣除邊際成本。當 $MR = MC$ 時邊際利潤為 0，表示總利潤已達頂點（Max），產出最適產量（Q^*）不再變動，即 MR（邊際收入）＝ MC（邊際成本）時之產量，為生產者短期均衡的最適產量。

若 $MR > MC$，表示增加單位產量獲得的收入大於所須支付的成本，因此增產會使利潤持續增加（邊際利潤為正），而尚未達到淨利最大

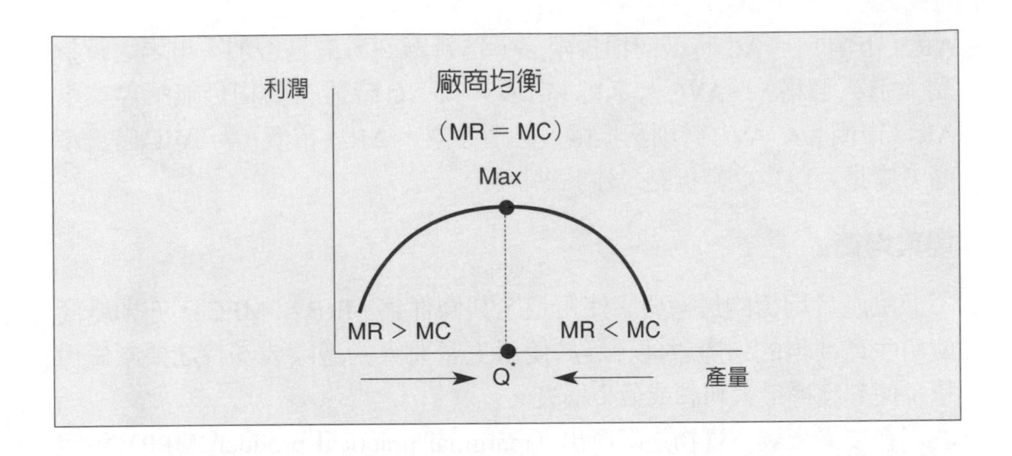

之均衡狀態，即當時產量小於最適產量（Q^*），廠商應再增加產量，調整直到邊際利潤爲0不再變動。

若 MR < MC，表示增加單位產量獲得的收入小於所須支付的成本，因此增產會使利潤持續減少（邊際利潤爲負），並非淨利最大之均衡狀態，即當時產量已大於最適產量（Q^*），廠商應減少產量，調整直到邊際利潤爲0不再變動。

停業點（shut-down point）

當廠商的總收入 TR = TVC（AR × Q = AVC × Q），其淨損即爲固定成本，表示平均收入恰可彌補平均變動成本，但固定成本則已無法回收。因此 AVC = AR（市價）< AC 時，廠商應考慮停業，不論是否停業均損失固定成本。若市價下跌至最低平均變動成本以下，即 AR < AVC，表示平均收入已無法彌補平均變動成本與固定成本，持續生產（變動成本增加）將造成虧損擴大，廠商必須停業以減少虧損。

當市價在最低平均成本與最低平均變動成本之間，在 MR = MC 處爲最小損失，因爲 AR > AVC，表示平均收入彌補平均變動成本後仍有餘，可逐漸回收固定成本，廠商應繼續營業，又稱爲有**虧損的短期均衡**。此時若因帳面虧損（AR < AC）即予停業，將立即損失固定成本而失去回收機會。

個別廠商的 MR = MC 時產出最適產量爲短期均衡，當 AR（市價）> AC 時廠商可得最大利潤，AR（市價）< AC 時廠商只得最小淨損，

AR（市價）＝ AC 時廠商損益兩平，為新廠商考慮是否加入市場之轉折點（進入價格）。AVC ＜ AR（市價）＜ AC 時雖有虧損仍無須停業，AR（市價）＜ AVC 時則虧損擴大必須停業，AR（市價）＝ AVC 時為廠商考慮是否停業之轉折點（停業點）。

要素均衡

生產者均衡的最適要素使用量，其條件為 MRP ＝ MFC，亦即廠商使用生產要素的邊際收益，等於使用生產要素的邊際成本時之要素使用量，使其獲得最大利潤或最小損失。

在要素市場，**實物邊際產出**（marginal practical product; MPP）為變動一單位某要素，所影響變動的產量（邊際產量 MP）；廠商使用生產要素的**邊際產出收益**（marginal revenue product; MRP），代表變動一單位某要素所變動的產量，在市場上售出的收入變動；**邊際要素成本**（marginal factor cost; MFC）即增加雇用一單位該特定要素，所須增加支付的成本。

當所有要素均達到最佳雇用量時，其生產利潤達到最大，表示每一要素的使用均達到最理想之均衡狀態。

最適要素使用量達到生產利潤最大的邊際條件為

$$\frac{MRP_1}{MFC_1}=\frac{MRP_2}{MFC_2}=\cdots=\frac{MRP_n}{MFC_n}=1$$

當雇用要素所須支付之價格（邊際成本），等於該單位要素所獲得的實物產出邊際收益，此時利潤不再變動即達到最大，當所有要素均達到最佳雇用量時，其生產利潤達到最大，每一要素的使用均達到最理想之均衡狀態。若任一要素之邊際產出收益與該要素邊際成本不相等，即處於不均衡狀態，生產者須再調配其要素組合至均衡為止。

管理經濟實務 6-3：台灣 NB 生產線的成本效益

台灣筆記型電腦代工生產線逐漸外移到中國大陸，低價產品生產線外移，但高附加價值產品和研發仍留在台灣。繼廣達、仁寶後，大眾電腦在台灣最後一條筆記型電腦代工生產線也停工移往中國，筆記型電腦最大製造王國"Made in Taiwan"的盛況，將改為"Made by Taiwan"。

2001 年政府開放筆記型電腦到中國生產後，部分生產線陸續外移。就產值而言，2002 年台灣筆記型電腦有 31% 產值是在中國生產，2003 年增為 63%，2004 年增加到 82%；2005 年有 85% 的產值是在中國生產，14% 在台灣生產，1% 在其他國家生產。就數量而言，在台灣生產的筆記型電腦台數僅占總量的 6%，產值卻占 14%，在中國生產的台數占 92%，產值卻只有 85%，可見留在台灣生產的筆記型電腦附加價值較高。"Made by Taiwan"的筆記型電腦全球市場占有率由 2001 年的 56.3%，提升到 2005 年的 81.8%，但代工比率並未明顯增加，台灣能把整個餅做大靠的就是善用中國便宜的資源，才能打敗韓國等強勁對手的競爭；市場砍價加上中國大陸成本低廉，台灣大廠就陸續外移。

台灣筆記型電腦代工生產線的 MR ＜ MC，表示增加單位產量獲得的收入小於所須支付的成本，因此增產會使利潤持續減少（邊際利潤為負），廠商應調整減少產量；外移到中國大陸善用便宜的資源，生產線的 MR ＞ MC 表示增加單位產量獲得的收入大於所須支付的成本，因此增產會使利潤持續增加（邊際利潤為正），廠商應調整再增加產量。

現在留在台灣生產的筆記型電腦都是高價、新型產品，政府鼓勵業者在台灣研發的措施也奏效，包括廣達、仁寶、緯創、華碩等都把研發中心設在台灣，只把量產的部分移到海外，這對台灣而言並無不利。台灣的筆記型電腦全世界占有率第一名，是台灣經濟奇蹟之一；不過在中國大陸人力和土地成本低廉的吸引下陸續西進，最後一條筆記型電腦生產線在大眾電腦關閉後，就全部登陸了，未來筆記型電腦上恐怕全會換上"Made by Taiwan"了。

由製造業在台產值和就業人口來看，台灣的製造業並沒有空洞化。2001 年台灣製造業產值為新台幣 7 兆 840 億元，筆記型電腦生產外移後，2004 年製造業產值仍有 9 兆 6600 億元；2002 年製造業就業人口有二百三十四萬八千人，2004 年為二百四十二萬人，2005 年就業人口也增加二萬多人；顯示筆記型電腦移出去，有別的製造業替代上來。

撐到最後的大眾電腦，正式宣告台灣筆記型電腦的代工生產線全面撤台，以前台灣被稱為全球最大的筆記型電腦製造王國，但現在這個稱號要走入歷史了，這也代表中國取代台灣，成為全球筆記型電腦最大生產基地。

企業發展策略

長期平均成本（long run average cost; LAC）

平均每單位產量所須支付的長期總成本，指供給者可以完全調整生產資源，足以改變產量或生產線的期間，投入的所有生產要素（K 與 L）均能調整並支付成本，因此產出之生產規模亦可改變。

LAC ＝ LTC ／ Q ，Q 不只是短期生產特定規模內的產量，而是長期之生產規模。

短期內，技術水準與固定要素 K 不變下，因為生產規模固定，對應邊際報酬先增後減與邊際成本先減後增，**短期平均成本**（short run average cost ； SAC）為先減後增之 U 型曲線；而長期生產期間之生產規模改變，是由各短期特定規模的生產所累積建立，因此長期平均成本可由各特定規模的短期平均成本導出。

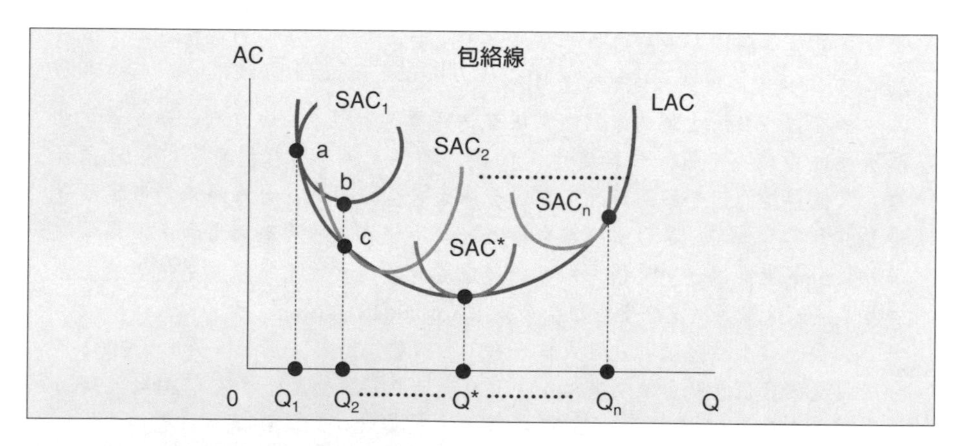

長期平均成本曲線便是長期生產調整過程中，各特定產量的長期最低平均成本，對應各最適合之短期生產規模所連結的軌跡。因此長期平均成本恆不大於各特定產量的短期平均成本，而使 LAC 曲線與各最適合短期生產規模之 SAC 曲線相切，即長期平均成本曲線 LAC 將各短期平均成本曲線包起來，又稱為**包絡線**（envelop curve）或**計畫線**（planning curve）。長期平均成本曲線呈現 U 字型，代表規模報酬先增後減。長期總成本亦恆不大於各特定產量的短期總成本，而使LTC曲線與各最適合短期生產規模之STC曲線相切，即長期總成本曲線LTC爲短期總成本曲線STC之包絡線。

只有在最適產量（Q^*）的長期最低平均成本，才會等於最適規模之短期最低平均成本（LAC最低點與SAC^*最低點相切），其餘各特定產量（非最適產量Q^*）的長期最低平均成本，並非各最適合生產規模之短期最低平均成本（LAC與其餘各SAC之切點並非各SAC之最低點）；長期平均成本遞減（LAC曲線下降）時，與短期平均成本遞減（SAC曲線下降）處相切（如SAC_1）；長期平均成本遞增（LAC曲線上升）時，與短期平均成本遞增（SAC曲線上升）處相切（如SAC_n）。

規模報酬遞增（increasing returns to scale; IRS）

長期生產代表供給者可以完全調整生產資源，欲擴充生產規模，投入的生產要素K與L增加並支付更高總成本，當產量Q增加幅度大於成本TC增加幅度，使長期平均成本LAC下降，即生產報酬隨規模擴充而增加，又稱爲**規模經濟**（economy of scale），意指擴大生產規模具有經濟效益，因此應持續擴充生產規模，增加產量至最適產量（Q^*）。當LMC在LAC之下（$Q < Q^*$），表示每增加一單位產量所須增加的成本小於原來之平均水準（LMC＜LAC），亦即每增加一單位產量可使LAC減少，對應LAC下降之規模報酬遞增。

內部規模經濟（internal economies to scale）

規模報酬遞增的內在（廠商內部）因素包括：組織規模擴充而促進專業分工，提高了生產要素的生產效率；大量採購進貨可獲得折扣優惠，而降低平均成本；大量產出可分攤大額前置固定成本，並提升要素使用效率等因素，均使得大量投入要素的單位成本降低，且大量生產的經濟效益提高，點沿LAC曲線向下降。

外部規模經濟（external economies to scale）

規模報酬遞增的外在（外部環境）因素包括：規模擴充表示產業前景樂觀，可吸引人才投入，因而提升人力資源素質及生產力，研發意願提高亦提升資本生產力；產業規模擴大提高了影響力及議價能力，較能爭取有利政策、行政支援與各種折扣優惠，使單位成本降低且經濟效益提高，使整條LAC向下位移。

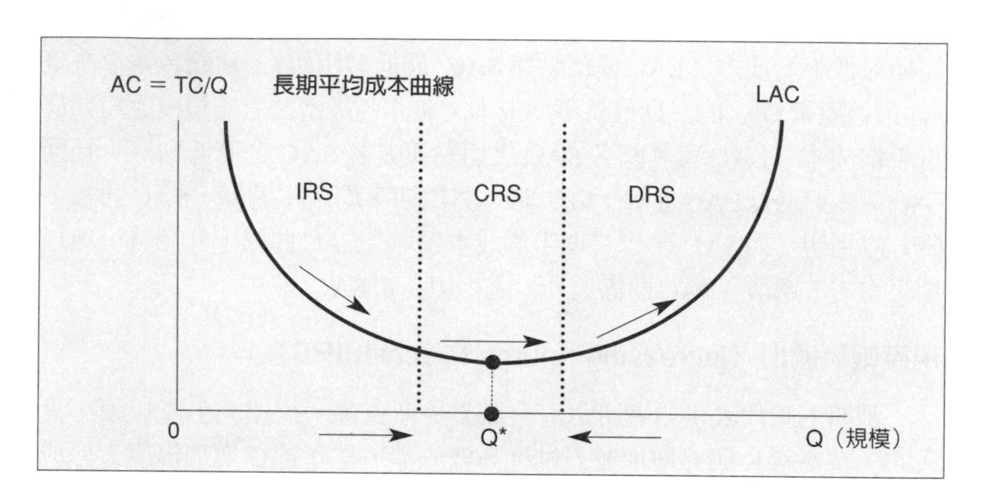

規模報酬固定（constant returns to scale; CRS）

當產量Q增加幅度等於成本TC增加幅度，爲長期平均成本LAC最低且固定之水平段，即生產報酬達到最大，不再隨規模變化而變化，生產要素使用效率最佳之均衡狀態，又稱爲**最適規模**（economy of scale）。意指生產規模已產生最大經濟效益及最低平均成本，因此應維持此一最佳生產規模及最適產量（$Q = Q^*$）而不再變動，即產量Q增加幅度等於成本TC增加幅度時之產量，爲生產者長期均衡的最適規模。

LMC與LAC均爲先減後增，而LMC向上通過LAC之最低點，因此長期最適規模條件爲LMR = LMC，亦即使廠商的長期邊際收益等於長期邊際成本時之產量。

規模報酬遞減（decreasing returns to scale; DRS）

當產量Q增加幅度小於成本TC增加幅度，使長期平均成本LAC上升，即生產報酬隨規模擴充而減少，又稱爲**規模不經濟**（diseconomy of scale），意指擴大生產規模不具經濟效益，因此應縮小生產規模，減少產量至最適產量Q^*。當LMC在LAC之上（$Q > Q^*$），表示每增加一單位

產量所須增加的成本，大於原來之平均水準（LMC ＞ LAC），亦即每增加一單位產量使 LAC 增加，對應 LAC 上升之規模報酬遞減。

內部規模不經濟（internal diseconomies to scale）

規模報酬遞減的內在（廠商內部）因素爲組織規模過大而分工複雜，管理階層擴大，使得成本提高卻不易協調控制，制度僵化而降低了管理效率，因此大量投入要素的單位成本提高，且大量生產的經濟效益降低，點沿 LAC 曲線向上升。

外部規模不經濟（external diseconomies to scale）

規模報酬遞減的外在（外部環境）因素爲規模過度擴充，使生產要素需求大增，因而要素價格（成本）上漲，而產量大增又使產品市場價格（收益）下跌，生產行銷及倉儲物流等成本亦提高，造成單位成本上升而報酬降低，即規模擴充不具經濟效益，使整條 LAC 向上位移。

最小效率規模（minimum efficient scale; MES）

使長期平均成本下降至廠商可以生存的最小規模水準，通常位於 IRS 與 CRS 之間，即 LAC 下降至接近最低之水平區間。當生產規模未達 MES，廠商須持續擴充使 LAC 下降；無法擴充至足夠規模（MES）的廠商，將因長期平均成本過高而被迫退出市場。

成長策略（growth strategy）

擴大生產規模具有經濟效益之規模經濟，生產報酬隨規模擴充而增加，企業應持續擴充生產規模，積極促使營業額與利潤大幅成長。

兩家或兩家以上獨立之公司，概括移轉由一家公司繼續營運的情況稱爲**合併**（merger）；一家企業購買或證券交換其他企業全部或部分所有權，進而能掌握其經營控制權稱爲**收購**（acquisition）；與其他企業合作成立一獨立之新公司，以轉投資取得新公司之部分所有權稱爲**合資**（joint venture）；持有其他公司股份，以支配控制其經營活動稱爲**控股公司**（holding company）；企業原有事業部門爲擴大營運，獨立成爲新公司稱爲**分生**（spin-off）。

密集成長（intensive growth）

企業在原有基礎上擴充營業規模。以原有產品在原有市場上積極衝刺業績提升市場占有率，稱爲**市場滲透**（market penetration）；研發創新以多樣化產品鞏固原有市場客戶並增加總營業額，稱爲**產品開發**（product development）；將原有產品努力推廣到新市場以爭取更多客戶而擴大市場範圍，稱爲**市場開發**（market development）。

整合（integration）

企業擴充規模進入原有產品的上、中、下游市場領域。開發原料或中間產品進入上游供應商市場稱爲**向上整合**（upward integration）；成立倉儲物流網路跨進下游通路商領域稱爲**向下整合**（downward integration）；接收同業其他競爭者的公司組織或相關部門以及市場客戶稱爲**水平整合**（horizontal integration）；向上整合與向下整合合稱爲**垂直整合**（vertical integration）；上、中、下游全面整合統一管理則稱爲一貫化作業。

多角化（diversification）

企業將多樣化新產品推廣到新市場以擴充市場規模。

企業延伸經營相關業務，擴大類別以達成產品多樣化的全方位服務，並得以進入新市場經營銷售，稱爲**集中多角化**（concentric diversification）；企業與完全無關的產業結合，進入經營全新的產品服務與市場客戶，稱爲**複合多角化**（conglomerate diversification）；在相同的產業中跨進經營全新的產品服務，爭取原有市場客戶以擴大總營業額，稱爲**水平多角化**（horizontal diversification）。

多樣化經濟（economy of scope）

生產報酬隨不同產品服務的生產線擴充而增加，擴大多樣化類別具有經濟效益，因此應持續擴充生產線，增加類別至最適多樣化。

欲擴充生產多樣化，投入的生產要素增加並支付更高總成本，當產量增加幅度大於成本增加幅度，使長期平均成本 LAC 下降，即形成多樣化經濟。廠商將其具有競爭力價值的**核心能力**（core competence）擴大應

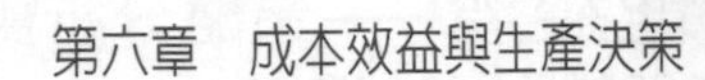

用於研發創新以開發多樣化產品與市場，在相關產品服務的生產線營運過程中使用共同資源，因**共同成本**（joint cost）固定，大量產出可分攤大額前置固定成本而降低平均成本；以核心能力開發的不同產品服務可以快速獲得市場客戶認同，節省廣告促銷成本形成**品牌擴張**（brand extension）效果，使單位成本降低且經濟效益提高。

當生產多樣化的共同成本比例較低或品牌擴張效益不大，使成本增加幅度大於產量增加幅度，長期平均成本 LAC 上升，即生產報酬隨多樣化生產線擴充而減少，則稱爲**多樣化不經濟**（diseconomy of scope），意指擴大生產多樣化不具經濟效益，因此應縮減不同生產線，減少產品服務類別至最適多樣化。

穩定策略（stability strategy）

規模報酬遞增階段的成長策略已獲致成效，廠商享有長期均衡的最適規模產生之最大經濟效益及競爭力，因此應維持此一最佳規模產量，稱爲**收割**（harvest）。

廠商擴充至最小效率規模（MES），使長期平均成本下降至廠商可以生存的最小規模水準，但產業前景不明而考慮進行組織改造或策略調整，避免盲目擴張造成規模不經濟，稱爲**暫停**（pause）。

緊縮策略（retrenchment strategy）

擴大生產規模不具有經濟效益之規模不經濟，企業應縮小生產規模，避免盲目擴張使長期平均成本 LAC 持續上升。

廠商進行組織縮編整併稱爲**改組**（restructuring）；面對環境變化而全面整頓稱爲**重整**（consolidation）；企業爲縮小營運規模而將原有部分事業部門轉讓或關閉稱爲**撤資**（divestiture）；公司面臨困境危機而全面結束營運或讓售所有資產稱爲**清算**（liquidation）。

混合策略（combination strategy）

廠商生產多樣化的不同事業部門、多角化經營的控股公司或企業集團，因不同產品面對不同環境變化與規模報酬，而同時採取適合個別事業的不同發展策略。

管理經濟實務 6-4：電子業的規模報酬與發展策略

全球電子業整合風潮成為趨勢，台灣電子廠商明碁併購德國大廠西門子的手機部門，一舉將明碁品牌推上世界舞台；接下來以保守穩健經營的主機板龍頭華碩和全球最大工業電腦廠研華締結策略聯盟，並且併購全球最大的ADSL數據機廠商亞旭；主機板大廠精英以發行新股的方式，取得大同公司的桌上型電腦部門。全球PC產業現階段已經處在十分競爭的環境，透過整合經濟規模增強競爭力，拉大和其他同業的差距是時勢所趨。

當產量增加幅度大於成本增加幅度，使長期平均成本LAC下降，即生產報酬隨規模擴充而增加。廠商內部因素包括：組織規模擴充而促進專業分工，提高了生產要素的生產效率；大量採購進貨可獲得折扣優惠，而降低平均成本；大量產出可分攤大額前置固定成本，並提升要素使用效率等。外部環境因素包括：規模擴充表示產業前景樂觀可吸引人才投入，因而提升人力資源素質及生產力，研發意願提高亦提升資本生產力；產業規模擴大提高了影響力及議價能力，較能爭取有利政策、行政支援與各種折扣優惠，使單位成本降低且經濟效益提高。擴大生產規模具有經濟效益之規模經濟，企業應持續擴充生產規模而增加生產報酬，採取成長策略促使營業額與利潤大幅成長。

平面顯示器市場調查單位Display Search舉行TFT財務與經濟分析研討會，指出以TFT面板廠每平方米產能所能創造的現金流量趨勢來分析，TFT業者持續投資生產線擴廠，正在呈規模報酬率遞減的現象。分析師David Barnes指出，自從2000年至今，市場上的一線TFT廠的面板單位面積價格，每年約下滑19.7％，相對每單位面積現金成本每年大約只下滑17.2％，顯示價格下滑速度高於現金成本下滑速度，面臨現金毛利遞減的狀況，迫使面板廠的籌資壓力愈來愈大，在擴廠投資計畫方面也面對更沈重的負債與淨值表現壓力。友達的營運資金增加速度無法與產能增加速度呈直線比例，導致的負債淨值比明顯提高；只有韓國的三星（Samsung）與日本的夏普（Sharp）有能力靠本身的營運資金進行投資，但也是倚賴集團的垂直整合優勢才能達到自給自足。

當產量增加幅度小於成本增加幅度，使長期平均成本LAC上升，規模不經濟意指擴大生產規模不具經濟效益。廠商內部因素為組織規模過大而分工複雜，管理階層擴大使得成本提高卻不易協調控制，制度僵化而降低了管理效率，因此大量投入要素的單位成本提高，且大量生產的經濟效益降低。外部環境因素為規模過度擴充，生產要素需求大增使成本上漲，而產量大增又使產品市場價格下跌，生產行銷及倉儲物流等成本亦提高，造成單位成本上升而收益報酬降低。規模不經濟之生產報酬隨規模擴充而減少，企業應縮小生產規模，緊縮策略避免盲目擴張使長期平均成本LAC持續上升。

第七章　競爭性市場結構

完全競爭市場

成本控制

壟斷性競爭市場

差異化策略

完全競爭市場

市場結構（market structure）

市場是買賣雙方進行交易特定商品的集合體，由買方（需求者）、賣方（供給者）與商品（財貨勞務）所組成。市場結構指市場組織之組成特性，如買賣方參與數量、需求者對商品同質性之認知、供給者進出市場的難易等，一般依市場的競爭程度，分爲完全競爭、壟斷性競爭、寡占及獨占（完全壟斷）四大市場結構。

市場結構	廠商數量	進入障礙	競爭程度	訂價能力
完全競爭	多	小	大	小
壟斷性競爭	↓	↓	↓	↓
寡占				
獨占	少	大	小	大

完全競爭（perfect competition）

市場參與者之買賣雙方數量衆多、有完全訊息、交易的商品具同質性、廠商進出市場容易幾無障礙，而爲價格接受者。

市場參與者之買賣雙方數量衆多，即每一需求者的購買量與供給者的生產量，在整體市場中所占比例極低，均無決定性影響力。因此市場均衡及其價量，是由所有需求者與供給者共同決定；廠商自由移動生產資源而自由進出，完全依市場機能運行，沒有人可以干預。

商品同質性（homogeneous）

賣方（供給者）與商品（財貨勞務）數量衆多，但需求者在消費行爲上，主觀認定所有同類型商品並無差異，即具有完全替代性。商品是否同質是由消費者主觀認定，並表現在消費行爲上；即使各家廠商生產供應的商品未必毫無差異，但只要需求者在消費行爲上，將該等商品彼此完全替代，即爲商品同質性。

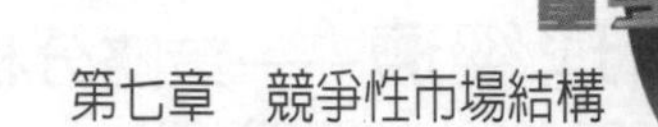

完全訊息（perfect information）

買賣雙方對彼此及市場交易情況（供需、價量、商品等）均完全掌握了解，沒有人爲干預，並能迅速自由調整資源配置，達到市場均衡，維持市場穩定及雙方利益。

價格接受者（price taker）

在完全競爭市場的特性與條件下，市場均衡價格由所有需求者與供給者共同決定，買賣雙方都只能接受該價格，稱個別廠商爲市場的價格接受者，其需求線爲價格固定之水平線。

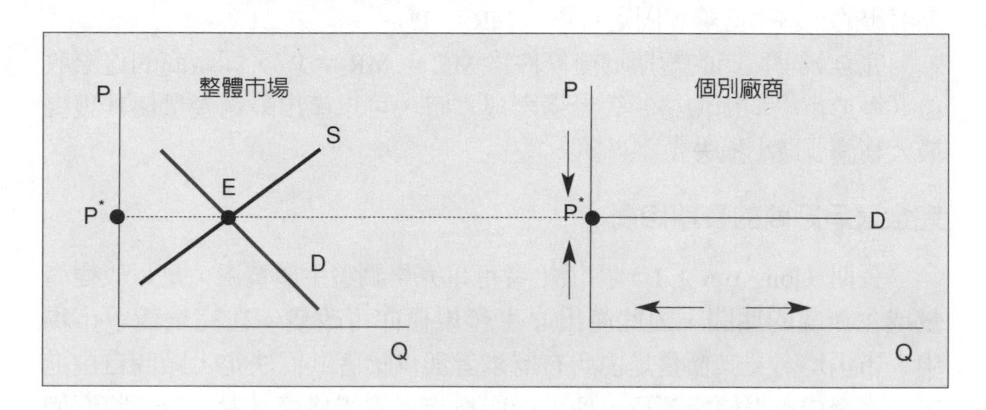

個別廠商之水平需求線，代表個別廠商只能接受整體市場決定的均衡價格 P^*，而在此固定價格下，依其產能決策決定數量。水平需求線亦代表需求彈性無窮大，即商品同質，需求者在消費行爲上將該等商品彼此完全替代。

若個別廠商訂價高於市場均衡價格，將被其他相對低價之同質商品完全替代，而被迫退出市場，或調整回均衡價格 P^*；若個別廠商訂價低於市場均衡價格，其他相對高價同質商品將被完全替代，但個別廠商其供應量在整體市場中所占比例極低，因超額需求而將訂價調整回均衡價格 P^*。

因此在市場完全訊息下，需求者亦只能接受整體市場決定的均衡價格 P^*，而形成價格固定之水平需求線，即個別廠商沒有自行訂價的能力，個別需求者也沒有影響市場價格的能力。

完全競爭廠商的短期均衡

在一定時間（短期）內，生產規模固定下，廠商產量與市場價格使其獲得最大利潤或最小損失，則廠商的短期生產達到最佳之穩定狀態（均衡），產出最適產量不再變動，其條件為 MR ＝ MC，即廠商的邊際收益等於邊際成本時之產量。

完全競爭市場的個別廠商為價格接受者，只能將訂價固定在市場均衡價格 P^*，因此 $\Delta TR = P^* \times \Delta Q$，而 $MR = \Delta TR / \Delta Q$，所以 $MR = P^* = AR$。總收益 $TR = P \times Q$，平均收益 $AR = TR / Q = P$，完全競爭廠商的 AR 與 MR 圖形即個別廠商之水平需求線，TR 圖形則是由原點射出的正斜率直線，固定斜率＝ $MR = P^*$。

完全競爭廠商的短期均衡條件為 $MC = MR = P^*$，即廠商的邊際收益（等於市場均衡價格）等於邊際成本時，可以產出最適產量使其獲得最大利潤或最小損失。

完全競爭廠商的長期均衡

長期（long run；L）指供給者可以完全調整生產資源，足以改變產量或生產線的期間，因此產出之生產規模亦可改變。在完全競爭市場中，市場均衡及其價量是由所有需求者與供給者共同決定，廠商自由進出，完全依市場機能運行，個別廠商為市場的價格接受者，只能將訂價固定在市場均衡價格（＝ AR ＝ MR）。

當均衡條件 LMC ＝ MR 時之平均收入（市價）大於長期平均成本（LAC）時，則淨利 $\pi = TR - TC = Q \times (AR - AC) > 0$，代表有利可圖（廠商可得超額利潤），在無進入障礙之完全競爭市場，經過長期調整，將吸引廠商擴大生產規模增加產量，新廠亦建立生產線進入市場，使整體市場的供給增加且均衡價格下跌，而所有個別廠商為市場的價格接受者，只能跟著降價，整體市場均衡量增加，而個別廠商最適產量卻減少。直到市場價格（＝ AR ＝ MR）下跌至長期平均成本（LAC）最低，此時個別廠商之經濟利潤為 0，廠商可得正常利潤，亦即帳面盈餘恰可彌補隱含成本，為中立選擇，因此整體市場的供給不再變動，廠商進出達成均衡穩定狀態。

若市價（AR）低於長期平均成本（LAC）時，則淨利 $\pi = TR - TC$

$= Q \times (AR - AC) < 0$，經過長期調整，無法承受虧損的廠商將被迫停業退出市場，使整體市場的供給減少且均衡價格上漲，整體市場均衡量減少，繼續生存的廠商最適產量增加，獲利回升至正常利潤，即經濟利潤為0之均衡穩定狀態。

完全競爭廠商產出最適產量使其獲得正常利潤的長期均衡條件為 $AR = P^* = MR = LMC = LAC$，因此完全競爭廠商的長期均衡點位於水平需求線與LAC曲線最低之切點。

成本遞增產業（increasing cost industry）

完全競爭廠商的外在（外部環境）因素，如規模擴充使生產要素需求大增，因而要素價格（成本）上漲，而生產行銷及倉儲物流等成本亦提高，造成單位成本上升，外部規模不經濟使整條LAC向上位移。

長期平均成本遞增使LAC曲線向右（規模擴充）上（單位成本上升）位移，對應廠商願賣價格（成本）與其供給（生產）量之間呈同向變動關係的供給法則，因此長期供給線為一向右（量增加）上（價上漲）延伸的正斜率直線或曲線。若新進廠商加入使產業規模擴充，外部規模不經濟造成單位成本上升，原舊廠商仍以長期契約之較低成本生產，將使新進廠商缺乏競爭力。

成本遞減產業（decreasing cost industry）

完全競爭廠商的外在（外部環境）因素，如規模擴充可吸引人才投入，因而提升人力資源素質及生產力，產業規模擴大提高了影響力及議價能力，造成單位成本降低且經濟效益提高，外部規模經濟使整條LAC向下位移。

長期平均成本遞增使LAC曲線向右（規模擴充）下（單位成本降低）位移，對應長期供給線為一向右（量增加）下（價下跌）延伸的負斜率直線或曲線，即價格與其供給量之間呈反向變動關係的供給法則例外。若新進廠商採用先進技術或管理能力，增加產量並降低成本，原舊廠商仍以較高成本生產較少產量，將使老舊廠商面臨競爭壓力。

成本固定產業（constant cost industry）

完全競爭廠商的外在（外部環境）因素，不因規模擴充而造成單位成本及經濟效益變動，即無外部規模經濟或規模不經濟現象，使整條LAC固定不變。

長期平均成本固定使LAC曲線固定不變，對應其價格供給彈性無限大，因此長期供給線為一向右（量增加）水平（價固定）延伸的直線，即完全競爭廠商的生產為長期平均成本LAC最低且固定之水平段，要素使用效率最佳之最適規模均衡。新進廠商加入不影響產業長期平均成本，只要市場需求增加，將吸引廠商擴產或新廠進入，使產業規模擴充且市場價格穩定不變。

完全競爭市場的影響

完全競爭市場的長期均衡，為市場價格等於廠商之最低長期平均成本，即完全競爭廠商須以最低長期平均成本產出最適產量，具有生產效率；而消費者也可以最低價格（$MR = P^* = MC$）滿足最大效用，具有配置效率；因此整體市場的資源最有效率，經濟福利最大。

當生產者實際收入的市場均衡價格（P^*）高於其願意供應價格所多得的利益，亦即生產（銷售）商品，所獲得的邊際收入大於雇用要素所支出的邊際成本，因此產生生產者剩餘（producer's surplus ；PS），代表生產者的經濟福利。完全競爭廠商的長期均衡條件為 $AR = MR = P^* = LMC = LAC$，生產者實際收入的市場均衡價格（$P^*$）等於其願意供應價格（邊際成本），所以廠商的生產者剩餘＝0，即廠商沒有超額利潤，經濟福利全部由消費者所獲得（水平長期供給線）；成本遞增產業（正斜率長期供給線）的生產者剩餘，則由要素供給者所獲得。

完全競爭廠商之策略，唯有控制成本以獲得正常利潤，不然只好退出市場（停業）。在最低長期平均成本生產，可使現有資源配置最有效率，但因長期經濟利潤為0，廠商亦失去研發創新的能力與動力，消費者不能享有更價廉物美的多樣商品，對未來經濟發展與社會福利未必有利。

管理經濟實務 7-1：傳統製造業成為價格接受者

石油價格高漲，食品業製造成本不斷墊高，業者毛利壓力跟著加大，惟基於來自於通路商的阻力及同業競爭考量，成本轉嫁有其困難度；企業不斷透過經濟規模的擴大及新產品的開發維持毛利水準，整體食品業終端消費價格漲幅並不大。包括飲料、速食麵及麵包等產品民生物資產業均面臨成本拉升獲利下滑壓力，由價格競賽調整至市場公認價格，每一廠商只能接受市場均衡價格，廠商之策略唯有採取低成本優勢競爭以獲得正常利潤。

完全競爭市場參與者之買賣雙方數量眾多、有完全訊息、交易的商品具同質性、廠商進出市場容易幾無障礙，即每一需求者的購買量與供給者的生產量，在整體市場中所占比例極低，均無決定性影響力。因此市場均衡及其價量，是由所有需求者與供給者共同決定，稱個別廠商為市場的價格接受者。

近幾年來在新台幣升值、原材料上揚加上石油飆漲等因素下，食品業成本壓力確實很大，但整體售價漲幅並不大。業者通常透過新產品開發拉高訂價，並提高高附加價格產品產銷比重以維持獲利，經濟規模的擴大及管理效率提升也是降低成本努力的方向。

賣方（供給者）與商品（財貨勞務）數量眾多，但需求者在消費行為上，主觀認定所有同類型商品並無差異，即使各家廠商生產供應的商品未必毫無差異，但只要需求者在消費行為上，將該等商品彼此完全替代，廠商即為價格接受者；個別廠商只能接受整體市場決定的均衡價格，而在此固定價格下，依其產能決策決定數量。水平需求線代表需求彈性無窮大，即需求者在消費行為上將該等商品彼此完全替代；若個別廠商訂價高於市場均衡價格，將被其他相對低價之同質商品完全替代，而被迫退出市場或調整回均衡價格；價格固定之水平需求線，即個別廠商沒有自行訂價的能力。

東南亞天然橡膠價格持續飆漲，苯乙烯單體（SM）、丁二烯（BD）等石化原料隨著國際油價走揚而調漲，連帶對合成橡膠價格亦產生明顯的上升牽動力，但國產傳統合成橡膠產品市場競爭力日益薄弱，內銷報價受制於國內下游產業景氣仍未明確好轉，成本轉嫁不易致未作調漲。碳煙部分同樣面臨主要原料碳煙進料油（俗稱塔底油）價格上漲的壓力，但由於下游輪胎、石墨、顏料等產業接受成本轉嫁的能力有限而有所影響，致我國主要業者迄仍未調漲報價。螺絲業者面臨中國競爭對手的低價搶單，獲利水準早已不如以往，如今上游原料成本大漲，勢必面臨成本轉嫁無力的窘境，再加上新台幣升值的雙重壓力，恐將壓縮業者的獲利空間。

在價格競爭激烈的環境中，業者大多不敢將成本轉嫁消費者，只好自行吸收，威脅到體質較差者的生存，無法承受虧損的廠商將被迫停業退出市場。

成本控制

競爭策略（competitive strategy）

管理大師波特（M. E. Porter）提出，企業可以在市場上勝過對手的競爭優勢主要爲，成本低於同業的低成本優勢，或是產品服務品質高於同業的差異化優勢。

企業應依據本身的核心專長與產業市場環境特性，擬定適當的競爭策略。針對整體市場全面採取低成本優勢競爭，稱爲**成本領導**（cost leadership）；針對整體市場全面採取差異化優勢競爭，稱爲**差異化策略**（differentiation strategy）；針對特定利基市場區隔採取低成本優勢競爭，稱爲**成本聚焦**（cost focus）；針對特定利基市場區隔採取差異化優勢競爭，稱爲**差異化聚焦**（differentiation focus）。

成本降低（cost-down）

完全競爭市場的供給者數量衆多，交易的商品具同質性而完全替代，由價格競賽調整至市場公認價格，每一廠商只能接受市場均衡價格，廠商之策略唯有控制成本至長期平均成本最低，採取低成本優勢競爭。

學習效果（learning effective）

隨著時間增長與產量增加，經驗累積提升人力資本與技術進步，提高資本邊際生產力，使產量大幅成長並降低單位成本。在人力素質與資本品質不斷增進下，使經濟效益提升，而不會發生邊際生產力遞減。

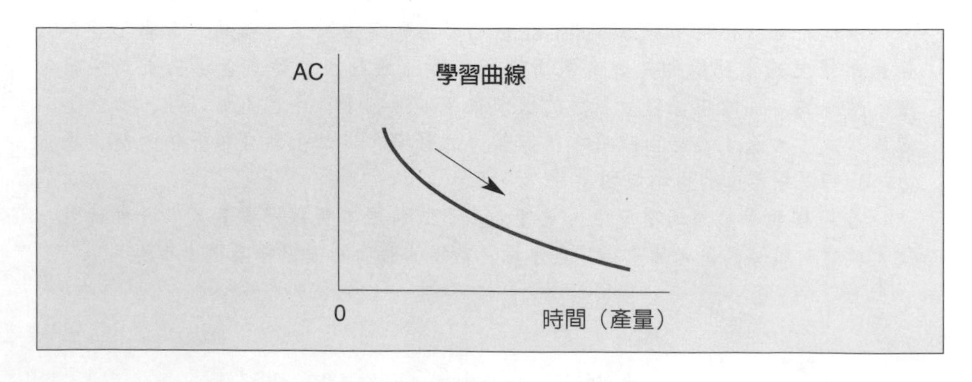

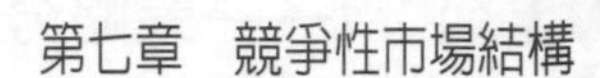

生產作業活動之教育訓練與工作經驗，可以累積知識與增進技能，而提升人力資本，在專業分工與規模經驗下從做中學，職務設計團隊化，作業專精且權責固定。創新發明亦由人力資本研究發展而得，增進技術能力並發揮規模經濟效率，使規模報酬遞增而非邊際生產力遞減。

透過外在訓練過程，藉由相互學習吸收資訊與知識，觀摩了解彼此的優缺點與勝負關鍵，設定與外部同業比較競爭的標竿評比，培養激勵組織成員內在的學習動機與潛能，產生對組織具有價值的經驗累積，人力資本和知識累積對知識的有效創造、獲取、累積、傳播及應用，並使其運用最有效率，達到最大經濟效益，進而產生使組織具有競爭優勢的創造革新。

規模經濟（economy of scale）

生產報酬隨規模擴充而增加，使長期平均成本下降至廠商可以生存的最小效率規模（MES）。無法擴充至足夠規模（MES）的廠商，將因長期平均成本過高而被迫退出市場。

組織規模擴充促進專業分工，大量產出可分攤大額前置固定成本，並提升要素使用效率，使得大量投入要素的單位成本降低，且大量生產的經濟效益提高，擴大生產規模具有經濟效益，因此應持續擴充生產規模，增加產量至最適產量。

盲目擴張造成**規模不經濟**（diseconomies to scale），因爲組織規模過大而分工複雜，使得成本提高卻不易協調控制而降低了管理效率，大量生產的經濟效益不高，因此投入的單位成本提高，應縮小生產規模，減少產量至最適產量。

營運槓桿程度（degree of operating leverage; DOL）

生產（銷售）量變動引起利潤變動的反應程度，亦即利潤受生產規模變動影響的敏感度指標，代表廠商投入資產設備（成本）可以產出的利潤效果（效益）。

DOL＝利潤變動百分比／產量變動百分比＝$\Delta\pi\%$ / $\Delta Q\%$

利潤π＝總收入－總成本＝TR － VC － FC ＝（P － AVC）Q － FC

完全競爭市場的個別廠商爲價格接受者，$\Delta TR = P^* \times \Delta Q$，則$\Delta \pi =（P^* - AVC）\times \Delta Q$

因此 DOL＝（P－AVC）Q／〔(P－AVC）Q－FC〕
＝（P－AVC）／〔(P－AVC）－AFC〕
＝單位邊際貢獻／單位淨利

若企業營運需投入大額前置固定成本，每增加一單位產量所需增加的變動成本比例相對較低，則營運槓桿程度較大，代表生產報酬隨規模擴充而增加，即具有規模經濟效益。

使企業損益兩平的生產（銷售）量＝固定成本／單位邊際貢獻，代表廠商可以生存的最小效率規模（MES）。

批量生產（by stocks）

以高度化機械作業流程產出大量標準化產品，改善作業流程控制成本，可以增進組織的生產力。

因產量不足無法符合市場需求量，銷售不能增加以提升利潤，甚至流失通路客戶訂單，造成**短缺成本**（shortage costs）。若產品週期較短，大量生產的存貨無法符合市場需求變化，使產品市場價格（收益）下跌，生產行銷及倉儲物流等成本亦提高，造成**留存成本**（carrying costs）。

企業的產量決策應衡量短缺成本與留存成本，完全競爭市場廠商供給的商品具同質性而彼此完全替代，因此留存成本不高，可以採取批量生產大量標準規格產品，分攤大額前置固定成本並降低短缺成本，配合密集成長與整合策略，提升銷售利潤及經濟效益，生產報酬隨規模擴充而增加。

管理會計（management accounting）

將公司會計資料所表達的經濟資訊，應用於改善決策品質與強化管理功能，使現有資源配置最有效率，並配合分析工具，隨時追蹤績效改善問題，提升組織的管理績效而完成企業目標。

全部成本會計（full-cost accounting）

將衡量對象的直接成本加上間接成本之總合，用於編製資產負債

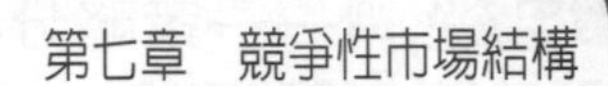

表、損益表等財務報表歷史資料，亦可作爲評估分析管理績效之根據，成本預測則成爲預算控制、策略規劃、擬定售價與產量等之參考基準。

企業營運需投入資源產出成品，作業流程包含直接原料、直接人工及製造費用，可直接辨認歸屬於特定部門產品所耗用之資源稱爲直接成本，共用之資源須經合理分配於各部門產品稱爲間接成本。

產出成品中可直接辨認所耗用之原料成分與用量，即原料成本可明確歸屬於特定部門產品，稱爲**直接原料**（direct material）成本；原料成本不易明確歸屬或單位成本低廉的細部零件，經由該原料的總成本分配於各部門產品，稱爲**間接原料**（indirect material）成本；直接參與特定部門產品之生產作業流程的人員，其薪資紅利可明確歸屬，稱爲**直接人工**（direct labor）成本；跨部門產品之管理維修人員，其薪資紅利不易明確歸屬，稱爲**間接人工**（indirect labor）成本；無法明確歸屬之原料、人工及其他共用資源間接成本統稱爲**製造費用**（overhead）；直接人工成本加上製造費用合稱**加工成本**（conversion cost）；直接人工成本加上直接原料成本合稱**原始成本**（prime cost）。

現代化生產作業中可明確歸屬於特定部門產品的機器設備等，稱爲直接科技成本，不易明確歸屬之管理維修人員、零件增加，使間接成本比例提高。

約當產量（equivalent units of production; EUP）

在一定時間內，企業營運所投入之資源成本，可以完全完工的產出成品單位數，經調整期初、期末之半成品、存貨、損壞品修正而得。

單位成本＝生產總成本／約當產量

差異會計（differential accounting）

各種不同方案（生產方式）中，比較具有差異的會計資料項目，作爲決策之參考依據。

各種方案負擔相同之資源成本，或已支出而不能改變的沉沒成本，決策時可不予考慮，稱爲**無關成本**（irrelevant cost）；生產方式可節省資源而降低之成本稱爲**減支成本**（decremental cost），生產方式需多投入資源而增加之成本稱爲**增支成本**（incremental cost），兩者合稱**攸關成本**（relevant cost），爲決策之重要參考依據，衡量後選擇具有**差別利益**（differential income）之最佳方案。

責任會計（responsibility cost）

公司會計資料所表達的經濟資訊，配合成本、收入、利潤、投資等各種責任中心的需要，充分反映特定部門中心的營運狀況，用於追蹤績效改善問題及預算控制，強化管理功能而完成企業目標。

標準成本（standard cost）

企業營運所投入之每一資源，可以產出一單位產品的預計成本，作爲控制成本不得超支的標準。投入一單位資源所需的金額，稱爲**標準價格**（standard price）；產出一單位產品所需的資源數量，稱爲**標準用量**（standard quantity）。

標準成本＝標準價格×標準數量
標準用量＝產出數量／（1－正常損耗率）

原料的標準價格爲預計之採購進貨價格，須隨時觀察注意產業供應鏈的環境變化與品質標準；人工的標準價格包括薪資水準及員工福利，通常以長期契約維持穩定，但須掌握員工生產力及產業季節性需求；固定製造費用的標準價格爲編列之預算支出。實際產量與最大產能預計產量之差額代表資產設備閒置狀況或利用效率，其比例爲**產能利用率**。

成本差異（cost variance）

會計資料配合分析工具，針對實際成本與預計成本之間的差額，診斷問題找出原因並加以改善。部門中心營運狀況正常符合預計成本，管理時可不予考慮，只針對成本差額的重要問題加以注意管理，提出並執行修正方案，稱爲**例外管理**（management by exception）。當實際成本小於標準成本時爲有利差異，若實際成本大於標準成本則爲不利差異。

原料價格差異＝實際採購數量×（標準價格－實際價格）
原料用量差異＝標準價格×（標準容許用量－實際用量）

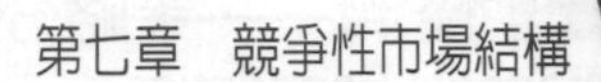

人工薪資差異＝實際工作時數×（標準薪資率－實際薪資率）

人工效率差異＝標準薪資率×（標準工作時數－實際工作時數）

固定製造費用預算差異＝預計固定製造費用－實際固定製造費用

固定製造費用數量差異＝固定製造費用標準成本×（實際產量－預計產量）

追蹤原料價格差異，可改善採購與運送問題，適當控制公司進貨之最適經濟採購量，以最低成本取得最佳品質與運送方式的原料；原料用量差異通常與生產作業流程有關，亦須了解原料進貨之品質與時效，以便控制原料資源之損耗浪費及運用效率。

人工薪資差異會受到工會力量、勞工政策、旺季加班等因素影響，須掌握人力資源之適當調配與勞資和諧關係，非正式雇員比例偏高可得人工薪資有利差異，但對公司長期發展不利；人工效率差異代表員工生產力或人力資源利用效率，與人力教育訓練、工作設計調派、生產作業流程、設備布置狀況等因素有關。

固定製造費用預算與企業長期發展有關，通常控制時點在編列預算時了解支出執行差異，或決策時參考各種方案負擔之資源成本差異，平時則追蹤折舊維修、水電耗能、意外損害等內部管理；固定製造費用數量的不利差異，可能因銷售市場萎縮而被迫降低實際產能，亦可能因原料配合問題或作業流程不當而無法發揮最大產能。

活動基礎成本（activity-based costing; ABC）

以生產過程中消耗作業與成本資源之不同成本因素，作爲分配製造費用的基礎，可以正確掌握耗用成本的主因；傳統數量基礎成本則以生產結果產量爲依據，比例分攤製造費用，即產量大的產品分配較大比例製造費用，方法簡便但無法追蹤成本差異與強化管理流程。

活動基礎成本須先進行作業分析，明確定義生產過程所需的各種資源與各項作業，將實際製造費用累積於各成本庫中，了解各生產階段與功能部門耗用作業與成本資源成本之不同因素與因果關係，再將成本庫中的實際製造費用合理分配於各成本因素標的，對於效率較差的活動加以重新設計改善，使資源作業配置最有效率，提升組織的管理績效與強化決策品質。

ABC 制度是藉由將個別的作業視為基本的成本標的來改善成本，它與傳統成本制度的不同在於間接費用的分攤方式。傳統的成本制度將間接成本分攤到生產成本中心，再分攤到產品上，係採用單一簡化的分攤基礎（例如：直接人工小時、機器小時等），其結果為提供給決策者及作業員工之資訊過於籠統；而 ABC 制度是將間接資源支出溯及各項作業中心（或作業成本庫），並利用作業成本動因來追蹤成本標的之作業成本、其施行結果是否正確、即時回答管理者及作業員工一系列的問題。

ABC 制度的設計過程中，建構作業成本庫與其特定成本分攤基礎（成本動因）間的關係，會獲得精確的成本數字。針對各項作業分別研判是否創造附加價值，若去除某一作業並不會降低顧客對產品的滿意程度而減少企業之收入，則非附加價值作業可以消除或減少。由會計帳務系統將製造費用及間接費用依作業中心別匯集，再將已匯集到各作業中心的成本依據所選用的分攤基礎（成本動因）使用量分配到成本標的。

建構完善的 ABC 制度並運作正常後，企業需要進一步使用**作業基礎管理制度**（activity-based management ； ABM）來作為成本管理及獲利率的改善； ABM 制度是指使用 ABC 之資訊來制定滿足顧客需求和改善企業獲利率的管理決策，包括產品訂價與組合決策、成本降低與製程改進、產品設計決策及預算管理決策。

管理經濟實務 7-2：茂迪光電的低成本競爭優勢

上櫃公司茂迪光電事業，獲美國《商業周刊》評選為亞洲七家最具成長力的企業之一，也是台灣地區唯一上榜廠商。茂迪光電主要生產太陽能電池，成立僅短短七年，但生產成本比強勁對手美商 Sun Power、日商夏普（Sharp）還低是勝出關鍵，營業毛利也遠優於國際大廠。

茂迪因替代能源議題升溫、股價大漲而聲名大噪，但其實在油價還在每桶 20 至 30 美元時即有相當突出表現，早在光電事業成立第二年開始，獲利就幾乎每年以倍增方式快速成長，太陽能產業至少還有十年榮景，公司未來仍將每年以倍數成長，預計在 2008 年之前躋身全球前五大太陽能電池廠。

台灣太陽能光電電池大廠茂迪公司除了持續擴大產能達到規模經濟外，更從電池、切晶、長晶到最上游的矽土原料一路向上整合，已有多項合作案積極進行，電池轉換效率也將提升。茂迪董事長鄭福田表示，茂迪在太陽能產業擁有的優勢在人才及應變能力，相較於國際大廠投入超過十年以上，茂迪在短短七年，每年以倍數成長躋身全球第九大，除了持續壯大外，向上整合是下階段布局重點。

茂迪在電池領域已達經濟規模，2005 年產出可達 70MW（百萬瓦），2006 年持續倍增達 140MW，期望能以每年倍增的速度，在 2008 年達到 300MV 至 500MW 的目標，躋身全球一線大廠。

生產報酬隨規模擴充而增加，使長期平均成本下降至廠商可以生存的最小效率規模（MES）。適當控制公司進貨之最適經濟採購量，以最低成本取得最佳品質與運送方式的原料，亦控制原料資源之損耗浪費及運用效率。制定滿足顧客需求和改善企業獲利率的管理決策，包括產品訂價與組合決策、成本降低與製程改進、產品設計決策。

面對各大集團積極搶食太陽能產業大餅威脅下，茂迪放眼全球，持續在太陽能產業領域發展，得以最壓縮的學習曲線進入太陽能電池市場，關鍵人物是太陽能光電電池事業部總經理左元淮，在美國能源署的「替代性能源實驗室」待了十九年，為美國資深科學家，期間曾代表美國政府參與各國能源會議，並推廣太陽能產業，發表過上百篇論文並申請到八個專利。超強的應變力是茂迪的強項，機器設備也是自行購買零件組裝，在成本上有相當優勢，是茂迪競爭力所在。

隨著經驗累積提升人力資本與技術進步，學習效果提高資本邊際生產力，使產量大幅成長並降低單位成本。在人力素質與資本品質不斷增進下，經濟效益提升而不會發生邊際生產力遞減現象；創新發明亦由人力資本研究發展而得，增進技術能力並發揮規模經濟，使規模報酬遞增而非邊際生產力遞減。對組織具有價值的經驗累積，對知識的有效創造、獲取、傳播及應用，並使其運用最有效率，達到最大經濟效益，進而產生使組織具有競爭優勢的創造革新。

壟斷性競爭市場

壟斷性競爭市場（monopolistic competition）

具有部分壟斷性的競爭市場，其基本特性及條件與完全競爭市場雷同，均為市場參與者買賣雙方數量衆多，且廠商進出市場容易；惟壟斷性競爭市場交易的商品具異質性，而不能完全彼此替代，因此廠商有部分價格決定權。

壟斷性競爭廠商必須不斷研發商品特性並促銷推廣，爭取消費者認同表現在消費行為上；壟斷性競爭市場中資訊流通自由，但廠商間及消費者對各種異質商品特性不易完全了解，因此並非完全資訊。對於難以負擔成本來突出商品異質性的廠商而言，即具有市場進入障礙，因此壟斷性競爭市場中，資源流動並非完全自由。

商品異質性（heterogeneous）

賣方（供給者）與商品（財貨勞務）數量衆多，但需求者在消費行為上主觀認定有同類型商品存在差異，即不能完全彼此替代。商品是否異質是由消費者主觀認定並表現在消費行為上，各家廠商生產供應的商品未必有明顯差異，但只要在消費行為上將該等商品彼此不能完全替代，即商品具有部分特性，包括商品用途、外觀、耐用、服務、便利、品牌忠誠度等足以吸引消費者提高偏好者。

壟斷性競爭廠商的短期均衡

廠商的短期生產達到最佳之穩定狀態（均衡），產出最適產量不再變動，其條件為 MR = MC，即廠商的邊際收益等於邊際成本時之產量與價格，使其獲得最大利潤或最小損失。壟斷性競爭廠商有部分價格決定權，所以個別廠商有其特定的市場需求線（AR），為價量反向的負斜率曲線，邊際收入 MR 亦隨銷售量增加而遞減且小於 AR，廠商可以決定適當的價格與產量以獲得最大利潤，因此分析方式與獨占廠商相似。

壟斷性競爭市場交易的商品具異質性，但是並非唯一不可替代，廠商訂價空間較獨占廠商小；壟斷性愈大的廠商其需求線愈陡（斜率大彈性小），表示個別廠商間需求替代低，需求量變動小，訂價空間愈大，愈接近完全獨占廠商。

壟斷性競爭廠商的長期均衡

當均衡條件 LMC ＝ LMR 時之平均收入大於長期平均成本，代表有超額利潤。因市場進入障礙小，經過長期調整，將吸引其他新廠模仿跟進，使整體市場的供給增加；原廠商的需求被瓜分而減少（廠商需求線內移），即個別廠商之售價下跌且銷售量降低，造成平均收入減少。直到 AR ＝ LAC（＝ G），此時個別廠商之經濟利潤爲 0，整體市場的供給不再變動，表示廠商進出達成均衡之穩定狀態，產出最適產量，使其獲得正常利潤。反之若有經濟損失，將迫使部分廠商退出，整體市場的供給減少，存活的個別廠商市場需求增加（廠商需求線外移），即個別廠商之售價上漲且銷售量提升，造成平均收入增加，直到 AR ＝ LAC 之經濟利潤爲 0。因此壟斷性競爭廠商的長期均衡點位於負斜率需求線（AR）與 LAC 曲線之切點，條件爲 LAC ＝ AR ＝ P ＞ MR ＝ LMC，廠商只能獲得正常利潤。

由於壟斷性競爭廠商之 AR 是負斜率需求線，並非如完全競爭廠商須接受市場固定價格之水平線，因此長期均衡點時，負斜率 AR 線與 U 型 LAC 曲線相切於最低點之左（產量少）上（高成本）側，亦即以較高單位成本生產較少產量，資源配置未達最佳生產效率。

壟斷性競爭市場的影響

壟斷性競爭廠商的長期均衡在 MR ＝ LMC ＝ LAC（與 LAC 曲線相交於最低點）時亦具有生產效率，產出與完全競爭廠商的最適產量（Qc），但需求者須付出較高代價（AR 右上移），影響消費者權益福利。壟斷性競爭廠商的 MC ＝ MR ＜ AR ＝ P，即商品訂價恆高於邊際成本，不具有配置效率，亦影響消費者權益福利。

壟斷性競爭廠商將資源配置於不斷研發商品特性，並加強促銷推廣，以爭取消費者認同其異質性，廠商應不斷領先創新才有競爭力，落後跟進將無利可圖（長期經濟利潤爲 0）。非價格競爭若能使整體市場享

有高品質多樣化的商品，亦可增加消費者福利。

熊彼得（J. Schumpeter）認爲創新有生產新產品、使用新方法、開發新市場、取得新原料、創立新組織等五種形態。將發明實際應用在市場上獲利就是創新，可因此降低成本或提高售價而增加利潤，但其他生產者跟進將使供給增加而售價下跌，超額利潤因此減少，必須不斷創新才能維持利潤。利潤來自創新所創造的獨占性，利潤增加可鼓勵企業不斷創新，妥善配置有限資源。

研發促銷可以在壟斷性競爭市場中增加競爭力，但亦須支付研發促銷成本，因此須評估成本效益後，找出最適均衡點。當研發促銷獲得的邊際利益（MR）等於支出的邊際成本（MC），表示總利潤已達頂點，即 MR ＝ MC 時之研發促銷量，爲壟斷性競爭廠商的最適研發促銷量。

若 MR ＞ MC ，表示增加研發促銷獲得的利益大於所須支付的成本，因此研發促銷會使利潤持續增加（邊際利潤爲正），而尚未達到淨利最大之均衡狀態，應再增加研發促銷，調整至邊際淨利爲 0 不再變動。

若 MB ＜ MC ，表示研發促銷增加獲得的利益小於所須支付的成本，因此研發促銷使利潤持續減少（邊際利潤爲負），並非淨利最大之均衡狀態，應減少研發促銷，調整直到邊際淨利爲 0 不再變動。

訂貨生產（by orders）

以技術能力產出特定異質化產品，創新發明與經驗累積可以刺激不同市場需求之訂單，符合消費者主觀認定商品存在差異並使用滿意，不易被其他商品替代。接受客戶的訂單開始生產到交出客戶所需的產品，所創造的獨占性可獲得高的附加價值，廠商可決定適當的價格與產量以獲得最大利潤。

壟斷性競爭市場交易的商品具異質性，但是並非唯一不可替代，若產品週期較短，大量生產的存貨無法符合市場需求變化，使產品市場價格（收益）下跌，因此留存成本提高而短缺成本不高。可以採取訂貨生產，產出特定消費者需求之異質化產品，降低留存成本，提升銷售利潤及經濟效益，市場擴大有利專業分工與經驗效果，刺激廠商加速創新發明並增進技術能力。

管理經濟實務 7-3：綜合零售業的競爭性市場結構

綜合零售業中各業態的替代互補性相當高，彼此間也存在著競爭關係。為了迅速擴張企業規模提升競爭力，連鎖化趨勢相當普遍，除了可以直接降低成本增加獲利外，並有建立企業形象、實施聯合促銷及電腦化管理等優勢。綜合零售業主要的差異在於營業時間長短、營業處所的開設位置及商品服務的市場定位不同。許多綜合零售業與國外業者合作，將國外的經營技術引進國內，不管是賣場環境或是內部的營運管理，普遍性的國際化程度高。

具有部分壟斷性的競爭市場，其基本特性及條件為市場參與者買賣雙方數量眾多，且廠商進出市場容易；惟壟斷性競爭市場交易的商品具異質性，而不能完全彼此替代，因此廠商有部分價格決定權。

百貨公司的經營方式上，主要採取專櫃與自營並存，惟基於資金、存貨及倉儲等考量，以專櫃經營的模式為主。現行專櫃經營模式普遍採出租方式，有保障收入、商品項目齊全、節省薪資成本、節省採購及倉管成本等優點，但易造成各家百貨公司販賣的商品同質性太高，難以凸顯公司的特色。各家廠商生產供應的商品未必毫無差異，但只要需求者在消費行為上，主觀認定所有同類型商品並無差異，將該等商品彼此完全替代，即為商品同質性。

超市業者紛紛推出屬於自己品牌的產品，以價格便宜、品質穩定為主要訴求，既可節省廣告費用與上架費用的支出，也較一般同類產品便宜一成到兩成，更可在貨架上顯眼處陳列自有品牌的商品，以達到建立良好品牌形象的目標。研發與行銷效能逐步放大，即自創品牌總體效益超過傳統組裝生產，提高附加價值，也就是一方面加強研發創造智慧財產權，一方面加強客户導向的行銷與服務。

便利商店競爭激烈，販賣商品同質性愈來愈高，為了凸顯自家特色、加深消費者品牌印象，各家以差異化為目標，透過開發新的鮮食產品、製販同盟獨家商品，或是創新話題與行銷活動，來增加人氣與買氣。多數品牌幾乎集中在特定集團手中，不同商場的商品也愈來愈像，無法表現出特色。

台灣的連鎖便利商店產業競爭激烈，全省分布密集已有七千多家，但仍然有許多業者持續擴大其規模。連鎖便利商店提供了消費者時間上、距離上、商品上及服務上的便利，針對目前的消費習性滿足顧客的需求。

壟斷性競爭廠商必須不斷研發商品特性並促銷推廣，爭取消費者認同表現在消費行為上；對於難以負擔成本來突出商品異質性的廠商而言，即具有市場進入障礙。商品是否異質是由消費者主觀認定並表現在消費行為上，包括商品用途、外觀、耐用、服務、便利、品牌忠誠度等，足以吸引消費者提高偏好，願意付出較高代價，非價格競爭使整體市場享有高品質多樣化的商品。

差異化策略

微笑曲線（smile curve）

表達企業從產品創意的起始到消費者使用滿意，各階段之附加價值變化。科技業宏碁集團創辦人施振榮先生在1992年所提出的理論，原先目的是爲了再造宏碁，加以修正後作爲台灣各種產業中長期發展策略的方向，企業體只有不斷往附加價值高的區塊移動與定位才能持續發展永續經營。

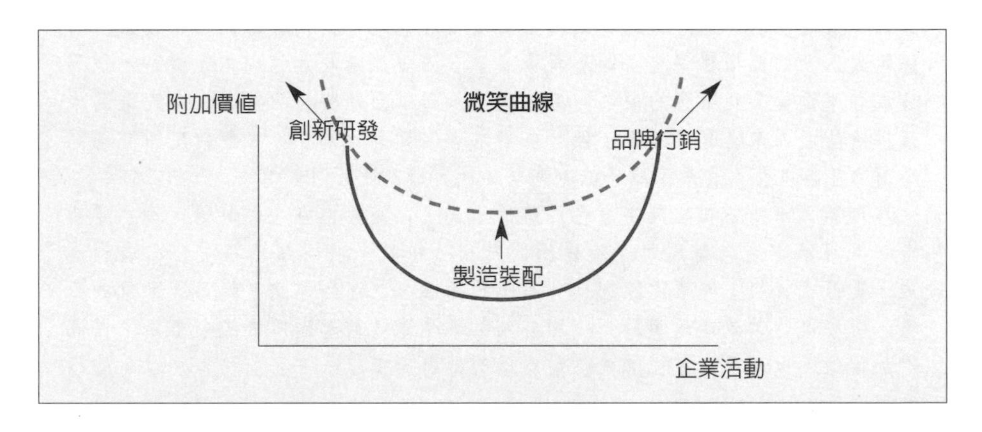

前段從創意的發揮開始，包含研究、開發、設計等，屬於智慧密集的作業，以工業先進國家及重視創造教育的國家較爲領先，利潤來自創新所創造的獨占性，可獲得相當高的附加價值。

中段從接受客戶的訂單開始，包含加工、製造、組裝等，到交出客戶所需的零件、組件或完整的產品。必須投資土地廠房、機器設備並雇用足夠的人力，屬於勞力密集與資本密集的行業，適合人工成本較低的新興國家。由於沒有自己的品牌而受制於人，其附加價值也較低。

後段包含行銷、銷售、服務等，企業通常具有自己的品牌，掌握行銷通路並進行售後服務，需要高成本的品牌維持費用，但只要足以吸引消費者滿意而提高偏好，廠商可負擔成本並決定適當的價格與產量以獲得最大利潤。

把微笑的嘴形往外拉伸，也就是「延伸兩邊、提升中間」的產業升級中長期發展策略，將研發、生產、行銷結合，以知識經濟、智慧財產、經營品牌、綜合服務、管理效率、人力素質等的精進，提升企業的附加價值與競爭力。加深研發工作增進技術能力，降低製造過程的複雜程序，會減少成本而提升中段製造的利潤，也可提高附加價值，是延伸前段拉升中段的效果。培養品牌、經營通路、售後服務及市場資訊的回饋，包括商品用途、外觀、耐用、服務、便利、品牌忠誠度等，也可延伸後段拉升中段製造的附加價值。

傳統以成本為中心的生產導向逐漸改變為以價格為指引的市場導向，製造供過於求使其產生的利潤降低，生產效率所產生的效益減少，而研發與行銷效能逐步放大，即自創品牌總體效益超過傳統組裝生產。研發與行銷的附加價值高，因此產業應朝微笑曲線的兩端發展，也就是一方面加強研發創造智慧財產權，一方面加強客戶導向的行銷與服務。

差異化（differentiation）

即商品具有部分特性，足以吸引消費者提高偏好，願意付出較高代價，非價格競爭使整體市場享有高品質多樣化的商品。

消費者對商品需求替代低，需求量變動小，廠商訂價空間愈大，愈接近完全獨占廠商（價格決定）。需求彈性小的商品，代表需求者的選擇或調整使用量機會小，廠商可漲價轉嫁給消費者，被其他供給者替代數量不大，供給彈性大代表供給者的生產選擇機會大（多樣化），可以改變產量或生產線，商品價格上漲轉嫁給消費者，亦即廠商的訂價能力較高。

消費者對商品需求替代高，需求量變動大，廠商訂價空間愈小，愈接近完全競爭廠商（價格接受）。能夠滿足顧客相同需要的其他商品，替代品價格愈低、品質愈高、或轉換成本愈低，代表需求者的選擇或調整使用量機會大，廠商在市場競爭激烈下不敢漲價以免被其他供給者替代，亦即需求彈性大（差異小）的商品廠商訂價能力較低。供給彈性小代表供給者的生產選擇機會小（標準化），難以改變產量或生產線，不易漲價轉嫁給消費者，亦即供給彈性小的廠商訂價能力較低。

差異化策略（differentiation strategy）

廠商針對整體市場，全面採取差異化優勢競爭。

商品功能、耐用、精緻、舒適等的不同，形成產品的品質差異；造型、式樣、外觀、裝飾等的不同，形成產品的設計差異；促銷推廣加強印象，形成產品的知名度形象差異；商譽形成產品的品牌忠誠度差異；提供品質保證或售後維修，可增加消費者的購買信心，形成產品的銷售服務差異；交通便利與地理位置使消費者購買方便，形成產品的通路據點差異。

差異化聚焦（differentiation focus）

針對特定利基市場區隔，局部採取差異化優勢競爭。

在強烈競爭威脅的主要市場之外，避免直接與強大對手的雄厚實力正面對決，而依據企業的差異化優勢與市場適合度，選擇特定利基市場切入，以集中有限資源的使用效能。個別廠商的特定利基市場，通常不是強大對手的主要市場，規模較小而較不受重視，又稱爲**邊陲市場**（low-share market）。

長期深耕區隔特定利基市場，可以累積市場知識與增進專業技能，建立知名度形象，足以吸引消費者滿意而提高偏好，顧客關係密切並具有品牌忠誠度，廠商可決定適當的價格與產量以獲得最大利潤。

品牌權益（brand equity）

企業與品牌及商標連結的商譽資產，提升商品的附加價值與競爭力。

品牌差異吸引消費者注意，商譽資產可增加消費者的購買信心。品牌權益同時爭取通路的認同，交通便利與地理位置使消費者購買方便，降低行銷倉儲成本並提高銷售量。

品牌延伸亦成爲企業擴張成長的重要基礎，在相關產品服務的營運過程中使用共同資源，快速獲得市場客戶認同，節省廣告促銷成本形成品牌擴張效果，使單位成本降低且經濟效益提高。對於難以突出品牌差異的廠商而言，即具有市場進入障礙。

品牌知名度（brand awareness）

加強消費者印象爭取認同表現在購買行爲上，形成產品的知名度形象差異，消費者不易完全了解各種商品特性而傾向習慣購買熟悉的知名品牌。

高價位高品質商品的廠商，必須不斷推廣品牌知名度，永續經營非價格競爭，使整體市場享有高品質多樣化的商品。

品質認知（perceived quality）

高品質商品的廠商應主動提供詳實資訊，例如品質保證、售後服務、商譽等，或委託專業中立的第三者進行品質認證，形成區隔效果。

高品質商品所累積建立的商譽，成爲市場重要的品牌權益；劣質品所形成的負面商譽，成爲企業的品牌負債。品牌知名度愈高其品質認知效果愈強，長期累積建立的商譽形象一旦改變，將難以再扭轉。

品牌聯想（brand association）

顧客對廠商品牌所連結的主要印象，除了商品的品質以外，諸如溫馨、健康、公益、環保、產品定位、領導人與企業整體形象等均屬之。

品牌聯想成爲企業重要的外在辨識效果。品牌所連結的正面印象，是企業的無形資產，提高品牌權益與附加價值；品牌所連結的負面印象，是企業的無形負債，降低品牌權益與商品價值。顧客對品牌聯想所連結的產品定位與特定形象，形成市場區隔效果；廠商欲改變形象特性開發新市場，不易獲得消費者認同購買，稱爲**移動障礙**（mobility barrier）。

品牌忠誠度（brand loyalty）

商品特性所累積建立的商譽，成爲市場區隔與企業重要的品牌權益。品牌忠誠度的形成包括消費者購買習慣的品牌知名度效果、高品質商品的品質認知效果、顧客所連結的產品定位與正面形象之品牌聯想效果、顧客關係密切使其他廠商不易獲得消費者認同之進入障礙效果。品牌忠誠度表示消費者對其他商品需求替代低，廠商訂價能力較高。

偏好品

在選擇生活用品時，即使品牌間的差異可能不大，對特定的品牌有所偏好，需加強行銷，讓消費者對於該產品產生產品形象，成為該品牌的忠實顧客。

購買者購買次數頻繁，不會刻意比較，能立即作成購買決策的物品。通常指大宗商品或廉價商品，品牌差異度不大，價格與便利性成為消費者的最大考量，在行銷時通路與價格是主導產品暢銷的因素，稱為**便利品**（convenience goods）。

購買者願意投入金錢與時間，從事不同品牌間的品質、價格比較，行銷要強調該品牌的優良品質、物超所值的價格、親切的服務態度等，稱為**選購品**（selective goods）。

購買者願意花最大的心力，如高級汽車、音響等，在行銷上注重在消費者心中特殊的地位，廣告表現方式所呈現的感覺，具有很大的影響力，稱為**特殊品**（special goods）。

第一行動者（first mover）

最先採取競爭策略而優先掌握市場競爭優勢的廠商，在其他新廠模仿跟進瓜分銷售量以前，可以賺取超額利潤。利潤是經營能力的報酬，為收入扣除機會成本後的超額利潤，因此可正可負，是創新的報酬、承擔不確定性的代價、也是由獨占者享有，因此支付機會成本的正常利潤不包括在內。

利潤是承擔不確定性的代價，經營方向正確可獲得超額利潤，方向錯誤則無利潤，若損失機會成本則經濟利潤為負。通常第一家廠商優先占有市場，可以享有品牌權益，隨後跟進的其他廠商，難以負擔成本即具有市場進入障礙。市場進入障礙小將吸引其他新廠模仿跟進，隨後跟進的其他廠商可能以較低成本複製生產，低價競爭搶占市場，因此第一行動者未必具有優先利益，必須不斷創新才能維持利潤。

第二行動者（second mover）

模仿跟進採取第一行動者競爭策略的廠商，立即瓜分市場銷售量，在廠商之經濟利潤降為0以前，可以賺取超額利潤，卻不必承擔不確定性的風險，但整體市場的供給增加，即個別廠商之售價下跌且銷售量降低，造成平均收入減少。

當廠商進出達成均衡之穩定狀態，產出市場最適產量，個別廠商只能獲得正常利潤，因此第二行動者若未能掌握市場競爭優勢，有經濟損失將迫使廠商退出。

推廣（promotion）

對目標顧客進行有關於產品與組織的活動，告知相關的訊息，改變顧客的態度，認同並表現在消費行爲上。常用的工具有廣告宣傳、人員銷售、公共關係和促銷活動，合稱**促銷組合**（promotion mix）。

大量推廣需要投入高額成本與組織動員，必須配合企業的經濟規模，對於難以負擔成本的廠商會造成市場進入障礙。

廣告（advertising）

廠商選擇各式各樣的媒體，例如電話、報紙、電視、雜誌、傳單、戶外看板、商品目錄等，與消費者進行溝通，有效地傳播訊息，達到廣而告之的目的。

經由使用過且滿意的顧客以口碑相流傳，使口碑資本化而提升企業的品牌權益，稱爲**口碑傳播**（word-of-mouth marketing）。廠商提供有形的線索或證據做爲廣告的主題，讓顧客知道公司能提供利益以滿足需求，強化其品質認知效果，稱爲**產品廣告**（product advertising）。連續廣告區分自己的產品與競爭者產品之差異，加強消費者印象形成品牌知名度，同時用持續主題來加強公司的形象，形成顧客對品牌聯想的正面印象及品牌忠誠度，稱爲**形象廣告**（image advertising）。

人員銷售（personal selling）

銷售人員提供品質保證或售後服務，可增加消費者的購買信心，直接通路使消費者購買方便，吸引消費者提高偏好，提升商品的附加價值與競爭力。顧客關係密切使其他廠商不易獲得消費者認同，造成進入障礙效果。

顧客關係管理（customer relationship management; CRM）

根據客戶個別購買行爲，提供專爲客戶量身訂做的服務，使新客戶

加入、舊客戶保持，獲利能獲得改善。

公共關係（public relationship）

促銷所推廣的是市場對於組織所抱持的印象以及企業在市場的定位，所以組織可利用公共關係去接觸相關團體並免費傳達資訊。

公共報導可增加消費者的購買信心，形成品牌知名度形象差異；專業中立的第三者進行品質認證，強化其品質認知效果；品牌聯想的正面印象是企業的無形資產，形成市場區隔效果；公共關係所累積建立的商譽資產，成爲產品的品牌忠誠度，提高企業品牌權益與商品附加價值。

促銷活動（sales promotion）

促銷活動吸引消費者對產品的注意，加強印象爭取認同表現在購買行爲上，形成產品的知名度形象差異，優先占有市場可以享有品牌權益與規模經濟效益，提高本身的競爭力與附加價值。

病毒式行銷（virus marketing）

生意資訊的傳播透過網友間，藉著電子郵件、免費空間、免費網域名稱、即時交流軟體傳播的行銷方式，使獲利的同時不斷纏繞式地幫商家做宣傳。傳統的4C是顧客需求（customer）、顧客成本（cost to the customer）、便利（convenience）、溝通（communication）；網路行銷中的4C則爲顧客經驗（customer experience）、顧客關係（customer relationship）、溝通（communication）、社群（community）。

網路的特性是即時以及快速的傳遞資訊，像電腦病毒一旦傳開了，可以在很短的時間內讓非常多的電腦受害。病毒式行銷就像電腦病毒一樣可以讓資訊很快地複製以及傳播，廠商會創造出一些有特殊性及價值的訊息讓人樂於主動散布，人們在獲得利益的同時，不知不覺地、不斷纏繞式地宣傳了商家的線上生意詞。

商家生意資訊的傳播是透過第三者傳染給他人，而通常人們更願意相信他人介紹而非商家自己介紹。欲開展病毒式行銷，讓人們快速傳播產品或服務，必須首先讓他人獲利，人們獲利愈大則傳播產品或服務的速度也愈快，這是典型的雙贏。

管理經濟實務 7-4：宏碁集團再造的品牌策略

智融集團董事長施振榮應邀在「國際品牌策略論壇」發表演講，表示品牌是科技知識的累積，在知識氾濫的年代，消費者無從選擇商品，透過品牌完成購買行為的情形將愈來愈普遍，品牌占企業價值的比重也將愈來愈高。品牌知名度加強消費者印象，所累積建立的商譽成為重要的市場區隔效果，消費者不易完全了解各種商品特性而傾向習慣購買熟悉的品牌。

2001 年完成宏碁集團再造的施振榮説，掌握成熟產業的製造設計能力，是台灣科技產業的優勢。在品牌經營上，小公司可以用時間換金錢，大公司就可以用金錢換時間；台灣大部分企業規模較小，所以更要及早經營品牌。改造後的新宏碁定位上是一家「行銷的品牌公司」，明碁則是一家「製造的品牌公司」；宏碁當年合併德州儀器電腦部門後，善用歐洲的經營團隊，才會有獲利的不斷提升。品牌延伸為企業擴張成長的重要基礎，在相關產品服務的營運過程中使用共同資源，快速獲得市場客户認同，節省廣告促銷成本，形成品牌擴張效果，使單位成本降低且經濟效益提高。

Inter brand 品牌顧問公司副董事長布雷齊（Tom Blackett）表示，儘管過去幾年全球股市受到 911 恐怖攻擊、科技泡沫等衝擊，但品牌價值在 10 億美元以上的公司，過去幾年股價表現相對穩健；品牌價值占一家公司資產的比重，過去二十年也逐年提高，2003 年品牌價值已經占全球股市市值的三分之一。品牌權益是企業與品牌及商標連結的商譽資產，消費者認同而願意付出較高代價，提升商品的附加價值與競爭力。

施振榮強調品牌為企業成敗關鍵，廠商自營運首日便應創立品牌，不斷提升品牌價值；品牌觀念應於公司草創首日起建立，小公司不但有能力自立品牌，由於不像大公司已有固定形象，打起品牌戰更占優勢。品牌創新對企業而言極為關鍵，企業應永續經營不斷強化提升品牌，維持一貫形象方能收事半功倍之效。品牌知名度愈高其品質認知效果愈強，長期累積建立的商譽形象一旦改變將難以再扭轉；廠商欲改變形象特性進入新市場，不易獲得消費者認同。

施振榮呼籲台灣企業，藉由引進國際人才發展自有品牌，在品牌策略上，發展出一條歐美日以外的「第四條路」。台灣國家形象是台灣領導品牌形象的總和，日本的領導品牌當初是在國內相互競爭下所造就出來的，競爭不代表內耗，台灣的 2A1B（華碩、宏碁與明碁）在國際上並肩打拚，有助於台灣品牌形象的建立。產品競爭力及國際化管理影響品牌成敗甚鉅，由於台灣廠商日漸注重創新，使產品競爭力大幅提升，但國際化管理方面仍嫌欠缺。目前台灣十大品牌總價值僅占 GDP 的 0.7% 左右，與日本的 2% 、美國的 3% 相較，還有很大的進步空間；任何技術都是短暫的，唯有品牌才能長存。

第八章　非競爭性市場結構

獨占市場

進入障礙

寡占市場

維持優勢策略

獨占市場

獨占（monopoly）

商品市場中僅有唯一一家供給者，且商品特性獨特，無其他相關商品可以替代，又稱爲**完全壟斷市場**。通常該市場有進入障礙，或資訊不完全、資源不易流通等因素，使該唯一廠商可以維持獨占地位，因爲沒有競爭者，而成爲價格決定者。

價格決定者（price maker）

獨占市場中僅有一家供給者，因此整體市場的需求即爲該獨占廠商的需求，個別廠商的需求線與整體市場的需求線同爲價量反向的負斜率曲線，獨占廠商可以依據市場需求的量價，決定適當的價格與產量以獲得最大利潤。

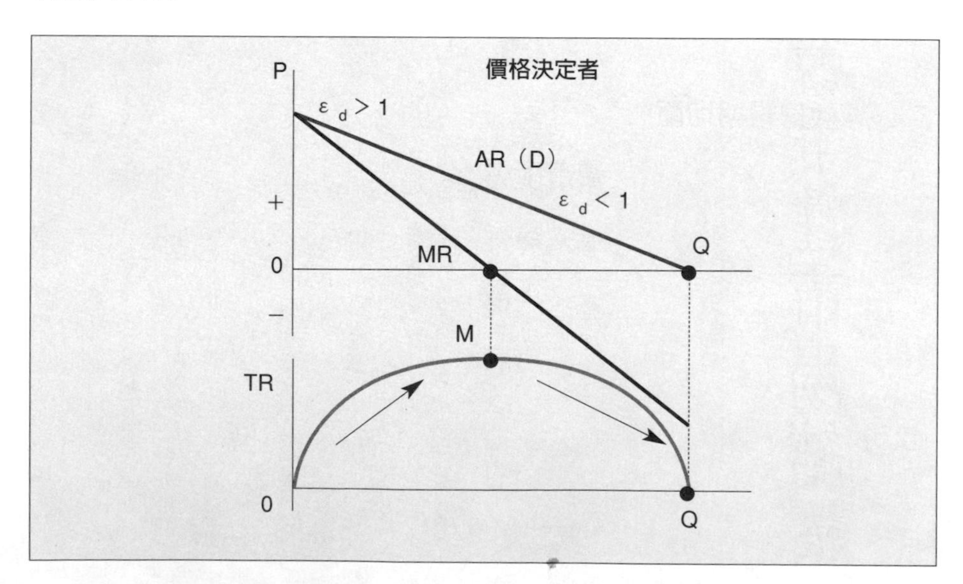

TR ＝ P × Q，AR ＝ TR ／ Q ＝ P，獨占廠商的平均收入爲商品單位價格，隨量增加而降低，因此獨占廠商亦不能隨意訂價，若要增加銷售量則須降價，其 AR 線即爲負斜率需求線 D。邊際收入 MR ＝ Δ TR ／

Δ Q，因獨占廠商單位價格 P 並非固定，其 MR 不會等於 P＝AR。

平均收入 P 隨銷售（市場需求）量增加而遞減，所以邊際收入 MR 亦隨銷售量增加而遞減且小於 AR，表示增加一單位產（銷售）量可增加的收入小於平均收入，致使平均收入隨產量增加而遞減，因此獨占廠商的 MR 線為負斜率而低於 AR 線。MR 為正時 TR 遞增但幅度漸緩，MR 遞減至 0 對應 TR 最大（M），MR 為負時 TR 遞減，至 TR 為 0 對應 AR 亦為 0。

在同一條直線型需求（AR）線上，每一點的斜率相同，點彈性大小與價量比值 P／Q 呈正相關，愈往左（量小）上（價高），其點彈性愈大；反之愈往右（量大）下（價低）則點彈性愈小。當需求彈性大（ε_d ＞1），代表需求量變動百分比（％Δ Q）較大，總收入與需求量變動同方向（與價格變動反向），亦即需求量增加則總收入增加（MR 為正使 TR 隨產量遞增），TR 遞增但幅度隨彈性減小而漸緩；反之需求彈性小（ε_d ＜1），代表價格變動百分比（％Δ P）較大，總收入應與價格變動同方向（與需求量變動反向），亦即需求量增加則總收入減少（MR 為負使 TR 隨產量遞減）。

獨占廠商的短期均衡

在一定時間（短期）內，生產規模固定下，廠商產量與價格使其獲得最大利潤或最小損失，則廠商的短期生產達到最佳之穩定狀態（均衡），產出最適產量不再變動，其條件為 MR＝MC，亦即使廠商的邊際收益等於邊際成本時之產量與訂價（MC＝MR＜AR＝P）。因為 MC＝MR＞0，獨占廠商的生產均衡必然位於 AR 線上需求彈性 ε_d＞1 處（TR 隨產量遞增）；若需求彈性小（ε_d＜1），價格下跌使需求量增加，但總收入減少（TR 隨產量遞減時 MR＜0），廠商將減少產量以提高價格使總收入增加。

若 AR＞AC，TR－TC 即為廠商的最大利潤（超額利潤）；若均衡條件 MC＝MR 對應之 AC＝AR，則 TR＝TC 得最大淨利為 0（正常利潤）；若均衡條件 MC＝MR 對應之 AC＞AR，則 TR＜TC 得最大淨利為負（最小損失）；若均衡條件 MC＝MR 對應之 AVC＞AR，則最小損失使虧損擴大而無法回收固定成本，應停止生產。因此獨占廠商未必可以獲得超額經濟利潤，當市場需求減少（AR 線左下移），或生產成本過高（AC 或 AVC 線上移），亦可能使獨占廠商無利可圖，甚至關廠停業。

獨占廠商之不同廠房，在市場相同下針對生產成本差異決定各廠不同最適產量，於 $MR = MC_1 = MC_2 = \cdots$ 時，獲得最大總銷售量收入並提升利潤。

獨占廠商無供給線

獨占廠商爲價格決定者，可以決定適當的價格與產量以獲得最大利潤，且 MR 並非如完全競爭廠商須接受市場固定價格之水平線，負斜率而低於 AR 線的 MR 線，使 MC 與 MR 交叉之均衡點不等於市場價格（AR），而無隨市場價格變動的供給線軌跡，因此無供給線，即獨占廠商的供給量爲均衡點最適產量，且最適產量可能對應不同價格。

完全競爭廠商的最適生產（供給）量在 $MC = MR = P^* = AR$ 處，因此供給線爲 $P^* = MC > AVC$ 以上之 MC 曲線，即廠商的短期均衡點連線軌跡，對應各市場均衡價格（$P^* = MR$）之最適生產（供給）量。

獨占廠商的長期均衡

獨占廠商只要能繼續營業，經過長期調整亦無其他廠商進入，但該獨占廠商可調整生產資源，尋求最大利潤之最適規模產量與訂價，其條件爲 $MR = LMC$，亦即使廠商的邊際收益等於長期邊際成本時，均衡點（E_m）對應之產量（Q_m）與訂價（P_m）。

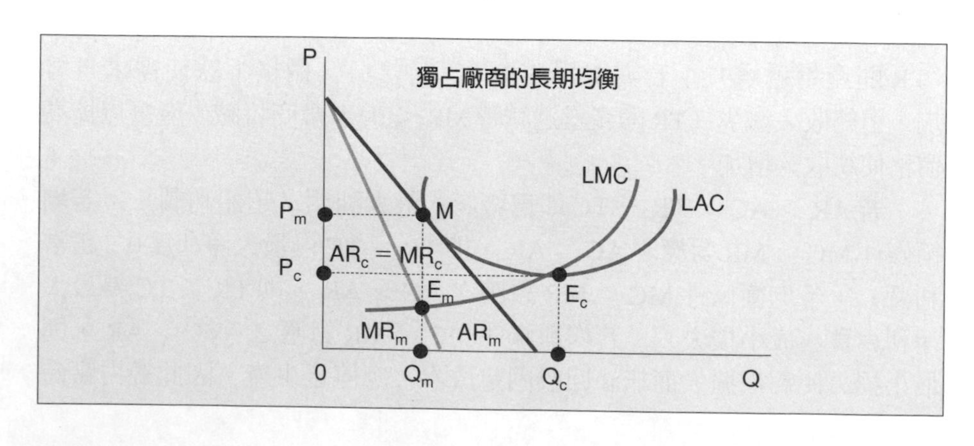

由於獨占廠商之平均收益並非如完全競爭廠商須接受市場固定價格之水平線（$P_c = AR_c = MR_c$），而是負斜率需求線（$AR_m > MR_m$），因此無法與U型LAC曲線相切於最低點（E_c），而切於左（產量少）上（成本高）側（M），代表獨占廠商與完全競爭廠商若長期均衡同樣在AR＝AC處生產（正常利潤）時，將以較高單位成本（$P_m > P_c$）生產較少產量（$Q_m < Q_c$），生產資源配置未達最佳效率，需求者亦須以較高價格獲得較少消費量，而降低社會經濟福利。

獨占市場的影響

因缺乏市場競爭，獨占廠商組織鬆弛，浪費資源使成本偏高，導致效率損失，稱爲X無效率（X-inefficiency），代表實際供給成本與最低可達供給成本之間的差距，對資源的低效部署和管理所引起。

有利可圖的獨占廠商完全壟斷市場機會，稱爲Y效率（Y-efficiency），但影響需求者權益福利。此外，獨占廠商爲供給整體市場而持續擴充產能，可能進入長期平均成本遞增階段，造成規模不經濟之生產狀態。

廠商可以在最低長期平均成本生產時，稱爲**生產效率**（productive efficiency），完全競爭廠商的長期均衡爲以最低長期平均成本產出最適產量，因此具有生產效率；獨占廠商的長期均衡在MR＝LMC＝LAC（MR與LAC曲線相交於最低點）時亦可具有生產效率，產出與完全競爭廠商相同的最適產量（Q_c），但需求者須付出較高代價（$P^* = AR > MR$），影響消費者權益福利。

廠商可以使商品售價等於邊際成本（$P^* = MC$）時，稱爲**配置效率**（allocative efficiency），完全競爭廠商的長期均衡條件爲$AR = MR = P^* = LMC = LAC$，所以具有配置效率；獨占廠商的$MC = MR < AR = P$，即商品訂價高於邊際成本，恆不具有配置效率，亦影響消費者權益福利。

要素市場完全競爭

要素市場參與者之買賣雙方數量衆多，即每一需求者與供給者在整體市場中所占比例極低，均無決定性影響力。市場均衡價格由所有需求者與供給者共同決定，買賣雙方都只能接受該價格，稱個別廠商爲要素市場的價格接受者，其面對的要素供給線爲價格固定之水平線。

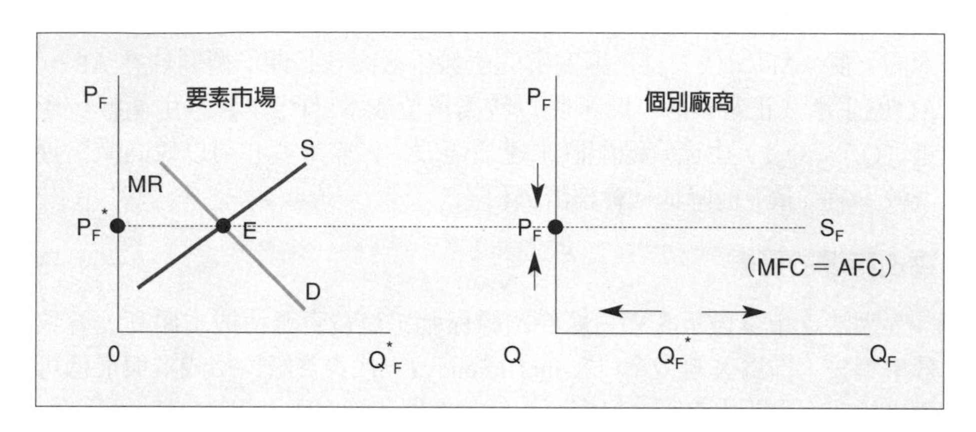

個別廠商面對之水平要素供給線，代表個別廠商只能接受整體市場決定的固定要素均衡價格 P_F^*，依其產能（要素需求）決策決定要素雇用數量（Q_F^*）。

完全競爭要素市場的個別廠商（買方）爲要素價格接受者，市場均衡價格固定在 P_F^*，因此 P_F^* = AFC（平均要素成本）= MFC（邊際要素成本）。

生產者均衡的最適要素使用量，其條件爲 MRP = MFC = P_F^*，即廠商使用生產要素的邊際收益等於使用生產要素的邊際成本（要素價格）時之要素使用量，使其獲得最大利潤或最小損失。MRP = MPP（實物邊際產出）× MR（邊際收入）。

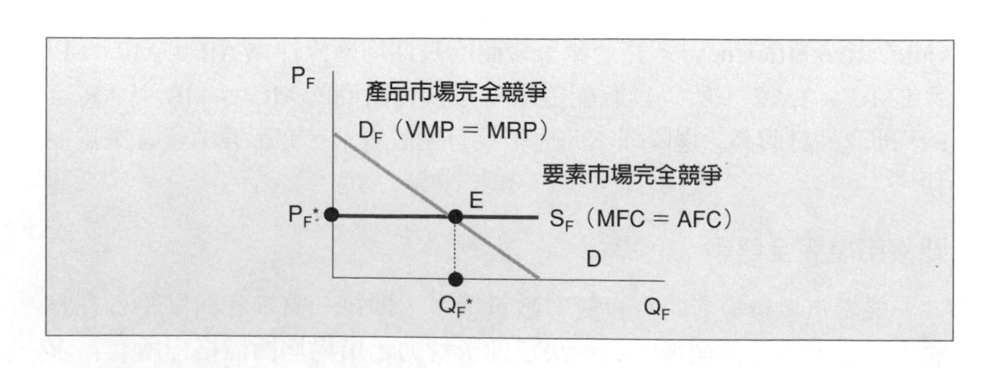

在完全**競爭的產品市場**，P（產品售價固定）＝MR（產品邊際收入），則MRP又稱爲**邊際產出價值**（value of marginal product；VMP＝MPP × P），代表變動一單位某要素所變動的產量之價值變動，亦爲要素需求線。依據邊際報酬遞減法則，需求線爲價量變動反向的負斜率曲線。

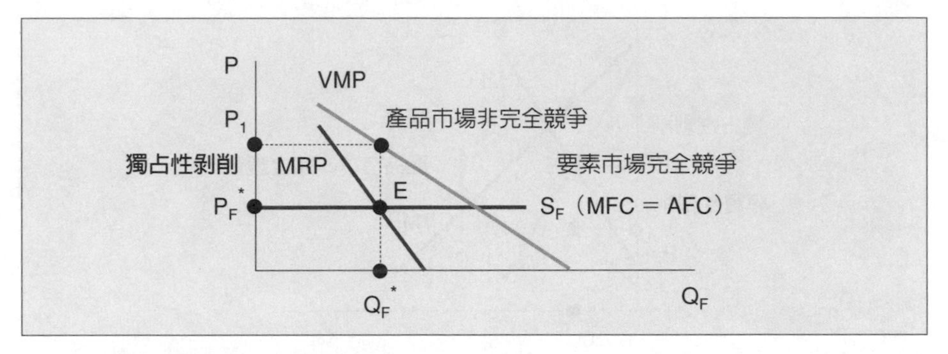

在**非完全競爭的產品市場**，P＝AR＞MR，則VMP＞MRP。生產者要素使用均衡時，VMP＞MRP＝MFC＝P_F^*，代表要素價格（P_F^*）低於要素產出之價值（P_1），即要素供給者提供生產要素，獲得的要素報酬低於其創造之產出價值，稱爲**獨占（專賣）性剝削**（monopolistic exploitation）。

要素市場非完全競爭

要素使用者（買方）只有一個，稱爲**獨買**（monopsony），其要素供給線爲整體市場的正斜率曲線，因此MFC（邊際要素成本）＞AFC（平均要素成本）。

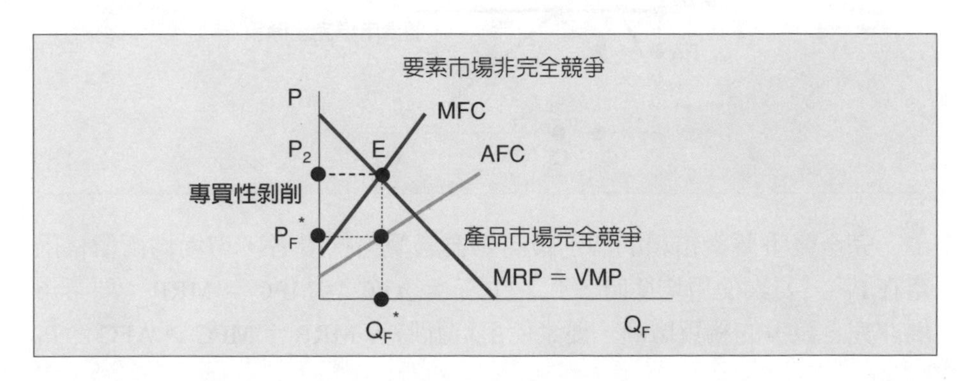

在完全競爭的產品市場，要素均衡時 VMP ＝ MRP ＝ MFC ＞ AFC，即要素平均價格（P_F^*）低於要素產出之價值（P_2），要素供給者提供生產要素，獲得的要素平均報酬低於其創造之產出價值，稱爲**專買性剝削**（monopsonic exploitation）。

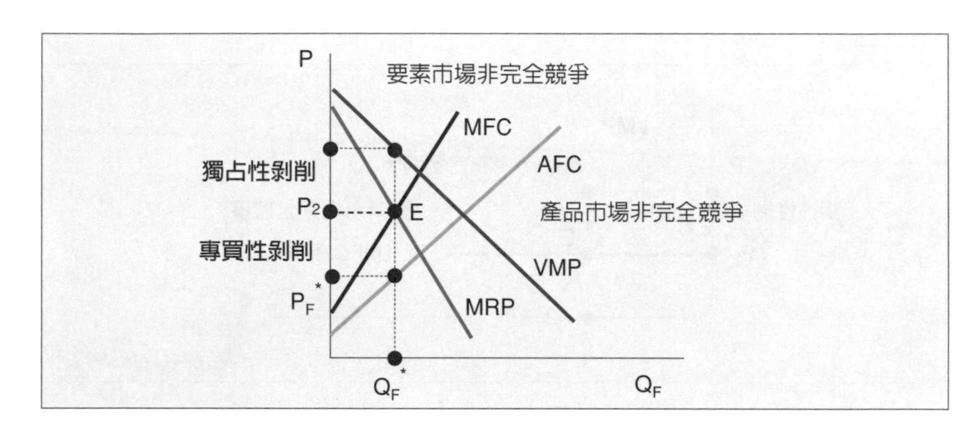

在非完全競爭的產品市場，非完全競爭要素市場獨買的生產者，要素使用均衡時，VMP ＞ MRP ＝ MFC ＞ AFC，代表要素價格（P_F^*）低於要素產出之價值（P_1），亦即要素供給者提供生產要素，獲得的要素報酬低於其創造之產出價值，發生獨占性與專買性剝削。

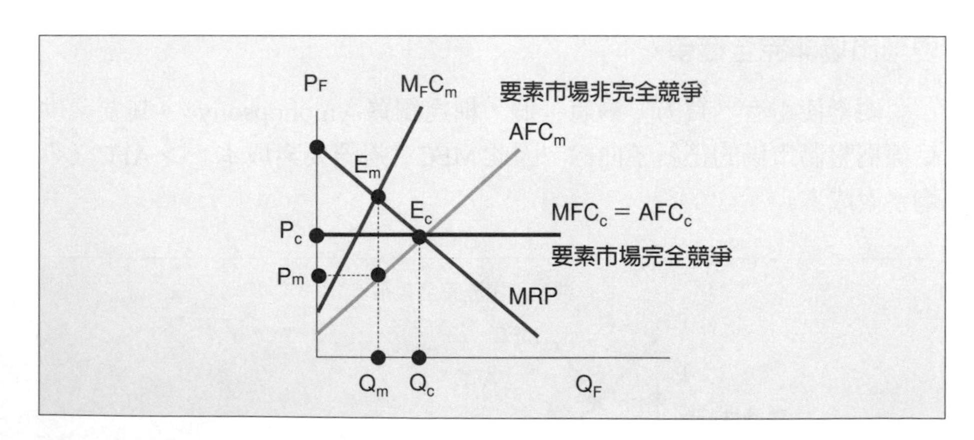

完全競爭要素市場的個別廠商爲要素價格接受者，市場均衡價格固定在 P_F^*，要素使用均衡時，P_F^*（P_c）＝ AFC ＝ MFC ＝ MRP；要素市場非完全競爭的獨買廠商，要素使用均衡時，MRP ＝ MFC ＞ AFC ＝ P_F

（P_m），因此支付比價格接受者較少的要素均衡價格（$P_m < P_c$），而且會雇用較少的要素均衡數量（$Q_m < Q_c$）。

要素市場雙邊獨占（duopoly）

要素的買方與賣方各只有一個，通常是一個工會組織與一個產業大廠之勞資關係，要素供給線爲整體市場價量變動同向的正斜率曲線，要素使用均衡時（資方最大利潤）$MRP = MFC > AFC$，最適要素使用量 Q_D 與最適要素價格 P_D；要素需求線爲整體市場價量變動反向的負斜率曲線，亦爲賣方報酬之平均收益（AR_S），均衡時（勞方最大報酬）$AR_S > MR_S = MC_S$，最適要素使用量 Q_S 與最適要素價格 P_S；因此雙方的均衡要素價格並不一致，只能就雙方可接受之範圍（P_D 與 P_S 之間）進行談判協商，要素市場完全競爭的均衡價格 P_C 亦在範圍內。

若要素供給不能移動（缺乏彈性），將使不同部門（廠商）間出現要素價格（工資）不一致的差距，要素自由移動可以使兩部門的要素價格均趨於相等，並促進專業分工而提升生產效率，增加整體總產出。

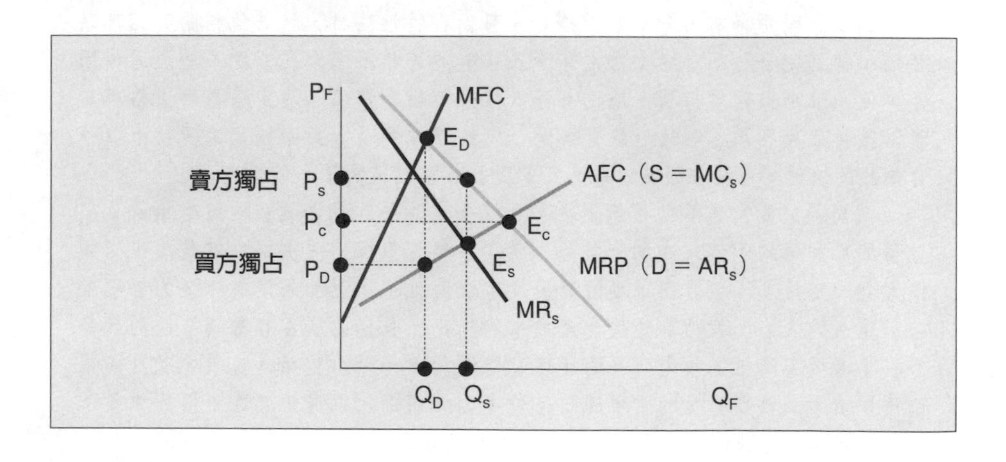

管理經濟實務 8-1：微軟視窗包裹商品壟斷市場

南韓反壟斷部門根據 Real Networks Inc.和 Daum Communications Corp.提出的指控，對微軟視窗系統內建影音播放器 Media Player 與 MSN 即時通訊軟體，調查是否違反公平交易。微軟表示，若南韓當局要求移除上述兩項軟體，或為南韓市場量身修改視窗作業系統，不惜撤出或延後在南韓推出新產品。

南韓公平交易委員會表示，在 2004 年 10 月 28 日受理申訴之前，南韓就已在 2004 年 4 月展開調查，因此不受微軟同意支付 7.61 億美元和解影響。微軟可能意在避免重新設計所需要的花費，也避免像南韓這樣的小市場都會要求不同版本的視窗系統。

微軟視窗系統內建微軟的影音播放軟體，已經在歐洲被控壟斷，並被罰款 4.97 億歐元（約 6.03 億美元），歐盟也下令微軟提供沒有內建媒體播放器版本的視窗系統。行政院公平交易委員會指出，台灣並沒有業者檢舉微軟視窗作業系統內建媒體播放器及 MSN，不過在 2004 年初和微軟就消費者權益達成行政和解，公平會組成後續督導小組，要求微軟須在每年底向公平會進行當年度改善報告就現況作評估，討論在價格方面是否有調降空間。公平會與微軟達成行政和解要約，內容包括對消費者及教育用戶軟體產品價格訂定、促進消費者利益、促進品牌內競爭、微軟產品售後服務等。

商品市場中僅有唯一一家供給者，且商品特性獨特，無其他相關商品可以替代，稱為完全壟斷市場；通常有進入障礙或資訊不完全、資源不易流通等因素，使該唯一廠商維持獨占地位，可以依據市場的需求，決定適當的價格與產量以獲得最大利潤。若政府沒有給予一定的獨占利益，對新技術的研發也就不會如此的快速，但獨占的無效率性又會對社會福利造成不小的損失。

政府為鼓勵對電腦的不斷創新，會給一定時間的獨占利益，將某項財貨與勞務的專利權給予個人或單一廠商。要獨占整個市場的先決條件就是規模必須擴大到一定程度，但其對市場的靈敏度也會降低，而且如果沒有健全的管理策略，重複的人力、物力會造成生產成本的提高。長期的獨占容易讓自己的競爭力、生產效率降低，技術研發的速度日趨遲緩，一旦出現新的挑戰，就可能很快被擊潰。微軟所牽扯的主要課題是包裹出售商品，以擴張其在市場的力量；反托拉斯的日趨壯大，想要維持獨占是愈來愈困難了。

因缺乏市場競爭，獨占廠商組織鬆弛，浪費資源使成本偏高，導致效率損失，稱為 X 無效率；有利可圖的獨占廠商完全壟斷市場機會，稱為 Y 效率，但影響需求者權益福利。獨占廠商為供給整體市場而持續擴充產能，可能進入長期平均成本遞增階段，盲目擴張造成規模不經濟之生產狀態。

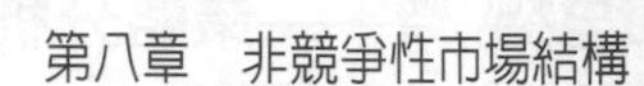

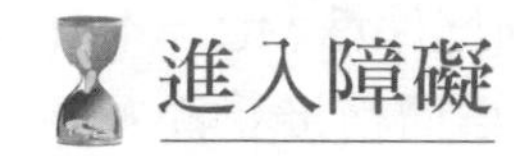

進入障礙

法定障礙（legal barrier）

因政府法令規定，須具備特定條件才能獲得許可設廠生產，或爲鼓勵研發創新而給予獨家生產專利權，廠商亦可以藉由取得某稀有關鍵資源（原料、要素、技術等）的控制授權而成爲獨占者。

政府任務在爲民服務，其經濟角色爲協助市場，將經濟資源作最有效的運用，以提升經濟效率使社會福利達到最大，必要時政府可以對不盡完善之市場機能進行干預，發揮公平與安定的經濟功能。政府可能發生決策偏誤，干預不能眞正爲全民服務發揮經濟公平將造成之政府失靈現象。

自然障礙（natural barrier）

非由外力人爲限制所造成，而是因產業特性或市場環境自然形成的獨占；通常爲設廠固定成本或技術層次極高，其他廠商進入障礙大。當獨占廠商處於長期平均成本遞減之生產狀態（規模經濟），其最適產量已足以供給整體市場，新進廠商因所須成本較高，不易達到最小效率規模，難以競爭獲利，而自動不願加入。也可能因爲資訊取得或資源流通不易而成本過高，例如特殊偏方、地理區隔、交通困難等因素，使其他廠商不得其門而入，形成特定範圍的獨占現象。

自然獨占可節省小廠林立的社會成本，使產業規模在最低長期平均成本生產，而增加社會經濟福利。廠商爲維持其自然獨占地位，將不斷研發創新多角化經營，或以先進技術管理提升生產效率並降低成本，使整體市場享有價廉物美的多樣商品，其他廠商無競爭優勢可進入市場，仍可增進社會經濟福利。

勒納指數（Lerner index）

獨占廠商爲價格決定者，廠商的訂價能力愈強代表獨占力愈大。

$$\text{Lerner index} = (P - MC) / P = 1 / \varepsilon_d$$

當 P ＝ MC 時指數＝ 0，完全競爭廠商的短期均衡條件為 MC ＝ MR ＝ P^*，即指數＝ 0 代表完全競爭廠商毫無訂價能力，為價格接受者。可以高於邊際成本的幅度，又稱為**價格加碼**（price mark up）。需求彈性小代表商品替代性小，則勒納指數愈高，即廠商的訂價能力愈強，獨占力愈大。

獨占力愈強，則廠商之差別訂價策略愈有效；需求者特性（偏好）差異愈大，廠商可有效區隔不同購買者，差別訂價空間愈大，使利潤愈高。

班恩指數（Bain index）

亦以廠商的訂價能力測度其獨占力，分析方法與勒納指數相同，但是以平均成本取代邊際成本作為測度基準。

Bain index ＝（P － AC）／ P

指數愈高代表廠商的訂價能力愈強，可以高於平均成本的幅度愈大，價格加碼愈高，廠商可得超額利潤的能力愈強，即獨占力愈大。完全競爭廠商的長期均衡點位於市價等於長期平均成本最低，廠商沒有超額利潤，即指數＝ 0 代表完全競爭廠商為價格接受者。因此班恩指數測度廠商的長期獨占力，短期班恩指數可能為負（MC ＝ MR 之 P ＝ AR ＜ AC），代表有虧損的短期均衡。

智慧財產（intellectual property）

政府為鼓勵研發創新而給予廠商獨家生產權利，稱為**專利權**（patent），以法令保障技術領先廠商在一定期間內，創新期產品享有獨占利益，並得以承擔研發創新的風險與成本；技術成熟後其他廠商以較低成本複製生產並拓展市場，而先進廠商藉由不斷研究創新，持續享有各種新產品的獨占利益。

保障設計創作的智慧財產，稱為**著作權**（copyright；**版權**），在一定期間內，創作內容享有獨占利益。智慧財產藉由專利權或著作權的法令保障，其他人非經同意，不得複製、生產、傳播、銷售；權利擁有者藉由獨家生產或授權經營權利金，享有研發創新的獨占利益。廠商亦可以藉由研發創新技術、方法、零件等而享有超額利潤，或取得關鍵技術的控制授權而成爲獨占者。

迴避發明（invent around）

廠商爲自行取得關鍵技術，又避免侵犯他人專利權，而研發以不同方法獲得相同功能的技術，或生產類似產品。

迴避發明使專利權或著作權未必能完全保障研發創新的智慧財產，降低了市場進入之法令障礙與廠商獨占利益。其他廠商可能以較低成本低價競爭搶占市場，因此第一行動者未必具有優先利益，必須不斷創新才能維持利潤。

技術傳播（technology diffusion）

進行貿易或交流可能將廠商的技術知識外傳，其他廠商以較低成本生產，而喪失該產品的獨占利益，因此應保護技術領先優勢。

最初發明新產品的廠商，創新產品獲得普遍認同採用後，大量生產而享有獨占利益；技術傳播後其他廠商以較低成本生產，而先進廠商持續提升產品附加價值及競爭力，專業分工促進資源更有效運用，規模經驗增進技術能力，市場需求擴張刺激增加產出與創新，仍可享有各種新產品的獨占利益。

技術外溢（technology spillover）

領導廠商研究生產創新產品，技術逐漸輸出轉移至其他廠商，大量生產並拓展市場，技術成熟後以較低成本複製生產標準化產品，形成一完整的專業分工之產業體系；領導廠商藉由品牌權益與規模經濟之先占優勢，掌握關鍵技術的控制並收取授權經營權利金，持續享有研發創新的獨占超額利潤。

規模經濟（economy of scale）

當整體產業的總產量生產規模已產生最大經濟效益及最低平均成本，即生產報酬固定不再隨規模變化而變化，應維持此一最佳生產規模及最適產量。新進廠商加入使產業規模過度擴充將不具經濟效益，應縮小生產規模，避免盲目擴張使長期平均成本持續上升，新進廠商將被迫

退出市場。

管制（regulation）

政府爲節省小廠林立的社會成本，或保護民生國防等國家安全產業，使其達到保障國計民生的目標，規定須具備特定條件才能獲得許可設廠生產。

管制落後（regulatory lag）

政府保護民生獨占廠商同時亦管制其訂價，廠商欲調高訂價須先向主管機關申請核准，造成廠商調整訂價與淨利報酬的落後。

獨占廠商因缺乏市場競爭，浪費資源使成本偏高，導致效率損失，稱爲X無效率（X-inefficiency）；獨占廠商浪費成本，卻可以漲價轉嫁給消費者，造成社會資源配置效率低而且分配不公，因此主管機關通常會延遲廠商漲價，要求廠商先改善管理效率降低成本，對效率低的獨占廠商產生懲罰效果。

有利可圖的獨占廠商完全壟斷市場機會，稱爲Y效率（Y-efficiency），但影響需求者權益福利。主管機關通常會要求廠商降價，降價前廠商已優先獲得超額報酬，對效率高的獨占廠商產生獎勵效果。

競租（rent-seeking）

獨占廠商爲維持其獨占利益，可能將資源耗費在公關、遊說、賄賂等非生產用途，因而提高經營成本，降低生產效率，減少經濟福利，並造成社會財富分配不均。政府可能被經濟影響力較大的大型企業所擄獲，而只爲少數利益服務，不能眞正爲全民服務發揮經濟公平。

政府可以公開競標權利金，廠商所願意而且能夠支付的最高權利金爲其超額利潤，亦即獨占利潤成爲政府公開收入由全民共享，而非廠商私下鑽營圖利。支付權利金是廠商的前置固定成本，即邊際成本不變，不影響生產均衡（MC = MR）與商品訂價。廠商以最高經營權利金或最低商品價格得標，將致力提升生產效率並降低成本。

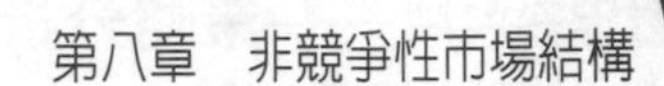

圍標

不良廠商常利用黑道或黑道利用不良廠商（租牌），以利誘與威脅方式，對於不同意配合之廠商以脅迫方式要求退讓，或於開標中心控制現場出席廠商，以取得工程的決標權利，謀取不當利益。

「政府採購法部分條文修正案」爲強化各機關在辦理各種工程、財物、勞務採購過程之公開透明、公平合理以及防弊，特別增訂意圖影響採購結果或獲取不當利益，而借牌投標或借牌給他人者，最高可處三年有期徒刑，得併科新台幣100萬元以下罰金，以防止廠商陪標、綁標；意圖使廠商不爲投標、違反其本意投標，或使得標廠商放棄得標、得標後轉包或分包，而施強暴、脅迫、藥劑或催眠術者，處一年以上七年以下有期徒刑，得併科新台幣300萬元以下罰金。

綁標

一般是以限制廠商資格與工程規格的方式進行，要求提高廠商施作能力及工程設計規範，表面上其行爲與提高工程品質之動機相同，但是限制愈高愈有可能受到綁標。這種方式造成工程造價高昂、縮小廠商之競爭對手、提高取得工程的機會、賺取不合理的利益，最終目的是使工程得標的廠商與價格合乎如綁標者所預期。

綁標主事者會勾結設定標案者爲其量身訂做，讓其他業者因爲規格不符而無法參與投標；最後的價格標，則可能由審查小組洩出底標，讓投標廠商高價得標。

「政府採購法」規定，受機關委託提供採購規劃、設計、審查、監造、專案管理或代辦採購廠商之人員，意圖爲私人不法之利益，對技術、工法、材料、設備或規格，爲違反法令之限制或審查因而獲得利益者，處一年以上七年以下有期徒刑，得併科新台幣300萬元以下罰金；其意圖爲私人不法之利益，對廠商或分包廠商之資格爲違反法令之限制或審查，因而獲得利益者亦同。

管理經濟實務 8-2：高成本進入障礙的 IC 設計業

晶圓代工在半導體產業邁向先進製程的時代裡，成為全球許多 IDM 大廠為減低投資風險、充分利用產能而積極投入的事業，而 IC 設計服務業者的角色則因此日亦顯著。半導體 IDM 廠商為因應 12 吋晶圓廠的大筆投資以及先進製程複雜度增加的風險，出現了 IDM-foundry 的營運模式，IBM、富士通積極切入晶圓代工事業，瓜分高階製程市場；Toshiba、NEC、Epson、Olympus、Samsung 與 Hynix 半導體等 IDM 廠商亦相繼投入晶圓代工產業。

IDM 廠如 Intel 具備晶圓廠的主控權，卻必須面對高資本支出以及營運受制於晶圓廠產能利用率的沉重負擔。若轉向 IC 設計公司的形態經營（超過 75％產能外包），則可專注於產品開發高附加價值，不必擔心資本支出和產能利用率的問題，且能獲得晶圓代工廠所開發出的最先進製程技術之支援；缺點則是可依靠的代工夥伴有限，IC 設計公司受制於晶圓代工廠產能的情況屢屢出現。

未來系統單晶片（SoC）將在產品小型化、微縮化、高整合度、低耗電量的趨勢帶動下大幅成長。由於 SoC 晶片集積度大幅提高，導致設計成本、時間及失敗率皆隨之大幅提升，加上晶片製造成本也提高了 IC 設計業的進入門檻，有能力投入大量研發經費和晶圓代工成本的公司愈來愈少，主要的挑戰大多數來自於成本與產品即時上市的壓力。

自然障礙非由外力人為限制所造成，而是因產業特性或市場環境自然形成的，通常為設廠固定成本或技術層次極高，其他廠商進入障礙大。自然獨占可節省小廠林立的社會成本。廠商為維持其自然獨占地位，將不斷研發創新多角化經營，或以先進技術管理提升生產效率並降低成本，使整體市場享有價廉物美的多樣商品，其他廠商無競爭優勢可進入市場，仍可增進社會經濟福利。

直接貼近消費者的消費性電子以及家電品牌廠商勢力大增，IC 設計業者愈來愈難以單一產品滿足各家系統業者的規格需求，少量多樣的設計墊高了產品研發成本，也喪失了規模經濟的好處，毛利率因此逐漸惡化。對強調特殊應用訂製產品（ASIC）的 IC 設計服務業者而言，產生了新的市場機會，幾個主要的晶圓代工陣營各自有自己的設計服務夥伴，如和聯電配合的智原，和台積電合作的創意、虹晶、源捷等，和富士通配合的則是冠宇國際電子。

某些關鍵性技術可以帶動其他相關產業的成長發展，而提升整體產業的生產力。領導廠商研究生產創新產品，技術逐漸輸出轉移至其他廠商，大量生產並拓展市場，技術成熟後以較低成本複製生產標準化產品，形成一完整的專業分工之產業體系；領導廠商藉由品牌權益與規模經濟之先占優勢，掌握關鍵技術的控制並收取授權經營權利金，持續享有研發創新的獨占超額利潤。

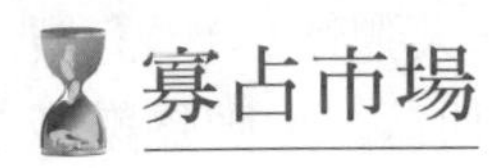

寡占市場

寡占（oligopoly）

市場中僅有少數幾家廠商，個別廠商有部分市場影響力與價格決定權。因非完全獨占且競爭對象明確，廠商彼此牽制相互影響；與獨占市場同樣具有進入障礙，但條件較爲寬鬆而能有少數幾家廠商（非唯一獨占）；條件愈寬鬆則進入市場的廠商愈多，愈接近競爭市場。

完全（perfect）寡占

少數幾家廠商生產同質商品，通常須巨額固定成本與大規模經濟，如石油、鋼鐵、水泥等礦產開採煉製，又稱爲**同質**（pure）**寡占**。

不完全（imperfect）寡占

少數幾家廠商生產異質商品，通常須具備關鍵技術，如高科技電子、電信、電器、汽車等大型製造業，又稱爲**異質**（differential）**寡占**。

集中度（concentration ratio）

衡量各寡占市場或產業中，個別廠商的市場影響力大小，亦即個別廠商大小占整體市場之比例。衡量方式包括有：以資產規模爲標準的資產集中度、以市場占有爲標準的銷售量集中度、以獲利能力爲標準的利潤集中度，若少數幾家廠商之集中度愈接近 1，表示獨占力愈大，代表該產業愈接近寡占市場。

只有兩家廠商之市場或產業，稱爲**雙占**（duopoly）；寡占市場中前四大廠商之集中度大於 60%，稱爲**高度寡占**（tight oligopoly）；前四大廠商之集中度約於 40% 至 60% 之間，稱爲**低度寡占**（loose oligopoly）；市場前四大廠商之集中度小於 40% 則接近壟斷性競爭市場。

寡占廠商的行為

寡占廠商的短期及長期均衡，與壟斷性競爭及獨占廠商類似，惟寡占廠商的獨占力較壟斷性競爭廠商大，其負斜率需求線應較獨占廠商平

坦（斜率小彈性大），而較壟斷性競爭廠商陡直（斜率大彈性小），訂價空間愈大，愈接近獨占廠商。寡占廠商為維護其寡占利益，少數幾家廠商之間可能為結合或競爭，視對手反應而定，其策略無一定準則。

卡特爾（cartel）

即聯合壟斷，寡占市場中的少數幾家廠商之間結合成一合作組織，而採取一致策略，其市場行為形同獨占。以聯合減產或協議訂價方式，哄抬市場價格或共同瓜分市場配額，稱為**合作性行為**（cooperative behavior）或**勾結**（collusion）。

若組織成員多或彼此間差異大，將使合作協議難以達成，亦不易約束所有成員遵守協議，造成卡特爾組織瓦解，轉變成相互競爭，其市場行為接近競爭市場，則稱為**非合作性行為**（non-cooperative behavior）。

高度寡占廠商容易形成聯合壟斷，接近獨占市場；低度寡占廠商難以達成合作協議，接近壟斷性競爭市場。

反托拉斯法（Anti-Trust Law）

美國1880年即有的反獨占法，又稱為雪曼條款（Sherman Act），為防止廠商在市場中的不當行為及聯合壟斷之企圖，以避免影響市場秩序，傷害消費者權益。我國於1991年通過公平交易法，1992年成立行政院公平交易委員會監督執行該法，以維護交易秩序與消費者利益，確保公平競爭。

公平交易法主要規範限制競爭及不公平競爭之行為，使於市場自由經濟法則與促進商業活動、及維護交易秩序與消費者權益間求取平衡點；其主要目的係在維護市場公平競爭之機能，隨政經社會現況之變遷，調整並建立符合當時之商業遊戲規則，以導向企業間之良性競爭，維護市場交易秩序，俾利整體國民經濟。

反托拉斯行為可分為獨占行為、聯合行為及結合行為；不公平競爭行為又可分為維持轉售價格行為（妨礙價格決定自由）、限制公平競爭行為、仿冒他人商品服務表徵行為、不實或引人錯誤之表示或表徵行為（虛偽不實廣告行為）、損害他人營業信譽行為、不當多層次傳銷行為，及其他足以影響交易秩序之欺瞞或顯失公平之行為等。

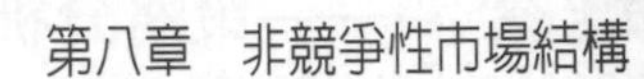

在法令的監督限制下，卡特爾組織不能明文勾結，亦因此對組織成員遵守協議缺乏約束力，造成卡特爾組織瓦解。

價格領導（price leadership）

寡占市場中競爭對象明確，廠商彼此牽制相互影響，價格領導廠商決定價格，其他廠商則認同跟進，形成寡占市場價格一致的現象。

價格領導廠商一般有：由生產成本最低之廠商決定市場價格的低成本領導（低價跟進），或由生產規模最大之廠商決定市場價格的大廠商領導（影響力較大）。

價格僵固性（price stickiness）

寡占廠商有部分市場影響力與價格決定權，但因非完全獨占而彼此牽制相互影響，而有價格領導現象，所以寡占市場價格實際上呈現不易變動、僵固一致的特性，如同無形的聯合勾結訂價。因此寡占廠商多採取非價格競爭策略，並致力研究發展及規模經濟之達成。

折拗需求線（kinked curve）

在跟跌不跟漲的寡占市場中，需求線是有轉折點的折拗線。美國學者施威哲（Sweezy）及英國學者霍爾（Hall）、希區（Hitch）均提出類似觀點，成爲研究寡占市場的重要理論，解釋寡占市場的價格僵固性。

當價格領導爲其他廠商完全認同跟隨，亦即領導廠商漲價時其他廠商跟漲，則各個別廠商需求量減少不大；領導廠商降價時其他廠商跟跌，則各個別廠商需求量增加不大，因市場價格一致，個別廠商間需求替代低，需求量變動小，表示價格需求彈性小，爲較陡直之需求線 D_1 。

若價格領導機制瓦解，亦即領導廠商之訂價不爲其他廠商認同跟隨，當領導廠商漲價但其他廠商不跟漲，則其他廠商需求量增加而領導廠商需求量減少；領導廠商降價但其他廠商不跟跌，則其他廠商需求量減少而領導廠商需求量增加，因市場價格不一致，個別廠商間需求替代大，需求量變動大，表示價格需求彈性大，爲較平坦之需求線 D_2 。

通常個別廠商間的訂價策略爲跟跌不跟漲，領導廠商漲價時其他廠商不跟漲，領導廠商降價時其他廠商則跟跌。所以在寡占市場中，需求

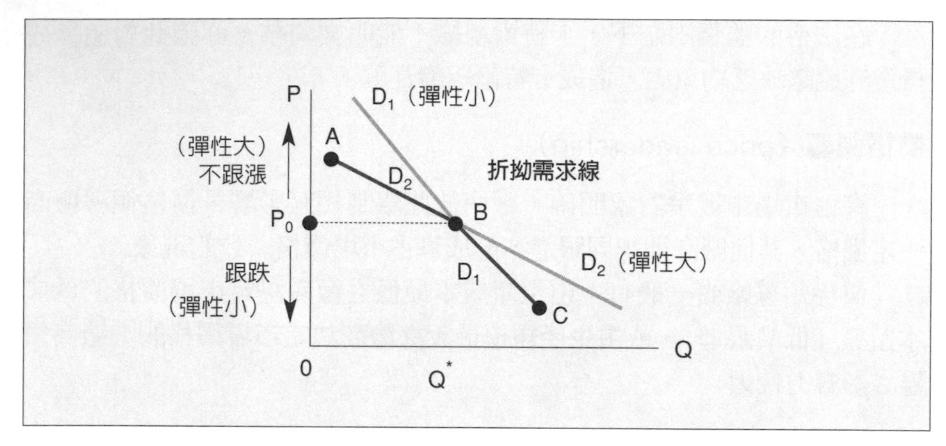

線是以 P_0 為轉折點的折拗線（ABC段）；當邊際成本變動不大時，市場價格僵固在 P_0，因廠商漲價對其不利，而降價時其他廠商跟隨，使需求量變動小而無利可圖。

庫諾模型（Cournot model）

雙占市場之兩廠商生產同質商品（產出 $Q = q_1 + q_2$），都知道市場的總需求（$P = a - bQ$），廠商彼此牽制相互影響，在考量對方的產量規模下，同時為己方做最佳之產量決策，又稱為**同時賽局**（simultaneous game）或**靜態賽局**（static game）。

廠商的反應決策均衡解為：一方增加產量規模時，另一方則減少產出，即兩廠商之生產量呈負相關，使市場的總供給穩定，不致過度競爭而降低售價，雙方共享市場利益。廠商間之反應呈負相關，又稱為**策略性替代**（strategic substitutes），即以柔克剛，以強制弱。

市場的廠商數量增加時，市場價格會下跌；廠商數量增加至無窮大時，市場價格降低至接近邊際成本之完全競爭廠商訂價；廠商數量減少至一家時，市場價格接近完全獨占廠商之訂價；因此寡占廠商之價格決策均衡解為，介於完全競爭廠商與完全獨占廠商訂價之間。

史蒂柏格模型（Stackelberg model）

寡占市場中，第一家廠商在考量對方的可能反應下決定產量規模，隨後第二家廠商依據第一家廠商的決策，決定己方之最佳產量水準，又稱爲**排序性賽局**（sequential game）或**動態賽局**（dynamic game）。推演各階段廠商的反應決策均衡解，稱爲**次賽局完全納許均衡**（sub-game perfect Nash equilibrium）。

通常第一家廠商可以享有**優先利益**（first mover advantage），即優先占有市場，隨後跟進的其他廠商須考量市場既有的產量規模及本身的競爭力。適用於分析有領導廠商的寡占市場，領導廠商（leader）亦可運用策略性進入障礙，使其他跟隨廠商（follower）難以進入市場參與競爭；若兩強相爭領導廠商的優先利益，將使市場價格下跌而降低廠商的利益。

柏權模型（Bertrand model）

寡占市場中僅有少數幾家廠商，個別廠商有市場影響力與價格決定權，因此各廠商同時決定己方之最佳價格水準，再由市場決定該價格之最適產量。當市場中各廠商訂價不同，最低價的廠商將獨享市場利益，使其他廠商必須跟進降價或退出市場，形成**割喉**（cut throat）價格戰。因此只要不是完全獨占市場，寡占廠商之價格決策均衡解，爲接近邊際成本之完全競爭廠商訂價。

在排序性賽局，第一家廠商先決訂價格水準，隨後跟進的其他廠商可能以低價競爭搶占市場，因此領導廠商並不具有優先利益。若爲異質寡占，個別廠商有特定之市場影響力與價格決定權，可以不採價格競爭，而訂高價共享市場利益，獲得最大利潤，即各廠商間之訂價反應呈正相關。廠商間之反應呈正相關，又稱爲**策略性互補**（strategic complements），即以強制強，以弱制弱。

錢柏林模型（Chamberline model）

若兩寡占廠商生產同質商品，且面對相同的成本及需求曲線，則結合成一卡特爾組織，分別生產而統一銷售相同產量，可以使兩寡占廠商的利潤達到最大，又稱爲卡特爾串謀解。

合作可使雙方共享市場利益，但違反協議的一方可以獨得更大利益，廠商爲維護其個別利益，可能違反協議，卡特爾組織終將瓦解，因此勾結模型得不到安定之均衡解。

管理經濟實務 8-3：三星電子聯合壟斷晶片市場

全球最大電腦記憶晶片製造商三星電子（Samsung），2005年遭到美國司法部起訴，坦承與其他業者共謀壟斷全球晶片市場；三星公司認罪並且同意支付約96億台幣的罰款，創下美國有史以來金額第二高的反托拉斯罰款，僅次於1999年羅氏藥廠的5億美元。美國1880年即有的反獨占法，又稱為雪曼條款，為防止廠商在市場中的不當行為及聯合壟斷之企圖，以避免影響市場秩序，傷害消費者權益。

三星電子是世界上首屈一指的半導體公司，也是著名電腦生產商與零件供應商。在1999年到2002年間，三星電子、德國英飛凌和南韓海力士等公司涉嫌共謀壟斷美國DRAM市場，許多電腦公司包括戴爾、蘋果以及惠普都是主要的受害者。因為DRAM普遍被使用於家電中，使得消費者也被迫支付較高的價錢，三星公司因此被美國司法部判賠3億美元，將近100億台幣的罰款。

三星承認了聯合壟斷行為，同意支付罰款。根據美國司法部的調查，三星公司在1999年4月到2002年7月間，透過電子郵件、電話或面對面會議，聯合數家競爭對手操縱電腦動態記憶體晶片（DRAM）價格，哄抬售價。這些晶片用於數位儲存器、個人電腦、印表機、行動電話、家電等多種電子產品，美國消費者因這種聯合壟斷行為受害。司法部長龔薩雷斯也指出，操縱價格威脅自由市場機制，阻礙創新也剝奪美國民眾在價格競爭中受惠。

寡占市場中的少數幾家廠商之間結合而採取一致策略，其市場行為形同獨占，勾結以聯合減產或協議訂價方式，哄抬市場價格或共同瓜分市場配額。高度寡占廠商容易形成聯合壟斷，接近獨占市場；低度寡占廠商難以達成合作協議，接近壟斷性競爭市場。寡占市場中競爭對象明確，廠商彼此牽制相互影響，價格領導廠商決定價格，其他廠商則認同跟進，形成寡占市場價格一致的現象；寡占市場價格實際上呈現僵固一致的特性，如同無形的聯合勾結訂價。

除了三星，涉及聯合壟斷的其他製造商已經同意付出罰款，分別是南韓現代半導體罰款1億8,500萬美元，德國英飛凌科技罰款1億6,000萬元，以及美國的美光科技罰款1億6,000萬美元，由於這三家廠商配合調查，預料將不會面臨起訴。美國司法部是在2002年時展開調查，當年高科技業仍普遍不景氣，但是記憶體晶片價格飛漲，一度被認為原因出在供應吃緊。

少數幾家廠商生產同質商品，通常須巨額固定成本與大規模經濟，稱為同質寡占。若寡占廠商生產同質商品，且面對相同的成本及需求曲線，則結合成一卡特爾組織，分別生產而統一銷售哄抬價格，可以使寡占廠商的利潤達到最大，又稱為卡特爾串謀解。在法令的監督限制下不能明文勾結，亦因此對組織成員遵守協議缺乏約束力，造成卡特爾組織瓦解。

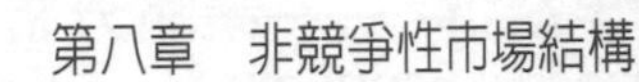

維持優勢策略

結構性進入障礙（structural entry barriers）

因法令規定限制造成的法定（人爲）進入障礙，以及因產業特性或市場環境形成的自然（市場）進入障礙，並非個別廠商策略。

策略性進入障礙（strategic entry barriers）

市場中的個別廠商運用策略維持寡占優勢，使其他廠商難以進入市場參與競爭。新競爭者的加入通常會帶來新產能，並且投入大量資源而改變產業生態，潛在對手的威脅強度嚴重性，主要取決於進入障礙的高低和現有業者可能的反應。

競爭動力學（competitive dynamics）

個別廠商有部分市場影響力運用策略維持優勢，但競爭對象明確而彼此牽制相互影響；廠商在爲己方做最佳之決策時須考量對方的反應，稱爲**相互依存**（mutual interdependence）；許多廠商運用策略相互爭奪市場優勢，稱爲**競爭性對立**（competitive rivalry）；個別廠商運用策略以取得市場優勢，稱爲**競爭性行動**（competitive action）；引發對手採取因應對策，稱爲**競爭性反應**（competitive response）。

策略性承諾（strategic commitments）

個別廠商運用策略時明確告知對手，並展現決心與公信力，使其他廠商愼重考慮進入市場參與競爭之可能後果，而達成策略性進入障礙的效果。其他廠商無競爭優勢可進入市場，新進廠商因難以競爭獲利而自動不願加入。

擴充產能（expanding capacity）

寡占廠商使其產量足以供給整體市場甚至超額，新進廠商因不易占有市場而自動不願加入。新進廠商加入使產業規模過度擴充將不具經濟效益，爲避免盲目擴張被迫退出市場。

通常優先占有市場的廠商可以享有優先利益，隨後跟進的其他廠商，須考量市場既有的產量規模及本身的競爭力。

整合（integration）

接收同業廠商的**水平**（horizontal）**整合**，聯合上游供應商與下游通路商形成一貫化作業的**垂直**（vertical）**整合**，跨足其他相關行業或無關領域組成企業集團的**複合**（conglomerate）**整合**，包括**收購**（acquisition）、**合併**（merger）、**合資**（joint venture）、**策略聯盟**（strategic alliance）等方法，均可使廠商之間結合為少數幾家而壟斷市場。

限制訂價（limit pricing）

寡占廠商採取壓低市場價格，具有低成本規模量產優勢，以提高市場占有率為目標，其最適產量已足以供給整體市場；新進廠商因所須成本較高，難以競爭獲利致知難而退。

訂價策略為以低價進入市場，需求彈性大的商品降價促銷可以增加總銷售收入，由生產成本最低之廠商決定市場價格的低成本價格領導。

掠奪性訂價（predatory pricing）

財力雄厚的廠商壓低市場價格，訂價低於邊際（變動）成本，其他廠商難以競爭獲利致知難而退，因不堪長期虧損而被迫退出市場。

公司透過提高經濟規模、研發能力、生產技術等策略，努力降低生產配銷成本並控制相關費用，以降低購買所支付的成本（訂價），提高其購買意願。提高市場占有率後，其最適產量足以供給整體市場，新進廠商難以競爭獲利而不願加入；消費者購買後之專屬陷入成本提高，必須持續使用同類型的產品。

廠商採取掠奪性訂價，必須衡量其財力與成本優勢足以逼退對手，達成目的後可以賺取超額利潤彌補訂價低於邊際成本的損失。

領導廠商（dominant firm）

寡占市場中有一家大廠商之集中度大於 50% ，影響力較大而決定市場價格；其他小廠商不能影響市場，只能認同跟進領導價格，稱為**邊緣廠商**（fringe firm）。

領導廠商優先占有市場，隨後跟進的邊緣廠商須考量市場既有的產量規模及本身的競爭力；領導廠商可運用策略性進入障礙，使其他邊緣廠商難以進入市場參與競爭。

認同跟進領導價格的邊緣廠商不能影響市場價格，如同完全競爭廠商面對固定的水平需求線（價格接受），只能決定最適產量且不足以供給整體市場；領導廠商則面對扣除邊緣廠商後之特定的負斜率市場需求線（價格決定），決定最適產量與價格使其獲得最大利潤，廠商行為接近獨占。

領導廠商非完全獨占且競爭對象明確，會受到邊緣廠商牽制影響。新競爭者的加入帶來新產能並改變產業生態，若有其他廠商爭奪領導廠商的優先利益，將使市場價格下跌而降低領導廠商的利益。領導廠商先決定價格水準，隨後跟進的其他廠商可能以低價競爭搶占市場，因此領導廠商未必具有優先利益。

當邊際成本變動不大，領導廠商漲價時其他廠商不跟漲，邊緣廠商可以生存而維持市場競爭；領導廠商降價時其他廠商跟跌，領導廠商處於長期平均成本遞減之規模經濟，邊緣廠商若所須成本較高，難以競爭獲利而被迫退出市場，當領導廠商最適產量已足以供給整體市場，將形成獨占現象。

價格卡特爾（price-fixed agreement）

寡占市場中的少數幾家廠商之間結合成一合作組織，以協議訂價方式採取一致策略，哄抬市場價格。聯合減產或共同瓜分市場配額，限制總產量避免產業規模過度擴充，稱為**數量卡特爾**。採取一致的銷售條件策略，包括付款、折扣、品質等條件，稱為**銷售條件卡特爾**。卡特爾組織面對扣除非會員廠商後之特定的負斜率市場需求線（價格決定），決定最適產量與價格使其獲得最大利潤，廠商行為接近獨占。

卡特爾組織若只能控制部分廠商，稱為**不完全卡特爾**，必須面對非會員廠商之競爭，需求者的選擇機會大，亦即需求彈性大，非會員廠商愈多則卡特爾訂價空間愈小。卡特爾組織若能控制全部廠商，稱為**完全卡特爾**，市場競爭小即需求彈性小，價格加碼愈高，卡特爾可得超額利潤的能力愈強，即獨占力愈大。

當需求彈性小，卡特爾組織會員廠商，若聯合減產使價格上漲幅度較大而銷售數量減少幅度較小，仍可增加總收入，成員獲利而維持卡特爾組織；反之當需求彈性大或協議內容不當，使價格上漲幅度較小而銷售數量減少幅度較大，即減少總收入，將不易約束成員遵守協議，造成卡特爾組織瓦解。

卡特爾使無效率的公司保留在某一產業之中，並且妨礙降低價格、節約成本的先進工藝的採用。雖然卡特爾能確立高度穩定的價格，而成員之間也易於發生利益衝突，卡特爾的瓦解將導致激烈的價格波動。

卡特爾循環

經濟活動變化而引發景氣循環波動，並影響卡特爾組織運作。當經濟活動開始逐漸擴張向上回升（復甦），人民增加總合需求支出，經濟活動持續擴張向上（繁榮），將吸引廠商擴大生產規模增加產量，新廠亦建立生產線進入市場，造成卡特爾組織瓦解；經濟活動反轉（衰退），人民緊縮總合需求支出，預期悲觀而持續至極低點（谷底），無法承受虧損的廠商將被迫停業退出市場，繼續生存的廠商結合成卡特爾組織，限制總產量哄抬市場價格，使整體市場的供給減少且價格上漲，廠商獲利回升至正常利潤，經濟活動反轉（復甦）。

先占優勢（first mover advantage）

採取競爭策略而優先掌握市場競爭優勢的廠商，可以享有品牌權益賺取超額利潤，市場進入障礙小將吸引其他新廠模仿跟進，先占廠商須運用策略維持優勢，使其他廠商難以進入市場參與競爭。

先占企業品牌及商標連結，正面形象之品牌聯想效果與密切顧客關係，轉換成本使其他廠商不易獲得消費者認同，形成進入障礙效果。

先進廠商不斷研究創新，智慧財產藉由專利權或著作權的法令保障，獨家生產或授權經營權利金，享有研發創新的利益。廠商亦可以研發創新技術、方法、零件等而享有超額利潤，或取得關鍵技術的控制授權而成爲先占優勢者。

先占廠商爭取通路的認同，交通便利與地理位置使消費者購買方便，降低行銷倉儲成本並提高銷售量。品牌延伸在相關產品服務的營運過程中使用共同資源，節省廣告促銷成本形成品牌擴張效果，使單位成本降低且經濟效益提高，對於難以突出品牌差異的廠商而言，即具有市場進入障礙。

先占企業規模擴充促進專業分工，經驗累積提升人力資本與技術進步，使產量大幅成長並降低單位成本。人力素質與資本品質不斷增進，使經濟效益提升。創新發明亦是由人力資本研究發展而得，有利增進技術能力並發揮規模經濟效率，使規模報酬遞增。

先占劣勢（first mover disadvantage）

優先採取競爭策略的廠商承擔不確定性的代價，方向錯誤則無利潤，若損失機會成本則經濟利潤爲負。市場進入障礙小將吸引其他新廠模仿跟進，隨後跟進的其他廠商可能以低價競爭搶占市場，因此先占廠商未必具有優先利益。

先占廠商必須不斷創新，足以吸引消費者提高偏好，商品存在差異不能完全替代，才能維持利潤。選擇利基市場切入，建立知名度形象，並具有品牌忠誠度，模仿跟進者若未能掌握市場競爭優勢，有經濟損失將被迫退出。

即時化生產管理供應系統（just in time; JIT）

降低庫存水準，當需求產生時供應就能及時到達滿足需求的庫存管理方法，核心內容體現在採購、送料、製造和配送方面。二次大戰後由日本豐田汽車所提出，消除浪費以提高生產力，去除無附加價值的活動，高品質和持續不斷地改善，能有效提升產品的競爭力並擴大企業利益。世界物流管理極爲重要的理念，目的在於實現零庫存、零距離和零營運資本。

管理經濟實務 8-4：台達集團維持優勢策略

美國PECO II公司與全球通訊電源設備與服務領導廠商台達集團，共同宣布簽訂策略協議，PECO II將取得台達集團在美國與加拿大市場的部分通訊電源業務以及銷售通路的獨家代理權；台達集團則將成為PECO II公司的最大股東。依據協議內容，台達集團將取得PECO II公司約四百七十萬股，同時台達集團得以每股2美元的保證價格，在未來三十個月內購買一千二百九十萬股限額內的普通股，屆時台達集團最多將可持有PECO II公司在外流通普通股的45%。

台達集團將持續運用在產品研發、品質與製造成本效益方面的能力，提供關鍵的通訊電源硬體零組件予PECO II公司；兩家公司並將合作開發客製化的新世代有線與無線通訊電源產品與系統，這項合作預計在2006年將可為PECO II公司增加每股0.05美元的盈餘。

採取競爭策略而優先掌握市場競爭優勢的廠商，可以享有品牌權益賺取超額利潤，先占廠商須運用策略維持優勢，使其他廠商難以進入市場參與競爭。先占企業品牌及商標連結，所累積建立的商譽資產足以吸引消費者提高偏好，願意付出較高代價。正面形象之品牌聯想效果與密切顧客關係，轉換成本使其他廠商不易獲得消費者認同，形成進入障礙效果。

PECO II公司在與台達集團合作後，成為具備高技術水準與全球營運規模的世界級電源供應器製造商，將可提供客户具成本效益的整體解決方案，同時擴展客户規模。PECO II公司的客户服務、系統設計與整合能力，更將可結合台達集團在產品研發與製造的能力，以滿足客户在電源系統的要求。

先進廠商不斷研究創新，智慧財產藉由專利權的法令保障，獨家生產或授權經營權利金，享有研發創新的利益；廠商亦可以研發創新技術、方法、零件等而享有超額利潤，或取得關鍵技術的控制授權而成為先占優勢者。

台達集團第二電源事業群總經理張明忠表示，台達集團與PECO II公司致力於成為全球通訊電源系統領域的領導者；與PECO II公司的合作計畫將可帶來產品、服務與銷售的全面提升，及成就一個更具綜效的企業競爭力。

接收同業廠商的水平整合，聯合上游供應商與下游通路商形成一貫化作業的垂直整合，跨足其他相關行業或無關領域組成企業集團的複合整合，包括收購、合併、合資、策略聯盟等方法，均可使廠商之間結合為少數而壟斷市場。領導廠商優先占有市場，隨後跟進的邊緣廠商須考量市場既有規模及本身競爭力；領導廠商可運用策略性進入障礙，使其他邊緣廠商難以進入市場參與競爭。

先占廠商必須不斷創新，足以吸引消費者提高偏好，商品存在差異不能完全替代，才能維持利潤。選擇利基市場切入，建立知名度形象，並具有品牌忠誠度，模仿跟進者若未能掌握市場競爭優勢，有經濟損失將被迫退出。

第九章　賽局理論與策略管理

賽局理論

策略行動

策略管理

策略矩陣

賽局理論

囚犯困境（prisoner's dilemma）

兩共犯被捕偵訊，若都堅不認罪，可能因罪證不足而同獲開釋；若都認罪則同獲減刑；若其中之一認罪獲減刑，另一不認罪者將加重刑責。雙方都堅不認罪可共享最大利益，但在互信不足下，多預期對方會認罪，爲求自保而都選擇認罪。

此一社會心理行爲理論廣泛應用於人際關係、科學辦案、戰術謀略、談判技巧等領域，並在經濟學界發展出賽局理論。應用到談判，雙輸與雙贏決定在兩方能否掌握充分資訊，了解敵情及溝通互信基礎，更加提醒信賴、溝通、合作的重要。

賽局理論（game theory）

由數學家紐曼（Neumann）提出後與經濟學家摩根斯坦（Morgenstern）合作，用以分析不同個體間策略互動的行爲關係，可以說明市場中廠商間之彼此牽制相互影響。或稱博奕理論，又可稱爲**互動決策理論**（interactive decision theory），即針對決策時所面臨的問題與戰略行爲，所進行的一套系統分析方法。

如附表，當甲、乙兩大廠商依協議合作採取一致策略，雙方共享市場利益可以各得5000萬元利潤；違反協議的一方（私下降價或增產促銷）將獲得6000萬元利潤，而使遵守協議的一方只得3000萬元利潤；若雙方均違反合作協議而私下競爭，則各得4000萬元利潤。雙方應合作以共享

卡特爾賽局

乙＼甲	守約	違約
守約	甲 5000 乙 5000	甲 6000 乙 3000
違約	甲 3000 乙 6000	甲 4000 乙 4000

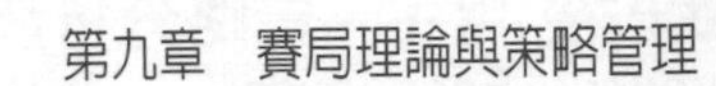

市場利益，但廠商為維護其個別利益以獲得最大利潤，或避免對方獨得更大利益，雙方均會選擇違反協議。

賽局規則（rule of the game）

描述不同策略互動的行為關係與結果。賽局形成的基本要素為PAPI：參與策略互動的每一個體，稱為**參賽者**（player; P）；參賽者在賽局中採取的策略，稱為**行動**（action; A）；參賽者為己方選擇最佳策略行動以獲得最大效用，稱為**報酬**（payoff; P）；參賽者依據其知識判斷賽局中的互動關係與效用價值，稱為**訊息**（information; I）。

所有參賽者採取策略行動後沒有潛在參賽者會再加入，稱為**確定賽局**（game of certainty）；參賽者採取策略行動後可能有準參賽者會加入採取隨機行動，稱為**不確定賽局**（game of uncertainty）。如果在長期對賽裡，雙方贏的期望值都是零，這種賽局就稱為公平賽局。

賽局均衡（game equilibrium）

分析不同個體間策略互動的關係與價值，在考量對方的策略下，賽局中每一參賽者選擇之最佳策略行動組合，代表每一參賽者追求最大報酬的理性決策結果後，不再改變所作之選擇，故稱為均衡，又稱為**納許均衡**（Nash equilibrium）。

每一參賽者選擇之最佳策略行動，稱為**均衡策略**（equilibrium strategies）。賽局均衡未必有唯一解，可能為沒有均衡或有多重均衡。

納許均衡為一組策略組合，使得沒有一位參賽者能單方面背離該策略而獲利；其求解的精神基於對於對方策略的某種設定，在均衡時正好亦為對方的最適產量或訂價。

納許不合作解（Nash non-cooperative solution）

賽局雙方在互信不足下，多預期對方會違約，相互預期的選擇組合，為求自保而選擇違約，雙方均選擇違反協議，維護其個別最大利益之最佳策略為均衡。

廠商之間可能聯合壟斷，稱為**合作賽局**（cooperative game），參賽者之間具有約束性承諾；廠商間之策略互動不存在聯合勾結行為，稱為**非**

合作賽局（non-cooperative game），參賽者之間不具約束性承諾。

1994年諾貝爾經濟學得主John Nash的最大貢獻，是他在1950年二十二歲時博士論文中提出的不合作賽局均衡。賽局雙方可能合作也可能不合作，但眞實世界既競爭又合作的常態，證明了個人以自我利益爲出發，最後結局可能是雙贏或雙輸。

優勢策略（dominant strategies）

不論對方的可能決策爲何，廠商採取之同一策略都較有利。納許均衡不一定是單一解，亦可能無均衡解，理性考量對方的可能反應下之最佳決策，即是均衡解。若參賽者都有其優勢策略，則一定有均衡解；當參與者因理性侷限未採用最佳決策，則無均衡解，只能在**小中求大**（max-min）；不論對方的可能決策爲何，廠商採取之同一策略都較不利，稱爲**劣勢策略**（dominated strategies）。

反覆優勢均衡（iterated dominant equilibrium）

從參賽者可以選擇的策略集合中，判斷賽局中的互動關係與效用價值，不斷反覆剔除較差的劣勢策略，最後只留下一個最佳策略行動。

重複賽局（repeated game）

當雙方須長期互動，或經過多次賽局後達成共識互信，體認合作可使雙方共享市場利益同獲最大利潤，並爲維護其合作關係及共同利益，而達成雙方均遵守協議的合作均衡解。

廠商間之策略互動只有一次，稱爲**單次賽局**（one-shot game）。參與者在同一賽局內只能採取一種策略，稱爲**單一策略賽局**（pure-strategy game）；參與者在同一賽局內可以選擇兩種以上策略隨機組合，稱爲**混合策略賽局**（mixed-strategy game）；參與者可以選擇的策略集合，稱爲**策略空間**（strategy space）。

參賽者可以重複共賽，經由試誤的過程發展出某種默契；亦可從社會慣例或有關線索預期他人如何反應，建議參賽者如何行動，便可組成納許均衡的行爲模式。

樹枝狀賽局（game in the extensive form）

甲、乙兩大廠商可以選擇兩種 A 、 B 策略，第一家廠商在考量對方的可能反應下決定策略，隨後第二家廠商依據第一家廠商的決策，決定己方之最佳策略，因此畫出排序性賽局樹。兩大廠商亦可依據預期對方會採取的決策畫出賽局樹，同時爲己方選擇最佳策略。

如附圖，當甲廠商優先占有市場，隨後跟進的乙廠商須考量市場既有的規模及本身的競爭力，廠商彼此牽制相互影響。若甲廠商預期乙廠商會採取策略 A ，甲廠商應選擇策略 B 較有利（4 ＞ 3）；若甲廠商預期乙廠商會採取策略 B ，甲廠商應選擇策略 A 較有利（3 ＞ 2）。若甲廠商決定策略 A ，隨後乙廠商應選擇策略 B 較有利（5 ＞ 3）；若甲廠商決定策略 B ，隨後乙廠商應選擇策略 A 較有利（3 ＞ 2）。

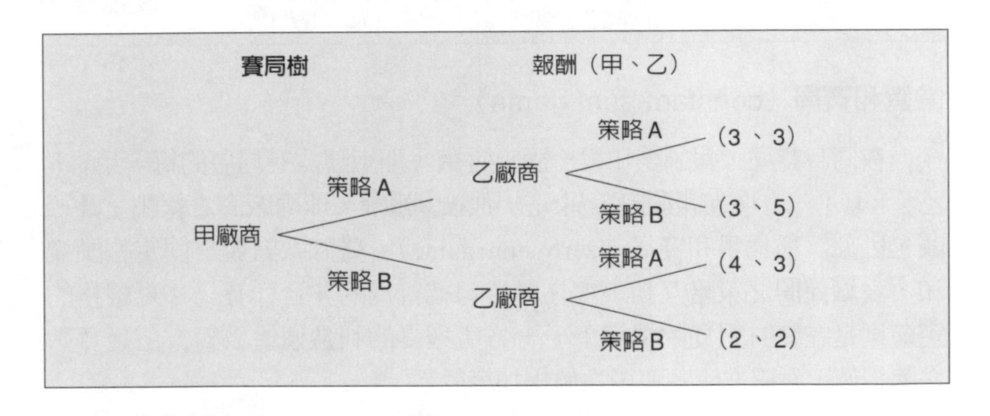

兩大廠商依據預期對方會採取的決策，爲己方選擇最佳策略，雙方共享市場利益，避免過度競爭而降低售價，爲廠商之間可能聯合壟斷的合作賽局。若兩強相爭將使市場價格下跌而降低廠商的利益，領導廠商亦可運用策略性進入障礙，使其他跟隨廠商難以進入市場參與競爭。

矩陣式賽局（game in the extensive form）

甲、乙兩大廠商可以選擇兩種 A 、 B 策略，廠商彼此牽制相互影響，在考量對方的策略下，同時爲己方做最佳之決策，因此畫出同時性賽局矩陣，只能用於同時賽局。

如附圖，若甲廠商預期乙廠商會採取策略 A，則甲廠商應選擇策略 A 較爲有利（6 > 5）；若甲廠商預期乙廠商會採取策略 B，則甲廠商應選擇策略 B 較爲有利（4 > 3）。若乙廠商預期甲廠商會採取策略 A，則乙廠商應選擇策略 B 較爲有利（4 > 3）；若乙廠商預期甲廠商會採取策略 B，則乙廠商應選擇策略 A 較爲有利（7 > 2）。

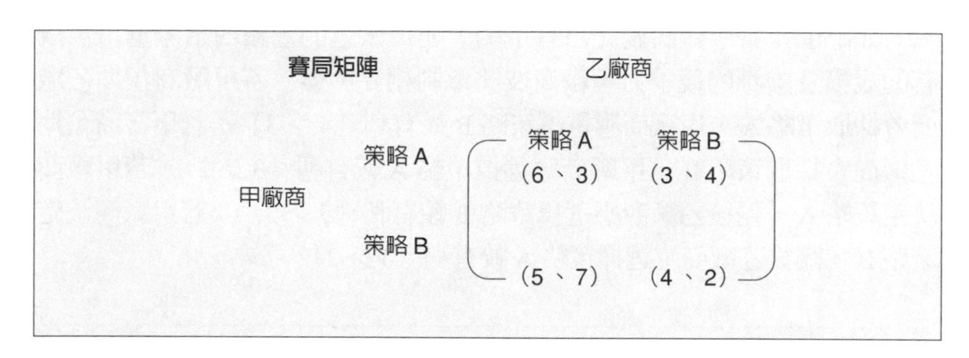

常數和賽局（constant-sum game）

在同時賽局，報酬總和爲一固定常數，即矩陣式賽局中的每一$甲_{ij}+乙_{ij}=k$；一方增加報酬時，另一方則減少報酬，即兩廠商之報酬呈負相關，因此又稱爲**零和賽局**（zero-sum game），雙方敵對競爭固定報酬總和，爲廠商間之策略互動不存在聯合勾結行爲的非合作賽局。更嚴格的定義則是在雙方對局的情況下，一方所獲得的利益值恰爲對方所獲負數之虧損值，而雙方所各獲得之值相加等於零。

當兩廠商採取之策略組合中，有一報酬總和與其他組合不同，即矩陣式賽局中任一$甲_{ij}+乙_{ij}$與其他組合不同，稱爲**非常數和賽局**（non-constant-sum game）。

常數差賽局（constant-difference game）

在非常數和賽局，當兩廠商不論採取何種策略，報酬差異爲一固定常數，即矩陣式賽局中的每一$甲_{ij}-乙_{ij}=k$；一方增加（減少）報酬時，另一方則同步增加（減少）報酬，即兩廠商之報酬呈正相關，因此廠商之間結合成一合作組織最有利，雙方共享市場利益，爲廠商之間合作聯合壟斷的合作賽局。

管理經濟實務 9-1：電信公司發展 3G 的策略互動

中華電信董事長賀陳旦明確表達該公司對第三代（3G）行動電話發展要積極推廣，以領導品牌加速台灣快速進入3G時代，截然不同於台灣大及遠傳對3G採取卻步態度，宣布中華電2005年底的3G用户數目標超過三十五萬。3G用户的成長能量，有助於3G手機提早降價，更進一步提振3G用户數向上衝刺；3G用户必須達到五十萬的規模，才有助於3G手機提前降價，帶動內容服務商積極投入，如果電信公司不加緊推動，就很難讓3G帶動相關周邊產業商機。

相較於台灣大透過Bridge聯盟、遠傳透過i-mode聯合採購手機，降低3G採購成本，中華電透過代理商與手機供應商的長期合作機制，降低手機採購成本，而不是一味提高3G手機補貼金額。遠傳及台灣大相繼採取停看聽策略；中華電卻反向思考強調行動上網是消費者的期待，加速2G進入3G服務。

中華電3G用户目前已突破二十七萬，實際使用3G服務的用户大約只有五萬；網路電話衝擊現有電信市場，中華電信已準備好網路電話服務，只要交通部電信總局政策上同意，中華電信就會推出相關服務。大陸市場為了2008年北京奧運、2010年上海萬博會等盛事，大城市開始建置無線通訊（WLAN）環境，也將開始導入3G電信系統。

台灣大哥大決定擴大投資第三代手機的補貼款，由月初僅限十萬名VIP高話務量用户擴大為全部適用，準備備妥13億元左右的銀彈，鎖定三星Z308及索尼愛立信K608i兩款3G手機，消費者最後用3,308元就買得到，每一支手機台灣大得補貼14,600多元。遠傳電信總經理楊麟昇表示要減緩3G網路設備的投資額，主要考量目前的2G基地台可以補足3G覆蓋率，加上3G的用户數成長速度跟不上投資速度，業者沒有理由用力投入3G網路，遠傳對3G發展相對保守，主要將發展核心網路、網路服務平台及更新服務等投資項目。

分析不同個體間策略互動的關係與價值，在考量對方的策略下，每一參賽者選擇之最佳策略行動組合，代表追求最大報酬的理性決策結果，稱為均衡策略。優勢策略不論對方的可能決策為何，廠商採取之同一策略都較有利，若參賽者都有其優勢策略，則一定有均衡解。從可以選擇的策略集合中，不斷反覆剔除較差的劣勢策略，最後只留下一個最佳策略行動；領導廠商亦可運用策略性進入障礙，使其他跟隨廠商難以進入市場參與競爭。

市場分析認為，電信公司目前幾乎都將3G促銷方案與號碼可攜（NP）服務綁在一起行銷，希望藉低廉的3G手機吸引用户投靠，趁機擴大NP的移入人數。一向對手機市場精準判斷的聯強國際公司通訊事業部總經理張永鴻剖析，3G服務帶動諾基亞、摩托羅拉、三星、LG及索尼愛立信國際五大手機廠在台市占翻揚，諾基亞及摩托羅拉加總市占可望在2005年底突破50%。

策略行動

策略效果（strategic effects）

考量對方的可能反應下之決策，廠商的反應決策均衡解為策略效果互動的結果，每一參賽者會選擇最佳行動之均衡策略。不考量對方的可能反應下之決策，則稱為**直接效果**（direct effects）；廠商自行選擇單一策略，稱為**單純策略**（pure strategy），未必是最佳行動，因無法理性考量對方的決策互動，可能無均衡解。

隨機策略（randomized strategy）

在同一賽局內可以選擇兩種以上策略隨機組合，廠商從可以選擇的策略集合中，設定每一策略選擇的機率大小，隨機選擇某一策略。在考量對方的策略下，分析賽局中每一參賽者選擇之最佳策略行動組合與機率，每一參賽者追求最大報酬期望值的理性決策結果，可以達成賽局均衡。若廠商所採用的策略與機率不易預測，將使對手難以求得均衡策略因應。

網路效果（network effect）

某些關鍵性技術可以帶動相關產業的成長發展，而提升該產業的價值；採用同一類產品的人數愈多，將使消費者獲得的效用愈大，因此廠商之間協調合作採取相同關鍵性技術或零件，可以共享市場利益。

一方增加報酬時，另一方則同步增加報酬，即兩廠商之報酬呈正相關，因此廠商之間合作最有利。賽局中某一參賽者獲得利益，對手未必會造成損失，稱為**正和賽局**（positive-sum game）。

合作方案可使雙方共享市場利益，但雙方亦競爭追求最大報酬的理性決策，即協調與競爭同時存在的賽局，稱為**競合**（co-petition）。

分析雙方策略互動的關係與價值，每一參賽者追求最大報酬的理性決策，故以納許均衡為討論基礎，協調各自的策略與利益，使合作協議容易達成，賽局中此一協調合作的基礎稱為**焦點**（focal point）。

箭頭求解法

在同時賽局中，以箭頭向外代表剔除較差的劣勢策略，指向較佳的優勢策略，最後只留下一個最佳策略行動，即只有箭頭向內的均衡解。

卡特爾賽局箭頭求解

乙＼甲	守約	違約
守約	5000 5000	6000 3000
違約	3000 6000	4000 4000

廠商之間可能聯合壟斷的合作賽局，在互信不足下維護其個別最大利益，最佳策略爲雙方均選擇違反協議之均衡。

如附表，當甲、乙兩大廠商依協議合作採取一致策略，雙方共享市場利益可以各得 5,000 萬元利潤；甲選擇違反協議將獲得 6,000 萬元利潤（甲優勢），而使遵守協議的乙只得 3,000 萬元利潤（乙劣勢）；因此雙方均違反合作協議而私下競爭，各得 4,000 萬元利潤；乙先違反協議亦然，最後箭頭全部指向雙方選擇違反協議之均衡解。

廠商間之策略互動不存在聯合勾結行爲的非合作賽局，廠商自行選擇單一策略，可能無均衡解。

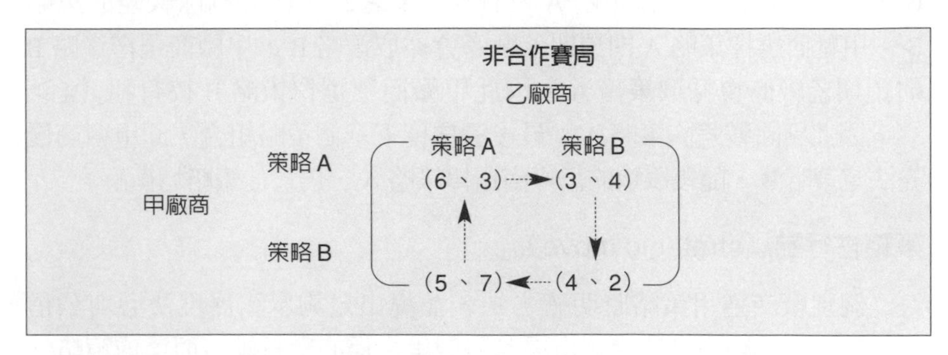

如附圖，若甲廠商預期乙廠商會採取策略 A ，則甲廠商應選擇策略 A 較爲有利（6 ＞ 5）；但甲廠商決定策略 A ，乙廠商應選擇策略 B 較有利（4 ＞ 3）；乙廠商會採取策略 B ，則甲廠商應選擇策略 B 較爲有利

（4 > 3）；甲廠商會採取策略 B，則乙廠商應選擇策略 A 較為有利（7 > 2）；乙廠商會採取策略 A，則甲廠商應選擇策略 A 較為有利（6 > 5）。在同一賽局內可以選擇之策略組合中，最後箭頭全部向外指向其他策略，代表每一參賽者追求最大報酬的理性決策後，廠商彼此牽制相互影響，無法不再改變所作之選擇，故無均衡解。

回溯求解法

在排序賽局中，第一家廠商在考量對方的可能反應下決定策略，由隨後的決策往前推，剔除較差的劣勢策略，最後留下一個最佳策略行動。

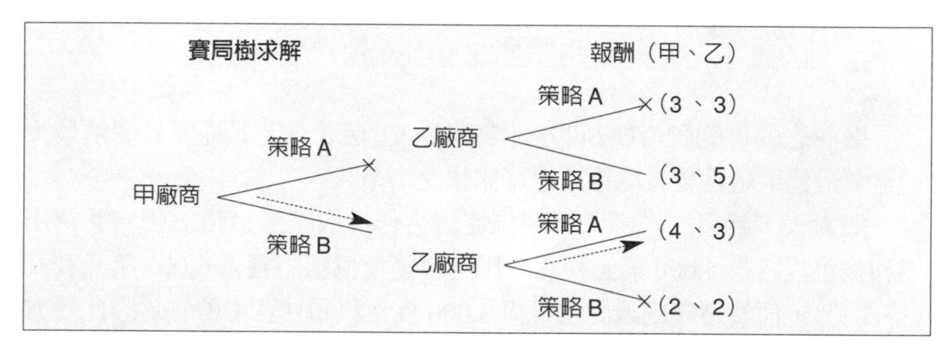

如附圖，當甲廠商優先決定策略，隨後跟進的乙廠商須考量甲廠商的決策，決定己方之最佳策略。若甲廠商決定策略 A，隨後乙廠商應選擇策略 B 較有利（5 > 3），因此剔除較差的策略 A；若甲廠商決定策略 B，隨後乙廠商應選擇策略 A 較有利（3 > 2），因此剔除較差的策略 B；甲廠商選擇策略 A 則預期乙廠商會採取策略 B，甲廠商選擇策略 B 則預期乙廠商會採取策略 A，因此甲廠商應選擇策略 B 較有利（4 > 3），因此剔除較差的策略 A；最後選擇留下一個策略組合，即甲廠商優先決定策略 B，隨後跟進的乙廠商選擇策略 A，為最佳策略均衡解。

策略性行動（strategic move）

個別廠商運用策略時明確告知，並提出足夠承諾展現決心與公信力，影響其他廠商考慮進入市場參與競爭之信心與行動，而達成策略性進入障礙的效果。先占廠商運用策略維持優勢，使其他廠商無競爭優勢可進入市場，但亦承擔不確定性的代價與機會成本損失。

有條件策略性行動（conditional strategic move）

先占廠商運用威脅與承諾，防止其他廠商進入市場參與競爭。當所設定的條件發生時，先占廠商必須執行威脅與承諾的行動以維持優勢，但亦承擔代價與成本；若所設定的條件未實際發生，則先占廠商不須負擔代價與成本以執行威脅與承諾。

無條件策略性行動不論發生任何事件，先占廠商已事先採取行動負擔代價與成本，即策略性行動的沉沒成本一定會產生。

威脅（threat）

威脅是所設定的條件發生時，要求對手改變策略行動，否則不惜負擔成本採取行動使對方付出代價。當可信度高時，其他廠商慎重考慮可能後果，因難以競爭獲利而不願加入；若因此使所設定的條件未實際發生，則先占廠商不須負擔執行成本。

承諾（promise）

承諾是要求對手改變策略行動，達到所設定的條件時，同意對方可以確保利益。當可信度高時，其他廠商慎重考慮答應條件並獲得利益，則先占廠商須負擔執行成本，但可維持優勢；若其他廠商決定進入市場參與競爭，因所設定的條件未實際發生，則先占廠商不須負擔執行成本，但新競爭者的加入會改變產業生態，先占廠商面臨對手的威脅而彼此牽制相互影響。

消耗戰（war of attrition）

其他廠商決定進入市場參與競爭，不考慮答應條件並獲得承諾利益，經過長期調整，無法承受虧損的廠商將被迫停業退出市場，繼續生存的廠商最適產量增加獲利回升，在最低長期平均成本生產整體市場產業規模，而維持廠商自然獨占地位。只能選擇持續消耗（競爭）或轉向退出（懦夫）兩種策略，最後結果繼續生存的廠商可以獲得獨占利益，稱爲**懦夫賽局**（chicken game）。

管理經濟實務 9-2：網拍市場的網路效果

eBay 率先與網路電話 Skype 台灣代理商 PChome Online 網路家庭洽談合作，讓 eBay 台灣的賣家下載 Skype，台灣 eBay 是全球第一個將 Skype 服務結合拍賣平台的國家。eBay 進軍台灣三年多來第三任總經理王俊朗積極將全球化的資源引進台灣，再針對適合台灣市場的產品及服務強化行銷。eBay 買下網路電話軟體公司 Skype，主要也是看到未來網路拍賣行為將從郵件的溝通，進一步發展到語音的交流。

台灣是繼美國之後，Skype 用户最多的一個地方，因此 eBay 台灣與 Skype 台灣代理商共同合作，讓賣家可以下載軟體到個人賣場，如果買家對產品有疑問，不但可以利用郵件詢問，更可以直接利用網路電話交談，有利於雙方交易的進行，已經有上千個的網路賣家使用 Skype 服務。亞洲市場的消費者非常喜歡自行創業，因此 eBay 台灣未來將主推網路開店服務，目前台灣 eBay 平台上已經有一萬多家網路商店；eBay 台灣將增加商品的質量為主要目標，整合拍賣平台，持續擴大 eBay 占有率。

個別廠商運用策略性行動，並展現決心與公信力，影響其他廠商考慮進入市場參與競爭之信心與行動，而達成策略性進入障礙的效果。先占廠商運用策略維持優勢，使其他廠商無競爭優勢可進入市場，但先占廠商亦承擔不確定性的代價與機會成本損失。

Yahoo 奇摩拍賣進軍網拍市場時，就將其自家的即時通訊功能整合到拍賣頁面上，讓買賣家可透過即時通訊快速溝通；不過大部分買賣家仍透過問答的功能，以留言方式溝通。eBay 以 41 億美元天價買下網路電話軟體公司，率先嘗試與 Skype 台灣代理商進行行銷合作案，也是兩家公司宣布併購案後，第一個展開雙方合作的市場，目前僅就提升流量、擴增會員人數，增加 Skype 的使用量，做為雙方行銷合作主要目標。

某些關鍵性技術可以帶動相關產業的成長發展，而提升該產業的價值；採用同一類產品的人數愈多，將使消費者獲得的效用愈大，因此廠商之間協調合作採取相同關鍵性技術或零件，可以共享市場利益，形成網路效果。

在網路界影響力愈來愈大的 Google 將進軍網拍市場，計畫推出名為 Google Base 的線上分類廣告服務，衝擊包括 eBay 和亞馬遜在內的網拍市場，其他傳統分類廣告勢必也會受到影響。Google 業務推陳出新，除了提供大容量的電子信箱、線上圖書館、網路地圖服務和即時通訊軟體，正計畫推出網路分類廣告系統，使用者可以在上面刊登宴會代辦服務、二手車轉售等廣告。

策略效果考量對方的可能反應下，廠商的反應決策均衡解為策略效果互動的結果，每一參賽者會選擇最佳行動之均衡策略。經過長期調整，無法承受虧損的廠商將被迫停業退出市場，繼續生存的廠商獲利回升，在最低長期平均成本生產整體市場產業規模，而維持廠商自然獨占地位。

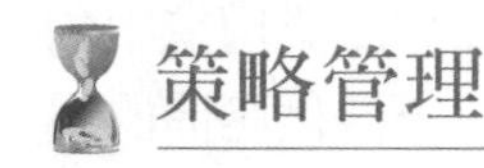

策略管理

策略管理（strategic management）

企業為達成目標所必須採取的決策與行動，擬定一套達成目標的策略，快速反映外部環境變化，合理分配資源並提升組織效率。考量企業本身之強弱勢，並了解外部環境之有利機會與不利威脅。

完整的策略管理程序，首先必須先確定組織的目標和使命，作為未來努力方向；接著進行SWOT分析，就組織的外在環境，分析其機會和威脅，其次就組織的內在環境，分析其優勢和劣勢，作為擬定計畫和執行策略的依據；根據SWOT分析結果形成策略，建構各種執行策略為策略管理重要骨幹；根據所形成的策略交給相關單位和人員執行，此為策略管理的實際運作；就計畫目標與執行情形進行通盤性的檢討，以了解其成效評估得失，作為未來修正目標或改進計畫的參考。

著名的策略理論家安索夫（H. I. Ansoff）於一九五〇年代發展出長期規劃的管理制度，強調預期成長和複雜化的管理，並假設過去的情勢會延伸到未來；其後又提出策略規劃，形成策略管理的重要基礎，以更具彈性和前瞻性的策略因應多變的環境。他認為構成策略包括產品市場範圍、成長方向、競爭優勢以及績效四個基本元素，策略規劃分析可以提供企業事前探知內外在環境變化、競爭對手增加以及消費者認知改變等資訊，進而重新評估經營策略與方向。

策略管理的基本流程：環境偵察→策略形成→策略執行→評估控制

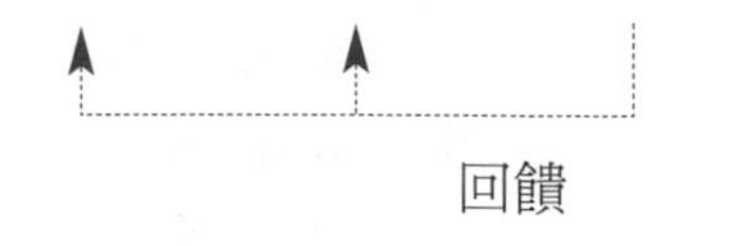

環境偵察（environmental scanning）

針對企業內部以及外部環境進行SWOT分析，知己知彼並掌握大環境趨勢變化，了解本身的優勢與弱點，同時亦注意到所面對的有利機會與威脅，能有效運用資源並發揮能力，並有適當的權力結構與企業文化來配合。

將企業置於任務環境中進行五力分析，了解企業在該產業環境中的競爭力，包括在同一產業中現存企業之間的競爭強度、上游供應商的議價能力、下游購買者的議價能力、潛在新加入者造成之風險、替代品和現有產品的接近程度，共同決定產業的競爭程度與獲利能力。

總體環境從政治（P）環境、經濟（E）環境、社會（S）環境及科技（T）環境等方向來進行 PEST 分析，可施予影響力阻止或減緩環境改變，調整本身以適應環境。

分析企業內部及外部環境，作爲策略形成與策略執行的基礎，稱爲**策略性投入**（strategic input）；以外部產業環境爲重心採取競爭性策略行動，優先掌握市場競爭優勢，稱爲**產業組織模式**（industrial organization model; IO）；以內部條件環境爲重心採取核心專長策略行動，有效運用資源並發揮能力，稱爲**資源基礎模式**（resource based model）。

外向分析策略是建構在明確市場疆界下的規劃過程，並進行一連串相關的產品區隔、組配、產業結構、價值鏈等定位分析，以確認產業的機會與威脅，歸納或掌握產業的競爭規則，進而規劃所欲占有的目標市場。然而科技的進步、全球化趨勢的走向、資訊社會的來臨、產業不斷地重組，市場疆界逐漸瓦解，策略規劃所依據的市場結構，對於尙未形成的未來市場，看不到所謂的機會或威脅，更沒有競爭規則可循。

以關注公司內部資源與專長爲主的內向分析，重視資源與其能發揮最大優勢之間的差距，重點在公司內部資源是否有效開發利用，強調內部資源的取得、蓄積與利用，將公司視爲專長的組配，來構思未來的商機與市場。

企業不僅在現有市場疆界下從事競爭，是市場競爭或產品競爭；也要在未來尙未成形的市場從事競爭，是機會競爭或專長競爭，企業需要制定一套**雙策略**（dual strategies），將產品市場與專長機會的競爭都包括在內。將策略視爲有效運用資源的專長培育過程，目的在讓企業有超越競爭對手的優勢，以從事未來的產業競爭；透過學習認識策略優勢本質，蓄積經驗（資源），接受未來的競爭考驗。

策略形成（strategy formulation）

管理者找出對未來的危險隱含假設，透過逆向損益表與主要假設檢查表，檢討本身對事業前景的盲點，克服不確定因素。

整合策略規劃形成企業總體的發展方向與指導方針，稱爲**企業政策**（business policy），利用資源以及組合資源的專長打造出未來事業版圖。

運用賽局理論擬定策略，想像顧客、競爭對手、供應商、潛在進入者的動向，並找出最佳的因應對策。所有商場的參賽者都會致力於創造與掌握市場的價值而構成一個價值網，彼此在網內互動；每一參賽者都希望掌握或創造最大的價值，從而採取競爭或合作。賽局策略包括：改變賽局、改變參與者、改變附加價值，賽局理論給予參賽者更清晰的策略架構，以掌握參與者的動向，從而降低產業的不確定性。

變革的轉換管理是連續不間斷的轉變，採用既定的時程表定速持續進行，全力創造新的事業版圖。

學習與策略意圖是指導公司進行專長培育的要素，透過策略規劃從事產品競爭和專長競爭。產品競爭以利潤爲績效指標，專長競爭以影響力爲指標。專長培育目的在塑造影響力，包括領先技術、企業形象、建立技術標準等，透過這些影響力建立新的市場。

策略執行（strategy implementation）

依據企業內部及外部環境分析，採取適當有效的策略形成與策略執行，稱爲**策略性行動**（strategic action）；組織與成員的行動與成果稱爲**策略性產出**（strategic output）。公司層級的策略形成與策略執行管理者，稱爲**執行長**（chief executive officer; CEO）。

評估控制（evaluation & control）

建立管理考核評估機制，使組織與成員的行動與成果符合預期，或了解並修正減少損失進一步擴大；評估控制過程中的資訊，亦可以作爲規劃下一階段活動的參考，調整策略形成與策略執行，稱爲**回饋**（feedback）。

預算控制以有效的會計資訊，針對下一期的活動收入與支出編列計畫，執行活動與事後考核以該預算內容作爲判斷準則，確保有限資源運用配置有效率。內部管理控制配合日常營運活動的具體工作準則，以最適當的執行決策要求一定的目標與責任，發揮組織最大管理目標效益。

將執行的實況與目標範圍比較，以了解是否發生偏差；針對關鍵管制點進行控制活動，並建立互相牽制準則避免疏失的發生。

執行力（execution）

2002 年由漢威聯合國際董事長包熙迪及知名企管顧問夏藍共同執筆，指出提升企業組織執行力的三個關鍵：任用對的人才、採取對的策略、完成對的營運，且領導者必須全心參與。策略大致雷同但績效卻大不相同，關鍵便在於執行力；許多企業的成功歸功於策略創新與新的經營模式，創造出和競爭對手之間的差距，但若執行力不夠，一定會被模仿者追上。

執行力的關鍵在於透過組織影響人的行爲，如果每一個員工每天能替企業想如何改善工作流程，將工作做得更好，自然能夠徹底執行。如何讓員工心悅誠服地自願多用心，將工作執行得更好，就在文化、用人和組織程序；有執行力的公司，員工一定用心去做事情，講究速度、細節和紀律。坦誠的溝通是建立執行力的基石，無論人員、策略、營運流程都是建立在誠實面對事實的溝通上。

企業問題層出不窮，有執行力的公司一定有追根究柢的文化，則會透過坦率的溝通，將問題的核心找出來再加以解決，透過一針見血的問題，執行長才能追根究柢解決問題。爲了要培養執行力的文化，公司執行長要親身參與公司的運作，對於公司營運細節要了解。

用人成爲執行長的主要工作，但是並不是全部用最好的人，而應該有互補的才能，各項管理能力（領導、協調、決策、溝通、判斷、創新、穩重等）各有平衡。執行長如何評估個人能力、教導個人執行能力，是公司總體執行力的關鍵，最重要的是將公司的獎勵制度和執行力連結起來。執行長對於下屬的執行能力絕對沒有打折的空間，不對就換人，得靠執行長的情緒韌性，將對的人擺到對的位置。

企業的能力來自於組織流程，將企業的資源如人力、財務資源等轉換成組織的能力，成爲企業競爭力的決定因素，將執行的精神落實到企業的組織程序中。組織流程是企業內正式或非正式約定俗成的做事方法，企業透過一系列活動創造價值，組織流程就是進行這些活動的方式。這些過程可以是明文規定的標準作業流程，也可以是固定習慣的做法，當這些過程形成一套制度後，產生組織的能力和績效；將公司過去的經驗、智慧落實到各項流程中，就構成標準作業程序。

策略的形成一定要根據策略擬定營運計畫環環相扣，邏輯上緊緊連貫，形成一套策略體系，這才是有執行力的策略形成流程。建立執行力文化，培養管理才能選才適所，再建立以流程爲基礎的組織，以維持長久的組織執行力。

議題優先矩陣（issues priority matrix）

企業爲達成目標所採取的策略管理，必須先進行環境偵察行動。從各種環境資訊中，針對趨勢變化之發生可能性與其對企業影響之可能程度，衡量策略管理過程所重視或處理的優先順序。

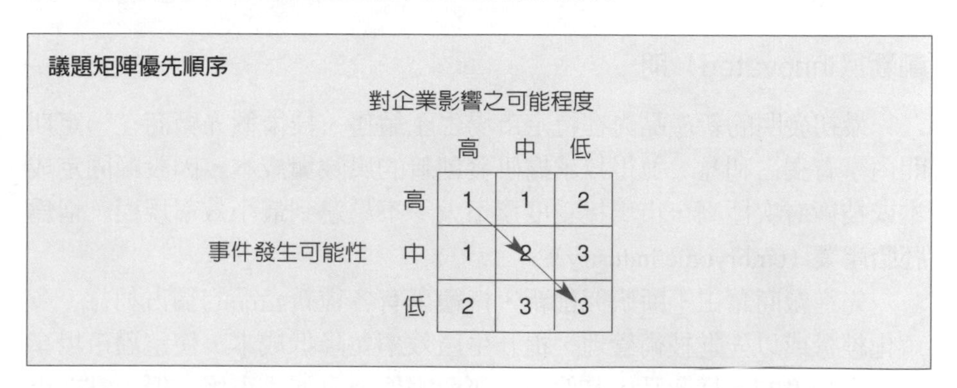
議題矩陣優先順序

對企業影響之可能程度

事件發生可能性	高	中	低
高	1	1	2
中	1	2	3
低	2	3	3

事件發生可能性與其對企業影響之可能程度中至高，爲高優先順序（1）；事件發生可能性與其對企業影響之可能程度一高一低或都是中，爲中優先順序（2）；事件發生可能性與其對企業影響之可能程度低至中，爲低優先順序（3）。

產品生命循環（product life cycle）

將產品的市場發展階段區分爲創新、成長、成熟、衰退，分析產業發展與企業在該環境中的競爭力變化。

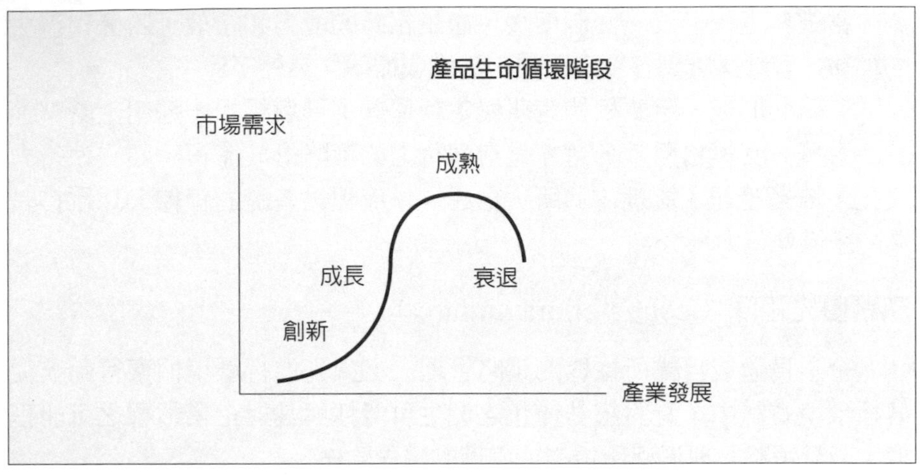

創新（innovated）期

最初發明的新產品先在特定市場生產銷售，技術領先廠商在一定期間內享有獨占利益，並得以承擔研發創新的風險與成本。因設廠固定成本或技術層次極高，市場接受度還不大，不易達到最小效率規模，稱為胚胎產業（embryonic industry）。

先進廠商藉由不斷研究創新，持續享有各種新產品的獨占利益。多角化經營或以先進技術管理，提升生產效率並降低成本，使整體市場享有價廉物美的多樣商品，其他廠商無競爭優勢可進入市場。優先掌握市場競爭優勢的廠商，可以享有品牌權益賺取超額利潤，而成為先占優勢者，但亦承擔不確定性的代價。

成長（growth）期

產品獲得普遍認同採用後進入成長期，市場需求大幅增加，廠商大量生產並拓展市場。

先進廠商將技術專利輸出轉移至其他廠商，經由智慧財產權移轉、專利授權租售、技術合作等方式，以較低成本複製，大量生產創造更大利益；某些關鍵性產業的技術可以帶動其他相關產業的成長發展，而提升整體生產力。

成長產業具有經濟效益之規模經濟，採取成長策略促使營業額與利潤大幅成長，將大量投入的單位成本降低，且大量生產的經濟效益提高。

成熟（matured）期

產品技術成熟後，廠商以較低成本複製生產標準化產品，市場需求接近飽和，首次購買的消費者大幅減少，大多爲汰舊換新，稱爲**替換需求**（replacement needs）。廠商之策略爲控制成本至長期平均成本最低，採取低成本競爭優勢。

先進廠商不斷研發商品特性並促銷推廣，爭取消費者認同，擴大多樣化類別具有經濟效益，應持續擴充生產線，增加類別至最適多樣化。

一般廠商依據企業的差異化優勢與市場適合度，選擇特定利基市場切入，以集中有限資源，累積建立知名度形象，吸引消費者滿意而提高品牌忠誠度。

當先占廠商處於規模經濟，其最適產量已足以供給整體市場，新進廠商因所需成本較高，不易達到最小效率規模（MES），將因長期平均成本過高而被迫退出市場。

成熟產業規模已產生最大經濟效益及最低平均成本，應維持此一最佳生產規模及最適產量，若產業規模過度擴充將不具經濟效益。成長策略已獲致成效的廠商，享有最適規模產生之最大競爭力，可以採取穩定收割策略。產業前景不明而避免盲目擴張，考慮進行組織改造或策略調整，即採取暫停策略。

衰退（declined）期

所得減少、喜好降低、預期未來價格下跌、市場人口減少、替代品價格下跌等，造成需求減少；技術進步、成本降低、產業規模擴大、市場開放等，造成供給增加，供給過剩而降低廠商利潤，無法承受虧損的廠商將被迫停業退出市場。

因爲規模過度擴充，使要素價格（成本）上漲，而產量大增又使產品市場價格（收益）下跌，生產行銷及倉儲物流等成本亦提高，造成規模不經濟，企業應縮小生產規模，即採取緊縮策略，避免盲目擴張使長期平均成本持續上升。

管理經濟實務 9-3：蘋果電腦的策略執行力

蘋果電腦可播放影片的第五代 iPod 發表二十天以來，在 iTunes 商店下載影片的數量已經超過一百萬次，營業額衝破 100 萬美元，除了可以讓用户下載 MV、短片、卡通片之外，也和迪士尼公司合作下載電視影集，用户可以利用電腦點播機 iTunes 在電腦上收看，也可以下載到 iPod 上帶著走。iTunes 每天賣出二百萬首歌曲，占全球音樂下載市場的 82％，是僅次亞馬遜的第二大網路商店。最新影音 iPod 螢幕增加為 2.5 吋，記憶容量也加大，可儲存超過一百五十個小時的影片，或一萬五千首歌曲。

蘋果電腦公司執行長史提夫·賈伯斯，對影片付費下載服務的未來相當樂觀，下一步是開拓影片資料來源，擴展合作對象。蘋果電腦連續推出音樂手機、iPod nano 及影像 iPod，以行動證實蘋果電腦不會重蹈當年在 PC 市場的覆轍。1976 年賈伯斯推出 Apple I 展開個人電腦時代，但由於堅持掌控蘋果的技術，不迎合比爾·蓋茲將微軟作業系統廣泛授權的作法，蘋果電腦很快便敗陣下來，只占全球 PC 市占率的不到 3％。1996 年底，蘋果買下 NeXT，賈伯斯重返蘋果擔任代理 CEO，藉由 iMac（1998）、iPod（2001）、iTunes（2003）的相繼推出，蘋果不但在個人電腦上起死回生，還成功跨足消費性電子產品市場。

科技雜誌《Wired》在 2005 年 5 月號公布年度的「Wired 40」名單，以企業在科技、創新及策略願景的表現為衡量指標，蘋果電腦排名第一，無論在軟硬體、廣告行銷、工藝設計等領域，處處可見賈伯斯的介入和參與，他的思考前瞻且多元，不但對蘋果極具影響力，在整個科技產業更是動見觀瞻。美國《商業周刊》認為，賈伯斯已經三度改變世界：第一次藉著個人電腦，讓專家獨享的強大運算能力普及於眾；第二次藉由皮克斯證明了電腦動畫也能述説感人、有想像力的故事；第三次透過 iPod 和 iTunes，撼動了音樂產業。

執行力的關鍵在於透過組織影響人的行為，為了要培養執行力的文化，執行長要親身參與公司的運作，對於營運細節要了解。賈伯斯認為有經營團隊分攤管理工作，讓他投注於新事物，考慮到消費者的需求以及在使用時的體驗，從而發掘出新技術的商業潛能，設法讓新科技為大眾所用，成為簡化生活的工具。藉由數位音樂播放器 iPod、數位音樂軟體 iTunes，以及線上音樂專賣店，蘋果朝向商業模式創新的路上走，不但為數位音樂下載建立合法下載與付費的機制，也透過軟體和硬體的結合，為蘋果開創了新的獲利來源。iTunes 數位音樂專賣店的推出，證明了消費者願意接受使用者付費的觀念，也讓主流唱片公司相信，除了實體通路販售的卡帶、CD，網際網路亦是可獲利的配銷通路。

技術領先廠商在一定期間內，創新期產品享有獨占利益，並得以承擔研發的風險與成本；先進廠商藉由不斷研究創新，持續享有各種新產品的獨占利益。

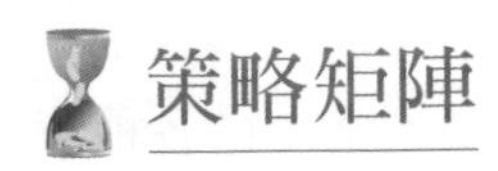

策略矩陣

策略形態分析（strategic posture）

以重要關鍵決策爲核心，了解企業內部以及外部環境，進行策略管理的基本流程，採取適當有效的策略形成與策略執行。策略形態分析依據策略管理者的主觀要求，描述企業目前的環境形態，並規劃策略提出企業未來的發展形態。

新的策略管理典範強調的是核心能力、策略創新、知識管理與電子商務；企業建立與運用核心能力，達到產品差異化與定位的目標，重新界定遊戲規則，建立新的商業模式。

經由策略形態的分析，不只可以從事策略現狀的診斷，同時也迫使負有策略決策責任者做出更明確的決策。總體策略和事業策略的策略形態雖然不同，但在兩種層面都可以由明確具體的形態來進行分析決策，不僅使二者的銜接自然流暢，而且在實務上也合乎策略邏輯思維。

從策略形態開始著手，並在分析中將目標視爲一組限制條件，在產生具體的可能策略形態與策略構想後，再從事環境前提與條件前提的驗證，認定環境或條件因素的攸關性，進行較深入的環境分析。

策略形態六大構面（策略要素）：產品線廣度及特色、目標市場區隔方式與選擇、垂直整合程度之取決、相對規模與經濟規模、地理涵蓋範圍、關鍵成功因素。

策略矩陣分析

以策略形態的架構爲基礎，加入產業價值鏈進行細部分析，整合策略理論將每一策略行動分析系統化，精確指出所有策略點並形成完整的策略矩陣，提供策略管理者客觀的策略價值。

策略矩陣是由產業價值鏈和事業策略之策略形態六大構面所形成的矩陣，由許多的策略點所組成；策略形態和產業價值活動的交點，稱之爲策略點。透過策略矩陣與策略點，企業策略的運用、競爭優勢的累積、各個同業的策略定位、甚至各競爭者的配置等，都可以從策略矩陣這張戰略地圖上顯示出來。

策略要素可以用來深入分析產業並且具體描述事業策略，從各種策略要素中選擇若干組合以形成策略方案，而策略方案背後的策略要素又是推導出環境前提與條件前提的依據。

策略矩陣是一個策略分析的戰略地圖，矩陣中的每一方格（策略點）都代表了一個可以分析與發展策略構想的所在，策略分析者的工作即在於由此戰略地圖中找尋具有關鍵性的策略點，發展出在該策略點上企業的策略構想。

策略矩陣（strategic matrix）

將經營流程的每一項活動與資產依序列出形成產業價值鏈，再將可能的策略形態排成一行，交叉方格形成矩陣模式，再針對矩陣方格中的每一策略點進行分析。

每一行代表一價值單元，每一列代表一策略形態，每一方格代表一價值單元對應每一策略形態之策略點，或一策略形態對應每一價值單元之策略點。

策略矩陣與策略點

價值鏈 / 策略形態	1	2	3	4	5	6	7	8	9
A	A1	A2	A3	A4	A5	A6	A7	A8	A9
B	B1	B2	B3	B4	B5	B6	B7	B8	B9
C	C1	C2	C3	C4	C5	C6	C7	C8	C9
D	D1	D2	D3	D4	D5	D6	D7	D8	D9
E	E1	E2	E3	E4	E5	E6	E7	E8	E9
F	F1	F2	F3	F4	F5	F6	F7	F8	F9

如圖，若企業的經營流程價值鏈爲（1）原料→（2）零件→（3）研發→（4）製造→（5）倉儲→（6）運輸→（7）通路→（8）品牌→（9）產品；策略形態爲（A）特色、（B）市場、（C）整合、（D）規模、（E）地區、（F）獨特能力。例如C1、C2⋯C9代表每一價值單元的整合程度，C1策略點指出原料爲自製、合作、採購或外包等整合程度，C2⋯C9策略點以此類推；A8、B8⋯E8代表該品牌價值在產業中的特

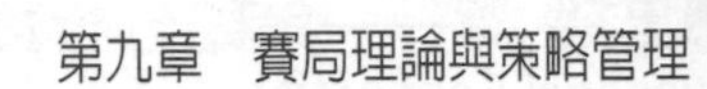

色、市場、整合、規模、地區等策略形態之競爭優勢，B8 策略點指出該品牌在市場選擇、目標、區隔等之競爭優勢，A8 … E8 策略點以此類推。

每一方格代表一策略點，針對每一策略點進行細部分析，提供策略管理者客觀的策略價值，藉由策略矩陣分析，找出企業在產業中具有優勢的策略形態，再從該策略形態找到經營流程中具有價值的活動或資產，詳細規劃部門的執行措施，合理分配資源並提升組織效率，以最適當的決策發揮最大管理目標效益。

在原有的策略形態下有一個配合策略，以及功能政策和組織方式；而在將來的策略形態下，又有另一套功能政策和組織方式；差別是產品增減特色變化、廣度變化、目標市場重新選擇、垂直整合變化、規模經濟變化、地理涵蓋範圍化、關鍵成功因素的增減。策略上的行動透過目標管理的方法，把事情依先後邏輯順序、組織權責劃分展開，包括人事、行銷、財務等，最後落實到行動上。

產品特色策略形態

產業或企業本身的特性，使其在價值鏈上所選擇與強調的重點不同；商品具有特性包括用途、外觀、耐用、服務、便利、名牌等，足以吸引消費者提高偏好並表現在消費行爲上。產品特色策略形態之競爭優勢可來自製造品質（A4）、產品本身的設計（A9）、品牌忠誠度（A8）、通路便利（A7）、訂貨快捷（A5 或 A6）、研發專利（A3）、關鍵資源（A1 或 A2）等價值單元。

價值鏈中每一價值單元之間相互配合，可以提升產品特色整體形象，提高消費者偏好；經營流程之間配合不佳，可能引發消費者不滿，影響產品特色策略形態之競爭優勢。

目標市場策略形態

企業必須預測、衡量各目標市場相異的需求傾向，而變動價值鏈中的價值活動，以因應不同市場。長期深耕區隔特定利基市場，可以累積建立知名度形象，足以吸引消費者滿意而提高偏好，形成市場區隔效果。目標市場策略形態之競爭優勢可來自產品本身的特色（B9）、品牌忠誠度（B8）、顧客關係密切（B7）、服務便利（B5或B6）、高品質商譽（B4）、附加價值（B3）、掌握採購來源（B1或B2）等價值單元。

選擇目標市場（B）須先分析其他策略形態，依據企業的差異化優勢與市場適合度切入特定市場，產品（A）的品質、設計、印象爭取特定消費者認同；每一經營流程之整合程度（C），廠商控制成本至最低，對利基市場區隔採取低價優勢競爭；規模經濟與學習效果（D），使單位成本降低且經濟效益提高；交通便利與地理位置（E）使消費者購買方便，提供品質保證或售後維修，可增加消費者的購買信心。

整合程度策略形態

企業經營的每一階段流程，企業可以藉由內部組織的功能部門分工管理，完成完整的垂直生產鏈，亦可透過廠商間的長期合作，垂直整合完成生產鏈。

外包轉移至外部由其他廠商經營處理，可以節省內部管理成本，並保持本身企業的核心專長與機動彈性；策略聯盟之合作非合併關係，夥伴組織互補、互利而維持獨立經營；裁併功能相同、業務重疊的單位，整合各子公司之資源，以提升管理績效，發揮合併綜效。

開發原料（C1）或中間產品、零件（C2）進入上游供應商市場的向上整合，成立倉儲（C5）、物流（C6）、通路（C7）跨進下游通路商領域的向下整合，技術聯盟夥伴之技術互換整合研究資源與能力（C3），生產夥伴之聯合生產或產能互換整合建立產業標準（C4），聯合上游供應商與下游通路商形成一貫化作業的垂直整合。

規模經濟策略形態

價值鏈中的各項活動都有其所需之經濟規模，其程度與產業特質和經營方式有關，企業會利用合理的規模經濟發揮競爭優勢；擴大生產規模具有經濟效益，使長期平均成本下降至廠商可以生存的最小規模水準，產生最大經濟效益及最低平均成本。

規模經濟策略形態之競爭優勢可來自產品（D9）多樣化經濟，以核心能力開發的不同產品服務，形成品牌擴張效果；品牌延伸（D8）爲企業擴張成長的重要基礎，在相關產品服務的營運過程中使用共同資源，快速獲得市場客戶認同；爭取通路（D7）的認同，提供品質保證或售後維修；交通便利使消費者購買方便，降低倉儲運輸成本（D5或D6）並提高銷售量；生產作業活動（D4）之工作經驗累積知識與專業分工，有利增進技術能力並發揮規模經濟效率；規模擴充可吸引人才投入，因而提升人力資源素質及研發能力（D3），提高資本生產力；產業規模擴大提高了影響力及議價能力，較能爭取有利政策、行政支援與獲得採購進貨折扣優惠（D1或D2）。

規模經濟效益擴及其他策略形態，企業擴大類別以達成產品（A）多樣化的全方位服務，推廣到新市場以擴充市場規模；企業擴充營業規模以衝刺業績提升市場占有率，將產品推廣到新市場（B）以爭取更多客戶而擴大市場範圍；企業擴充規模進入原有產品的上、中、下游市場領域，全面整合（C）一貫化作業管理；消費者交通便利與購買方便（E），習慣購買熟悉的知名品牌，企業的商譽資產增加消費者的購買信心，形成產品的形象差異，成為市場區隔效果。

地理區域策略形態

價值活動在地理區間之移動，多為追求較低的成本與高效率的流程，如更低廉的勞工成本、更接近原料產地、節省運費、財務調度靈活或節稅等。不同地區之間的經濟資源及生產要素各有差異而且不易移動，跨地區之專業分工可以促進資源更有效運用；基於某些產業特色，各價值活動必須在地理上相互鄰近，因而發生上下游廠商要一起聚散的現象。

地理區域策略形態之競爭優勢可來自產品異質化（B9），選擇特定地區市場切入，具有品牌忠誠度（B8），爭取通路的認同（B7），降低行銷倉儲成本（B5或B6）；先進國家廠商研究創新（B3），技術成熟後到其他國家以較低成本複製生產（B4），依據各地區所具有的相對豐富資源（B1或B2），掌握低成本高品質採購來源。

獨特能力策略形態

企業所擁有之獨特技術能力、管理能力、設計能力以及整合各種資源的能力等，發展攸關的能力、運用能力、維持能力以及防範能力外溢等，皆爲重要之策略考量；產業吸引力以及公司本身能取得競爭優勢的能力，主導廠商之競爭策略與經營形態。內部條件的運用能有效運用資源並發揮能力，而且有適當的權力結構與企業文化來配合；公司優於競爭者具有強勢，有影響力運用策略維持優勢。

廠商可以藉由獨家生產專利權，或取得某稀有關鍵資源（原料、要素、技術等）的控制授權而取得競爭優勢（F1 、F2）；研發創新技術、方法、零件等而享有超額利潤（F3）；生產技術多樣化或產能高等因素，使生產者有能力擴產或改變產品（F4）；以核心能力開發的不同產品服務可以快速獲得市場客戶認同（F10），節省廣告促銷成本形成品牌擴張效果（F8）；先占廠商爭取通路的認同（F7），交通便利與地理位置使消費者購買方便（F6），降低行銷倉儲（F5）成本並提高銷售量。

獨特能力可來自其他策略形態，領導廠商研究生產創新產品（A），大量生產並拓展市場（B），在專業分工與規模經驗下有利增進技術能力並發揮規模經濟效率（D），地理區隔交通困難使其他廠商不得其門而入（E）。

問題狀況分析

企業針對經營管理找出問題，描述狀況、分析原因並設計方案。企業採行策略須掌握經濟環境變化，彈性調整因應對策；通常會經過冗長過程，可能導致緩不濟急成效不彰，甚至環境變化已與決策立意不同，反而弄巧成拙。執行活動偏離預期目標過大時須追蹤分析原因，確認問題並謀求可行之道加以監督管理，以理性方法達成組織目標。

針對環境變化之發生與其對企業之影響程度，衡量策略管理所須處理的優先順序；決策者衡量各種條件因素，評估成本效益後，找出最適策略點。調整策略獲得的利益大於所須支付的成本及影響損失，應調整直到效益最大；若調整策略獲得的利益小於所須支付的成本及影響損失，應減少調整控制策略成本最小。

分析問題發生原因，可能純屬巧合的獨立事件，可能有因果關係，也可能是伴隨發生的其他影響因素所造成，須再多加觀察與分析才能下定論；依據企業內外部環境分析問題，採取適當有效的策略。決策者可能缺乏足夠資訊而影響決策品質，企業組織面對環境變化不易快速反應彈性調整；不當機立斷更改策略，反而投入更多資源，造成企業經濟資源的誤用浪費，導致更大損失。

關鍵因子分析

針對許多問題、原因與方案，進行問題分解、比較判斷、排列順序等分析程序，評估問題和方案的相對狀況，完成可以直接應用的關鍵指標，進一步下達決策與執行指令；只有在關鍵因素上的影響，才具有決策上的參考價值。關鍵因素與其他因素可能相互影響，也可能有因果關係；相互配合可以提升整體策略效益，經營流程之間配合不佳，可能引發整體策略效益不彰。不同部門之間須進行有效溝通與分工，有效運用資源並發揮能力，並且有適當的權力結構與企業文化來配合，主導廠商之競爭策略與經營形態。

策略矩陣分析法目的是以策略形態爲基礎，發展一個可以更深入分析的經營流程架構，包括行銷流程、供應流程、研發流程，產業從上游、原料一直到顧客滿意，中間所有價值活動的一個流程圖。企業因應環境其主要策略會改變，以維持其企業的競爭優勢，而新主要策略又會有一個相對應的策略矩陣，分析的角度與所著重價值鏈上的活動也會不同。

對產業運作特性的了解、產業環境的分析、個別企業策略競爭優勢的創造方式等變化，可以在策略矩陣棋盤上展開。以策略矩陣及策略要素作爲共同的思考架構與溝通語言，能使策略制定的效率和成果大爲增進；策略矩陣提供完備的策略選擇參考範圍，使創意運用及重點選擇更加系統化與單純化。結合產業價值鏈的概念，彌補單用策略形態分析設計流於形式的缺點，對產業內所有靜態、動態策略及特性作詳細探討，可配合企業的環境、條件前提，檢視目前策略是否適宜。

管理經濟實務 9-4：鴻海集團的宏圖霸業

鴻海集團搶攻消費性電子產品，並進行關鍵零組件印刷電路板（PCB）的布局，旗下兩大公司廣宇及鴻勝電子分別搶攻硬板及軟板的市場，其中廣宇透過子公司鴻富泰公司進行對大陸投資，已在深圳黃田成立最大的PCB硬板廠。手機、MP3播放機、遊戲機等消費性電子產品崛起，鴻海積極擴張提升企業競爭力，繼跨足汽車電子、手機設計業後，鴻勝的軟板產能已站穩國內第一大廠，廣宇承接了鴻海集團內部多數的印刷電路板產能，成為硬式PCB廠的龍頭。

進入後個人電腦時代，全球資訊產業整合加速，國內重量級電子大廠的競爭也更加劇烈，經濟規模、成本效益、經營效率、服務品質、異業整合等，各方面都必須領先對手。策略形態分析依據策略管理者的主觀要求，描述企業目前的環境形態，並規劃策略提出企業未來的發展形態。以策略形態的架構為基礎，加入產業價值鏈進行細部分析，精確指出所有策略點並形成完整的策略矩陣，提供策略管理者客觀的策略價值。

鴻海在卡位布局、產品快速量產上，常常壓得競爭對手喘不過氣來，在技術、交期、品質、價格上，難以與之抗衡。企業所擁有之獨特技術能力、管理能力、設計能力、以及整合各種資源的能力等，競爭優勢主導廠商之競爭策略與經營形態。技術聯盟夥伴之技術互換整合研究資源與能力，生產夥伴之聯合生產或產能互換整合建立產業標準，企業會利用合理的規模經濟發揮競爭優勢。郭台銘強調，企業經營者要善於選擇、判斷、決策，只要做好六件事：選客户、選產品、選人才、選技術、選股東、選策略夥伴。

在新產品獲得認可之後，鴻海能於最短的時間內，在亞洲、北美、歐洲三個主要市場的製造基地，布置生產所需的採購、製造、工程、品管等活動，並能依據客户的市場需求，快速地擴充產能。為追求較低的成本與高效率的流程，跨地區之專業分工可以促進資源更有效運用；鴻海投資3,000萬美元與康柏合作開發全球ERP系統，不僅要求其反映出即時的真實生產管理資訊，還要求發揮管制效果。

鴻海以精密模具起家，每一個製造基地都建立起快速的設計製造與維修能力。企業本身的特性使其在價值鏈上所選擇與強調的重點不同；價值鏈中每一價值單元之間相互配合，可以提升產品特色整體形象。

聯想與鴻海集團旗下富士康首次攜手的筆記型電腦昭陽A600系列，將是聯想與鴻海未來持續在手機、DT機殼、液晶顯示器及液晶電視（LCD TV）等領域攜手的開路先鋒，亦實現董事長郭台銘客户共同開發製造（joint development manufacture；JDVM）及共同設計製造（joint design manufacture；JDSM）的經營理念。

第十章　資訊不對稱與監管機制

資訊經濟學

商品市場

金融市場

勞動市場

資訊經濟學

市場資訊（market information）

買賣雙方須對彼此及市場交易情況（供需、價量、商品等），能掌握了解完全訊息，沒有人為干預並能迅速自由調整資源配置，才能達到市場均衡，維持市場穩定及雙方利益。然而在現實中，所有市場參與者均掌握了解完全訊息幾乎不可能，而且要搜尋取得市場資訊得支付成本，因此必須在支付成本與獲得效益間取捨選擇以達到均衡。

不完全資訊（imperfect information）

市場交易情況可能有隨機事件發生，即市場不確定性因素的干擾，使市場參與者無法完全掌握了解所有訊息。

未來有可能發生，卻對其發生的機會與可能結果完全不知的事件，通常是無法掌握相關訊息所致。面對未來可能發生的不利事件，可以先繳付小額保費，若不利事件發生而造成的損失可以獲得補償。

取得完全資訊而增加的報酬或減少之損失為完全資訊價值，即決策者為提高效益，願意支付的最大資訊成本。

搜尋財（search goods）

消費者為獲得最大效用，在交易活動中減少損傷增加福利，願意支付資訊成本，並選擇最佳商品組合。

經驗財（experience goods）

在商品市場中，賣方對商品情況能掌握了解完全訊息，但買方使用之後才能掌握了解商品情況。資訊不足者會觀察某些相關之參考指標作為訊號，或支付成本搜集市場資訊。

資訊不對稱（asymmetric information）

市場參與者交易的某一方，擁有對方不能掌握的資訊，**資訊優勢者**（informed party）能從中獲得額外利益，而使**資訊不足者**（uninformed party）造成損傷。不對稱資訊可能來自資訊優勢者故意隱匿本身特質狀態而使對方無從得知，或從事影響市場交易的行爲而使對方難以察覺，因此資訊不足者會觀察某些相關之參考指標作爲**訊號**（signal），搜尋取得對方資訊的過程稱爲**篩選**（screening）。

市場經常存在不對稱訊息而不能完全充分反映市場機制，現實經濟活動未能在自由經濟市場機制下，達到社會經濟資源配置最佳之經濟效率，形成**市場失靈**（market failure），代表市場機制運行未能有效，亦即資源配置無法以最低成本來滿足最大效益之全面均衡。

逆向選擇（adverse selection）

由於資訊優勢者故意隱匿本身特質狀態，即**隱匿資訊**（hidden information），使資訊不足者在篩選時作了錯誤選擇，而在不公平交易中造成損傷。例如保險公司不確知投保人健康狀態、銀行不確知借款人財務狀況、勞動市場需求者不確知求職者品德能力、一般商品買方不確知賣方品質信用等。

隱匿資訊內容在雙方交易前即已存在，因此逆向選擇問題發生在交易過程中的資訊傳遞；可以藉由設計可信有效的相關參考指標作爲訊號，以增加推測選擇正確性，減少逆向選擇錯誤造成的損傷。

道德危險（moral hazard）

資訊優勢者從事影響市場交易的行爲並使對方難以察覺，即**隱匿行爲**（hidden action），在不公平交易中以損傷對方而獲得超額利益。例如投保人保險後從事危險活動或惡意詐領保險金、借款人取款後挪用資金惡性倒債、求職者被錄用後怠忽職守等。

影響市場交易的隱匿行爲在雙方交易過程中發生，因此道德危險問題可以藉由在交易過程中的監督機制（懲），或給予資訊優勢者足夠利益（獎），以減少從事道德危險行爲的動機。

市場迷失（missing market）

因爲資訊不對稱，使市場參與者不能公平交易，供需雙方雙贏的市場均衡無法達成，甚至崩潰消失。例如爲降低資訊不對稱的風險或成本，保險公司提高保費、銀行提高利息或手續費、消費者偏好便宜貨等方式，反而使善良交易人卻步，更加重逆向選擇與道德危險問題，最後全部退出市場，該市場即完全消失。

資訊經濟學（information economics）

探討市場在資訊不對稱情況下的交易行為，與調整均衡之過程。一般市場均衡分析，假設買賣雙方對彼此及市場交易情況（供需、價量、商品等）掌握了解完全訊息，沒有人為干預，並能迅速自由調整資源配置，才能達到市場均衡，因此在資訊不對稱情況下的市場均衡分析有所不同。

市場在資訊不對稱情況下，資訊優勢者能從中獲得額外利益，使資訊不足者造成損傷；資訊不足者為減少損傷，須額外支付資訊成本，亦即市場參與者影響力各有不同。

搜尋法則（search rule）

搜集市場資訊，可以在交易活動中減少損傷增加福利，但亦須支付資訊成本給客觀的資訊提供者，因此市場參與者決策時，須衡量各種條件因素，評估成本效益後，找出最適均衡點，此一觀點為首創資訊經濟學的史蒂格勒（G. Stigler）於 1961 年提出。

當搜集市場資訊獲得的邊際利益（marginal benefit; MB）等於支出的邊際成本（marginal cost; MC），即 MB ＝ MC 時邊際福利為 0 ，表示福利已達頂點，搜尋最適資訊不再變動，表示 MB ＝ MC 時之資訊量，為資訊不足者所需的最適均衡資訊量。

若 MB ＞ MC ，表示增加市場資訊獲得的利益大於所須支付的成本，因此搜集市場資訊會使福利持續增加（邊際福利為正），而尚未達到淨利最大之均衡狀態；即當時資訊量小於最適資訊量，應再持續增加搜集市場資訊，調整直到邊際淨利為 0 不再變動。

若 MB ＜ MC ，表示增加市場資訊獲得的利益小於所須支付的成本，因此搜集市場資訊會使福利持續減少（邊際福利為負），並非淨利最大之均衡狀態；即當時資訊量已大於最適資訊量，應減少資訊量，調整直到邊際淨利為 0 不再變動。

檸檬市場（lemon market）

在二手車市場中，供給者詳知其舊車性能品質，爲資訊優勢者；需求者不知舊車實際狀況，爲資訊不足者。當舊車價值超過市場價格，車主會將該車留用，只願意賣出品質較差而價值低於市場價格的酸檸檬車；買車者爲降低資訊不對稱的風險或成本，只願意支付較低價格購買二手車，使品質較佳之高價值舊車退出二手車市場，在該市場中全爲品質較差而價值低於市場價格的酸檸檬車，需求者亦不願購買酸檸檬車，以致無法交易，最後導致市場迷失。

此一觀點爲阿卡洛夫（G. Akerlof）於1970年提出，原爲探討舊車市場的論文，可以引申解釋各種市場，在資訊不對稱情況下的品質不確定性與市場機制，以及逆向選擇問題。

假設在二手車市場中數量N，其中好車比例a，每輛好車之願賣最低價格P_g，願買最高價格D_g；劣車比例$1-a$，每輛劣車之願賣最低價格P_b，願買最高價格D_b。賣方對商品情況能掌握了解完全訊息，因此願賣最低價格$P_g > P_b$。

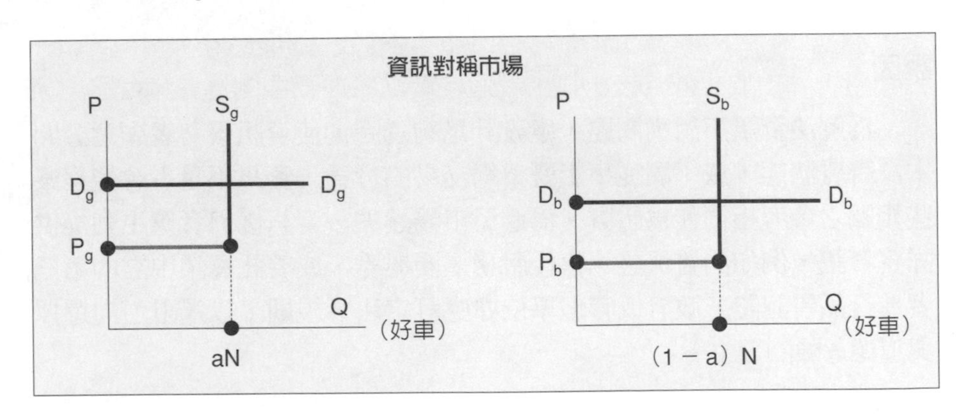

市場在資訊對稱情況下的交易行爲，買賣雙方對商品情況能掌握完全訊息，因此願賣最低價格$P_g > P_b$而且願買最高價格$D_g > D_b$。

在資訊對稱市場，買賣雙方均了解二手車的品質與價值，因此分別在好車市場與劣車市場各取所需達成均衡，以價格D_g交易aN輛好車，而以價格D_b交易（$1-a$）N輛劣車。

在資訊不對稱市場，需求者不知舊車實際狀況，只願意以平均願買最高價格交易，因此 $P' = aD_g + (1-a)D_b$；$D_b < P' < D_g$。

若 $P' \geqq P_g$，則以價格 P' 交易 N 輛所有二手車，形成**混合式均衡**（pooling equilibrium），但好車賣方（$P' < D_g$）與劣車買方（$P' > D_b$）較吃虧，而劣車賣方（$P' > D_b$）與好車買方（$P' < D_g$）較有利。若 $P' < P_g$，即價格交易低於好車之願賣最低價格，則好車無法成交而退出市場，在該市場中全爲品質較差的酸檸檬車。

因此好車比例 $a \geqq (P_g - D_b) / (D_g - D_b)$，即平均願買最高價格 $P' \geqq P_g$，才能使好車繼續存在市場交易。當好車比例 a 降低，平均願買最高價格 P' 亦隨之降低，好車賣方（$P' < D_g$）較吃虧而減少好車比例，更加重市場逆向選擇問題。

交易價格 P' 持續降低，直到價格交易低於好車之願賣最低價格（$P' < P_g$），品質較佳之舊車退出二手車市場，在該市場中全爲品質較差的酸檸檬車，較有利的好車買方（$P' < D_g$）亦不存在，形成**不完全市場**（incomplete market）；需求者不願購買酸檸檬車，以致無法交易，最後導致市場迷失。

誘因

爲解決資訊不對稱問題，應設計足夠誘因，使資訊優勢者願意公開本身特質狀態，或不願從事影響市場交易的行爲，資訊不足者會觀察某些相關之參考指標作爲訊號。爲避免市場迷失，資訊優勢者應主動提供詳實資訊，例如品質保證、售後服務、商譽等，或委託專業中立的第三者進行品質認證，政府或管理單位亦應訂定法令規則，以遏阻逆向選擇與道德危險的發生。

分離式均衡（separating equilibrium）

當資訊不對稱問題降低，市場交易的商品具異質性而不能完全彼此替代，消費者認同並表現在消費行爲上，不同品質商品可以不同價位區隔。資訊優勢者主動提供資訊或訊號，亦須符合搜尋法則，即所獲得的邊際收益（MR）應不低於支出的邊際成本（MC）。

管理經濟實務 10-1：保險市場資訊透明化

保險公司與消費者對於產品了解或資訊獲得處於不對稱的情況，一般民眾不易取得商品與公司經營的完整資訊，也很難去判讀，加上市場開放後公司家數增加，雖然增加民眾投保的選擇性，卻也同樣增加選擇的難度。市場參與者交易的某一方擁有對方不能掌握的資訊，資訊優勢者能從中獲得額外利益，而使資訊不足者造成損傷。

為了消弭社會大眾與保險業之間資訊取得的不對等，以保障投保大眾權益，我國保險法規定，保險業應依規定據實編製記載有財務及業務事項之說明文件提供公開查詢。自2002年起實施保險業辦理資訊公開管理辦法，保險業所編製的說明文件應記載之內容包括：公司概況、財務概況、業務概況、各項保險商品、攸關消費大眾權益之重大訊息及特別記載事項，以及最近三年各項財務業務指標。壽險業的財務業務指標分為財務結構、償債能力、經營能力與獲利能力等四大類共二十五項，產險業的指標則分為業務指標、獲利能力指標與整體營運指標等三大類共十七項。資訊不足者會觀察某些相關之參考指標作為訊號，搜尋取得對方資訊的過程稱為篩選。

為了使社會大眾能更明瞭資訊公開各項意涵及解讀，保發中心編製了保險業資訊公開說明導讀手冊，針對保險業應公開的資訊內容及應記載事項，逐項介紹並加以解釋，消費者可上保發中心的網站（www.tii.org.tw）查詢產險與壽險市場概況，以及整體產業的財務業務指標解讀分析。資訊不足者為減少損傷，須額外支付資訊成本，評估成本效益後，找出最適均衡資訊量。

公司資訊揭露是衡量公司治理的重要指標之一，我國強化公司治理政策綱領暨行動方案、行政院金融改革專案小組資本市場工作小組，以及證期會邀集產官學界共同參與組成之公司治理推動小組，均將貫徹資訊公開制度、提升資訊透明度列為計畫目標之一。將保險業經營資訊充分公開揭露，可作為消費者投保的參考依據，降低資訊取得成本，進而增加對保險公司的信賴感；藉從公司透明度提升監理效率，並可減少市場不實謠言影響民眾對保險業信心。為解決資訊不對稱問題，應設計足夠誘因，使資訊優勢者願意公開本身特質狀態，或不願從事影響市場交易的行為。

對保險公司來說，透明化不只增加公司的投資價值，也能提升公司形象與商品價值，保險公司應把透明視為機會而不是負擔，讓投資人、客戶、社會大眾更了解保險產業及保險公司的營運與能力，如此才能創造買賣雙方互利互惠的局面。為避免市場迷失，資訊優勢者應主動提供詳實資訊，例如品質保證、售後服務、商譽等，或委託專業中立的第三者進行品質認證，政府或管理單位亦應訂定法令規則，以遏阻逆向選擇與道德危險的發生。

商品市場

商品市場資訊問題

賣方對商品情況能掌握了解完全訊息，但買方則否，因此在商品市場中，賣方屬資訊優勢者，而買方屬資訊不足者。在不公平交易中，賣方擁有對方不能掌握的資訊，故意隱匿商品特質狀態，而以高價從中獲得額外利益；買方則因資訊不足，作了錯誤選擇造成損傷。買方爲減少損傷，只願意支付較低價格購買商品，更使成本較低之劣質品充斥市場，加重市場逆向選擇問題。

商品成交後之售後服務與維修，買方對商品使用情況能掌握了解完全訊息，但賣方則否，因此買方屬資訊優勢者而賣方屬資訊不足者。購買商品後，資訊優勢者不當使用或惡意破壞，使對方難以察覺，以詐領退費或要求換新，在不公平交易中以損傷對方而獲得超額利益，加重市場道德危險問題。

商品市場管理機制

在商品市場成交前，賣方屬資訊優勢者，而買方屬資訊不足者。買方爲減少損傷，只願意支付較低價格購買商品，更使成本較低之劣質品充斥市場，使品質較佳之高價值商品退出市場，在該市場中全爲品質較差的劣質品，以致無法交易，最後導致市場迷失。

高品質商品賣方爲避免逆向選擇導致市場迷失，應主動提供詳實資訊或訊號，供資訊不足之買方觀察作爲參考指標，以遏阻逆向選擇與道德危險的發生，導致市場迷失。

商品成交後之售後服務與維修，買方對商品使用情況能掌握了解完全訊息，若資訊優勢的買方不當使用或惡意破壞以詐領退費或要求換新，將加重賣方支出的邊際成本，因此資訊不足的賣方會設定某些條件作爲訊號，避免市場道德危險問題。

保證（warranty）

高品質商品賣方對商品情況能掌握了解，可以提供品質保證否則退費或換新，亦可加強售後服務與維修，增加資訊不足者的購買信心。劣質品賣方爲避免品質保證或服務維修成本而不敢跟進，形成**區隔效果**（screening effect）。市場正常運作之後，高品質商品賣方所累積建立的商譽（reputation），即成爲市場的重要訊號。

檢驗（testing）

買方爲減少損傷，支付資訊成本給客觀的資訊提供者，聘請專家鑑定價值。賣方提供有形的線索，公共報導亦具有甚大的影響力，利用客觀第三者的人或證據作爲資訊，以滿足顧客需求或加強公司形象。

價格分散（price dispersion）

同一商品未必全部在市場均衡價交易，形成一物多價之價格區間。商品市場在資訊不對稱情況下的不公平交易中，部分賣方從高價中獲得額外利益，部分買方則因資訊不足而購買高價商品，因此買方爲在交易活動中減少損傷增加福利，依搜尋法則支付必要的資訊成本。

價格功能模型

由克林（B. Klein）與李弗（K. Leffler）於1981年提出，認爲商品本身價格可以具有區隔不同品質之功能，而解決市場資訊不對稱問題。

通常高價位代表高品質，並因此有足夠誘因，使廠商願意供給高品質商品，且主動提供詳實資訊。當市場發生資訊不對稱問題，在混合式均衡下，劣質品廠商可以低價獲得短期利潤，若市場資訊不對稱問題持續，將導致市場迷失；若市場中資訊流通自由，以不同價位區隔不同品質商品，將形成分離式均衡。因此劣質品廠商不能獲得長期利潤，而高價位高品質商品，廠商必須不斷推廣爭取消費者認同，非價格競爭使整體市場享有高品質多樣化的商品，可增加消費者福利。

拍賣（auction）

賣方邀請買方出價，不同購買者依其特定需求自行選擇不同價格條

件，由出價最高者取得購買權。每一需求者以願意支付的最高價格出價，將消費者剩餘完全轉歸廠商所享，形成完全差別訂價效果。

公開喊價（open bid）

賣方主持人公開由底價逐漸向上哄抬價格的拍賣方式，吸引買方喊價搶標，每一參賽者會考量對方的反應下決策，依據互動的結果選擇最佳行動。在公開喊價拍賣市場中，賣方屬資訊優勢者，而買方屬資訊不足者；公開拍賣過程使需求者之間爲完全資訊，可能出現聯合行爲。

密封暗標（sealed bid）

每一參賽者將標單密封交給賣方開標，依據賣方的標準選擇最佳價格條件買方的拍賣方式。在密封暗標的拍賣市場中，賣方屬資訊優勢者，而買方屬資訊不足者；密封的暗標過程使需求者之間爲不完全資訊，可能出現違反協議的一方獨得更大利益。

贏家魔咒（winner's curse）

在拍賣市場中，供給者詳知其商品品質，爲資訊優勢者；需求者不知商品實際價值，爲資訊不足者。需求者以願意支付的最高價格出價，得標者（贏家）價格可能超過商品實際價值。

當競標參賽者衆多、商品實際價值不易確定、密封暗標拍賣方式等，比較容易出現贏家魔咒現象。

定型化契約

企業經營者爲與不特定多數人訂立契約之用而單方預先擬定之契約條款，企業經營者在定型化契約中所用之條款，應本平等互惠之原則，如有疑義時應爲有利於消費者之解釋。

定型化契約條款

定型化契約中之條款違反誠信原則，對消費者顯失公平者無效。包括違反平等互惠原則者；條款與其所排除不予適用之任意規定之立法意旨顯相矛盾者；契約之主要權利或義務，因受條款之限制，致契約之目的難以達成者。

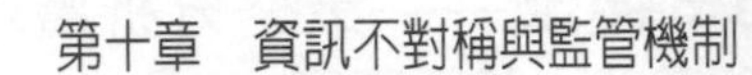

消費資訊之規範

企業經營者應確保廣告內容之眞實，其對消費者所負之義務不得低於廣告之內容。媒體經營者明知或可得而知廣告內容與事實不符者，就消費者因信賴該廣告所受之損害與企業經營者負連帶責任。

企業經營者應依商品標示法等法令，輸入之商品或服務，應附中文標示及說明書，其內容不得較原產地之標示及說明書簡略。

企業經營者對消費者保證商品或服務品質時，應主動出具書面保證書。保證書應載明：商品或服務之名稱、種類、數量，有製造號碼或批號者之製造號碼或批號；保證之內容；保證期間及起算方法；製造商名稱、地址；由經銷商售出者之名稱、地址；交易日期。

政府成立消費者保護基金會並立法（消保法）實施，以保障台灣人民消費權益不受損，其中各縣市均官派消保官來替消費者伸張權益。

審閱期

郵購或訪問買賣之消費者，對所收受之商品不願買受時，得於收受商品後七日內，退回商品或以書面通知企業經營者解除買賣契約，無須說明理由及負擔任何費用或價款，違反前項規定所爲之約定無效。如果商家要求要扣手續費、支付運費等，都是不合理的。

郵購買賣依消保法的定義，指企業經營者以廣播、電視、電話、傳眞、型錄、報紙、雜誌、網際網路、傳單或其他類似之方法，使消費者未能檢視商品而與企業經營者所爲之買賣。並不是所有的商品都一定七日內可無條件退貨。

如果不是郵購、型錄或網路買賣的情形，或者是已經超過七天，就只有在商品有瑕疵，或是商家有特別約定的情形，才能夠依據民法有關買賣物之瑕疵擔保的規定或是特約約定，主張退貨或減少價金等。

鑑價法制化

任何商品或資產都可透過鑑價取得公平市價，並作更有效的發揮。鑑價是會計資產評估中相當專業的一項技術。國內鑑價專業一直無法受到重視，水準參差不齊而很難獲得第三人的信任，促使需要鑑價的人一味找尋有利的鑑價單位作評估，鑑價結果也是見仁見智。

一旦鑑價機制法制化，任何東西的鑑價都有法可循，鑑價結果也可取得公信力，鑑價的用途可被廣泛使用，藉鑑價取得公平價值，創造更多附加價值。

標準化國際組織（International Organization for Standardization; ISO）

於1987年公布有關ISO 9000品質管理制度的國際標準，適合於全世界各行各業用以提高產品、工程或服務的品質，達到世界認可的水平。

ISO發源於工業界的管理系統模式，旨在建立一套運作程序，以確保機構能生產優質的產品和提供理想的服務素質。該組織由世界許多國家的標準機構會員參加所組成，其宗旨是通過制定和評審國際標準。

ISO 9001品質系統規定了品質管理系統要求，包括開發設計、生產、安裝和服務的品質保證模式，證實其具備提供滿足顧客要求和適用的法規要求的能力。品質管理系統方法鼓勵組織分析顧客要求，規定有助於實現顧客能接受的產品的過程，並能夠提供持續改進的框架，以增加使顧客和其他相關方滿意的可能性。

國家標準（Chinese National Standards; CNS）

我國的國家標準業務是由經濟部標準檢驗局掌管，於民國88年將原爲「中央標準局」之標準與度政（度量衡）業務與「商品檢驗局」之商品檢驗業務合併改制而成。其主要業務爲標準制定、度量衡／檢查等業務之規劃、審議、協調、督導、實施及管理。並辦理認證體系與產品標誌之建立、推行及管理事項。

國家標準之層級可分爲五種層級：(1)國際標準；(2)地區標準；(3)國家標準；(4)團體標準；(5)公司標準。標準檢驗局也設置二十六個國家標準技術委員會以推動及制定相關專業標準。在各技術委員會之下，參考國際標準組織之技術委員會，設置分組委員會，每年定期召開各專業之技術委員會，以完成相關標準業務之制訂細則。

標準用詞定義（標準、驗證、認證、團體標準、國家標準、國際標準等）及標準之本質依據標準法，是一個指導標準作業的根本法源，國家標準採自願性方式實施。

CAS 標章（Certified Agricultural Standards）

優良農產品證明標章的簡稱，是國產農產品及其加工品最高品質的代表標幟。

行政院農業委員會本著發展優質農業及安全農業的理念，自民國78年起著手推動的證明標章，旨在提升農水畜產品及其加工品品質水準，以維護生產者、販賣者及消費者之共同權益，並已逐漸成爲國產優良農產品的代名詞。

CAS優良食品的特點：(1)品質及成分規格一定合乎CNS國家標準；(2)衛生條件一定符合食品衛生管理法規定；(3)包裝完整標示誠實明確；(4)以國產農水畜產爲主原料，富含本土風味特色。目前CAS標章驗證的產品已由日常生活飲食所需之農水畜產品及其加工品，拓展到生活上實用之林產品，未來將統合農委會過去所推動的各項優良農產品標誌標章（包括：海宴、吉園圃、有機食品、台灣好米等），共同以CAS來推廣以利消費者辨識。

行政院農業委員會及衛生署會同執行單位，包括中央畜產會、食品工業發展研究所、工業技術研究院等之學者專家，巡迴督導各CAS優良食品工廠的製造設施、使用原料、生產管理制度及製品的品質與衛生，並赴通路賣場抽樣檢驗，嚴格爲國人的飲食健康安全把關。

優良製造標準（Good Manufacturing Practice; GMP）

良好作業規範，是一種特別注重製造過程中產品品質與衛生安全的自主性管理制度，用在食品的管理稱作食品GMP。食品GMP誕生於美國，相當受消費大衆及食品業者的歡迎，日本、英國、新加坡和很多工業先進國家也都引用食品GMP， 我國在民國78年亦引進食品GMP自主管理制度並加以推廣。目前除美國已立法強制實施食品GMP外，其他如日本、 加拿大、新加坡、德國、澳洲、中國等國家均採取勸導方式輔導業者自動自發實施。

管理經濟實務 10-2：食品市場品質認證

國內黑心食品層出不窮，蔬果的吉園圃標章也只能為農藥殘留把關，無法檢查生產過程是否安全。為了建立現代化安全農業，保障民眾吃的安全，農委會正推動農產品產銷履歷制度。目前已有根莖類蔬菜建立成功模式，要大規模推廣則面臨資金設備的瓶頸，農民需要合作社出資配合。

農產品有了產銷履歷，從生產到銷售的每個環節都會清楚記錄，萬一發生問題也能夠循線追蹤解決，品質與安全更有保障。若買方只願意支付較低價格購買商品，使高價值商品退出市場，市場中全為品質較差的劣質品，以致無法交易；高品質商品賣方為避免逆向選擇導致市場迷失，應主動提供詳實資訊，供資訊不足之買方觀察作為參考指標；市場正常運作之後，高品質商品賣方所累積建立的商譽，即成為市場的重要訊號。企業經營者應依商品標示法等法令，對消費者保證商品或服務之品質時，應主動出具書面保證書。

禽流感危機造成白肉雞售價下滑逾一成，但正是建立優質品牌的良機。卜蜂台灣廠垂直整合生產體系，有 80% 以上肉雞契約農場均在生物工廠的模式下生產，品質追溯系統嚴格監控從農場到餐桌的品質保證工作，為亞洲第一家（1999 年）獲得世界權威的瑞士 SGS 國際 ISO 9001 品質系統認證的肉品加工廠，同時也通過國際 HACCP（食品危害分析及重要管制點）認證。在禽流感流行高峰期，集團已成立危機因應小組，強化集團內人的公共衛生、禽畜防疫體系及品質系統。ISO 9001 規定了品質管理系統要求，包括開發設計、生產、安裝和服務的品質保證模式，證實其具備提供滿足顧客要求和適用法規要求的能力。

中國大陸繼 PVC 保鮮膜被查驗出含致癌物，被迫從超市和大賣場下架後，最近又發現近 50％的拋棄式塑膠食具產品不合格添加致癌填充物，其中包裝速食食品的一次性塑膠餐盒、餐碗和托盤等問題尤為嚴重，添加了大量廢塑膠和填充物，遇熱或油脂會釋放出致癌致病化學物質，嚴重危害人體健康。市面上的黑心食品愈來愈多，食品安全的宣導活動免費教導民眾，不管是米、蕈菇、竹炭、牙膏等商品，都一定要認明印有 CAS 字樣的標誌，因為生產過程中要通過層層的檢驗，拿到標章後相關單位還會定期抽驗。

優良農產品證明標章簡稱 CAS 標章，是國產農產品及其加工品最高品質的代表標幟。驗證的產品已由日常生活飲食所需之農水畜產品及其加工品，拓展到生活上實用之林產品，未來將統合農委會過去所推動的各項優良農產品標誌標章，共同以 CAS 來推廣以利消費者辨識。行政院農業委員會及衛生署會同執行單位，包括中央畜產會、食品工業發展研究所、工業技術研究院等之學者專家，巡迴督導各 CAS 優良食品工廠的製造設施、使用原料、生產管理制度及製品的品質與衛生，並赴通路賣場抽樣檢驗，嚴格為國人的飲食健康安全把關。

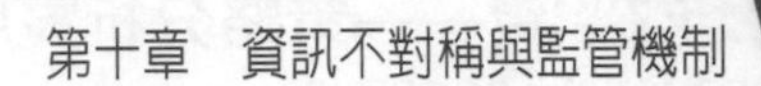

金融市場

金融市場資訊問題

投保人較了解本身健康狀態，但保險公司則否，因此在保險市場中，買方屬資訊優勢者而賣方屬資訊不足者。在不公平交易中，買方故意隱匿本身健康狀態，而從低保費高理賠中獲得額外利益；賣方則因不能掌握對方的資訊，作了錯誤選擇，出售廉價保單造成損傷。賣方爲減少損傷而調高保費，使健康狀態良好者不願投保高價保單，更加重市場逆向選擇問題。保單成交後，投保人可能從事危險活動或惡意詐領保險金，保險公司亦可能挪用保費或經營不善，以損傷對方而獲得超額利益，加重市場道德危險問題。

借款人能掌握了解本身財務狀況，但銀行則否，因此借款人屬資訊優勢者而銀行屬資訊不足者。在不公平交易中，借款人故意隱匿本身財務狀態，銀行則因不能掌握對方的資訊，作了錯誤選擇造成損傷，銀行爲減少損傷而提高利息或手續費，信用狀態良好者不願承擔高資金成本，更加重市場逆向選擇問題。借貸成交後，借款人可能從事高風險投資或惡意倒閉，以損傷對方而獲得超額利益，加重市場道德危險問題。

銀行（企業）能掌握了解本身財務經營狀況，但存款（投資）人則否，因此銀行（企業）屬資訊優勢者，而存款（投資）人屬資訊不足者。在不公平交易中，銀行（企業）故意隱匿本身財務經營狀態，存款（投資）人則因不能掌握對方的資訊，作了錯誤選擇造成損傷，加重市場逆向選擇問題。存款（投資）成交後，銀行（企業）可能從事高風險經營或惡意倒閉，以損傷對方而獲得超額利益，加重市場道德危險問題。

金融市場管理機制

在保險市場中，保險公司屬資訊不足者，會觀察某些相關之參考指標，例如以年齡、職業、體檢等作爲訊號，投保人亦負有主動告知義務，篩選區隔投保人健康狀態，收取不同等級之保險費率，降低逆向選擇問題。保單成交後，保險公司會限制理賠條件；保險公司亦應主動提供經營資訊並累積建立商譽，以避免市場道德危險問題。

在借貸市場中，銀行屬資訊不足者，會進行徵信調查，例如以年齡、職業、財產等作為訊號，篩選區隔借款人，核可不同貸款額度並收取不同等級之利息，降低逆向選擇問題。銀行應持續追蹤借款人信用狀況，減少市場道德危險問題。借款人為爭取有利條件，可以主動提供詳實資訊，供銀行觀察審核，降低逆向選擇問題。

在投資市場中，存款（投資）人則屬資訊不足者，金融機構（企業）應主動提供詳實資訊或訊號，並累積建立商譽，供資訊不足者觀察作為參考指標；存款（投資）人亦應充分搜集市場資訊，政府或管理單位訂定法令規則維持市場秩序，以遏阻逆向選擇與道德危險的發生。

告知義務（concealment）

投保人負有主動告知義務，就要保書的書面詢問事項據實填寫清楚，尤其被保險人過去五年曾住院治療七日以上者不得隱瞞或告知不實。如有故意隱匿，或因過失遺漏或為不實之說明，足以變更或減少保險公司對危險的估計者，保險公司知有解除原因後經過一個月，或自契約開始日起經二年可以解除契約，在保險事故發生與要保人、被保險人告知不實事項有因果關係，保險公司不負給付保險金責任。

保險公司對於要保人或被保險人違反告知義務所得行使的解除權，稱為**契約解除權**（policy rescission right）。

不實告知（misrepresentation）

被保險人或要保人在保險要保申請時，於口頭或書面上對重要事實作虛假陳述，以致保險公司無法確實估計危險而簽發保單。保險行銷人員對保單條款相關事宜的不實說明，亦稱為不實告知。人身保險契約所需的誠信程度更甚於其他契約，因此人身保險契約有最大誠信契約之稱。

複保險（overlapping insurance）

要保人對於同一保險事故、同一保險利益，與多家保險公司訂立多張保險契約，且於同一保險期間內發生效力。被保險人或受益人可能以故意之作為或不作為，造成或擴大危險事故，在保險事故發生前一連串密集同時向好幾家保險公司投保，以詐領高額保險金。

標準體（standard risk）

被保險人的保險保障，依保險公司的審查標準，不用額外提高費率或特殊限制。保險公司會依被保險人身體狀況及職業等進行核保審查，若須加費或削減保額者爲次標準體。

被保險人的身體狀況不符合標準體壽險的核保條件，保險人以高於標準費率簽發的保險，稱爲**弱體保險**（substandard insurance）。

除外責任（limitation）

保險保單的一項條款，排除某些危險或是限制保障範圍，或指某些起因與狀況在保單上不受到保障。投保後有以下的情形之一保險公司將不予理賠，包括受益人故意致被保險人於死；被保險人自契約開始或保單復效日起，經二年內故意自殺、犯罪處死、非法行爲致死；要保人或被保險人違反告知義務；以及保單條款明訂之其他除外責任與除外期間，保險公司得行使的契約解除權等。

責任準備金（reserve）

人壽保險公司向保戶收取保險費後，爲能依保險契約規定，在將來完全履行給付保險金的責任，予以提存之金額，責任準備金之提存標準由財政部訂定之。

特別準備金（special reserve）

提撥目的是爲了一般傳染病、出乎預料的其他賠款或負債（如高於預期之超高死亡率），目前傷害險、健康險及一年定期壽險，法定應提存之特別準備金爲自留總保費之3%，如實際賠款低於預期賠款時，其差額之50%仍應另外提存，反之超過的部分可沖減已提存之特別準備金。

不足額責任準備金（deficiency reserve）

當某一類保單所收取的總保費低於計算責任準備金用之純保費時，就差額的部分補提責任準備金。費率自由化下，當價格競爭過度白熱化、或死亡率的持續改進，都有可能造成總保費的水準下降到甚至低於計算責任準備金用之純保費。

安定基金（safety fund）

爲保障被保險人之權益，並維護金融之安定，財產保險業及人身保險業應分別提撥資金，其提撥比例與安定基金總額，由主管機關審酌經濟、金融發展情形及保險業務實際需要定之，並應專設委員會管理，其組織及基金管理辦法，由主管機關定之。

我國財產保險安定基金，由各財產保險業自82年1月1日起按總保險費收入之千分之二提撥，總額暫訂爲新台幣20億元。人身保險安定基金由各人壽保險業自民國82年1月1日起按總保險費收入之千分之一提撥，總額暫訂爲新台幣40億元。

風險溢酬（risk premium）

又稱爲風險貼水，爲補貼資金供給者承擔額外風險所給付的利率補償，包括通貨膨脹、借款人違約、變現流動性與利率變動等借款期間資金供給者可能遭受的損失。風險愈高則貼水愈高，名目利率愈高，反之則低，又稱爲利率的**風險結構**（risk structure）。

存款準備率（reserve ratio）

銀行保留存款金額的一特定比例作爲準備金，以配合法令並支應存款人日常提領需要。政府爲穩定金融，由中央銀行規定之最低提存比例稱爲**法定**（legal）**準備**或**應提**（required）**準備**；銀行保留的準備總額稱爲**實際**（actual）**準備**，自行保留的通貨，銀行可以經營管理有效運用。

資金最後貸放者（lender of last resort）

中央銀行必要時得提供貸款支應有資金需求的銀行。央行藉由購買市場票券釋出資金，銀行資金不足時可以持票據向央行請求融通；央行對不願意配合貨幣政策的銀行採取懲罰性利率、拒絕融通等方式；中央銀行可以查核了解金融機構的資金吸收及運用狀況，是銀行的銀行。

信用評等

對債務人就某一特定債務之信用風險加以評估，並出具等級之意見。評估債務人依債務所定之條件，適時地支付利息及償還本金的能力及意願，亦即揭露債務不履約的可能性，與其所能提供的保障性。除債

務人本身的信用風險外，亦包括了特定債務的約束及條件，例如抵押品及求償順位，當發生破產、重整或在破產法及其他法律協助下，對債權人之保護程度。

信用評等僅是對債務信用品質的意見，它並不是一種預防損失的保證。信用評等機構雖力求客觀、公正，但並不保證該等資訊的正確性、完整性與可性度；同時對該等資訊中任何錯誤、遺漏所造成之結果，不負任何責任。

評等的等級可作爲投資人投資組合選擇的標準，如規範退休基金經理人不得買入某一信用等級以下之債務證券；涉及公益之機構不得買入未經評等或低等級之債券；依據評等種類列出投資標的物清單以及限制何種標的占投資組合的比例等，以維護公衆的利益。

中華信用評等公司

台灣第一個信用評等機構（中華信評）於民國86年正式成立，採與國外機構合資方式籌建。國外合作對象爲S & P（Standard & Poor's標準普爾全球性信用評等機構），國內股東則根據避免利益衝突、不特別著重營利性及對未來評等業務之獨立、客觀無重大影響等原則遴選，包括台灣證券交易所、證券櫃台買賣中心、證券集中保管公司、證券暨期貨市場發展基金會、金融聯合徵信中心及中華徵信所。

中華信評的評等符號，係仿照S & P以英文字母做區分，在其信用等級之前加有tw，以代表此種評等僅適用於台灣市場。金融機構評等授與的信用評等分爲兩類：一是對發行人授與的評等，另一則是針對特定的債務發行或其他金融債務所授與的評等。

發行人信用評等係對受評發行人償還金融債務整體能力之當前意見，主要係著重於評估發行人是否有準時履行其財務承諾之能力及意願，非反映任何發行人對各債務的優先償還順序或偏好。發行人信用評等等級在「twBBB-」及以上者的債務發行評等，較注重該債務的準時償還能力；而等級在「twBBB-」以下者的債務發行評等，則較注重該債務的清償能力。

存款保險

政府爲保障存款人權益、鼓勵儲蓄、維護信用秩序、促進金融業務健全發展，於民國74年制定存款保險條例，並由財政部會同中央銀行共同出資設立存保公司專責辦理。

我國存款保險制度創立之初即採自由投保方式，爲保障全體存款人權益，並強化存保制度之功能，於民國88年改採全面投保。凡經依法核准收受存款或受託經理具保本保息之信託資金之金融機構，應強制參加存款保險，以確保金融體系穩健經營。

金融重建基金

政府爲積極處理經營不善之金融機構，以穩定金融信用秩序改善金融體質，特立專法申請運用金融重建基金，以全額賠付經營不善金融機構之存款債權及非存款債權，不受存款保險最高保額100萬元之限制。金融重建基金之設置期間係自該條例公布施行日民國90年7月11日起爲期三年，於93年經立法院決議延長一年至94年7月10日止。

金融重建基金到期，回歸存款保險條例，民眾在銀行的存款保險理賠上限，也回歸到原本的每家銀行最多只理賠100萬。

5P原則審核貸款

銀行評估借款人與企業信用時，一般均採用五項評估標準，包括借款人及銀行本身的資金狀況、資金用途、還款來源等，而其中又以信用狀況的影響最大。

借款人（people）指貸款戶的基本條件、信用狀況、與銀行的往來情形等。銀行需衡量有意貸款者的**資金用途**（purpose），資金運用計畫明確且具體可行，並於貸款後持續追查是否依照原定計畫運用，避免資金移作他用引發意外損失，導致無力還款而跳票。

分析借款戶是否具有**還款來源**（payment），授信首重安全性，通常與其借款的資金用途有關；因此依景氣及實際所需資金加以評估，並於貸款後加以追蹤查核。

債權確保（Protection）通常爲銀行向借款戶所徵提的擔保品，當借款戶不能就其還款來源履行還款義務時，銀行仍可藉由處分擔保品而收回放款。

銀行在從事授信業務時，應對整體經濟金融情勢對借款戶行業別的影響，及**借款戶展望**（perspective）加以分析，就銀行所需負擔的風險與所能得到的利益加以衡量。

內線交易

證券交易法規定，內部人獲悉發行股票公司有重大影響其股票價格之消息時，在該消息未公開前，不得對該公司之上市或在證券商營業處所買賣之股票買入或賣出。內部人包含：(1)該公司之董事、監察人、經理人；(2)持有該公司股份超過 10% 之股東；(3)基於職業或控制關係獲悉消息之人；(4)由前三款所列之人獲悉消息者。董事、監察人、經理人及持有該公司股份超過 10% 股東等人所持有之股票，包括其配偶、未成年子女及利用他人名義持有者。

重大影響股票價格之消息在公開前通稱爲內線消息，內線交易係指公司內部人於獲悉內線消息，在未公開前不得買賣該公司之股票。

資訊揭露

台灣證券交易所要求上市公司定期及不定期公布該公司之財務、業務等資訊，於重大事項發生或傳播媒體報導之日起次一交易日開盤前，必要時得要求上市公司於當日收盤前或下午五時前，將該重大訊息內容或說明輸入公開資訊觀測站資訊系統。上市公司得主動或依據台灣證券交易所之要求，舉辦重大訊息記者會。台灣證券交易所對延遲或未發布重大訊息之上市公司得課違約金，最嚴重時可報請變更交易方式爲全額交割或停止買賣。

公開資訊觀測站（http://newmops.tse.com.tw/）提供上市、上櫃、興櫃、公開發行公司資訊，包括財務報表（損益表、資產負債表、現金流量表、股東權益變動表）、財務報告書、股東會年報等相關訊息、重大訊息揭露、每月營收資訊、董監股權異動、庫藏股資訊等。

財富管理業務

銀行透過理財業務人員，依據客戶需求作財務規劃或資產負債配置，以提供銀行經核准經營業務範圍內之各種金融商品及服務。銀行應確實遵守洗錢防制法等相關規定，落實風險之管理及建立良好之內部控制與稽核制度。理財業務人員應站在消費者之角度上，爲消費者提供最佳之建議，滿足投資理財需求，另一方面獲取規劃諮詢相關之管理費用

收入，創造銀行長期之最大利潤。

商品部門有可能為增進業績，積極促銷其商品，而未依客戶財富狀況、風險偏好、投資期間長短與目標，提供最適商品予客戶。銀行應設立獨立專責部門，負責財富管理業務之規劃執行及人員管理，以公正客觀角度提供客戶諮詢意見，避免商品部門為銷售商品而不當影響理財業務人員之專業分析判斷，及造成利益衝突之情事發生。

各國均要求金融機構必須重視**認識客戶**（know your customer; KYC）程序，銷售金融商品前應注意客戶是否有足夠之知識及健全的財務。應建立商品適合度政策，依據客戶之所得、風險偏好、投資決策模式、開戶主要目的與需求、過往投資經驗等，將客戶作類別劃分，另依商品之性質，區分商品風險或複雜程度之等級，經交叉比對後，找出與客戶適當之商品，以避免銀行不當銷售之行為。

投資人面臨複雜的投資理財工具環境，應建立正確之理財觀念及風險認知能力，掌握風險與報酬之關係，並了解自我之風險偏好及評估風險承受能力，有效配置資產負債。

風險告知

銀行提供客戶理財顧問意見應以書面為之，並妥為保存以供未來查證。提供特定商品時，應另提供商品說明書及風險預告書，載明商品特性、所涉及之風險、手續費或其他費用之說明。相關說明經理財業務人員充分告知客戶後，應留存紀錄以供查證。銀行應針對客戶有無涉及洗錢與不法交易執行檢查程序並出具確認報告書。

銀行應製作客戶權益手冊提供客戶，內容包括金融商品或服務之內容、可能涉及之風險及其他特殊約定事項，並應充分揭露辦理本項業務費用收取的方式，且應將受理客戶意見、申訴之管道、調查、回應及處理客戶意見等，與維護客戶權益之相關資訊納入。推銷不實商品或未善盡風險預告之爭議責任，應由銀行負責。

銀行應建立交易控管機制，避免提供客戶逾越徵信額度、財力狀況或合適之投資範圍以外之商品或服務，並避免業務人員非授權或不當顧問之業務行為。建立向客戶定期及不定期報告之制度，報告之內容、範圍、方式及頻率，除法令另有規定外，應依照雙方約定方式為之。

管理經濟實務 10-3：投資市場資訊不對稱

最近有關股市禿鷹案吵得沸沸揚揚，甚至扯出市場多空對決、政黨派系鬥爭等陰謀論。這裡純就經濟觀點，探討投資市場的資訊不對稱問題。

禿鷹集團就是深諳國內股市現狀及個別公司情況的投機份子，在獲悉內線消息後，鎖定特定表現不佳股票予以融券賣出，再透過媒體渲染利空，造成股價崩跌後低價回補獲取暴利；包括博達、訊碟、陞技、勁永、千興等多檔個股，都曾經遭禿鷹集團鎖定，利用檢調單位查辦案情之際有計畫放空。禿鷹以腐敗的動物屍體為主食，維生之道是仰賴其他肉食動物的狩獵成果。

在投資市場中，企業能掌握了解本身財務經營狀況，屬資訊優勢者，但一般投資人則屬資訊不足者。投資人可能因不能掌握對方的資訊而作了錯誤選擇(逆向選擇)，企業可能從事高風險經營或惡意倒閉（道德危險)，因此企業應主動提供詳實資訊，並累積建立商譽，供資訊不足者觀察作為參考指標；投資人亦應充分搜集市場資訊；政府或管理單位則訂定法令規章維持市場秩序。

行政院金融監督管理委員會，主管金融市場及金融服務業之發展、監督、管理及檢查業務。辦理金融檢查於必要時，得要求金融機構及其關係人與公開發行公司提示有關帳簿、文件及電子資料檔等資料，或通知被檢查者到達指定辦公處所備詢。查黑中心查出，股市金主林明達違法放空勁永涉嫌重大，疑為禿鷹集團成員，發現時任金管會檢查局長的李進誠與林明達往來密切。台灣證券交易所上市部專員張錫寬，涉嫌盜取證交所內部有關公司體質查核的電腦機密資料，除供自己放空勁永股票獲利，還疑似外洩給林明達等不法放空集團。

影響股票價格之重大消息在公開前稱為內線消息，公司內部人獲悉內線消息買賣該公司之股票稱為內線交易，資訊優勢者能從中獲得額外利益，而使資訊不足者造成損傷。因為資訊不對稱，使市場參與者不能公平交易，供需雙方雙贏的市場均衡無法達成，甚至最後全部退出市場，該市場崩潰消失。此次涉案的金管會、證交所官員為基於職業或控制關係獲悉消息之人，禿鷹作手是由前列之人獲悉消息者，依證券交易法規定，不得對相關公司之股票買入或賣出。

李進誠因與林明達熟識，涉嫌洩漏檢調搜索調查勁永內容給記者撰稿，藉此打擊勁永股票，供林等集團趁股價無量下跌時回補獲利。檢方將前金管會檢查局長李進誠依洩密、圖利罪嫌起訴，並求處八年重刑、褫奪公權五年，金主與作手林明達、陳俊吉及證交所上市部專員張錫寬均被依內線交易罪嫌起訴，張則另依洩密及妨害電腦使用罪嫌起訴。

搜集市場資訊可以在交易活動中減少損傷增加福利，但亦須支付資訊成本，因此須衡量評估成本效益，即獲得的邊際收益不應低於支出的邊際成本。當您的投資顧問或理財專員所做的財務規劃報酬不足支付相關管理費用；當政府單位未能保護投資人權益，反而支出更大的社會成本，使善良交易人卻步；如果您是理性的經濟人，您會如何選擇呢？

 勞動市場

勞動市場資訊問題

勞動市場需求者（廠商）徵才過程中，求職者了解本身品德能力，但廠商則否，因此求職者屬資訊優勢者而廠商屬資訊不足者。在不公平交易中，求職者故意隱匿本身品德能力，廠商則因不能掌握對方的資訊，作了錯誤選擇，造成市場逆向選擇問題。求職者被錄用後怠忽職守或惡意不當使用廠商資源，使對方難以察覺，以損傷對方而獲得超額利益，造成市場道德危險問題。

勞動市場供給者（個人）求職過程中，勞動市場需求者（廠商）了解本身經營狀況與工作環境，但求職者則否，因此廠商屬資訊優勢者而求職者屬資訊不足者。在不公平交易中，廠商故意隱匿本身經營狀況與工作環境，求職者則因不能掌握對方的資訊，作了錯誤選擇，造成市場逆向選擇問題。求職者被錄用後，廠商故意不當對待員工或惡意倒閉，以損傷對方而獲得超額利益，造成市場道德危險問題。

勞動市場管理機制

勞動市場需求者（廠商）徵才過程中，求職者了解本身品德能力，但廠商則屬資訊不足者。廠商因不能掌握對方的資訊，作了錯誤選擇，因此廠商會進行篩選，例如以年齡、學歷、經歷等作爲訊號，區隔求職者；求職者亦應主動提供詳實資訊，供資訊不足者觀察作爲參考指標，降低逆向選擇問題。求職者被錄用後可能怠忽職守或惡意不當使用廠商資源，廠商應建立管理考核機制，加以適當的監督獎懲，以減少員工從事道德危險行爲的動機，管理機制所獲得的邊際利益（MB）應不低於支出的邊際成本（MC）。

勞動市場供給者（個人）求職過程中，勞動市場需求者（廠商）了解本身經營狀況與工作環境，但求職者則屬資訊不足者。求職者因不能掌握對方的資訊，作了錯誤選擇，因此求職者會進行篩選，例如以商譽、經營狀況、薪資福利、升遷機會等作爲訊號；廠商亦應主動提供詳

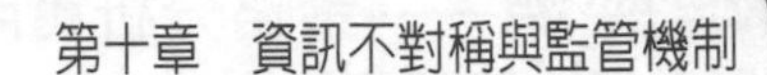

實資訊，供資訊不足者觀察作爲參考指標，降低逆向選擇問題。求職者被錄用後，廠商故意不當對待員工或惡意倒閉，員工應持續追蹤廠商經營狀況，以工會力量或法令機制保障勞工權益，遏阻道德危險的發生。

效率薪資（efficiency wage）

當事人（雇主）給予代理（受雇）人足夠利益，以減少從事道德危險行爲的動機，例如績效獎金、入股分紅等薪資加碼，以勞動市場價格功能，區隔不同工不同酬，形成分離式均衡。當事人建立管理考核機制，適當監督獎懲代理人，使代理人的工作目標與當事人利益一致。

當勞動市場發生資訊不對稱問題，在混合式均衡下同酬不同工，劣質員工可以獲得超額利益，代理人工作時爲追求個人目標而犧牲當事人利益，造成市場道德危險問題與當事一代理問題。

效率薪資所評估的目標通常偏重較易衡量的表面成效，未必能完全反映實際的工作績效；員工爲達成表面目標，致力於容易獲得薪資加碼的特定項目，而忽略了專業素養的實質貢獻與企業長期發展。

組織內各部門等爲爭取本身的效率薪資，各自爲政暗中較勁，本位主義妨礙協調合作，局部績效達到最佳，卻忽略了組織全體的最適化。

誘因相容契約（incentive compatible contract）

代理人爲獲得長期利益，追求個人目標時亦同時達成當事人交付之任務目標，契約內容揭露利潤分享與預期報酬等資訊。

不同類型的受雇人會選擇相同誘因相容契約，稱爲**合併式均衡**（pooling equilibrium），當事人無法區隔代理人之工作內容與目標；不同類型的受雇人會選擇不同誘因相容契約，稱爲**區隔式均衡**（separating equilibrium），當事人可以區隔代理人之工作內容與目標，選擇適合的評估方式重點管理，員工配合公司運作，增強對組織的認同感與向心力，進而貢獻努力達成組織目標。資訊不足者設計不同誘因條件，吸引不同類型的資訊優勢者願意選擇不同契約，自動減少逆向選擇與道德危險的發生，稱爲**自我選擇**（self-selection）。

或有付款（contingent payment）

資訊優勢者運用威脅與承諾作爲訊號，資訊不足者防止逆向選擇與道德危險的發生。當所設定的條件發生時，必須承擔代價與成本以執行契約；若所設定的條件未實際發生，則減少負擔代價與成本。

例如賣方提供品質保證否則退費，劣質品條件發生時，賣方必須承擔代價以執行承諾；高品質商品賣方減少負擔成本，並增加資訊不足者的購買信心，所累積建立的商譽成為市場的重要訊號，自動減少逆向選擇與道德危險的發生。當事人運用威脅與承諾設計不同誘因條件，當代理人達成交付之任務目標可以薪資加碼，若未達到績效配額則加以處罰，自動建立管理考核機制加以監督獎懲，解決當事—代理問題。

內部獨占（internal monopoly）

內部組織的功能部門，透過垂直整合完成完整的生產鏈，廠商因為組織規模過大而分工複雜，個別部門缺乏誘因而犧牲整體利益，造成企業經濟資源的誤用或配置不當。無法擴充至足夠規模（MES）的部門，造成單位成本上升而報酬降低，即不具規模經濟效益。個別部門怠忽職守或惡意不當使用廠商資源，廠商不易掌握資訊，造成道德危險問題。廠商建立考核管理機制以及建立內部協調機制需支出成本，因而降低管理效率，組織內部分配不均導致人事鬥爭與分裂。

套牢（hold up）

對來自其他企業的組織或成員不易管理，因過度依賴對方而受到不當對待或惡意威脅。企業中某些階段的活動，由內部組織的功能部門，轉移至外部廠商經營處理，與其他外包企業建立緊密的關係，依其需要完成完整的垂直生產鏈，並保持本身企業的核心專長與機動彈性，可以節省內部管理成本但不易控制，通常以合作契約、策略聯盟、交叉持股等方式確保企業功能可以長期順利運作。

組織建築（organizational architecture）

企業組織運用股權分配、誘因機制、監督機制等方式，解決企業面對內外組織的內部獨占、規模不經濟、道德危險、套牢等問題。當廠商不易掌握內部資訊，無法解決內部獨占與道德危險問題，或個別部門營運不具規模經濟效益，應採取向其他企業採購、外包、合作、聯盟等方式；若過度依賴其他企業而受到套牢，則考慮成立相關部門自行營運，或透過垂直整合完成生產鏈。

股票選擇權（stock options）

當事人（雇主）給予代理（受雇）人買進公司股票的選擇權利，通常企業給受雇經理人在未來某一時點可以依目前訂價買進公司股票的權利，經營方向正確企業可獲得超額利潤，股票價格上漲時選擇買進公司股票賺取資本利得，方向錯誤則無利潤，即放棄買進公司股票的權利。

遞延報酬（deferred payment）

部分績效獎金遞延一段期間之後才給付，入股分紅或股票選擇權之股份不得立即賣出等規定，避免員工為達成個人短期績效目標而忽略企業長期發展，並留住人才減少外流。

績效股權（performance shares）

當代理人達到績效目標，可以獲得公司股票之股份作為獎勵，增強員工對企業的向心力，貢獻努力達成組織目標。

若當事人（雇主）轉讓股權或持股不足遭外人購併，導致原受雇經理人職位不保，則企業必須給予補償，稱為**黃金保護傘**（golden parachute），以安定人事並降低對整合之阻力。

工會

以保障勞工權益、增進勞工知能、發展生產事業、改善勞工生活為宗旨。工會為法人，同一區域或同一廠場，年滿二十歲之同一產業工人，或同一區域同一職業之工人，人數在三十人以上時，應依法組織產業工會或職業工會。雇主或其代理人不得因工人擔任工會職務，拒絕僱用或解僱及為其他不利之待遇。

工會理、監事因辦理會務得請公假，常務理事得以半日或全日辦理會務，其他理、監事每人每月不得超過五十小時，其有特殊情形者，得由勞資雙方協商或於締結協約中訂定之。在勞資爭議期間，雇主或其代理人不得以工人參加勞資爭議為理由解僱之。

工會有成立之基本條件不具備或破壞安寧秩序情事之一時，主管機關得解散之；工會對於解散處分有不服時，得於處分決定公文送達之日

起三十日內提起訴願。

員工保密義務

跳槽員工到新工作崗位後有使用、洩漏在前雇主處時知悉的營業秘密時，可能涉及刑法背信罪責及民事賠償責任問題。涉及洩密的勞工及跳槽後新任職的公司雖已與前雇主和解，但法律上的刑事責任並不能因此即告免除。

員工享有職業選擇自由，除非有合法有效的離職後競業禁止約定存在，否則離職員工跳槽到營業競爭對手陣營，應爲法之所許。

終止勞動契約

非有下列情形之一者，雇主不得預告勞工終止勞動契約：(1)歇業或轉讓時；(2)虧損或業務緊縮時；(3)不可抗力暫停工作在一個月以上時；(4)業務性質變更有減少勞工之必要，又無適當工作可供安置時；(5)勞工對於所擔任之工作確不能勝任。

雇主終止勞動契約者，應依規定發給勞工資遣費。勞動契約終止時，勞工如請求發給服務證明書，雇主或其代理人不得拒絕。

事業單位改組或轉讓時，除新舊雇主商定留用之勞工外，其餘勞工應依規定期間預告終止契約，並依規定發給勞工資遣費。其留用勞工之工作年資，應由新雇主繼續予以承認。

雇主因歇業、清算或宣告破產，本於勞動契約所積欠之工資未滿六個月部分，有最優先受清償之權。雇主應按其當月僱用勞工投保薪資總額及規定之費率，繳納一定數額之積欠工資墊償基金，作爲墊償前項積欠工資之用。

雇主積欠之工資，經勞工請求未獲清償者，由積欠工資墊償基金墊償之；雇主應於規定期限內，將墊款償還積欠工資墊償基金。積欠工資墊償基金，由中央主管機關設管理委員會管理之。

管理經濟實務 10-4：勞動市場誘因相容契約

因應企業發展、提高公司獲利與經營績效，甚至基於反併購的主觀需要，企業員工持股信託大行其道。以金融機構為例，中信、玉山、開發金控三業者對此態度相當積極；產業界則有包括大同、華航、士林電機、遠東集團、台肥等六十餘家企業，透過此方式提高員工認同感與向心力。代理人為獲得長期利益，追求個人目標時亦同時達成當事人交付之任務目標；當代理人達到績效目標，可以獲得公司股票之股份作為獎勵，貢獻努力達成組織目標。

只要經營績效穩定成長的企業持股交付信託後，員工都有不錯的配股、配息可以領取；以中信銀為例，參加持股信託的員工，近五年來報酬率高達32%。台肥正式委由中信銀為受託銀行，開辦企業員工持股信託，透過員工自己的儲蓄金結合公司的獎勵金，以定期定額的方式，鼓勵員工儲蓄理財；未來屆齡退休時，除能取得法定退休金，還可享受長期累積帶來的財富。各企業為爭取優秀人才，近年來紛推各項激勵方案及留才制度，也帶動國內信託事業發展，並提高企業股東的實質價值。企業組織運用股權分配、誘因機制、監督機制等方式，解決企業面對內外組織的內部獨占、規模不經濟、道德危險、套牢等問題。

持股信託除了報酬之外，還有防止遭到併購的作用。玉山金控長期採取此制度，多數員工每個月都會將薪資的一部分，移撥作為員工持股信託，目前玉山金員工持股比率近三成，有意想要吃下玉山金的其他同業，盡全力也只能吃下兩成。員工配合公司運作，增強對組織的認同感與向心力，設計不同誘因條件吸引員工選擇，自動減少逆向選擇與道德危險的發生。

兆豐金控為了降低基層員工阻力，順利完成兩家子銀行交通銀行、中國商銀合併，決議獲利表現若能維持全年的七成以上，則員工紅利與績效、年終等獎金比照不變。合併後的兆豐銀扣掉這些獎金紅利後再上繳金控，金控母公司再分派股東股利。不過中銀員工對此一對策並不十分領情，工會幹部批評這是慷股東之慨來堵員工之口，認為交銀應該在合併前改善資產品質，不是只想等到與中銀合併後，接受中銀的提存準備來改善逾放。工會以保障勞工權益、增進勞工知能、發展生產事業、改善勞工生活為宗旨，雇主或其代理人不得因工人擔任工會職務，拒絕僱用或解僱及為其他不利之待遇。

廠商應建立管理考核機制，加以適當的監督獎懲，以減少員工從事道德危險行為的動機，管理機制所獲得的邊際利益（MB）應不低於支出的邊際成本(MC)。員工會進行篩選以商譽、薪資福利、升遷機會等作為訊號；應持續追蹤廠商經營狀況，以工會力量或法令機制保障勞工權益，遏阻廠商故意不當對待員工或惡意倒閉的道德危險發生。

第十一章　外部效果與談判協商

- 外部效果與內部化
- 環境經濟學
- 衝突管理
- 談判協商

外部效果與內部化

外部性（externalities）

參與經濟活動的行爲者，所創造的經濟利益有部分不能獨享（外部效益），或所造成的成本有部分不必自己負擔（外部成本）；外部效益與外部成本合稱外部性，或稱爲**外部效果**（external effects），包括**無排他性**（nonexclusive）**效果與共同財富**（common property）**效果**。主要原因爲該等商品的效益享用或成本負擔無法排他，亦即具有外部效益的商品不能完全禁止他人共享，而具有外部成本的商品不能完全避免他人承受，因此造成市場實然與社會應然之間存在差異。

社會應然之社會邊際成本（social marginal cost; SMC）等於社會邊際效益（social marginal benefit; SMB）的均衡，才能使經濟社會資源達最佳配置效率，獲得最大社會福利；市場實然之私人邊際成本（private marginal cost; PMC）等於私人邊際效益（private marginal benefit; PMB）的均衡，並未使經濟社會資源達最佳配置效率，而損失社會福利，造成市場失靈。

外部成本（external costs）

經濟行爲者所造成的成本不必自己負擔之部分，又稱爲**外部不經濟**（external diseconomies）或**負外部性**（negative externalities），而自己須負擔之部分則稱爲**私人成本**（private costs），兩者之和是該經濟活動所造成的**總社會成本**（social costs）。

外部成本＝社會成本－私人成本

生產面的負外部性

生產過程製造的成本，並未由該商品的生產者與消費者完全負擔，例如工廠環境污染，是由忍受污染的鄰居甚至全民來共同承擔。

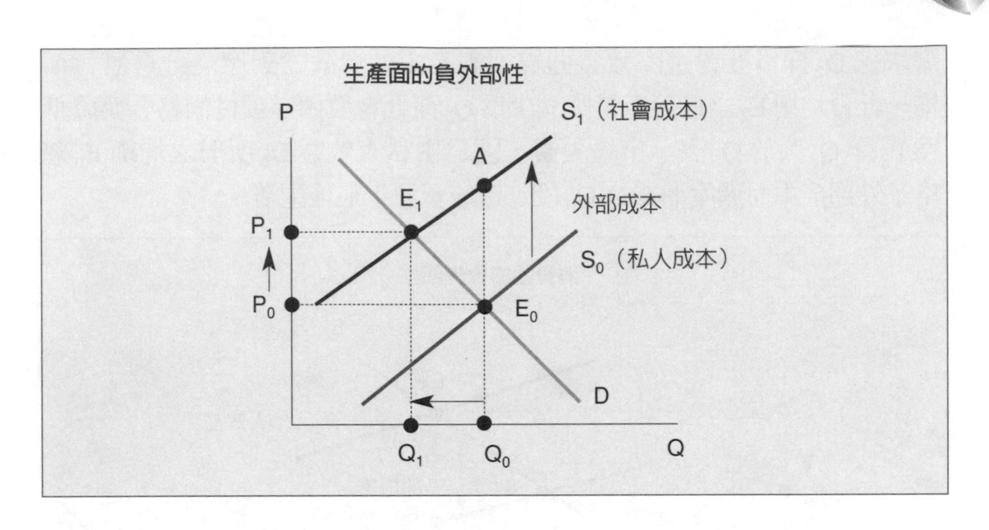

如圖，S_0為廠商生產某商品的供給線，價格與其供給量之關係對應其邊際成本，因此S_0亦為生產者之私人成本，均衡量為Q_0而均衡價格P_0。生產過程製造的外部成本為E_0A段，較高之S_1即為社會邊際成本曲線，表示由社會成本對應之社會應付價格，社會均衡E_1之最適產量應減少為Q_1而社會價格應上漲為P_1。Q_0大於Q_1表示市場失靈，因為由私人成本S_0所形成之均衡E_0忽略了外部成本而超額生產了Q_1Q_0段，造成資源浪費（非最佳配置）。

因經濟行為者不必負擔全部成本，過度生產而使市場均衡量大於社會均衡量（$Q_0 > Q_1$），且市場均衡價低於社會均衡價（$P_0 < P_1$）的市場失靈現象，即過度生產導致社會成本損失。若對具有外部成本的商品生產加課稅捐，即提高私人成本，供給線上移至與社會成本相同之S_1，可達到社會均衡E_1及資源配置效率。

消費面的負外部性

消費過程製造的成本，並未由該商品的生產者與消費者完全負擔，例如消費煙酒造成的社會成本（環境污染、交通安全、社會秩序等），是由全民來共同承擔。

如圖，D_0為消費者消費某商品的需求線，價格與其需求量之關係對應其邊際效益，因此D_0亦為消費者之私人效益，均衡量為Q_0而均衡價格P_0。消費該商品產生的外部效益降低（外部成本）為E_0B段，較低之

需求線 D_2 即為社會邊際效益曲線，表示由社會效益對應之社會應付價格，社會均衡 E_2 之最適產量應減少為 Q_2 而社會價值（願付價格）應降低為 P_2。Q_0 大於 Q_2 表示市場失靈，因為由私人效益 D_0 所形之均衡 E_0 忽略了外部成本而過度消費 Q_2Q_0 段，造成資源未最佳配置。

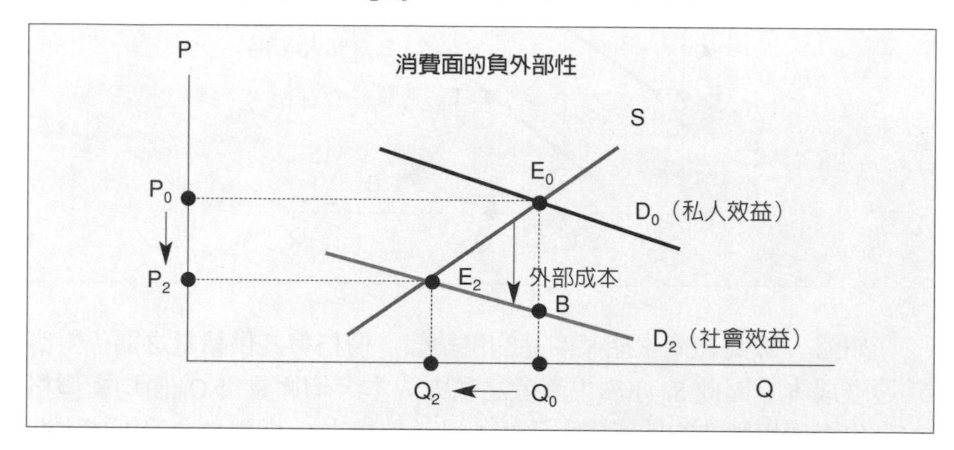

因經濟行為者不必負擔全部成本，過度消費而使市場均衡量大於社會均衡量（$Q_0 > Q_2$），且市場均衡價高於社會均衡價（$P_0 > P_2$）的市場失靈現象，即過度消費導致社會成本損失。若對具有外部成本的商品限制消費，即降低私人效益，需求線左移至與社會需求相同之 D_2，可達到社會均衡 E_2 及資源配置效率。

外部效益（external benefits）

經濟行為者創造的經濟利益中，自己不能完全獨享之部分，又稱為**外部經濟**（external economies）或**正外部性**（positive externalities），而自己享受的部分則稱為**私人效益**（private benefits），兩者之和是該經濟活動所創造的總**社會效益**（social benefits）。

外部效益＝社會效益－私人效益

生產面的正外部性

工廠生產過程製造的成本，由該商品的生產者承擔，但全民可以共同享有商品的利益，而降低社會成本。

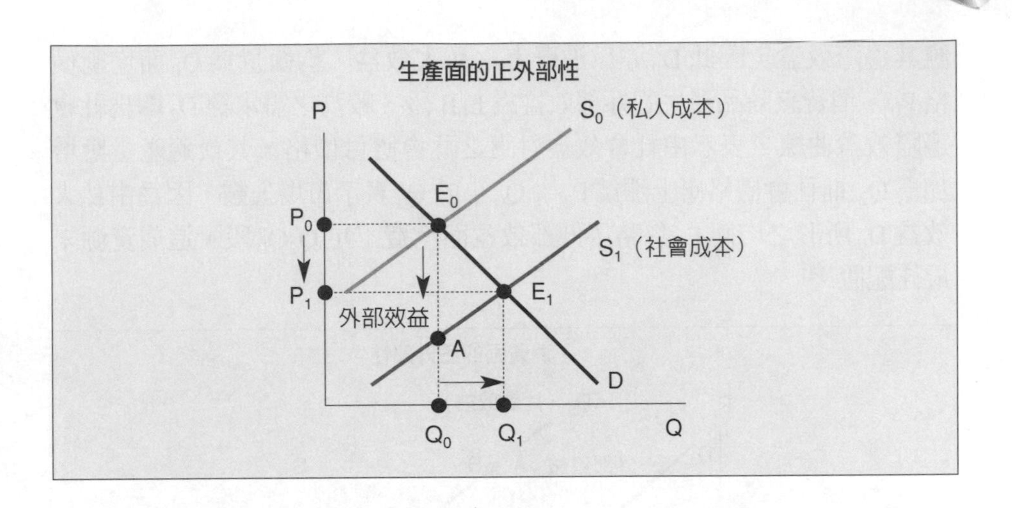

如圖，S_0為廠商生產某商品的供給線，價格與其供給量之關係對應其邊際成本，因此S_0亦為生產者之私人成本，均衡量為Q_0而均衡價格P_0。生產的外部利益為E_0A段，較低之S_1即為社會邊際成本曲線，表示由社會成本對應之社會應付價格，其最適產量應增加為Q_1而社會價格應下跌為P_1。Q_0小於Q_1表示市場失靈，因為由私人成本S_0所形成之均衡E_0忽略了外部利益而少生產了Q_1Q_0段，造成資源浪費（非最佳配置）。

因經濟行為者不能獨享全部效益，生產者不願多生產而使市場均衡量小於社會均衡量（$Q_0 < Q_1$），且供給不足使市場均衡價高於社會均衡價（$P_0 > P_1$）的市場失靈現象。若對具有外部效益的商品補貼，提高私人生產，供給線下移（降低成本）至與社會成本相同之S_1，可達到社會均衡E_1及資源配置效率。

若因廠商研發創新產生的外部利益，使社會均衡之市場最適產量增加而價格下跌，提高社會福利，又稱為**技術外溢**（technology spillover）效果。

消費面的正外部性

消費商品的效益不能完全禁止他人共享，例如建造居住花園豪宅，居住者以外的過路人或鄰居亦可賞心悅目，享有滿足效用，非擁有者完全獨享。

如圖，D_0為消費者消費某商品的需求線，價格與其需求量之關係對應其邊際效益，因此 D_0 亦為消費者之私人效益，均衡量為 Q_0 而均衡價格 P_0。消費該商品產生的外部效益為 E_0B 段，較高之需求線 D_2 即為社會邊際效益曲線，表示由社會效益對應之社會應付價格，其最適產量應增加為 Q_2 而社會價格應上漲為 P_2。Q_0 小於 Q_2 表示市場失靈，因為由私人效益 D_0 所形之均衡 E_0 忽略了外部效益而消費不足 Q_2Q_0 段，造成資源未最佳配置。

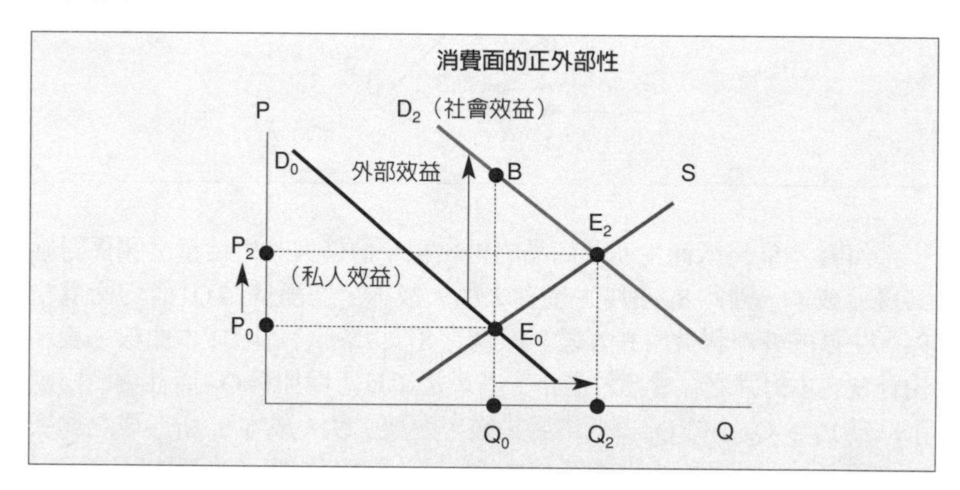

因經濟行為者不能獨享全部效益，消費者不願多消費而使市場均衡量小於社會均衡量（$Q_0 < Q_2$），且消費者不願多付費而使市場均衡價低於社會均衡價（$P_0 < P_2$）的市場失靈現象。若對具有外部效益的商品補貼，提高私人需求，需求線上移至與社會需求相同之 D_2，可達到社會均衡 E_2 及資源配置效率。

需求外部性（demand externalities）

市場需求增加，可能引發個人需求增加之外部帶動效果，因市場流行誘發個人偏好。例如商品價格愈高愈能使該商品的擁有者炫耀其身分地位，反使該高價商品需求量增加的炫耀財；流行吸引追隨者搶購使價格居高不下的標新立異財，形成需求法則的例外（正斜率需求線）。

廠商為造成市場需求外部性，而維持需求者搶購現象，人為干預訂定價格上限，市場力量無法以漲價重回原均衡，除非供需條件改變，將持續超額需求之市場失衡，誘發個人偏好。

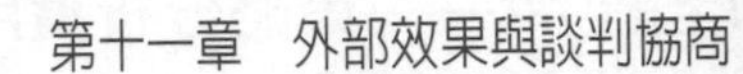

互補品外部性（complements externalities）

須共同搭配使用的互補品，其需求量增加而連帶增加互補品的需求。廠商爲造成互補品外部性，促進產品系統相容以提升需求者搭配使用的方便性，常採用免費試用或搭配銷售方式擴大市場規模，再引發需求外部性帶動更大商機。

網路外部性（network externalities）

市場需求增加，可引發個人使用的外部效益增加；使用網路的人愈多，使用者彼此之間的通訊效益愈大，並帶動增加網路相關的服務。廠商藉此增加提供網路相關服務，提升使用者的效益與廠商的利潤，稱爲**網路效果**（network effect）。

內部化（internalize）

將外部效果內部化，在市場均衡中調整加入外部效果，亦即將外部效益與外部成本納入市場活動之內，則該市場的成本效益與社會的成本效益相符，其均衡價量也就等於社會的最適價量，沒有市場失靈。通常經由政府干預促成，包括直接管制、課稅、補貼及各種福利政策使所得重分配公平化。

將外部效果內部化，可以使市場實然眞正反應社會應然，市場均衡即可與社會均衡相同，但外部效果不易具體衡量，過度強調社會應然可能造成市場干預，而不能反映市場實然。

皮古稅（Pigouvian tax）

對具有外部成本的商品生產加課稅捐，即提高私人成本，由經濟行爲者（生產者與消費者）自行承擔外部成本，供給線上移至與社會成本相同，可達到社會均衡及資源配置效率。

對具有外部效益的商品補貼（負課稅），供給線下移（降低成本）至與社會成本相同，可提高私人生產，達到社會均衡及資源配置效率。

外部效果不易具體衡量，由政府介入課稅或補貼，可能造成市場干預，反而造成市場失靈，使私人與社會均衡皆難以達成，資源非最佳配置，降低社會福利。

管理經濟實務 11-1：台塑大煉鋼廠的外部性

台塑企業副董事長王永在日前宴請經濟部長及工業局主管時，希望經濟部協助大煉鋼廠投資事宜，避免買了土地後卻因環評未過關而導致保證金被沒入，重演當年利澤六輕因未建廠而被罰上億元罰鍰的窘境。

行政院長謝長廷甫於永續發展委員會中裁示，要求環保署在進行中油國光石化以及台塑大煉鋼廠環評時，必須要將 CO_2 以及水資源納入審查項目。謝揆強調，二氧化碳減量並不只是台灣的問題，而是世界的問題，希望國內對二氧化碳減量能盡速研擬具體的做法，未來也將列為重大投資案環評時的審查項目。經濟行為者所造成的成本不必自己負擔之部分，稱為外部不經濟或負外部性，因過度生產導致社會成本損失的市場失靈現象。

媒體報導台塑王永在日前晉見陳水扁總統時，曾當面對台塑大煉鋼廠投資案提出數項訴求，包括煉鋼廠土地的取得、二氧化碳排放量標準，以及環境影響評估報告等，希望煉鋼廠投資案能盡快通過審查，及早進行投資。台塑企業鄭重對外澄清指出，王永在並未就大煉鋼廠投資案向陳總統提出任何訴求，當天談話內容也沒有提到與煉鋼廠投資案有關的事項。外傳他希望台塑大煉鋼廠不要納入二氧化碳管制新標準，謝揆表示已經決議將二氧化碳排放管制納入重大投資案的環評項目，且必須對地方有具體回饋，才能核准設廠。生產過程製造的外部成本，並未由該商品的生產者與消費者完全負擔，因為由私人成本所形成之均衡忽略了外部成本而超額生產，造成資源浪費之市場失靈。

過去台塑六輕申請設廠時曾表示，廠區有多少人吃飯，當地就有多少個便當的需求，可以帶來商機；不過現在都是在六輕廠區內自給自足，並沒有為當地帶來繁榮；台塑大煉鋼廠如在雲林離島工業區設置，希望對雲林的回饋要很具體、落實，能有一個造鎮計畫，為雲林帶來更多就業機會以及更多生活上的幫助。工廠生產過程製造的成本，由該商品的生產者承擔，即提高私人成本，但全民可以共同享有利益，而降低社會成本，達到社會均衡及資源配置效率。

將外部效果內部化，在市場均衡中調整加入外部效果，亦即將外部效益與外部成本納入市場活動之內，則該市場的成本效益與社會的成本效益相符，其均衡價量也就等於社會的最適價量，沒有市場失靈；通常經由政府干預促成，包括直接管制、課稅、補貼及各種福利政策使重分配公平化。外部效果不易具體衡量，由政府介入課稅或補貼，可能造成市場干預，反而造成市場失靈，使私人與社會均衡皆難以達成，資源非最佳配置，降低社會福利。

環境經濟學

寇斯定理（Coase theorem）

當財產所有權可以確定（不論屬於何方）、牽涉之相關人數有限而且協商成本不大，則外部效果問題可以由該等相關當事人自行協商解決，不須政府干預。例如將環境權視爲財產所有權，生產者與被污染者可以確定，牽涉之相關人數有限而且協商成本不大，爲維護各自利益協議。

補償金即是將外部成本內部化，納入市場活動之內，供需雙方均須衡量補償金的影響（成本上升）而調整其經濟行爲（減少污染），直到達成社會均衡的最適價量狀態，使經濟社會資源達最佳配置效率，獲得最大社會福利。

將外部效果問題的所有權明確歸屬，使具有外部性的經濟活動及其參與者受到監督，須在市場均衡中調整加入外部效果，使經濟社會資源達配置最有效率。

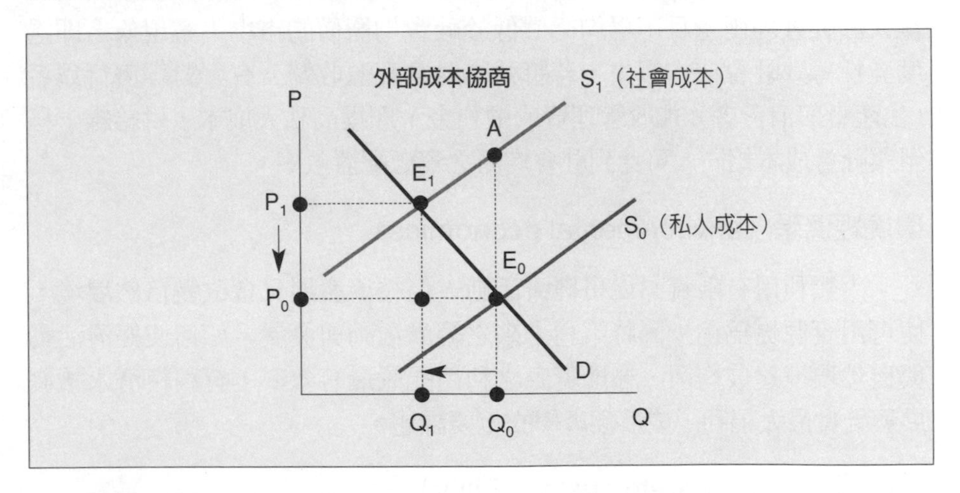

由私人成本 S_0 所形成之均衡 E_0，最適產量 Q_0，△ AE_1E_0 面積代表社會成本淨額，私人生產者要生產 Q_0 產量，須支付△ AE_1E_0 面積金額予承受社會成本之所有權人（如受污染民衆）；社會均衡 E_1 之最適產量應減少爲 Q_1，但私人經濟活動參與者損失效益△ BE_1E_0 面積金額，社會應

補貼△ BE_1E_0 面積金額予經濟活動所有權人（如具有生產價值但會造成污染的廠商）。

寇斯定理不考慮協商成本，但是當協商成本大於協商利益時，相關當事人無意進行協商，供需雙方形成的市場均衡無法加上外部效果，不能達成整體社會的均衡，使經濟社會資源未達最佳配置效率，造成市場失靈。若相關當事人對各自利益認知差異太大，或牽涉之相關人數認定困難，進行協商卻難以達成協議，將持續市場失靈。

若所有權歸屬不當，可能引發不當誘因，且提高協商成本，反而造成資源浪費（非最佳配置）之市場失靈，降低社會福利。

共同財富（common property）

當經濟社會資源之財產所有權不易確定，使具有外部性的經濟活動及其參與者未受到監督，只追求私人利益，例如海洋、森林等天然資源之濫採濫用，使經濟社會資源未達最佳配置效率（資源耗竭），而損失社會福利，造成市場失靈。

因使用共同財富資源之經濟行爲者不必負擔全部成本，使市場均衡量大於社會均衡量且市場均衡價低於社會均衡價的市場失靈現象，即過度濫採導致社會成本損失。若將共同財富資源收歸公有，對經濟行爲者（生產者與消費者）加收管理費或權利金，即提高私人成本，供給線上移至與社會成本相同，可達到社會均衡之資源配置效率。

環境經濟學（environmental economics）

人類利用有限資源從事經濟活動，但經濟發展又會改變自然環境，使可用資源更爲稀少，將不利未來之經濟活動與發展。如何使經濟活動與自然環境達成均衡，亦即資源之利用配置最有效率，有利經濟永續發展與社會最大福利，成爲經濟學的重要課題。

巴瑞圖永續性（Pareto sustainability）

經濟發展應使目前經濟活動達到最大效益，而不損傷未來之經濟發展與福利，亦即經濟發展應以永續發展爲原則；追求當代社會最大福利，不應以損傷未來之社會福利爲代價。

最適污染量

污染防治與環境保護有助長期經濟發展，減少污染可以獲得邊際社會利益（marginal social benefits; MSB），但清除污染亦須支付邊際社會成本（marginal social costs; MSC），MSB 大於 MSC 之污染防治值得推行，反之則否。

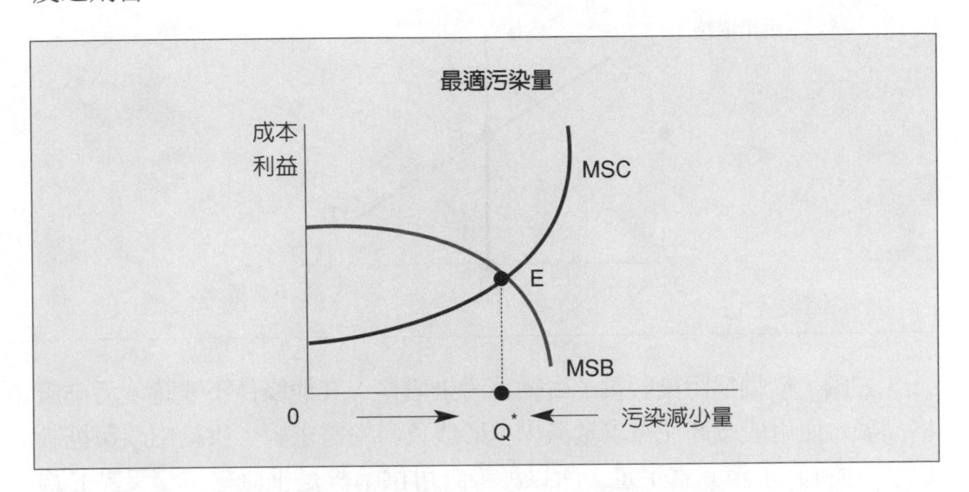

隨著污染減少量愈大（向右），可以獲得的邊際社會利益遞減，而須支付之邊際社會成本遞增，因此 MSC 爲正斜率而 MSB 爲負斜率，MSC ＝ MSB 時爲均衡，均衡點 E 對應最適污染減少量 Q^* 時之社會福利最大。若 MSC ＜ MSB（Q^* 左方），表示污染防治可以獲得的邊際社會利益大於須支付之邊際社會成本，應繼續減少污染量（向右調整）；若 MSC ＞ MSB（Q^* 右方），表示污染防治可以獲得的邊際社會利益小於須支付之邊際社會成本，應減少推行污染防治量（向左調整），所以零污染（最大污染減少量）並不符合經濟效益。

由於污染爲外部成本，將外部效果內部化，通常經由政府干預促成，包括直接管制訂定污染量標準（取締違反者使其支付成本）、課徵污染稅（使用者付費以價制量）、補貼獎勵污染防治模範等，以達成社會均衡之最大福利。

可交易污染許可證（tradable pollution permits）

政府衡量最適污染量，載明可污染量標準後，許可證售予需求廠商，廠商間亦可交易買賣，形成污染許可證交易市場；經由自由市場機制運作，決定均衡之最適污染數量與價格，達成資源利用配置最有效率之最大社會福利。

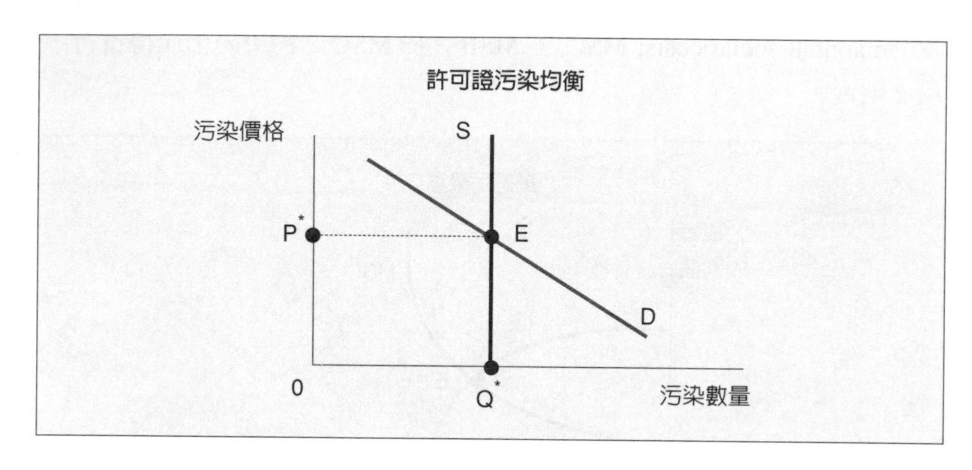

如圖，橫軸爲污染數量，縱軸爲污染價格；其他條件不變時，污染價格高表示使用成本高使需求量減少，形成負斜率需求線；供給由政策控制（政府發行許可證）爲定量，所以污染許可供給線是垂直線；交叉點E爲市場均衡，對應均衡污染量與均衡污染價格。因此經由污染許可證交易，政府管制訂定污染量標準，廠商則依其需求決定均衡污染價格。

皮古稅污染均衡

若對具有外部成本的商品加課皮古稅，亦即廠商支付固定污染價格取得污染許可，供給由政策控制皮古稅額爲訂價，所以污染許可供給線是水平線；污染需求線爲負斜率；交叉點E爲市場均衡，對應均衡污染量與均衡污染價格。

因此經由加課皮古稅，政府管制訂定污染外部成本之價格標準，廠商則依其需求決定均衡污染數量。

成長極限（limits to growth）

米多士（D. & D. Meadows）於一九七〇年代提出，認爲經濟成長提高所得水準，人口隨之增加，爲增加產出而耗用更多資源並加重環境污染；當超越地球的生態極限與忍受程度，生活水準終將降低，經濟成長

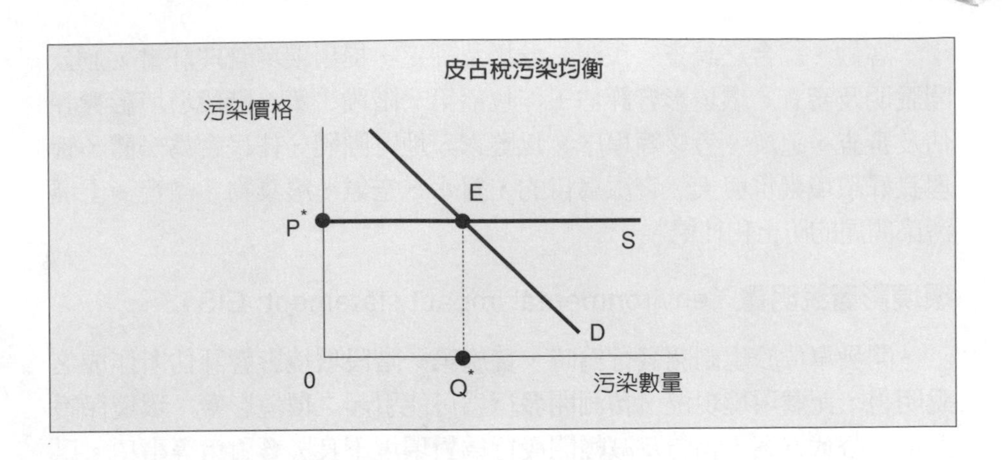

不可能長期持續發展。

成長極限理論主張經濟成長須配合生態環境，因此應限制使用自然資源，減輕環境污染，節制人口增加，減少投資產出，最後將導致人口增加率及經濟成長率降低至0。

永續發展（sustainable development）

聯合國於一九八〇年代成立世界環境與發展委員會，認為不須限制經濟成長，但不能以惡化環境的方式發展經濟，即資源永續利用的發展。永續發展理論主張自然環境是經濟成長的基本資本，若自然環境耗竭創傷，經濟成長亦不可能持續發展。經濟成長過程須消耗基本資本，因此基本資本與實質資本及人力資本，同樣須不斷累積才能促進經濟發展，所以生態環境必須加以維護保育，並彌補其耗用與損失，持續累積資本進行永續發展。

先進國家應努力改變生活與生產方式，減少每單位產出的資源使用量與污染排放量，以創新技術提升生態效率及資源回收再利用。開發中國家則應努力減少人口增加率，並在進行經濟發展過程中即引進生態效率技術；先進國家與國際組織亦應提供必要的技術協助與資金援助，各國通力合作，才能永續利用全球資源，追求世界持續經濟發展。

環境影響評估（environmental impact assessment; EIA）

進行經濟開發活動或政府政策對環境，包括生活環境、自然景觀、社會條件、文化遺產及生物生態等可能影響之程度及範圍，事前以科學、客觀、綜合之調查、預測、分析及評定，提出環境管理計畫，並公開說明及審查。環境影響評估工作包括第一階段、第二階段環境影響評估及審查、追蹤、考核等程序。以國家、地方團體、住民合為一體，管理良好環境素質與天然資源為目的，對水、空氣、廢棄物、噪音、土壤污染問題的防止和杜絕。

環境影響說明書（environmental impact statement; EIS）

開發單位於規劃開發行為時，實施第一階段環境影響評估所作成之說明書，記載環境現況、預測開發行為可能引起之環境影響、環境保護對策、替代方案、預防及減輕開發行為對環境不良影響對策等事項。已通過之環境影響說明書或評估書，非經主管機關及目的事業主管機關核准，不得變更原申請內容。

環境不良影響，指開發行為引起水污染、空氣污染、土壤污染、噪音、振動、惡臭、廢棄物、毒性物質污染、地盤下陷或輻射污染公害現象者；危害自然資源之合理利用者；破壞自然景觀或生態環境者；破壞社會文化或經濟環境者等。

對環境有重大影響，係指與周圍之相關計畫有顯著不利之衝突且不相容者；對環境資源或環境特性有顯著不利之影響者；對保育類或珍貴稀有動植物之棲息生存，有顯著不利之影響者；有使當地環境顯著逾越環境品質標準或超過當地環境涵容能力者；對當地衆多居民之遷移、權益或少數民族之傳統生活方式，有顯著不利之影響者；對國民健康或安全有顯著不利之影響者；對其他國家之環境有顯著不利之影響者等。

自然保育（nature conservation）

積極主動地調查、規劃，將現有值得保護的各項資源，透過國家公園、保護區及相關公衆參與等手段，來達成環境資源的保存及保育，如森林、坡地、農田、綠地、水源區、國家公園、野生動植物以及生物多樣性等，是重要的長期工作。

自然資源著重水體、土壤、森林、野生物等實體物質及範圍，完整的生態系運作過程包含水循環、營養循環、氣候調節、生命循環及土地使用等，規劃管理須由整合性的觀點考量。

管理經濟實務 11-2：污染防治與永續發展

近年來中部地區屢傳農田遭重金屬污染，為杜絕類似事件發生，行政院環境保護署對彰化、台中等八個縣市內之電鍍及金屬表面處理業者展開全面稽查，共有七十三家業者因違反環保法令遭處分，其中以偷排未處理廢水占多數。違法項目方面，以偷埋暗管、非法排放廢水等違反水污染防治法案件最多，數量五十件，其次為違反廢棄物清理法的十九件。因使用共同資源之經濟行為者不必負擔全部成本，造成市場失靈現象，將外部效果問題的所有權明確歸屬，使具有外部性的經濟活動及其參與者受到監督，在市場均衡中調整加入外部效果，使經濟社會資源達配置最有效率。

中部地區的電鍍及金屬表面處理業大多集中在彰化縣及台中縣市境內，以廢水排放不合格或未取得排放許可證等最多，占總告發率68.5%，顯示業者的污染防治觀念及防治設施操作有待加強。政府衡量最適污染量標準後，許可證售予需求廠商，經由自由市場機制運作，決定均衡之最適污染數量與價格。

南崁溪整治專案稽查再創佳績，環保署強調稽查行動將持續進行，對於違法排放廢水的業者，也會依法處以新台幣6萬元以上、60萬以下罰鍰，並限期改善，否則按日連續處罰；情節重大者，更可命令停工或停業，甚至勒令歇業。環境不良影響，指開發行為引起水污染、空氣污染、土壤污染、噪音、振動、惡臭、廢棄物、毒性物質污染、地盤下陷或輻射污染公害現象者；危害自然資源之合理利用者；破壞自然景觀或生態環境者；破壞社會文化或經濟環境者等。

南崁溪過去曾被列為污染最嚴重的河川，雖然工廠數及人口數是其他縣市河川的數倍，整治工作推動不易，不過縣府的團隊在分工合作下，生活污水、事業廢水以及河岸工程等均依進度執行中。經濟發展應以永續發展為原則；追求當代社會最大福利，不應以損傷未來之社會福利為代價。如何使經濟活動與自然環境達成均衡，亦即資源之利用配置最有效率，有利經濟永續發展與社會最大福利，成為經濟學的重要課題。

回應台灣環保團體建議，行政院國家永續發展委員會及環保署，邀請關心台灣環境的各界人士，針對環境、資源及社會等範疇，共同討論台灣的未來發展，為台灣未來環保政策訂出方向。全國二十五縣市將各自陸續召開國家永續發展議題座談會議，邀請轄區內關心環保的民眾，針對國土規劃、環境品質、資源保育、污染防治等事項徵求議題。環保署強調，台灣地狹人稠加上自然資源不豐、天然災害頻繁，更迫切地需要制定永續發展政策，將以國家永續發展願景、檢討及重大議題評估三個面向，來落實行政部門的永續發展工作，進而創造環境保護、經濟發展及社會公義的三贏局面。

衝突管理

衝突（conflict）

兩個人、團體或國家因爲彼此目標、觀點、立場、需求和行動等的不一致而互相干擾，包含人際間衝突、團體內衝突與團體間衝突。一方的行爲妨礙了另一方需求的滿足稱爲需求衝突；雙方的價值觀不協調稱爲價值觀衝突。

兩者都喜歡，但只能擇其一的心理衝突情況，稱爲**雙趨衝突**；兩者都不喜歡，但卻一定要選其一，稱爲**雙避衝突**；又愛又恨所造成進退兩難的心理困境，稱爲**趨避衝突**。

由於社會上資源稀少不足以分配，以及社會地位與價值結構上的差異，帶來不調和甚至敵對性的互動，當覺得自己的利益被剝奪時，衝突就會發生。

衝突管理（conflict management）

爭議如果處理得宜，可以產生正面效應而提升經營績效，促進組織的進步；如果處理不當，勢必造成負面影響，而導致士氣的低落與業績的衰退。忽略衝突管理的企業，由於組織活力持續內耗，將減弱其競爭力。企業主管人員必須培養衝突管理的技能，懂得如何妥善解決衝突，使衝突能產生正面的效應。

衝突可能產生的結果爲事情惡化使彼此均受到傷害、衝突較和緩但未見解決、雙方的協調使爭執獲得解決且都能表達出自己的想法。傳統處理衝突的方式多爲被動壓制已發生的爭議事件，只能暫時性地息事寧人；現代衝突管理強調應用管理的方法及相關理論，來處理因應衝突，包含尚未發生、已經發生、正進行中的衝突事件。

衝突事前預防工作主要爲評估規劃、人際溝通、工作設計、法令規章等，協調規範各利害關係團體行爲，建立組織之間互動模式，引導多元化合作參與。衝突事後處理原則主要爲蒐集資料並整理分析、理性協商談判、促成協議方案、監測執行處理機制等，健全衝突事後的救濟。

衝突的處理方式包括逃避衝突，即避免接觸已經產生衝突的情境；退縮反應，即從生理或心理上的衝突情境中退出來；權衡利弊得失，從兩權相害中取其輕；第三者調停，由中立的第三者居中協調；折衷方式，由衝突的雙方彼此各退一步。

衝突解決的基本原則，必須承認衝突的存在，但在衝突的雙方恢復平靜、理性及自我組織後再進行，確定雙方都清楚且無偏見地遵守共同訂立的規則，使用合理性而非競爭性的溝通程序，考量人格的差異性，強調對事不對人，依先後次序來解決衝突。強調雙方之間的相似性，找出使雙方都滿意的解決方法，使雙方在問題上達成共識。若舊的方法失效，嘗試新方法來調整彼此的互動，提出必要的改變，建立問題解決的模式及避免未來的衝突再發生。

衝突管理利用問題解決方式來達成雙方可接受的協議，減少破壞性影響以避免不必要之事件，界定實質爭議之內容以取得實際具體之解決對策。衝突管理者採用之技巧包括安撫政策、溝通談判、資訊搜集及分析、衝突管理規劃、調處仲裁、問題解決、促進方案完成。

衝突管理實行上的每階段必須完成，再進入下一階段，以免事端擴大。開始階段對參與改善者關係及可改善之認知、資訊蒐集或交換了解、研討事務之決定、了解問題。數據收集及分析說明，以觀察、記錄、面談與問卷等，取得相關爭端內容及人員間關係，供規劃階段之參考。接著擬定策略，規劃雙方可接受仲裁方案、全面了解衝突因素。執行策略建立程序共識，對內宣布利益及替代方案決策，並教育組織。在協議階段，保證協議之執行、監測系統、處理程序。

衝突排解（conflict resolution）

透過對話、溝通、會議，或由公正第三者成立委員會調解仲裁，以平等尊重兩造的態度，建立雙方的信心與共識，作出可以接受的結論。

迴避是忽略衝突並且希望衝突盡快過去，思考問題以緩慢的程序來平息衝突，以寡言來避免面對衝突，以官僚政策作爲解決衝突的方式；迎合則強迫服從、讓步、順服且屈從。妥協談判尋求交易，尋找滿意或可接受的解決方案；競爭產生敵對競爭，利用權威以達成目的；合作解決問題，面對差異且分享意念與知識，尋求完整的解決，視問題與衝突爲一種挑戰。

公害糾紛

因公害或有發生公害之虞所造成之民事糾紛。公害係指因人爲因素，致破壞生存環境、損害國民健康或有危害之虞者，範圍包括水污染、空氣污染、土壤污染、噪音、振動、惡臭、廢棄物、毒性物質污染、地盤下陷、輻射公害及其他經中央主管機關指定公告爲公害者。

當公害糾紛發生時，處理管道有由受害人與加害人雙方主動協議和解、打民事官司、向鄉鎮市調解委員會聲請調解、請求環保機關處理等方式，也可以依公害糾紛處理法，申請調處及裁決。

風險溝通

有關任何危險資訊的傳遞與交換，包括風險程度、意義、重要性、管理、控制、策略等，規範可接受的風險範圍，適時提出可行方案降低風險影響，化解風險產生者與風險承受者之間的利害衝突。

風險溝通的方式主要爲資訊傳遞和教育訓練、行爲改變和保護措施、災難警告和緊急通報、衝突管理和問題，改善相關利害人對爭議性議題的主觀看法及討論方式，形成最適當的結論與最有效的決策。

風險溝通的技術模式強調專業，使用統計預測與風險模擬技術，藉由專家權威來傳達知識，並主導擬定政策目標，是專家對群衆的單向說服。風險溝通的民主模式強調參與，在決策過程中邀集所有相關人士參加，了解彼此對風險事件的觀感認知，協調求得大家能接受之解決方案，是授權群衆的雙向溝通。

風險溝通的主要障礙爲訊息本身的不確定性與複雜度、資料來源的爭議性與公信度、媒體傳播的過度誇大與偏差曲解、資訊接收者的認知程度與主觀偏執等。不同權責主管機關之間的複雜關係與法令規章之間的矛盾衝突，常會造成民衆對資訊蒐集與利用的困擾；媒體對同一事件的重複報導或過濾篩選可能隱匿部分眞相內容，限制資訊接收者正確判讀的能力；決策者本身對風險溝通的價值與相關資訊的認知不足，無法形成最適當方案並有效執行。

直接觀察（direct observation）

直接觀察特定活動的運行以蒐集資訊，而非要求個人描述自己行為。因受觀察員的影響較小，故對被觀察者的外在行為的觀察結果比較客觀。

田野調查（field study）

所有實地參與現場的調查研究工作，是直接觀察法的實踐與應用，為取得第一手原始資料的前置步驟。田野調查是要到現場實地記錄與工作，透過資料的蒐集和記錄，轉換成為研究展示的成果。

採訪記錄藉由受訪者的口述、操作或表演者示範的錄製，所蒐集到最直接的影音紀錄，再摘錄寫成為文字稿，是最忠實的田野採訪紀實。拍攝記錄針對現場實地拍攝記錄，蒐集到第一手的影像資料。測繪記錄有關空間現場的實地測量或是造型的大小尺寸，以及模擬方式的簡圖或描圖等，有實際的數據與簡圖，方便日後資料整理和現場復原的模擬。

次級資料（secondary data）

由其他研究人員所蒐集的資料或不同形式的檔案，包括政府部門的報告、工商業界的研究、文件紀錄資料庫、企業組織資料以及圖書館中的書籍及期刊等。次級資料將原始研究所蒐集的資料作新的方向分析，需了解既存資料的特性及如何獲得所需的資料。

次級資料分析（secondary analysis）

對次級資料的應用，是既存的資料再作進一步的分析研究，可能只是針對原始資料的研究目的作進一步的分析，或應用原始資料探討另一個全新的問題。

訪談（interview）

與訪問者面對面，口頭回答被問及的問題，以提供所需的資料，是訪問者與被訪問者雙方面對面的社會互動過程。利用人員訪問、電話訪問及郵寄問卷等方法進行調查，是蒐集受訪者的社會經濟條件、態度、意見、動機及外在行為的方法。

標準化訪問（standardized interview）

對過程高度控制的訪問，程序嚴格要求標準化與正式化，提問的次序和方式以及對被訪者回答的記錄方式等是完全統一的。接受訪問的對象必須按照統一的標準和方法選取，一般是採用機率抽樣。

非標準化訪問（un-standardized interview）

是一種半控制或無控制的訪問，事先不預定問卷、表格和提出問題的標準程序，只給調查者一個題目，由調查者與被調查者就這個題目自由交談，調查對象可以隨意談出自己的意見和感受，所提問題是在訪問過程中隨時提出。可使受訪者與訪問者產生社會交互作用，深入探索個人心理，如動機、態度、價值觀念、思想等無法直接觀察的問題。

深度訪談（deep interview）

是一種對人們的生活經歷進行詳細了解和分析的研究方式，採用訪問、觀察或由被研究者自己寫自傳等方式，對某一社區或某一群體中的經歷進行詳細的了解記錄，將不同個體的生活史進行統一整理歸納，找出共同點和不同點，描述典型個案作爲解釋的例證，反映這一群體的生活狀況及心理、思想、態度和觀念等。

焦點團體訪談法（focus group method）

鎖定一小群參與者，透過深度訪談來了解他們對特定主題或爭議的看法。研究人員需事先對情境本身進行研究，編制出有關訪問的問題，然後蒐集有關個人反應經歷或特殊情感的資料。問題包括兩個部分，一部分是標準化的問題，一部分是開放式的問題，由被調查者自由地陳述自己的心理經驗與反應，訪問員可根據情況隨時提出新問題。

客觀陳述法

又稱非引導式訪談，是讓調查對象對他自己和社會周圍先作考察再客觀陳述，鼓勵調查對象把自己的信仰、價值、觀念、行爲以及生活環境，客觀地加以描述，常用在了解有關個人、組織、團體的客觀事實及訪問對象的主觀態度。

座談會

將調查對象集中起來進行共同討論。座談會常被用於驗證或調查集體行爲與群體關係的傾向，以及心理治療和企業及組織診斷，召集各種代表人物進行座談。但容易產生團體壓力，使個人順從多數人的意見而不敢表示異見，對於某些敏感的問題，難做深入細緻的交談。

完全衝突賽局（game of pure conflict）

因可分配的資源固定，利害關係人爲維護其個別利益，或避免對方獨得更大利益，形成**固定大餅迷思**（mythical fixed-pie beliefs），雙方均認定必須犧牲對方才能搶占唯一利益，彼此之間無法合作共享利益，不願達成共識找出使雙方都滿意的解決方法。

協議賽局（game of agreement）

合作方案可使雙方共享利益，但雙方亦競爭最大報酬，即協調與競爭同時存在。衝突管理分析不同個體間互動的關係與價值，在考量對方的利益立場下，談判協商雙方選擇最佳策略行動組合，每一方追求最大利益的理性決策結果後，不再改變所作之選擇，每一方選擇最佳策略行動形成均衡。賽局均衡未必有唯一解，可能爲沒有均衡或有多重均衡。

特徵函數賽局（game in the characteristic function form）

兩廠商結合成一合作組織，以協議訂價方式採取一致策略，可以使兩廠商的利潤達到最大。廠商依據預期不同結盟方式的特徵函數值（報酬），選擇己方最佳之結盟決策。

若市場中有甲、乙、丙三大廠商，可以選擇 $2^3-1=7$ 種不同結盟方式，包括**單獨聯盟**（trivial coalitions）：【甲】、【乙】、【丙】；**中間聯盟**（intermediate coalitions）：【甲、乙】、【乙、丙】、【甲、丙】；**大聯盟**（grand coalitions）：【甲、乙、丙】。每一種結盟方式各有其特徵函數，廠商依據不同特徵函數評估是否結盟、結盟對象、如何結盟、利益分配等，爲己方選擇最佳策略。

管理經濟實務 11-3：爭議糾紛考驗衝突管理能力

名牌皮件LV向來以產品耐用而自豪，不過一名消費者不滿花了3萬多元買的經典書包，使用一個月就破損，他質疑皮包設計不良，並且不滿LV態度高傲，找來大批友人助陣抗議，他形容這是小蝦米對抗大鯨魚的行動。

許先生控訴，花了3萬6千多元買LV最暢銷的男用書包，使用四十天後側邊接縫就出現一公分的破損，而且背帶設計使他被割傷多次；向LV反映，回應卻是台灣無法處理或退貨。首度面對消費糾紛抗議，LV找來大批保全擋住店門口，還高舉雙手遮擋媒體拍攝，抗議群眾不滿，鼓譟鳴笛。

許先生氣不過，認為LV態度太高傲，乾脆自力救濟聚眾抗議，雖然一開始就引來警方關注，自掏腰包6,000元做的白布條也不能拉，不過種種行動後，終於得到LV的善意回應，表示將再與總公司進行商討。

因為彼此目標、觀點、立場、需求和行動等的不一致而互相干擾，一方的行為妨礙了另一方需求的滿足稱為需求衝突；社會地位與價值結構上的差異，帶來不調和甚至敵對性的互動，當覺得自己的利益被剝奪時，衝突就會發生。爭議如果處理得宜，可以產生正面效應而提升經營績效，促進組織的進步；如果處理不當，勢必造成負面影響，而導致士氣的低落與業績的衰退。忽略衝突管理的企業，由於組織活力持續內耗，將減弱其競爭力。企業主管人員必須培養衝突管理的技能，懂得如何妥善解決衝突，使衝突能產生正面的效應。

國內最大外商保險公司南山人壽，因為沒有徵詢員工要選勞退新制還是舊制，又片面更改勞僱關係，而被台北市勞保局連開三張10萬元罰款。員工到公司門口靜坐綁白布條寧靜抗議，拿出整本資料，說公司始終沒有誠意解決問題，以威脅、利誘的方式迫使員工放棄勞工權益，把原本的勞僱關係改為承攬關係；說勞資在持續溝通，但卻是各說各話，溝通三個多月了還是沒有共識，工會搬出台北市勞工局，佐證被公司欺負所言不假。

衝突可能產生的結果為事情惡化使彼此均受到傷害、衝突較和緩但未見解決、雙方的協調使爭執獲得解決且都能表達出自己的想法。傳統處理衝突的方式多為被動壓制已發生的爭議事件，只能暫時性地息事寧人；現代衝突管理強調應用管理的方法及相關理論，來處理因應衝突，包含尚未發生、已經發生、正進行中的衝突事件。

為保障民眾權益，金管會銀行局正請銀行公會訂定現金卡與消費性貸款的定型化契約，希望能減少這兩種商品的糾紛；如果金融機構與民眾所訂的契約，應記載事項卻沒有記載，金融機構該負的責任仍然要負。

衝突事前預防工作主要為評估規劃、人際溝通、工作設計、法令規章等，協調規範各利害關係團體行為，建立組織之間互動模式，引導多元化合作參與。衝突事後處理原則主要為蒐集資料並整理分析、理性協商談判、促成協議方案、監測執行處理機制等，健全衝突事後的救濟。

談判協商

談判（bargain）

運用各種方法，就雙方爭論的事項，在共同利益上實現或交換，以達成協議。是綜合各方不同的意見，以求得一致同意的協議過程，將不同立場結合，並予以轉化成一致的共同決策之過程。爲了改變相互關係而交換觀點，或爲某種目的企求取得一致並進行磋商，是一個合作利己主義的過程。

談判包含爭執各方如何協商交涉，彼此間如何達成協議，以及交涉與達成協議過程的相互關係，但並無達成協議的義務。在兩方面實力不對等的情況下，可能令一方感到壓力太大而無法獲致協議，實力較大的一方可能會企圖增加壓力，迫使對方就範，更增加了獲致協議的困難。

談判是指有關各方爲了自身的目的，在一項涉及各方利益的事務中進行磋商，並調整各自提出的條件，最終達成一項各方較爲滿意的協議，即不斷協調的過程，其結果就是折衷。談判是解決衝突、維持關係或建立合作架構的一種方式，是一種技巧，也是一種思考方式，要科學與藝術兼顧。談判者需具有社交技巧並爲他人所信賴的能力，巧妙應用各種談判手段，知道何時和如何運用這些能力的智慧，對談判所要解決的問題進行系統的分析。

談判起源於一個共同的、雙方企圖改變的、但非單方有能力可以改變的僵局或立場，是一種解決衝突、尋求合作可能性之思考方式，雙方均企圖藉由談判來改變現狀或滿足慾望，必須雙方均有對方所需要的部分利益，也都願意以此作爲交換條件。談判的相關參與者，他們的利益不完全重疊，但也不完全衝突，才有可能進行利益的互換。在談判之初，雙方都隱藏了許多不爲對方所知的資訊，而使雙方對於未來充滿了不確定性，是彼此藉溝通達到最適狀況的過程。

談判結構因素

談判發生的條件，是必須有一個無法容忍的僵局。談判的當事人體

認到單靠他自己的力量沒有辦法解決這個僵局，認眞把對方當作夥伴，共同來解決問題，透過談判來解決問題是會獲得比較好的結果。

參與者包括談判者的理想點位置、數目、相互關係、談判者的偏好（立場）、風險傾向等；議程包括議題數目、關聯性、談判的程序、動態過程中決策的序列時間相關成本，以及最後期限；權力與情報資源，包括強制力、情報等等。

談判應該軟硬兼施，想辦法把對方留住也就是讓步，要必須可以解決問題。爲了獲得協議，應該有適度的軟，可是爲了要所獲得的協議對自己最有利，又必須有一定程度的硬。既讓對方相信己方提出的威脅是說到做到，又要能在適當時候由硬轉爲軟，仍不損自己的威信。

談判區域（bargaining range）

談判雙方底線之間的協議區間，又稱爲**潛在協議空間**（zone of potential agreement）。談判者所願意接受之最低效益，假設不利狀況下最壞結果的支撐點，稱爲**底線**（bottom line）；談判者假設有利狀況下最佳結果的目標，期望能夠獲得的最高效益爲參考點；談判雙方達成最後結果爲協議點，通常位於談判者的支撐點與目標點之間。

調處

包括第三團體負責調解爭議，協助各團體能達成協議。中介人可由各團體指派或由外界的權威來代表。而在仲裁中，衝突團體同意第三團體的調解，必須同意事先接受第三團體的審議。談判意味著二個（或二個以上）團體互相平息衝突，並未假藉第三團體的協助。

具有決策權力的管理者，所扮演的角色之一就是談判者，而處理衝突的方式大部分正是透過談判過程。選擇以談判途徑解決衝突，並不意味放棄其他所有的方法；大多數策略性決策都是衝突各造談判的結果，在決策制定階段的衝突中，管理者的焦點必須放在產生協議而非急於做出決定。

賽局談判理論

考量對方的可能反應下之決策，每一參賽者會選擇最佳行動之均衡

策略。自行選擇策略而未事先協調，稱爲**行動賽局**（game of moves），策略互動不存在聯合勾結行爲；進入談判情境，協商雙方選擇最佳策略行動組合，形成**協議賽局**（game of agreement），即參賽者之間可具有約束性承諾。

分配性談判模式

可分配的資源固定，雙方敵對競爭固定效益總和，每一方競爭追求各自最大報酬，但最大主觀預期效益需考量方案成功的機率，因此理性決策選擇最佳策略行動，由完全衝突情境進入談判協商情境。考量對方的可能反應，決策均衡解爲策略效果互動的結果，每一參賽者會選擇最佳行動之均衡策略，在支撐點與目標點之間獲得最大主觀效益。

談判者衡量所願意接受之最低支撐點、期望獲得最高效益之目標點、對方可能反應成功的機率、談判失敗所願意而且能夠支付的最高成本、改變對方談判立場的可能性等，協調各自的策略與利益，使談判容易達成最後協議。

整合性談判模式

廠商之間協調合作採取一致策略，可以共享市場利益。一方增加報酬時，另一方亦同步增加報酬，即雙方之報酬呈正相關，稱爲**完全統合賽局**（game of pure coordination），因此進入談判協商情境，整合雙方獲得最大整體效益。

分析雙方策略互動的關係與價值，每一參賽者追求最大報酬的理性決策，故協調各自的策略與利益，使合作協議容易達成。

原則協商模式

協商時將人與事分開，介於讓步獲得協議之溫和談判與威信獲得利益之強硬談判中間；即對人溫和以維持協商關係，但對事強硬堅持實質利益。協商焦點強調利益而非立場，爲雙方創造選擇方案，以客觀標準獲得最大整體利益；愼重衡量協議失敗的可能後果，亦找出一個最佳的無協議方案。

多階段協商模式

將協商過程分爲診斷、架構、細節三個階段，每階段必須完成，再進入下一階段以達成雙方協議。

診斷問題階段開始，全面了解衝突因素，引導雙方產生欲改變現狀解決爭議的意願，並認知到無法單方面解決問題，必須合作達成共識互信，使雙方共享利益。以平等尊重兩造的態度，建立雙方的信心與共識，作出可以接受的選擇方案。

架構階段主要協助雙方建立一般性原則，提供解決問題的參考標準，認知交換讓步的條件以及可行的方案。過程中可能經過不斷地嘗試錯誤，折衷協調發現雙方可以接受的協商架構。

細節階段針對架構的一般性原則進行協商，具體執行交換條件的利益分配，過程中由衝突情境進入實質談判，對雙方軟硬兼施，先在次要項目讓步獲得協議，再對主要項目強硬開價，取得後續運作空間。若原先的架構無法在細節階段完成協議，必須回到架構階段，針對細節階段產生的爭議進行修正，加入所有待解決的細節，擬定策略規劃雙方可接受的方案。

團體協商（collective bargaining）

一個或多數雇主或雇主團體與一個或多數個工人團體間，爲達成有關工作條件或雇傭條件協議的一種協商。在勞工方面一定要是勞工團體，才能是適格的當事人，單一的勞工並無進行團體協商的資格，在現行法制體系下，僅指具有法人資格的工會。團體協商是一種手段，而簽訂團體協約才是最終的目的，以規範勞動關係爲其內容。

現代意義之團體協商，在十九世紀有了工會組織以後，以當事人對等爲其出發點，認爲每個人都是一個自由平等的經濟人，一定都會爲自己最大的利益考量而與他人發生法律行爲。爲保障勞工之權益計，一方面制定許多勞工保護法規，例如勞動基準之設定、安全衛生福利之要求等；另一方面則試圖讓勞方也透過團結權之行使組織工會，在當事人方面取得對等之地位，並賦予工會團體協商權，使勞工也能透過組織之力量，爭取較佳之待遇，團體協商即是勞工組織行使集體協商權的產物。

管理經濟實務 11-4：債務協商機制建立談判平台

為協助有還款能力及誠意民眾，因積欠卡債等無擔保債務造成資金周轉困難，行政院金融監督管理委員會表示，消費金融案件債務協商機制已正式啓用，建立三種平台管道，有債務協商需求的民眾可加以利用。金管會呼籲，有債務處理困擾者，應及早面對問題，在尚有還款能力時，即主動出面與債權銀行協商，不要等到整體債務問題已無法解決時，才對外尋求協助。談判運用各種方法，就雙方爭論的事項，在共同利益上實現或交換以達成協議。

第一種管道為青年使用現金卡三級輔導機制，由專業輔導張老師結合金融專業人員、會計師、律師、社工師等專家，協助處理現金卡衍生相關心理及債務諮詢，其優先服務對象為三十歲以下青年，再轉介到中華民國銀行商業同業公會的債務協商機制。第二種管道為銀行公會債務協商機制，有需求民眾皆可透過專線提出申請。第三種管道為各銀行債務協商單一窗口專線，此機制無年齡限制，相關專線電話並已刊登於銀行公會網站上。

三種管道所受理債務內容都是針對無擔保債務，即現金卡、信用卡、信用貸款及擔保貸款經執行擔保物權後仍不足清償債務。債務人申請時應檢具文件包括：債務協商申請書；申請人財務資料表（含目前各項欠款、持有財產、收入、支出及建議償還方案等）；財團法人金融聯合徵信中心出具信用報告。民眾提出申請後，最大債權銀行將出面邀集全體債權銀行與債務人共同協商還款方式及條件，協商通過案件由債務人出具同意書，送財團法人金融聯合徵信中心作信用註記，期間則由債務人與債權銀行協商決定；如果債務人未出席協商會議，或協商達成後未依照還款方案履行者，將不可再申請利用協商機制。

這項債務協商機制主要是由財務狀況不佳、總額達新台幣 30 萬元以上、無擔保債權銀行家數達兩家以上、每年償還金額應在債務總額 15% 以上的債務人，主動對銀行提出具有合理性、可行性的償債方案，供全體債權銀行參考協商。銀行公會強調，透過這項機制協商，不表示債務人必然可取得優惠還款條件，申請者仍須具備一定之還款能力，債務人提議方案最終仍須得到債權銀行認可。債權協商機制的協調方法，只要全體無擔保債權銀行債權總額(本金加利息)二分之一以上的銀行同意，協商案件就通過；不過申請協商機制後，信用狀況將會受限，避免這些債務人再擴張信用；如果申請債務協商機制未通過，各銀行也將了解債務人的信用狀況瀕臨危機，可能會緊縮其未來的貸款行為。

談判起源於一個共同的但非單方有能力可以改變的僵局，是一種解決衝突、尋求合作可能性之思考方式，雙方均企圖藉由談判來改變現狀，也都願意以此作為交換條件。選擇以談判途徑解決衝突，並不意味放棄其他所有的方法；談判者衡量所願意接受之最低支撐點、期望獲得最高效益之目標點、對方可能反應成功的機率、談判失敗所願意而且能夠支付的最高成本、改變對方談判立場的可能性等，協調各自的策略與利益，使談判容易達成最後協議。

第十二章 公共財與干預

公共財

政府干預

課稅效果

全面均衡效率分析

公共財

私有財（private goods）

一般在市場均衡分析中的各種財貨勞務商品，供需雙方均須依循價格機制調整其行爲以完成交易。私有財的特性爲需求者間具有**敵對性**（rivalry），當某需求者購買消費某單位商品後，即擁有私有財產所有權，其他需求者就不能再購買消費同一單位商品。

私有財的供給者則具有**可排他性**（excludability），供給者所銷售的商品，在技術上可以選擇特定消費者而隔離其他，使願意而且能夠支付代價或符合條件的需求者，才能享有其供應之商品。

在同一價格下將多人的個別私有財需求量加總，成爲該價格對應的市場需求量，每一價格與其對應的市場需求量（點）連接起來，在圖形上形成一條右移之需求線，即市場需求線是由個人需求線水平加總。

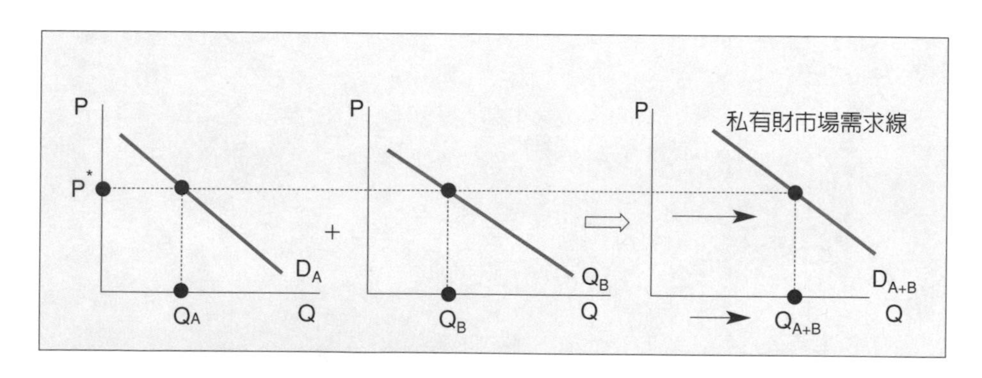

私有財市場的經濟效率之均衡狀態，其條件是所有消費者購買任兩種商品之邊際替代率（MRS）相等，而且等於所有生產者生產該商品之邊際轉換率（MRT）；MRS ＝ MRT 之最適境界，表示生產者所選擇的產品最大產量組合，爲每一消費者需求的商品最大效用組合，使整體經濟社會達到最佳之產品組合狀態。

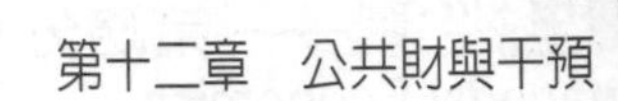

俱樂部財（club goods）

供給者具有可排他性，所銷售的商品在技術上可以選擇特定消費者（會員）而隔離其他，使願意而且能夠支付代價或符合條件者，才能享有其供應之商品。會員間具有非敵對性，財貨勞務可以由各不同需求者共同使用同一單位商品，即某需求者使用某單位商品後，不影響其他需求者再使用同一單位商品（場所設備）。

公共資源（public resources）

天然資源的供給爲非排他性，在技術上不易選擇特定消費者取用而隔離其他，使願意而且能夠支付代價或符合條件的需求者才能享有其供應之商品，亦即無法禁止特定以外的需求者共享其供應之商品。

需求者間具有敵對性，當某需求者消耗使用某單位資源後，即擁有所有權，其他需求者就不能再消耗使用同一單位資源。

公共財（public goods）

一般公共設施，公共財的特性爲需求者間具有**非敵對性**（non-rivalry），有些財貨勞務可以由各不同需求者同時使用同一單位商品，亦即某需求者使用某單位商品後，不影響其他需求者再使用同一單位商品，又稱之爲集體消費性，表示許多需求者共同消費使用同一單位商品，並不會增加生產者之邊際成本

公共財的供給者則爲**非排他性**（non-excludability），供給者所銷售的商品，在技術上不易選擇特定消費者而隔離其他，使願意而且能夠支付代價或符合條件的需求者才能享有其供應之商品；亦即供給者無法禁止特定消費者以外的需求者共享其供應之商品，或實施排他的成本過高。

搭便車（free-rider）

公共財的主要問題，因爲不支付代價也可以享用，所有需求者都會想要坐享其成，而不願意支付代價自己購買，因此在公共財市場的購買需求偏低，或浪費耗竭造成**草原悲劇**（tragedy of commons）。因爲不知實際需求，使市場機能無法順利運作以達成最大經濟效率之均衡狀態，造成市場失靈。

公共財均衡分析

公共財的需求者無實際購買行為，因此公共財通常由政府購買供大衆共享，其願意支付的價格，爲所有需求者願付最高價格之加總，亦即公共財市場的總需求線（邊際效益 MR）爲所有個別需求線的垂直加總，供給線則是生產者之邊際成本（MC），兩線交叉之均衡點（MC ＝ MR）即對應公共財市場的最適價格與數量。爲多增一單位公共財的需求效用，其願意增加支付的價格，應等於多增一單位公共財的供給成本，才能達成最大經濟效率之均衡狀態。此一分析法由美國經濟學家薩繆森（Samuelson）於 1955 年提出。

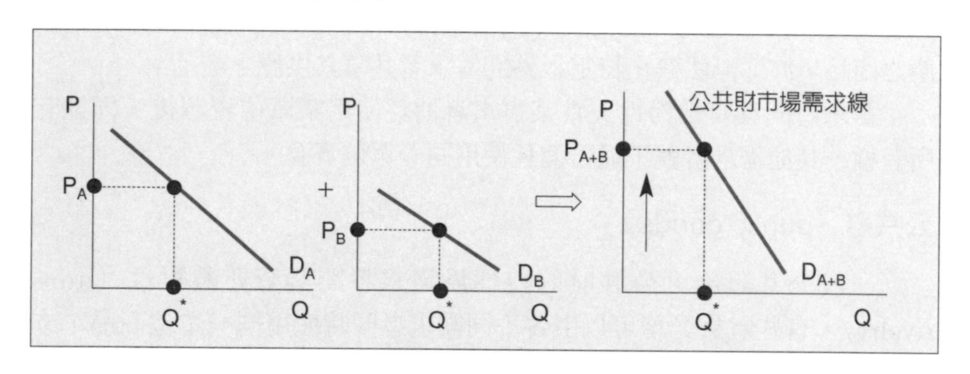

公共利益（public interest）

公共財的唯一購買者爲政府，亦即由政府代表公共財市場的總需求，但個別實際需求難以確實衡量，也就難以加總得到總需求，因此政府應支付多少價格購買多少數量公共財，通常由政治程序決定。行政部門擬定由民意機關監督控制，以防止政府浪費誤用經濟資源，公共部門的操作即爲公共選擇。

政府擬議推動的公共建設，應先評估其可以獲得的效益及所須支付的成本（包括外部性與機會成本價值），再經政治程序由決策者修正認可後執行，但其價格與數量實際上是各政治勢力相互妥協的均衡，而非經濟力量透過市場機能調整所得之最適均衡。

擄獲理論（capture theory）

由史蒂格勒（G. Stigler）所提出，認爲政府已被經濟影響力較大的大型企業所擄獲而為其利益服務，政府干預不能真正為全民服務發揮經濟公平，因此發生決策偏誤造成之政府失靈現象。

公共選擇（public choice）

由布坎南（J. Buchanan）所提出，以經濟學方法分析政府公共部門的操作，認為政府不完全在為民服務維護公共利益，也不完全被虜獲而為利益團體服務，而是追求該政府的效用極大化。因此政府推行政策所衡量的，是該政府的邊際效益大於邊際成本，而非衡量全民或任何利益團體的成本效益。

政治市場

以經濟學分析方法，將政府公共部門的操作視為一個別市場，政治人物（供給者）提出政見，選民（需求者）選擇（消費）對其最有利的政治人物，組成政府為其利益（效用）服務；當選的政治人物僱用行政官員（要素）執行（生產）其政策（產品），政治人物選擇以最小代價（成本）尋求最多選民認同（收入）並獲得最大政治利益（利潤）。因此由政治市場均衡所得到的最大政治利益，未必符合經濟市場均衡所追求之最大經濟效率，或規範經濟學所追求之全民福利。

理性愚昧（rational ignorance）

一般選民可能對各種問題無法深入了解，亦可能只為各自私利，因此一般選民通常會選擇對其利益立即明顯而代價短期不明的政策，反對其利益短期不明而代價立即明顯的政策；政府為得到最大政治利益，必須在一般選民與利益團體間達成均衡，不惜犧牲經濟效率與長期福利。

政府預算（government budget）

政府運用公權力自民間部門取得公共收入，用之於公共支出以推動各項政策，因此政府預算表達政府的財政收入來源及支出方向，亦代表政府投入之經濟活動規模。

排擠效果（crowding out effect）

政府採行擴張性財政政策，增加公共支出亦增加公共部門資金需求，若社會資金總額不變，將減少民間部門可用資金額度而壓縮其經濟活動，即民間消費、投資之緊縮抵銷政府支出之擴張。

促進民間參與公共建設法（簡稱促參法）

於2000年公布實施，秉持積極創新之精神，從興利的角度建立政府、民間之夥伴關係，政府規劃之民間參與公共建設計畫，皆應辦理可行性評估及先期規劃，審愼評估民間投資之可行性；並就公共建設特性結合商業誘因，研擬先期計畫書。

興建→營運→移轉（build-operate-transfer; BOT）方式，各項重大公共建設，凡屬於自償性項目者，原則上均可由政府提供土地、相關設施或釋出相關權力，積極規劃採獎勵民間投資經營，或由民間自備土地、自帶資金來參與公共建設之興建、營運。由民間企業出資興建工程並讓其營運一段時間，這項設施所有利潤由民間企業所得，特許期結束後將項目所有權移交政府繼續營運。

興建→移轉（build-transfer; BT）方式，則是指民間興建完成後移交政府，政府分期償還建設經費給民間，一方面解決政府短期財政問題，另一方面可發揮民間的效率。

整建→營運→移轉（rebuild-operate-transfer; ROT）方式，由政府委託民間機構，或由民間機構向政府租賃現有設施，予以擴建、整建後並爲營運；期間屆滿後營運權歸還政府。

營運→移轉（operate-transfer; OT）方式，政府建設硬體設施，委託民間機構，或由民間機構向政府租賃現有設施，導入軟體及制度營運，期間屆滿後營運權歸還政府。

公辦民營（委託經營）方式，機關對外委託民間提供服務類型中之公有財產經營管理及社會福利服務得合併處理。是委託機關將現有的土地、建物、設施及設備，委託民間（私人）經營管理並收取回饋金或權利金，同時受託之民間業者自負盈虧並負公有財產保管維護責任；政府不提供土地及建物，僅委託民間提供服務（特許經營）。其中對具有明顯社會公益色彩或受託人願出資改善原有設施，經核定確能提升品質者，委託機關得就其業務性質或個案另給予補助。

管理經濟實務 12-1：下水道建設的公共選擇

污水下水道系統，原本政府自辦的五十三處將改為民間參與方式，初步分析有十四處符合 BOT（興建→營運→移轉）、十三處符合 OT（營運→移轉）、二十六處符合 ROT（整建→營運→移轉），但媒體指政府將多付新台幣 7 千億元。

公共財的唯一購買者為政府，亦即由政府代表公共財市場的總需求，但個別實際需求難以確實衡量，也就難以加總得到總需求，因此政府應支付多少價格購買多少數量公共財，通常由政治程序決定；行政部門擬定由民意機關監督控制，以防止政府浪費誤用經濟資源，公共部門的操作即為公共選擇。

依促參法第四十六條規定採民間自提為主，只要符合政府施政目標，透過公開公平甄選機制，即可選出最優案件申請人承接辦理。為廣為宣導並加速這項計畫的推動，各縣市政府也將配合營建署採取政策公告方式，主動告知民間廠商這項商機，由政府先行規劃後公告招商，目前已建立污水下水道促參的運作模式。營建署指出，此舉優點包括不影響現有工作的推動、提升下水道普及率目標不受影響；政府有機會重新檢視目前各系統的執行績效，民間廠商對任一污水下水道系統只要認為具有足夠投資誘因及商機，均可直接提送規劃構想書，比政府自行規劃後公告招商，更具行政效率且符合政府需求。

公共財的供給者為非排他性，亦即供給者無法禁止特定消費者以外的需求者共享其供應之商品，或實施排他的成本過高。公共財的主要問題，因為不支付代價也可以享用，所有需求者都會想要坐享其成，而不願意支付代價自己購買，因此在公共財市場的購買需求偏低或浪費耗竭。因為不知實際需求，使市場機能無法順利運作以達成最大經濟效率之均衡狀態，造成市場失靈。

營建署表示，目前污水下水道 BOT 計畫工程經費估算基礎是參照市場已決標工程單價編列，應已無太大價差空間；對整個計畫的核定，營建署也延攬包括工程、財務及法務專家共十七人，成立「污水下水道建設推動委員會」專業審查，不論是工程整體規劃、財務模式推估或法令規定等各項議題均充分探討分析，才准予通過並報請行政院核定。為加速推動下水道建設，擴大投資市場規模，鼓勵國內外廠商投入，建立台灣污水下水道相關產業才是根本解決之道，與採用政府自辦或促參辦理並無相關。

政府擬議推動的公共建設，應先評估其可以獲得的效益及所須支付的成本（包括外部性與機會成本價值），再經政治程序由決策者修正認可後執行，但其價格與數量實際上是各政治勢力相互妥協的均衡，而非經濟力量透過市場機能調整所得之最適均衡。

政府干預

政府干預

當發生市場失靈，市場價格機制無法自行有效運作達成均衡，爲確保經濟社會最大福利，政府力量將介入影響市場運作，又稱爲看得見的黑手。

政府主要的經濟任務爲建立制度政策、維護市場競爭秩序、調整資源配置運用、謀求經濟穩定成長與所得分配平均，使國民獲得最大福利。但政府決策即形成外力干預，亦可能影響自由經濟市場機制的運行。

直接干預（direct intervention）

政府透過法令政策直接管制市場活動，直接限制市場價格或數量。

政府訂定與原油價格連動之油價公式，以防止業者哄抬油價；設定油價上限，在此上限以下時，石油業者可自由調整油價水準。油價調整時由石油公司提報方案送請政府核定，透過諮商協調方式指導石油公司訂定油價水準。於平時由政府針對石油業者隨油徵收一定金額之款項，訂定石油平準基金，並於緊急時作爲平抑油價之工具，以確保國內油價之穩定。

價格管制（price control）

政府針對某市場設定最高價格（上限）或最低價格（下限）。當設定價格不等於市場的均衡價格，使需求與供給不一致而離開原均衡，但市場力量受限而不能進行調整拉回原均衡，將繼續維持市場失衡狀態，而無法達到穩定的均衡。

價格下限（price floor）

政府設定市場的最低價格，例如政府在勞動市場訂定最低工資，以保障勞工基本權益與生活水準。若市場均衡工資高於或等於最低工資則不影響市場運作，但當最低工資高於市場均衡工資，將造成勞動市場超額供給（不均衡），亦即有許多勞動供給者想找工作卻找不到工作的失業問題，必須增加勞動需求或減少勞動供給才能夠使勞動市場調整至均衡狀態。失業勞工無法就業獲得最低工資以保障其基本生活，反而減少國民福利。

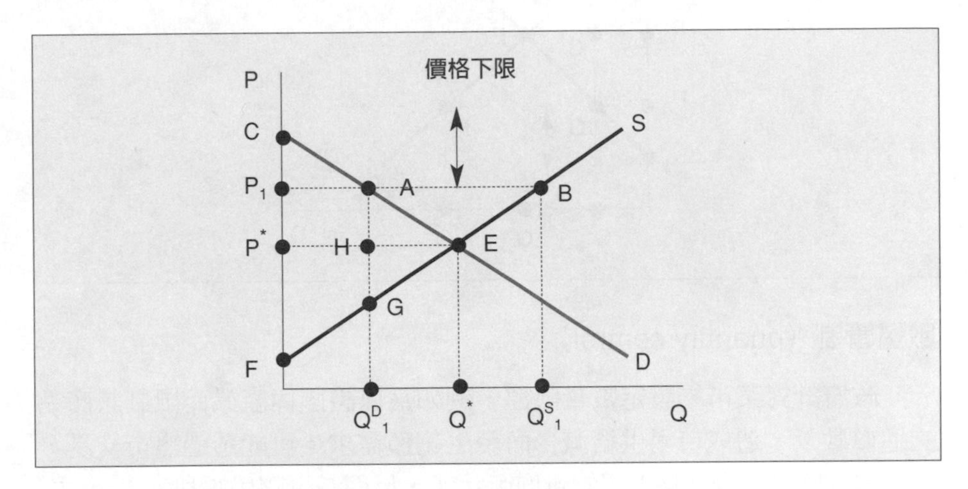

因人為干預訂定價格下限，市場力量無法以降價重回原均衡，除非供需條件改變，否則將持續超額供給之市場失衡，市場交易量 Q^D_1。

價格上限（price ceiling）

政府設定市場的最高價格，例如政府在消費市場訂定最高售價，以保障消費者基本權益與生活水準。若市場均衡售價低於或等於價格上限則不影響市場運作，但當價格上限低於均衡售價，將造成消費市場超額需求（不均衡），亦即有許多需求者想買卻買不到商品的短缺問題，必須增加商品供給或減少商品需求才能夠使消費市場調整至均衡狀態，否則資源配置不當，反而減少國民福利。

人為干預訂定價格上限 P_2，市場力量無法以漲價重回原均衡，除非供需條件改變，否則將持續超額需求之市場失衡，市場交易量 Q^S_2。

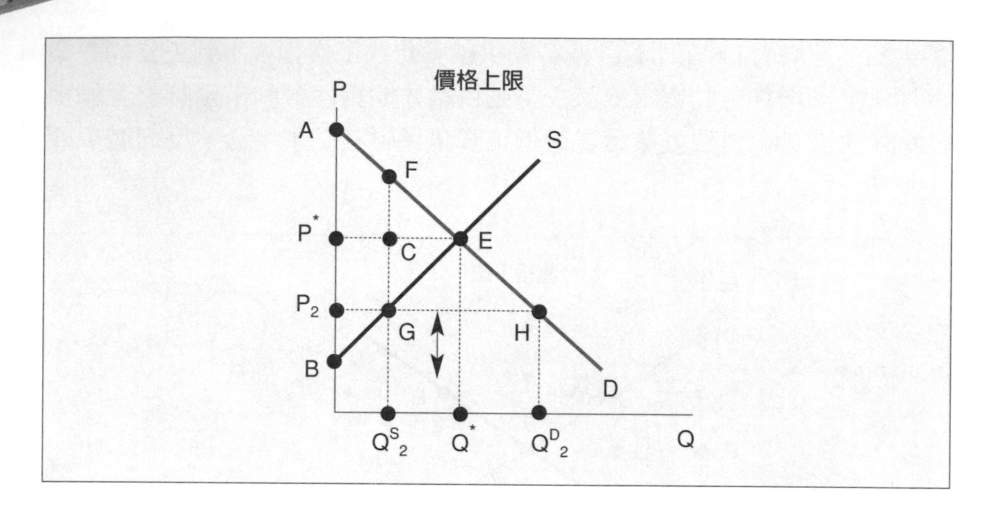

數量管制（quantity control）

政府針對某市場設定數量限額，例如為保護國內產業而限制該商品的進口數量，造成市場供給減少而發生超額需求；可能透過黑市交易，或調整到數量減少價格上漲的新均衡狀態，反而減少國民福利。

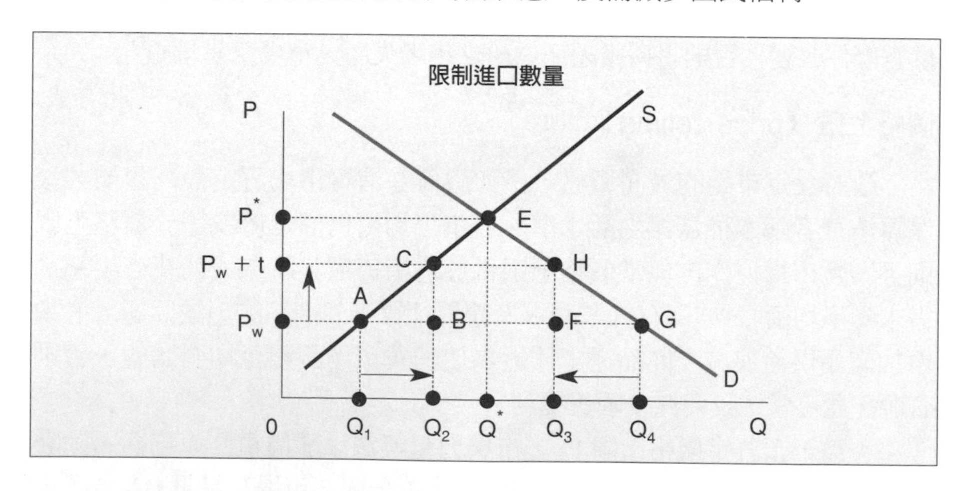

S 代表國內的生產者對某產品的供給線，D 是國內對該產品的需求線，當無國際貿易發生時，國內市場均衡價 P^* 與量 Q^*。進行國際貿易後，以國際價格 P_w 進口該產品至國內市場交易，需求量增為 Q_4，但國內生產者只能供給 Q_1（收入□ $0P_wAQ_1$），因此進口量為 Q_1Q_4。

若進口限額 Q_2Q_3，即國內需求量減為 Q_3，但國內生產者供給量增

爲 Q_2，國內市場價格上漲爲 $P_w + t$，國內生產者收入增加爲□ $0Q_2C(P_w + t)$。其中△ ABC 面積代表國內生產者以較高成本生產較多產量造成的資源浪費（社會福利損失），而△ HFG 爲國內消費者因價格上漲且需求量減少，所造成的消費者剩餘減少（社會福利損失），其影響效果與提高關稅 t 相同。

間接干預（indirect intervention）

政府透過法令政策影響市場活動，造成供給或需求變化，間接限制市場的價格或數量。例如對某產業獎勵補貼而使其供給增加，嚴格審查或課稅則使其供給減少；協助某商品的促銷活動或規定獎勵使用該商品可增加其需求，禁止或限制某市場的消費活動則減少其需求。

稅前油價水準由石油公司自行訂定，政府透過租稅手段訂定油品稅費，影響油價水準。由政府蒐集國際間油價資料，監督石油公司訂定之油價水準，依相關法律予以糾正。在平時國際油價平穩時，油價應由市場供需自由決定，政府僅需採間接管制措施，藉課稅與監督方式進行即可；當國際油價暴漲時，則政府應掌控其所擁有之政策工具機動調整，並可於必要時，透過制定油價上限之直接管制措施干預油價。

政府失靈（government failure）

政府爲保障國民獲得最大福利，而介入影響市場運作，可能付出極大代價得不償失，甚至與原先目標背道而馳，反而成爲干預市場的黑手，使市場價格機制無法自行有效運作以達成均衡之最大社會福利。

所得重分配（income redistribution）

市場機能自行決定之均衡，通常未能符合所得平均分配之經濟公平，政府可以對高所得者課稅或要求捐輸，並藉由補助等各種社會福利政策，將國民所得重行分配移轉給低所得者，使所得分配趨向平均。貧富不均差距懸殊易引發社會動亂，因此經濟公平具有經濟社會安定的外部效益，對全體國民皆有利，須由政府干預施行所得重分配。

公平交易

爲維護交易秩序與消費者利益，確保公平競爭，促進經濟之安定與繁榮，特制定公平交易法。依照著作權法、商標法或專利法行使權利之正當行為，不適用本法之規定。公平交易委員會對於違反本法規定，危害公共利益之情事，得依檢舉或職權調查處理。

事業不得為聯合行為。聯合行為意指事業以契約、協議或其他方式之合意，與有競爭關係之他事業共同決定商品或服務之價格，或限制數量、技術、產品、設備、交易對象、交易地區等，相互約束事業活動之行為而言。以事業在同一產銷階段之水平聯合，足以影響生產、商品交易或服務供需之市場功能者為限。

獨占事業不得有下列行為：以不公平之方法，直接或間接阻礙他事業參與競爭；對商品價格或服務報酬，為不當之決定、維持或變更；無正當理由，使交易相對人給予特別優惠；其他濫用市場地位之行為。

結構管制

政府執行自由化政策，在事前應該有完善的開放策略，在事後則須實施嚴格的市場結構管制與市場競爭規範，杜絕解除管制的副作用和後遺症。解除管制的同時，必須對市場結構與市場競爭再管制，才能落實管制革新的理想。

自由化的同時必須實施市場競爭規範，政府應該研擬相關的行銷與競價規範，才能落實理想。為防止廠商藉由市場優勢地位而壓榨消費者，乃配合在價格上採行管制措施，以降低社會配置效率的損失。

政府伸出一隻看得見的手，是以公共利益為依歸。我國自來水、電力、瓦斯三種最重要民生自然獨占產業的立法與實踐，在價格管制措施當中，分別予以一定報酬率的規定，對市場進入採較為寬鬆之方式，並不予業者獨家經營的特權，對價格管制也給予業者較大的自主空間。美國國會也曾經提出要求對市場結構進行管制，因有可能造成懲罰市場上的成功事業，而被實務界或司法界所拋棄。

保證價格

價格支持政策係利用補貼或租稅為手段，維持國內農產品價格達到某一合理的水準之上，以提高農民所得，最常用的有政府直接收購、不足額支付、實物補助、進出口管制方式等。農產品價格穩定政策，則利用平準基金法或實物平準法，透過公開市場的操作，以穩定農產品價格

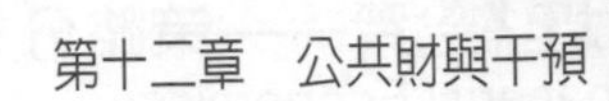

達到合理範圍。

政府以直接補貼或補助方式，諸如增加農產品保證價格收購種類、數量、價格，或直接補貼農民購買農業機械，或降低農產運銷成本等具體措施。為求國內稻米市場產銷平衡，亦可利用補貼獎勵制度，鼓勵稻農休耕或轉作其他農作物。

依WTO烏拉圭回合農業協定，對農產品或生產要素給予的補助或補貼，其足以扭曲生產與貿易者，均須納入農業總支持計算中，並予以削減。我國實施農產品的補貼，包括對稻米及雜糧之保證價格收購制度、蔗糖契作保價制度、稻田轉作補貼、菸葉之契約保證價格收購制度、夏季蔬菜價差補貼，及其他各項農業投入補貼、獎勵金等等。

旋轉門條款

規範公務員因職務關係而可能衍生不當利益，為了避免利益輸送的情況發生，禁止公務員於離職後一定時間內從事與原任職務具密切關係行為。公務員服務法規定利益迴避，公務員於離職後三年內，不得擔任與其離職前五年內職務直接相關之營利事業董事、監察人、經理、執行業務之股東或顧問。許多企業也都引用，規定員工於離職後若干年內，不得擔任與其離職前職務直接相關的工作，以免公司利益受損。

職務直接相關是指離職前所服務的機關為離職後所服務公司的主管機關，該主管機關內直接承辦相關業務的承辦人員、副主管及主管，及該機關的幕僚長、副首長和首長，都在限制之列。政府採購法亦規定，機關承辦、監辦採購人員離職後三年內，不得為本人或代理廠商向原任職機關接洽處理離職前五年內與職務有關之事務。

這項法案讓行政機關在延攬民間人士進入政府服務上，遭遇到極大的困難，又直接衝擊政務官退休後的前途，在行政部門引起極大的反彈。法官或檢察官離開公職之後三年內不得擔任執業律師，但是只要遷到外縣市就不受限制；衛生單位的公務人員離職後，還可以回到醫院任職，因為醫院多為財團法人組織，不受營利事業的限制。

競業條款

企業基於保障營業機密或保障訓練成本，只要不違反勞基法，可要求勞工簽訂約束條款。為提供企業制定競業條款依循準則，勞委會做出解釋令，基於法律平衡原則，未來雇主要求員工簽訂限制跳槽或離職後就業的競業條款時，必須先支付簽約金給員工，且雇主需負營業機密保護責任，以規範勞資競業條款爭議。

解釋令也明訂競業期間不得超過兩年，避免影響勞工權益，違約賠償金額也不得超過離職前月薪的二十四倍。競業條款須載明限制行業、地區；雇主應證明員工能否利用職務之便接近營業機密、專門技術。

法院判決標準包括：該行業約定競業條款的必要性；員工職位可能接近企業內部的機密資料；限制的競業範圍與時間是否合理；雇主有無提供代償措施；離職員工有無顯著違反誠信原則。目前國內競業條款並無代償措施，若未來法院做出雇主應提供代償的判決，可望進一步確保勞工權益。

租稅優惠

爲加速產業升級、提高產品之附加價值、尋求新的競爭優勢，我國1990年通過促進產業升級條例。有關租稅優惠的主要內容，包括利用租稅抵減獎勵措施來鼓勵廠商進行研究發展、自動化和人才培訓等，重要科技、重要投資事業持有股票之投資抵減，重要科技、重要投資及創投事業五年免稅或股東抵減擇一適用，重要事業得在不超過資本額二倍之限度內保留盈餘等，基本上是一個透過租稅減免優惠措施來帶動產業升級的產業政策工具。

過去獎投條例對重要生產事業、工礦事業、策略性工業等，透過免稅、加速折舊、納稅限額、放寬保留盈餘、關稅減免等方式，給予不同程度的租稅獎勵，著重在產業別的獎勵。產升條例最大的特色是重視功能性的獎勵，針對產業升級最直接相關活動租稅減免措施。

研發、人才培訓以及重要科技事業等具有高度外部效益的活動，提高廠商投資意願，降低廠商業者從事投資的成本，以矯正市場失靈的現象，使廠商擴大研發、人才培訓等相關投資，加速產業升級。透過政府公共政策的介入，可以打破進入障礙或發揮產業的關聯效果，帶動整體經濟的成長，尤其是外部性大、市場失靈情況明顯的活動。

財政部擬將未來新的租稅優惠列入最低稅負規範，成熟產業不應再享有租稅優惠，但是需要扶植的新興產業租稅優惠受到抵銷，恐將打擊業者的投資意願。

管理經濟實務 12-2：政府管制溫室氣體減量

行政院環境保護署舉辦的環保共識會議順利落幕，與會民眾達成一致結論，贊成台灣應立法管制溫室氣體減量，以避免來自京都議定書可能的經濟制裁壓力。為減緩地球暖化效應、維護環境生態永續發展，並避免台灣遭受可能經濟制裁，積極制定一個以溫室氣體減量為對象的法律有其必要性。共識會議也對環保署擬定中的「溫室氣體減量法」草案，提出批評與建言，指出草案法條內容不夠充分且空白授權過多，存有隱性漏洞且缺乏具體規範對象、量化目標或指標，並欠缺人民及環保團體參與的機會。

環保署應分三階段，各二年期程實施溫室氣體減量，首先應確實進行溫室氣體排放的盤查、登錄、商品標示、推估與預測並公布，企業也可進行自願性減量。

如果第一階段減量未達國家目標時，則應增加實施總量管制或排放交易，且需以民眾健康風險為基準，推算總量限值；若第二階段仍未達目標，則應增加徵收「碳稅」。環保署表示，共識會議是全民參與政策形成的國際趨勢，也是重要的民意呈現，因此會把此次的結論與建議，當作重要施政依據，並提供其他部會作為制定相關政策時的參考。

政府透過法令政策直接管制市場活動，直接限制市場的價格或數量。政府針對某市場設定數量限額，可能造成市場供給減少而發生超額需求；透過黑市交易，或調整到數量減少價格上漲的新均衡狀態。政府透過法令政策影響市場活動，造成供給或需求變化，間接限制市場的價格或數量，嚴格審查或課稅使其供給減少，禁止或限制某市場的消費活動則減少其需求。

綠色稅收愈來愈盛行，其中紐西蘭宣布將開徵煙塵排放稅，歐盟一些國家已課徵二氧化氮稅和二氧化硫稅，瑞典也決定在2006年徵收擁堵稅。中國國家稅務總局負責人透露，未來使用免洗筷、塑膠袋、紙尿褲等都要繳稅，這項措施是為減少資源消耗並降低環境污染。稅制改革將包括調整完善廢舊物資、環境保護、鼓勵節能的稅收政策，促進資源綜合利用和稅收徵管，促進環境友好型、資源節約型社會建設等。綠色稅收的具體做法包括嚴格限制使用一次性物品，並徵收消費稅，目前使用量很大的免洗筷、塑膠袋、紙尿褲等，不僅消耗資源，還嚴重污染環境。

政府主要的經濟任務為建立制度政策、維護市場競爭秩序、調整資源配置運用、謀求經濟穩定成長與所得分配平均，使國民獲得最大福利。當發生市場失靈，市場價格機制無法自行有效運作達成均衡，為確保經濟社會最大福利，政府力量將介入影響市場運作，又稱為看得見的黑手；政府決策即形成外力干預，亦可能影響自由經濟市場機制的運行。政府為保障國民獲得最大福利，而介入影響市場運作，可能付出極大代價得不償失，甚至與原先目標背道而馳，反而成為干預市場的黑手，使市場價格機制無法自行有效運作以達成均衡之最大社會福利。

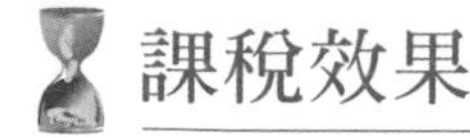

課稅效果

租稅（tax）

政府向民間部門徵收為公共收入，具有強制性及普遍性，課徵對象的價值稱為**稅基**（tax base）。政府課稅收入是人民納稅負擔（支出），將造成可支配所得與成本的變化，影響消費、投資等經濟活動，亦可成為干預市場價格的工具，因此應降低課徵成本與民怨，促進經濟穩定成長，使社會福利達到最大。

稅率

通常賦稅依據稅額占稅基的比例課徵，例如所得稅率為稅額占所得之百分率，所得愈高則稅額愈高。

稅率以總量表達者稱為平均稅率（t）＝繳稅總額（T）／所得總量（Y）；以變動量表達者則稱為邊際稅率（Δ t）＝繳稅增額（Δ T）／所得增量（Δ Y）。

比例稅（proportional tax）

稅率固定，即賦稅依據稅額占稅基的固定比例課徵，所得愈高則稅額愈高，但增加幅度相同，因此邊際稅率等於平均稅率。

累進稅（progressive tax）

稅率隨所得增加而增加，即賦稅依據稅額占稅基的不同比例課徵，所得愈高則稅額愈高，且稅額增加幅度較大，因此邊際稅率大於平均稅率。通常為所得稅以及部分財產稅所採行。

定額稅（fixed tax）

繳稅總額為與稅基大小無關之固定金額，即賦稅不依據稅額占稅基的特定比例（稅率）課徵，不論所得高低其稅額均相同。

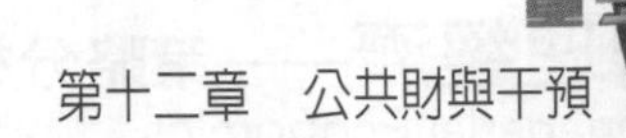

從量稅（specific tax）

賦稅依據稅額占交易數量的比例課徵，交易數量愈高則稅額愈高，通常爲稅率固定之比例稅。若賦稅由廠商負擔，將使廠商邊際成本增加。

從價稅（advalorem tax）

賦稅依據稅額占交易金額的比例課徵，交易價格愈高則稅額愈高，通常爲稅率固定之比例稅。若賦稅由廠商負擔，將使廠商邊際收入減少。

課稅影響效果

課稅前市場均衡價 P^* 與量 Q^*，課稅後（稅額 t）市場售價 P_d，即消費者支付 P_d 購買，但生產者只收入 P_s，量減爲 Q_t，另政府稅收 t。課稅前生產者剩餘△ P^*EF 與消費者剩餘△ P^*EG，經濟社會總福利△ GFE。課稅（稅額 t）後消費者剩餘△ AGP_d，生產者剩餘△ CFP_s，政府稅收□ ACP_sP_d，社會總福利□ ACFG，福利損失△ AEC；其中消費者剩餘損失△ AEB 並負擔稅賦□ ABP^*P_d，生產者剩餘損失△ CEB 並負擔稅賦□ BCP_sP^*。

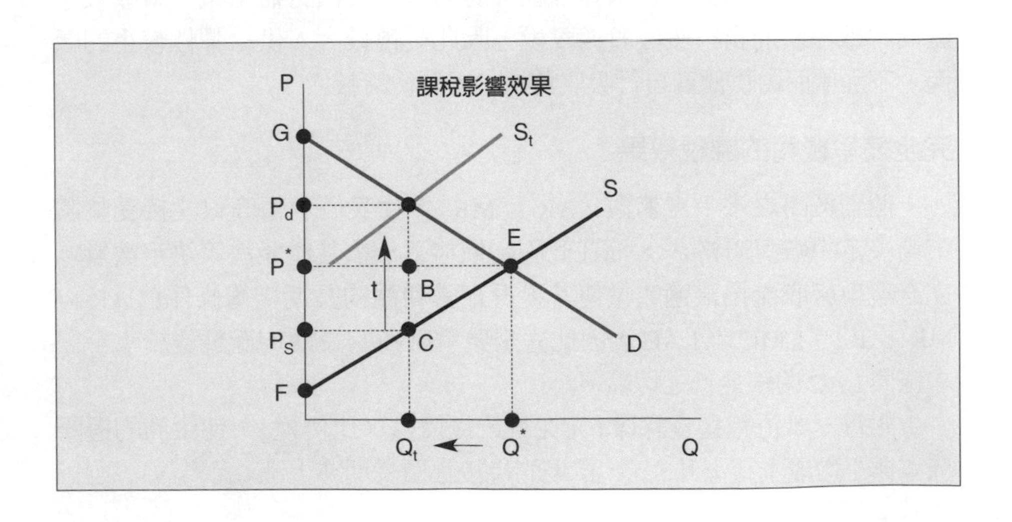

轉嫁（shifting）

名義納稅人可能與實際負擔賦稅者不同，亦即名義納稅人可將賦稅轉移由他人負擔，實際負擔賦稅者稱爲**歸宿**（incidence）。賦稅負擔可以部分或全部轉嫁的稅稱爲**間接稅**，如部分消費稅；賦稅負擔完全不可轉嫁的稅稱爲**直接稅**，即名義納稅人與實際負擔賦稅者相同，如所得稅以及財產稅。

賦稅可以轉嫁的條件爲名義納稅人繳稅後有後續交易，且對納稅人邊際成本增加或邊際收入減少，例如廠商生產商品繳納貨物稅後，藉由後續交易將貨物稅成本轉嫁給後續購買者。

前轉（forward shifting）

實際負擔賦稅者向前轉嫁至最終消費者，例如消費稅加入售價，由最終購買者付費負擔。需求彈性較小的商品，漲價對需求量影響較小，廠商可以漲價由最終購買者付費負擔賦稅，因此前轉較大；供給彈性較大的廠商，漲價由最終購買者付費負擔賦稅，因此前轉較大。

後轉（backward shifting）

實際負擔賦稅者向後轉嫁至生產者，例如消費稅未加入售價，而由供應商自行吸收負擔。需求彈性較大的商品，漲價對需求量影響較大，廠商不敢漲價而自行吸收負擔賦稅，因此後轉較大。供給彈性較小的廠商，不漲價而由供應商自行吸收負擔，因此後轉較大。

完全競爭廠商的課稅效果

個別廠商之水平需求線（AR = MR），代表個別廠商只能接受整體市場決定的均衡價格 P^*，而在此固定價格下，依其產能決策決定數量。完全競爭廠商產出最適產量使其獲得正常利潤的長期均衡條件爲 $AR = MR = P^* = LMC = LAC$，因此完全競爭廠商的長期均衡點位於水平需求線與 LAC 曲線最低之切點。

對每一單位銷售量課徵 t 元從量或從價稅（比例稅），使廠商的邊際成本與平均成本皆上升 t 元，市場的稅後售價長期亦上漲 t 元。

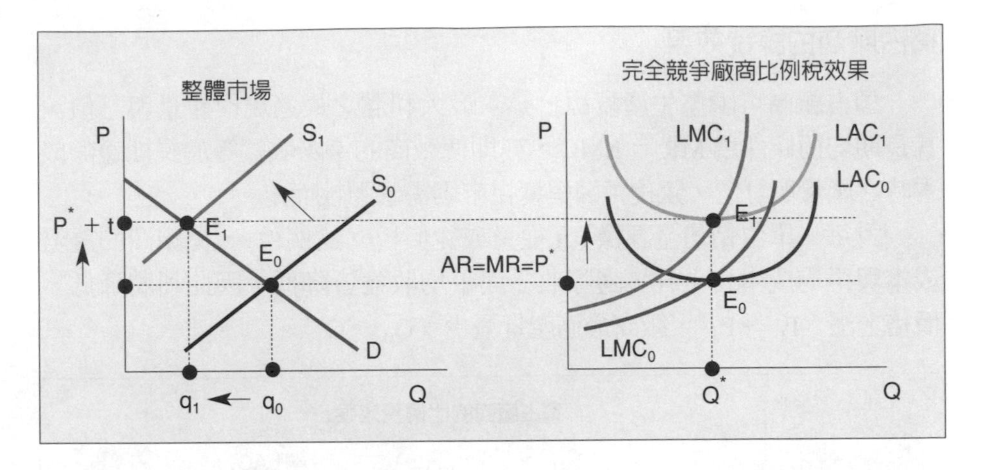

短期市價上漲但低於長期平均成本（$P < P^* + t = LAC_1$）時，無法承受虧損（自行吸收賦稅成本）的廠商將被迫停業退出市場，使整體市場的供給減少（$S_0 \rightarrow S_1$）且均衡價格上漲（$P^* \rightarrow P^* + t$），規模減少（$q_0 \rightarrow q_1$）；繼續生存的個別廠商最適產量不變（Q^*），獲利回升（購買者負擔賦稅 t）至正常利潤（$P = P^* + t = LAC_1$）。

對商品課徵 T 元定額稅，使廠商的邊際成本不變而平均成本上升。

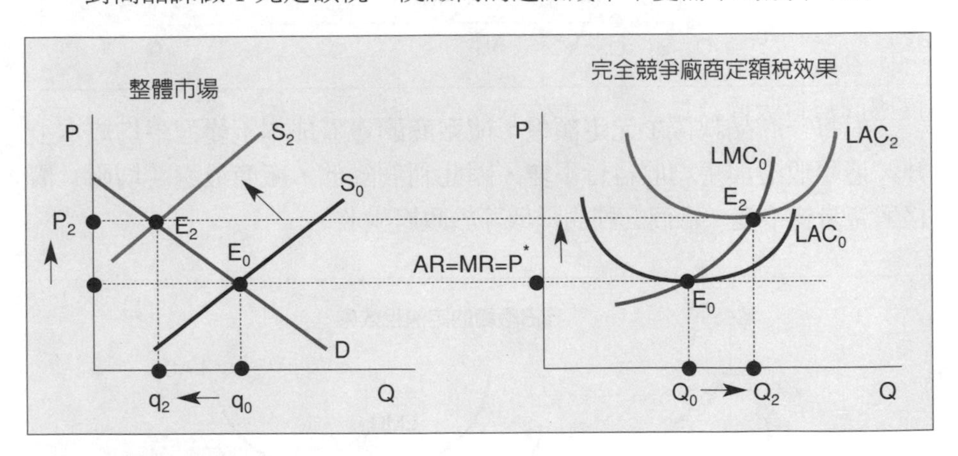

短期市價（P^*）不變（MC 不變）而低於長期平均成本（LAC_2）時，無法承受虧損（自行吸收賦稅成本）的廠商將被迫停業退出市場，使整體市場的供給減少（$S_0 \rightarrow S_2$）且均衡價格上漲（$P^* \rightarrow P_2$），規模減少（$q_0 \rightarrow q_2$）；繼續生存的個別廠商最適產量增加（$Q_0 \rightarrow Q_2$），獲利回升（購買者負擔賦稅）至正常利潤（$P_2 = LAC_2$）。

獨占廠商的課稅效果

獨占廠商可調整生產資源，尋求最大利潤之最適規模產量與訂價，其長期均衡條件爲 MR ＝ LMC，亦即使廠商的邊際收益等於長期邊際成本時之產量與訂價，賦稅轉嫁程度視市場需求彈性而定。

對每一單位銷售量課徵 t 元從量或從價稅（比例稅），使廠商的邊際成本與平均成本皆上升，邊際收益與平均收益皆降低，因此利潤降低，價格上漲（$P_0 \rightarrow P_1$），廠商最適產量減少（$Q_0 \rightarrow Q_1$）。

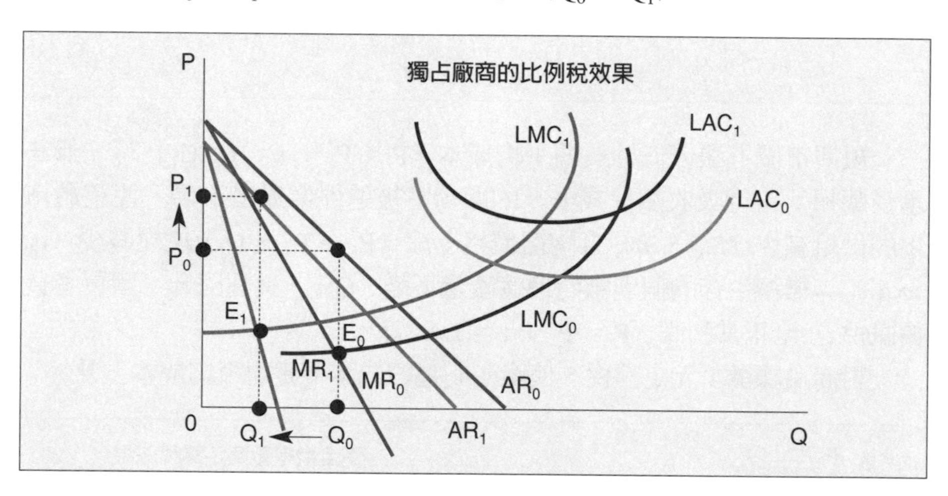

對每一商品課徵 T 元定額稅，使廠商的邊際成本不變而平均成本上升，邊際收益與平均收益皆不變，因此利潤降低，廠商最適（均衡）價格與產量皆不變，廠商的利潤降低等於政府稅收。

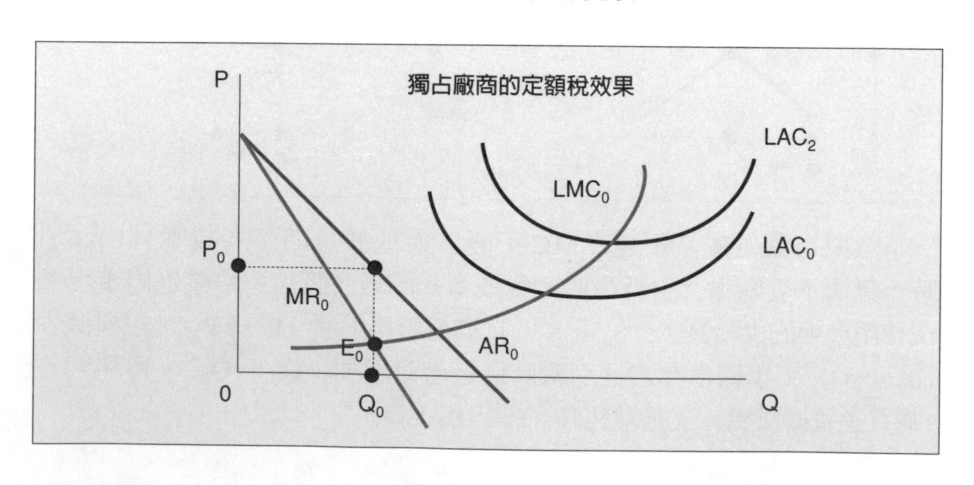

獨占廠商之最適規模產量與訂價可能產生超額利潤，課徵**利潤稅**，廠商的成本與收益皆不變，因此 MC = MR 之廠商最適（均衡）價格與產量皆不變，廠商的利潤降低等於政府稅收。

拉弗曲線（Laffer curve）

說明稅率與稅收之間的關係。稅率爲 0 時稅收爲 0，隨稅率提高使政府稅收增加，可以擴張財政，增加公共支出以刺激景氣，因而提高所得稅基，政府稅收持續增加，支應公共支出所需。

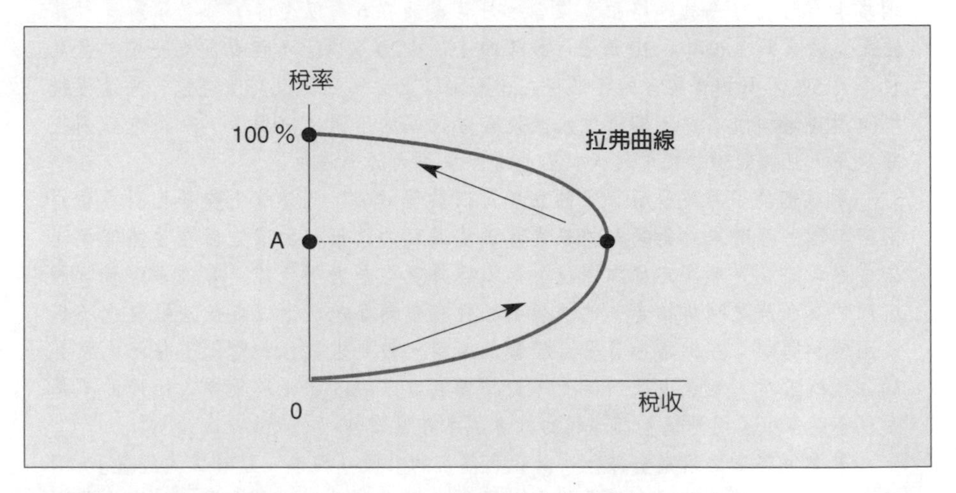

可是當稅率過高（大於 A），勞動替代效果大於勞動所得效果，增加課稅將造成人民難以負擔並降低工作意願；可支配所得減少，消費所得效果大於消費替代效果，而壓縮消費、投資等經濟活動，所得稅基降低反而減少政府稅收；稅率爲 100% 時經濟活動停頓，稅收爲 0，因此政府稅收隨稅率提高而先增後減。

管理經濟實務 12-3：網路交易課稅影響相關產業

國稅局為讓網路業者對於網路交易課稅內容更了解，財政部除提供相關資訊與Q&A外，網拍課稅討論區已完成上線，民眾可透過討論區相互交流，解答從事網路交易行為的營業人及個人對網路交易課稅問題疑義，也可將意見提供給國稅局參考。

財政部賦稅署於2005年5月5日公布網路交易課徵營業稅及所得稅規範，依法經過六個月宣導期後正式上路，網拍營業人於國稅局辦理營業登記後也需登記營業事務所，除需繳付營業稅外，也有房屋稅和地價稅的問題。只要是在網路上有營利行為的網路拍賣業者，月營業額在6萬以上者，都必須辦理稅籍登記；營業額在6萬至20萬者，稅率為1%，20萬以上不但要開立發票，營業稅率為5%，而拍賣業者的年所得在5萬元以上者，則要繳交所得稅。累進稅稅率隨所得增加而增加，即賦稅依據稅額占稅基的不同比例課徵，所得愈高則稅額愈高，且稅額增加幅度較大，因此邊際稅率大於平均稅率。

財政部為了維護稅負公平的立場可以被理解，但已是線上交易相對成熟的國家美國，都還未針對網路拍賣業者實施課稅的政策，台灣方面在整體產業尚未成熟之際就貿然決定實施課稅，業界認為實在是過於急躁。有許多經營實體店面的業者跨足網路拍賣，他們多半已經有稅籍登記，所以要依法繳稅也不構成困擾和問題；在網路拍賣平台經營的廠商，被要求繳稅和受到監督，大家都認為理所當然，業者也欣然接受。對拍賣族群來說，課稅政策令人困擾的不是繳稅金額多少，而是這整個過程的社會成本相當高。

營業稅課徵必須完全符合「以營利為目的」及「採進、銷貨方式經營」，網拍業者就要依法課徵營業稅及營利事業所得稅；如果是個人在網站拍賣出售自己使用過後的二手商品，或買來尚未使用就因為不適用而透過拍賣網站出售，或他人贈送的物品自己認為不實用而透過拍賣網站出售，均免徵個人綜合所得稅，亦不發生課徵營業稅及營利事業所得稅問題。如果沒有堆貨，而實際上只是做一個營業稅籍登記，那房屋稅、地價稅還是維持自用住宅稅率來課徵。

許多網路賣家都出現了觀望的態度，不如前二年般呈現爆炸性的成長。網拍賣家必須登錄稅籍，地價稅跟房屋稅都可能增加，因此出現了業者專門提供網友花錢來靠行。對每一單位銷售量課徵比例稅，使廠商的邊際成本與平均成本皆上升，邊際收益與平均收益皆降低，因此利潤降低。

政府課稅收入是人民納稅負擔（支出），將造成可支配所得與成本的變化，影響消費、投資等經濟活動，亦可成為干預市場價格的工具，因此應降低課徵成本與民怨，促進經濟穩定成長，使社會福利達到最大。

 全面均衡效率分析

局部均衡（partial equilibrium）

某一個別市場達到均衡之穩定狀態，將該市場獨立出來個別分析，而不考慮與其他經濟單位之互動影響；亦即假設其他條件不變，個別市場商品均衡之調整與價量決定過程。

全面均衡（general equilibrium）

各相關的經濟部門同時達到商品市場之穩定狀態，強調個別市場不能完全獨立自行調整，而會與其他經濟單位互動影響；亦即個別市場商品從要素投入、生產到消費，以及相關產品（替代或互補）之間，各經濟部門會互動影響。

全面均衡分析各相關市場均衡價格之關聯性，在一套整體價格機制中，生產者（商品市場供給者）願意且能夠銷售的產品，使消費者（商品市場需求者）願意且能夠購買並得到滿足（商品市場均衡）；而生產者（要素市場需求者）亦可依此價格機制購買要素投入（要素市場供給者），進行生產而獲得報酬（要素市場均衡），即爲整體市場之均衡。

全面均衡分析最早於十八世紀由法國重農學派奎納（Quesnay）提出經濟表，以**基本經濟活動循環**，說明各相關經濟部門間之關聯性與互動影響：參與經濟活動的主體爲家戶與廠商，市場可依交易標的分爲產品市場與要素市場，家戶將生產要素供給到要素市場，廠商購買所需求的生產要素投入生產活動，並支出成本與分配利潤成爲家戶的要素所得，家戶消費所需求的財貨勞務並支付價款成爲廠商的營業收入。

投入產出分析（input-output analysis）

由美國學者李昂蒂夫（Leontief）於二十世紀初期提出，將奎納的基本經濟活動循環發揚光大，使每個經濟部門既是銷售（供給）本身產品的經濟單位，也是購買（需求）其他經濟部門產品的經濟單位，如此經濟體內各產業即完全連結並互動影響，並可將經濟活動循環的實際周轉情形，以具體數據分析其變化與影響，進而擴大到總體經濟問題分析與

研擬經濟政策之參考依據。

在一套整體價格機制中，生產要素價格變化，導致生產者成本與報酬變化，亦引起消費者的所得及購買行為變化，再影響生產行為與要素需求變化，如此關聯互動不斷相互影響，從中分析出一套整體機制，使產品市場與要素市場的供給與需求都達到均衡之價格與數量，即整個經濟體達到全面均衡。

經濟效率（economic efficiency）

經濟社會以最低成本生產最佳之商品消費組合，即已連結生產成本與消費效用的全面均衡，其條件為 $P_X = MC_X$，表示消費者購買所需商品數量所支付的價格，恰等於其所獲得之效用（邊際效用），因此得到最大滿足；而生產者購買所需要素數量而支付的價格（邊際成本），亦恰等於其要素可產出所獲得之邊際生產收益（商品價格），所以某商品為消費者所獲得之邊際效用，即等於生產者產出該商品所須支出的邊際成本。

巴瑞圖最適境界（Pareto optimality）

全面均衡而達到最佳效率下的情境，經濟社會總福利達到最大，因此無法再使其中任何經濟單位獲得更大效益，而不會損傷任何其他經濟單位。其條件為經濟社會中各市場都達到全面均衡，經濟資源配置為最佳效率，經濟社會中生產者剩餘及消費者剩餘總和（經濟福利）達最大，又稱為巴瑞圖效率。

消費效率

消費面的巴瑞圖效率，代表消費者已充分利用固定之預算水準，作最有效的配置運用，所能產生的最大效用之組合，兩種產品消費量不可能再同時增加，又稱為**分配效率**（allocation efficiency）。

消費面的全面均衡，其條件是所有消費者購買任兩種商品之**邊際替代率**（MRS_{xy}）均相等，因為若 MRS（邊際效用比值）不等時，代表消費者間可以經由公平交易不同商品，使雙方互利（提升效用）而不會損傷任何一方（非最適境界），調整直到 MRS 均相等（最適境界）。

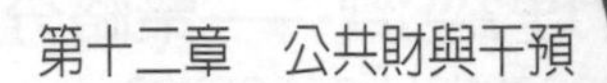

效用可能疆界（utility possibility frontier; UPF）

代表消費效率之最大效用商品分配組合軌跡，線上的每一點所對應之效用大小（U_A，U_B）連線，線上的每一點都滿足消費面的巴瑞圖效率，無法再使其中消費者獲得更大效用，而不會損傷任何其他消費者。在同一條效用可能疆界上，一消費者獲得更大效用則須減少另一消費者效用，負斜率曲線代表兩消費者效用反向變動。

UPF 線上的每一點都滿足 $MRS_{xy}{}^{A} = MRS_{xy}{}^{B} = P_X / P_Y$ 之消費效率條件；線內區域表示小於最大效用組合，即消費者未充分有效利用有限的資源，應向效用可能疆界方向調整；線外區域表示大於最大效用組合，在目前條件限制下不可能產生。

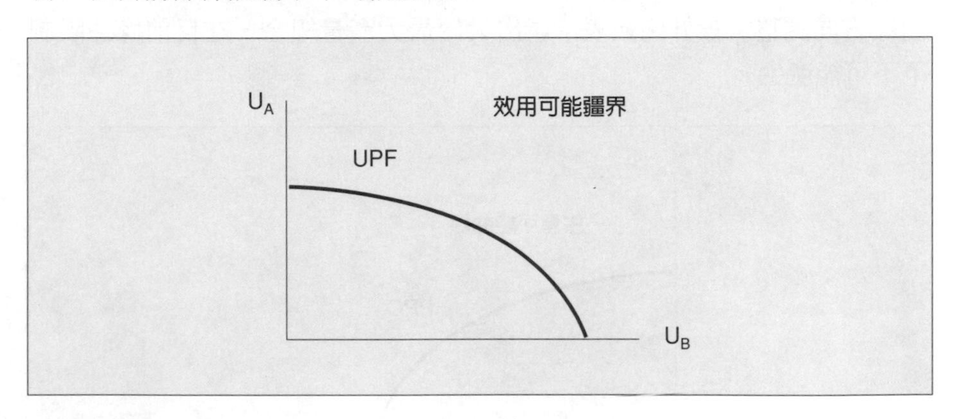

生產效率

生產面的巴瑞圖效率，代表生產者已充分利用固定之生產資源與技術水準，作最有效的配置運用，兩種產品不可能再同時增加產量，因此又稱為**技術效率**（technical efficiency）。

生產面的全面均衡，其條件是當所有生產者使用任兩種要素之**邊際技術替代率**（$MRTS_{KL}$）均相等，因為若 MRTS（要素邊際產量比值）不等時，代表生產者間可以經由公平交易不同要素，使雙方互利（提升生產效率）而不會損傷任何一方（非最適境界），調整直到 MRTS 均相等（最適境界）。

生產可能曲線（production possibilities curve; PPC）

代表生產效率之兩種產品最大產量組合軌跡，線上的每一點都滿足生產面的巴瑞圖效率，無法再使其中商品獲得更大產量，而不會損傷其他商品產量。在同一條生產可能曲線，一商品獲得更大產量則須減少另一商品產量，負斜率曲線代表兩商品產量反向變動。

PPC 線上的每一點都滿足 $w / r = MRTS_{LK}{}^{X} = MRTS_{LK}{}^{Y}$ 之效率條件。PPC 的斜率（$\triangle Y / \triangle X$）稱爲**邊際轉換率**（marginal rate of transformation；MRT），代表增加產出一單位 X 須減少產出 Y 的產量（機會成本），因此 $MRT_{xy} = \triangle Y / \triangle X = MC_X / MC_Y$。線內區域表示產出小於最大產量組合，即生產者未充分有效利用有限的資源，應向生產可能曲線方向調整；線外區域表示產出大於最大產量組合，在目前條件限制下不可能產生。

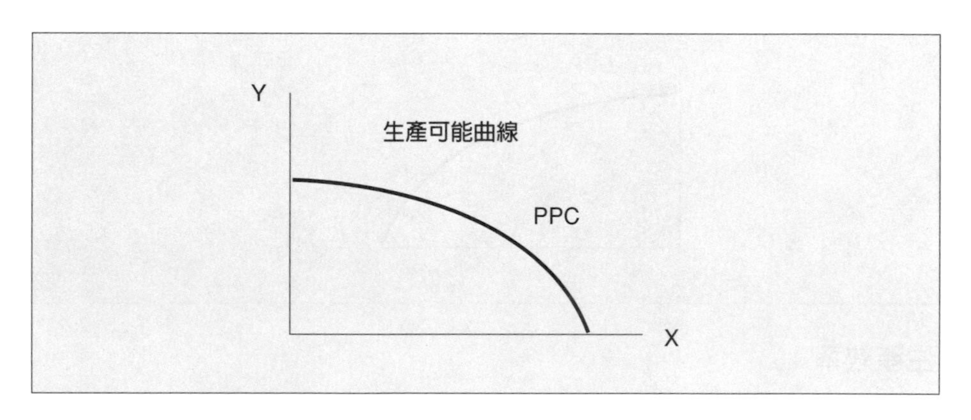

全面效率

社會面的巴瑞圖效率代表生產可能曲線上某一點，生產者所選擇的產品最大產量組合，爲消費者需求的商品最大效用組合，表示整體經濟社會達到最佳之產品組合狀態，又稱爲**經濟效率**。其條件是所有消費者購買任兩種商品之邊際替代率（MRS）等於所有生產者生產該商品之邊際轉換率（MRT），因爲若不等時，代表消費者與生產者間可以經由公平交易不同商品，使雙方互利（提升報酬及效用）而不會損傷任何一方（非最適境界），調整直到 MRS = MRT 之最適境界。

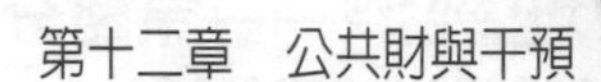

生產可能曲線上各點之產量組合，代表生產資源最有效的配置運用，爲符合技術效率之兩種產品最大產量組合的連線，但線上各點之產品產量組合未必都是社會所需；其中一點（與無異曲線相切）具有經濟效率，代表符合社會需求的最佳產品組合。

巴瑞圖改善（Pareto improvement）

若經濟社會尚未達到巴瑞圖最適境界，即經濟福利有改善空間，可以改變某些經濟狀況，使其中部分經濟單位獲得更大效益而不會損傷任何其他經濟單位，直到達成巴瑞圖效率爲止，爲經濟資源配置最佳之經濟福利，而非公平分配之社會福利。

福利經濟學（welfare economics）

屬於帶有價值判斷的規範經濟學，分析經濟活動應該如何增進社會福利，通常能夠發揮資源配置效率的經濟活動，即表示可以增進社會經濟福利。

社會福利均衡

效用可能疆界代表消費效率之最大效用組合軌跡；等福利曲線代表某一福利水準，而線上每一點則代表兩不同需求商品的組合可產生相同的福利水準。

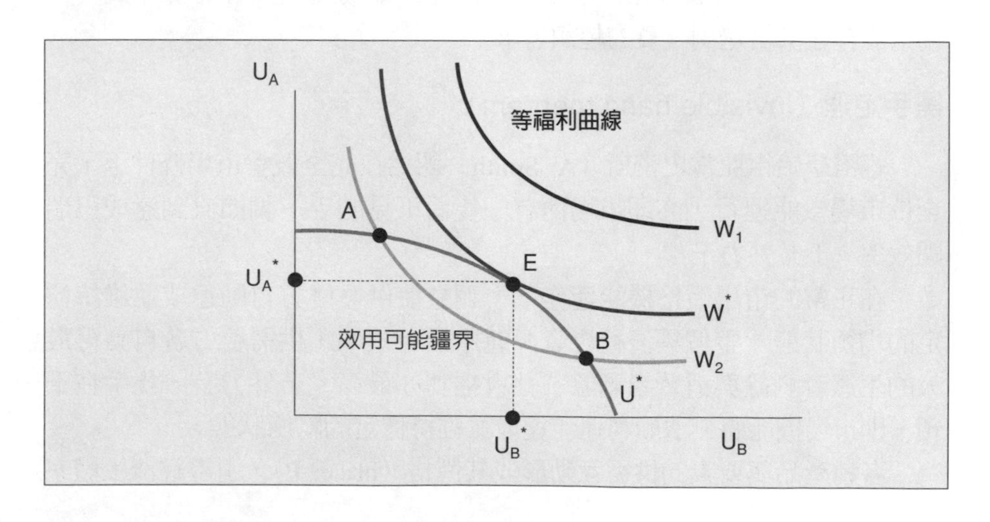

將等福利曲線與效用可能疆界配合以決定均衡的最佳商品組合，亦即社會在有限條件下得到最大福利，均衡在等福利曲線與效用可能疆界相切之切點（E）處，社會得到最大福利（W^*），並對應最佳消費效用組合（U_A^*、U_B^*）。如圖，在消費者效用可能疆界範圍內，可得最大福利 W^*，而切點 E（U_A^*、U_B^*）爲等福利曲線 W^* 上唯一消費效率之最大效用組合。

與最大等福利曲線 W^* 相切之效用可能疆界 U^*，代表消費效率福利最大的商品分配組合，即滿足邊際替代率均等之消費面的巴瑞圖效率。效用可能疆界上各點之效用組合，代表資源最有效的運用（配置效率），但線上各點之效用組合未必獲得最大社會福利，其中一點（與等福利曲線相切）爲福利最大的效用分配組合。

市場結清（market clearing）

在所有市場（n 個）中，若其他市場（n － 1 個）都已達到市場均衡（超額需求爲 0），則最後一（第 n 個）經濟財市場亦爲需求等於供給之均衡狀態。

依據瓦勒斯法則，所有市場的超額需求總價值爲 0，當其他市場超額需求爲 0（市場均衡），則最後一市場的價格若大於 0（經濟財），亦必爲超額需求等於 0（市場均衡）。若最後一市場的價格等於 0，則爲不須付出代價即可自由取得充分享用的自由財，如陽光空氣等資源，此一市場可能存在供給過剩（負的超額需求）。

黑手定理（invisible hand theorem）

經濟學始祖亞當史密斯（A. Smith）認爲在完全競爭市場條件下，完全依市場機能運行，亦即市場內有一隻看不見的手，調節直到達成巴瑞圖效率，不必外力干預。

在正常的市場價格機能運作下，調整使供需雙方自動達成並維持穩定的均衡狀態，整個經濟社會資源運用最有效率，供需雙方各自獲得最大的生產者剩餘與消費者剩餘，社會福利亦最高。若外力有一隻手在干預，則市場機能將無法順利運作達成並維持穩定的均衡狀態。

各種產品與要素的供需互動形成其價格（price; P），引導經濟主體家戶與廠商調整他們的資源配置，而他們的決策也會成爲改變供需的力量，而影響價格與數量（quantity; Q）。市場機能引導經濟活動的資源配置達到最佳效率，供給分析衡量經濟活動的成本，需求分析衡量經濟活動的效益，因此經濟分析又稱爲**成本效益分析**（cost-benefit analysis）。

政策落後

政府採行權衡性政策須掌握經濟環境變化，彈性調整因應對策，但實際上政策要生效通常會經過冗長過程，而發生落後的現象。

問題→認知→決策→執行→效驗

過程冗長而發生的時間落後，可能導致政策緩不濟急成效不彰，甚至在影響效果出現時，經濟環境變化已與決策立意不同，反而弄巧成拙，造成問題惡化或經濟不穩定。

認知落後（recognition lag）

從經濟環境的研究分析確認問題發生，到政府體認問題嚴重性而願意調整因應，所需之時間及延誤。因爲影響經濟活動的因素複雜多變，難以準確預測判斷立即掌握時機，且決策者多不願承認執政失誤，而使調整對策裹足不前。

決策落後（decision lag）

由政策之研擬修正至完成立法確立內容，所需之時間及協調折衝過程。因爲政府各部門對問題嚴重性、發生原因、可行對策等常有不同看法，而立法機構民意代表亦來自不同選區與團體，不易達成共識。

執行落後（execution lag）

立法通過的財政預算與政策方案，要付諸實施推動公共建設，所需之時間及行政程序，或行政效率低落及執行品質落差修正造成之延誤。

效驗落後（impact lag）

政策實行後引導總體經濟活動，發揮效果達到解決問題的目標所需之時間，其效果常受到條件限制及環境變化之影響。

市場失靈（market failure）

現實經濟活動未必能在自由經濟市場機制下，達到社會經濟資源配置最佳之經濟效率，又稱爲**市場無效率**（market inefficiency），亦即資源配置無法以最低成本來滿足最大效益之全面均衡，不能達成巴瑞圖最適境界。

廠商自由進出亦可能會形成自然獨占，經濟資源配置即不能達成最佳之經濟效率；完全競爭市場條件爲市場參與者具有完全訊息，買賣雙方對彼此及市場交易情況均完全掌握了解，並能迅速自由調整資源配置達成巴瑞圖效率，但市場經常存在不對稱訊息而不能完全充分反映市場機制；政府決策即形成外力干預，影響自由經濟市場機制的運行；而外部性與公共財等問題，未能完全充分反映市場之眞實供需，使藉由市場價格漲跌牽引需求者與供給者調整運用其有限資源達成的均衡狀態，未必是全面均衡之巴瑞圖最適境界。

管理經濟實務 12-4：中國石化產業的生產效率

中國大陸石化中心陸續完工投產以及產業景氣出現由盛而衰的疑慮下，台塑集團若無法開拓新市場，成長空間將面臨挑戰。這波由國際原油大漲帶動，走了兩年多頭格局的石化業，能否延續景氣高峰表現備受市場疑慮。已開發國家祭出多項措施打壓油價，中國大陸新增的石化原料產能進一步對原料價格形成下跌壓力。據統計，中國每創造 1 美元生產毛額，能源消費是美國 4.3 倍、德國及法國 7.7 倍，需求量高、能源使用效率偏低，是助長國際油價飆漲元凶。

過去高度依賴進口原料的中國大陸，帶動周邊地區石化業一波榮景，但因大陸本身產能增加，將逐漸減少對國外進口原料的依賴。中國大陸在九〇年代末規劃的五大石化中心，已有上海賽科石化、巴斯夫揚子石化先後投產，另一座石化中心中海油殼牌石化也將開始運轉，位於福建泉州的石化中心也將完工，屆時中國大陸乙烯年產能將達到 1,000 萬噸，將是全球第二大生產國。

為搶占大陸市場商機，台塑集團已在浙江寧波設立石化專區，生產中間石化原料開拓大陸內銷市場，並將與跨國石化集團在大陸設立的石化中心正面迎戰。資本雄厚的國際性石化集團，在全球各地油源豐富國家合作開採原油，以及在市場商機龐大的地區建廠，迅速擴張版圖。全美國第一大股票上市公司艾克森美孚（Exxon Mobil），以在海外投資取得油田開採權方式，使其毛利率高達 46%，另一方面則在具市場成長地區設廠攫取市占率，大陸福建省泉州的石化中心，就是艾克森美孚與中國石油化工（Sinopec）、Aramco、福建煉化合資，整個台塑集團年營收不到艾克森美孚的十分之一。另一跨國石化集團英國石油（BP）與中國石油化工、上海石化合資成立上海賽科石化，緊跟著艾克森美孚之後。全球第一大乙烯廠商陶氏化學（Dow Chemical），則與中國石油化工在天津也籌設一座年產能六十萬噸的石化中心。

生產者充分利用生產資源與技術水準，作最有效的配置運用，所能產出的產品最大產量之組合，稱為技術效率。跨國生產者間可以經由公平交易不同要素（人才、資金交流及產業、技術移轉），使雙方提升生產效率而不會損傷任何一方，調整直到最適境界。

遠東地區國家因缺乏油田等天然資源，先天上即很難與這些石油巨擘抗衡，朝精密化學與電子材料等領域開發，或許可作為台塑集團另一成長動能。目前兩大半導體產業國家美國與日本，均依賴在高純度電子化學品及熔劑上的高度發展，以供應半導體製程上的蝕刻、洗淨、回收等程序需求，包括台灣近年來大幅擴張的 TFT-LCD 面板產業，上游材料幾乎靠日本進口；台灣在半導體、平面顯示器兩兆雙星產業的蓬勃發展，正也提供石化業在精密化學與電子材料的新市場。

生產者成本與報酬變化，亦引起消費者的所得及購買行為變化，再影響生產行為與要素需求變化，如此關聯互動不斷相互影響。因此任何個別市場、經濟問題與經濟政策的變化不能完全各自孤立，而會與其他經濟單位互動影響。

第十三章　跨期風險與投資管理

跨期預算限制

風險態度與財富效用

風險性資產選擇

風險管理

 跨期預算限制

跨期消費（cross section consumption）

消費者在第一期（現在）與第二期（未來）之消費選擇行爲，亦即將時間因素加入消費者行爲分析，屬於**跨期分析**（inter-temporal analysis）。在資源有限慾望無窮的經濟條件下，任一經濟活動都會面對選擇問題，以滿足最大慾望，跨期分析將時間視爲主要的有限資源之一。

取捨選擇表示放棄其他機會以換取獲得所要的事物，機會成本意即任何選擇所須付出的最大代價，跨期分析強調時間成本，跨期消費分析消費者衡量時間機會成本之消費選擇行爲。花費時間從事消費活動之機會成本爲薪資所得，代表放棄工作時間的最大代價；支出預算從事消費活動之時間機會成本爲利息，代表放棄儲蓄所得的最大代價。

跨期預算線

分析消費者兩期的消費行爲，消費者在第一期與第二期之消費預算分別爲 M_1 與 M_2，消費額則分別爲 C_1 與 C_2，市場利率爲 r。跨期預算線假設兩期之消費預算固定，且消費者具有時間偏好，而存、借款利率皆等於市場利率 r，跨期效用函數表示爲 $U = U（C_1，C_2）$。

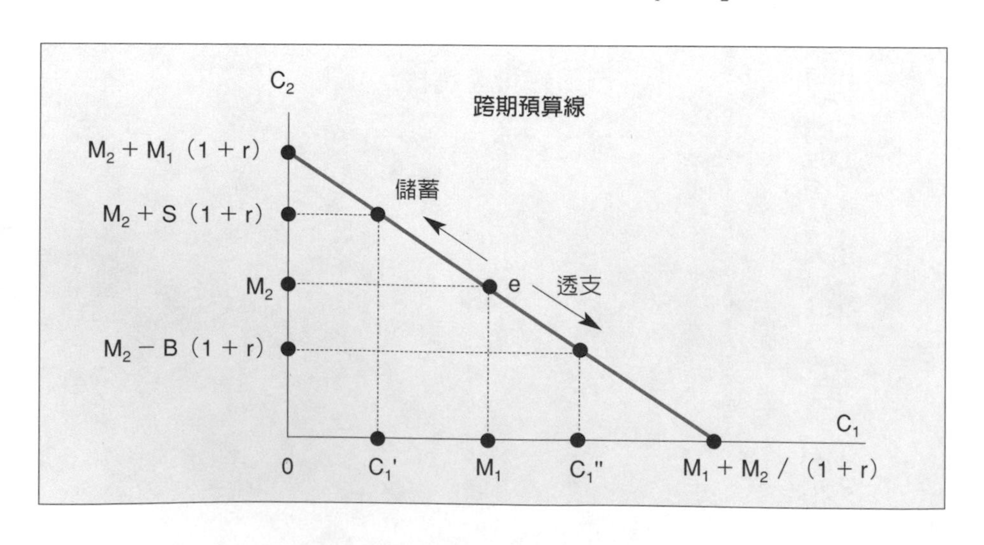

圖中 e 點表示預算與當期消費收支平衡，亦即第一期消費額 C_1 等於預算 M_1，第二期消費額 C_2 等於預算 M_2，e 點（M_1，M_2）稱爲**稟賦**（endowment）點，代表收支平衡之跨期消費組合。

若第一期消費額（C_1'）小於預算 M_1，表示有多餘儲蓄（$S = M_1 - C_1$）或爲貸放者，可在第二期增加 S（1 + r）之消費額，沿跨期預算線愈往左（C_1 減少）上（C_2 增加）表示第一期儲蓄愈多，當第一期消費額爲 0，則第二期消費額可達 $M_2 + M_1(1 + r)$。若第一期消費額（C_1''）大於預算 M_1，表示有消費透支或爲借款者（$B = C_1 - M_1$），在第一期透支之 B 消費額，必須在第二期償還本息，因而第二期減少 B（1 + r）之消費額，沿跨期預算線愈往右（C_1 增加）下（C_2 減少）表示第一期透支愈大，當第一期消費額爲 $M_1 + M_2 / (1 + r)$，即包含第一期預算及第二期預算現値，則第二期消費額爲 0。

兩期的消費現値＝預算現値

C_2（終値）$= M_2 + (1 + r)(M_1 - C_1)$

或 $C_1 + C2 / (1 + r) = M_1 + M_2 / (1 + r)$

預算變動

跨期預算線之斜率爲 $-(1 + r)$，當第一期消費額每增加 1 元，必須以減少第二期消費額（1 + r）元爲代價；或第一期消費額每減少 1 元，必須以增加第二期消費額（1 + r）元爲補償。儲蓄表示犧牲目前消費以增加未來消費，透支則表示增加目前消費而犧牲未來消費，因此爲負斜率跨期預算線。

當利率變動，跨期預算線以消費收支平衡點 e 爲支點旋轉移動，利率 r 上升則增加目前儲蓄以增加更多未來消費，跨期預算線較陡直（斜率大）；利率 r 下降則增加目前消費提前享用，未來利息亦較少，跨期預算線較平坦（斜率小）。

當跨期所得預算變動，將使每一期所對應的消費量與原先不同，在圖形上表示整條跨期預算線，隨所得預算增加（線外移）減少（線內移）而位移；若利率 r 不變，跨期預算線平行（斜率不變）位移。假設消費正常財，所得增加使消費者跨期預算增加，兩期消費均可增加。預期未來所得提高使未來消費增加，且消費者願意以借貸增加現在消費，透支亦增加。

利率的替代效果

為維持實質所得（購買力）不變，由利率（使用貨幣價格）變動引起兩期的消費量改變。本利和（1 + r）是第一期消費的機會成本，因利率 r 上升使第一期消費的機會成本提高，消費者選擇減少目前消費（增加儲蓄）以增加更多未來消費。

利率的所得效果

利率 r 上升使貸放（儲蓄）者利息收入（所得）增加而增加消費量，但借款（購買）者卻因利息支出或機會成本增加（所得減少）而減少消費量。

利率的消費效果

包括替代效果與所得效果，而市場消費者包括貸放者與借款者，因利率的所得效果不一定，所以利率變動對市場消費量的總效果並不一定，須視替代效果與總所得效果之大小而定。當利率上升，若利率的替代效果大於利率的所得效果，消費者會減少第一期（目前）消費，所得效果大於替代效果則增加目前消費；利率下跌時，若利率的替代效果大於利率的所得效果，消費者會增加第一期（目前）消費，所得效果大於替代效果則減少目前消費。

跨期無異曲線

C_1 與 C_2 為可使消費者產生效用的兩期消費，圖中橫軸代表第一期消費額 C_1，縱軸代表第二期消費額 C_2，在此空間內的任一曲線代表兩期消費組合，可產生相同效用水準的軌跡。同一跨期無異曲線代表某一效用水準，而線上每一點則代表兩期不同的消費組合，可產生相同的效用水準（消費者滿足感無異）。

不同曲線則代表不同效用水準，整條無異曲線往外側（遠離 0 點）位移，代表較大的效用水準，反之若整條無異曲線往內側（接近 0 點）

位移，代表較小的效用水準。跨期無異曲線亦具有負斜率、不能相交、凸向原點等特性。

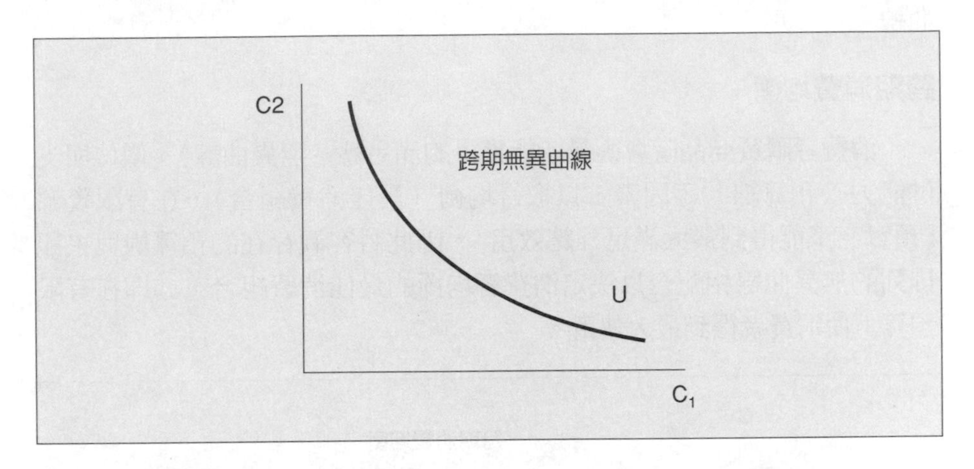

邊際時間偏好率（marginal rate of time preference; MRTP）

爲維持相同的效用水準，消費者要增加一單位消費額 C_1 而必須減少 C_2 的消費額，亦即以 C_1 代替 C_2 的交換比例：$MRTP = \triangle C_2 / \triangle C_1 = MU_1 / MU_2$。邊際時間偏好率即是跨期無異曲線上的點切線斜率，亦爲 C_1 與 C_2 之邊際效用比值，代表消費者願意犧牲一單位現在消費額 C_1，以換取未來消費額 C_2 的單位數。

若對現在消費偏好較高則曲線較陡直，表示邊際時間偏好率較大，消費者願意付出較大代價（減少消費 C_2）來多消費 C_1；反之對未來消費偏好較高則曲線較平坦，表示邊際時間偏好率較小，消費者不願減少消費 C_2 來多消費 C_1。若對 C_1 偏好提高則曲線偏右移動（C_1 消費量增加較多），反之對 C_2 偏好提高則曲線偏上移動（C_2 消費量增加較多）。

邊際時間偏好率遞減法則（law of diminishing MRTP）

隨著 C_1 消費增加，爲增加一單位 C_1 消費而減少 C_2 的消費隨之遞減，圖形上同一跨期無異曲線愈往右（C_1 增加）愈平坦（斜率減小），亦即邊際時間偏好率遞減。依據邊際效用遞減法則，消費者增加消費 C_1 而減少消費 C_2 時，MU_1 減少而 MU_2 增加，因此 MU_1 / MU_2（邊際替代率）下降。因爲隨著 C_1 消費增加，C_1 的邊際效用遞減，消費者願意付出的代價（減少消費 C_2）降低，亦即以 C_1 代替 C_2 的交換比例降低，所以邊際時間偏好率隨著 C_1 消費增加而遞減，而形成負斜率凸向原點的跨期無異曲線。

跨期消費均衡

消費者購買商品時會衡量所能獲得的滿足感（無異曲線）、價位與支付能力（預算線）等因素，以取得均衡（最佳消費組合），在有限資源（預算）下能得到最大滿足（總效用）。因此將客觀存在的預算線與主觀排列的無異曲線相配合以決定消費者均衡的最佳消費組合，亦即在有限預算下使消費者得到最大效用。

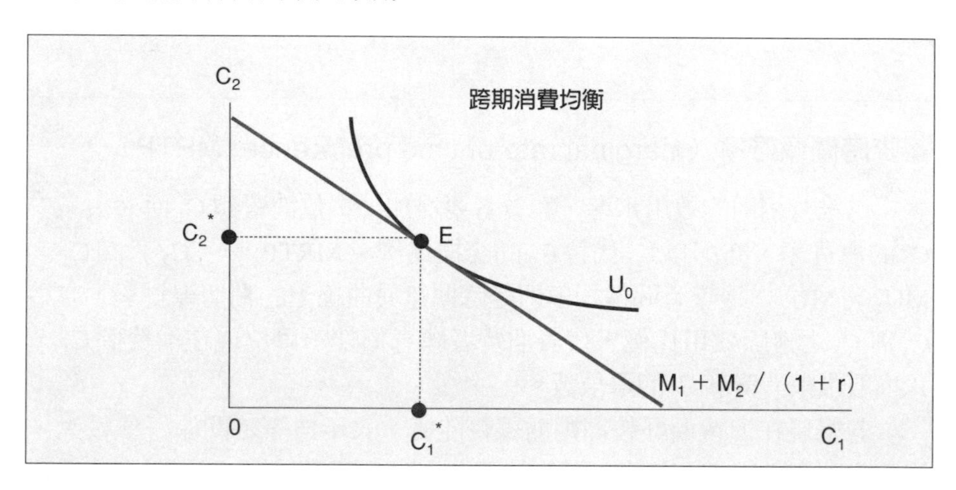

跨期消費均衡在跨期預算線與跨期無異曲線相切之切點（E）處，在跨期預算有限下，消費者得到最大效用（U_0），並對應最佳消費組合之消費量（C_1^*，C_2^*）。如圖，在消費者預算可支付之能力範圍之預算空間內，可得最大效用 U_0，而切點 E（C_1^*，C_2^*）爲無異曲線 U_0 上，唯一消費者跨期預算可支付能力範圍內之消費組合。

跨期消費均衡條件

跨期消費均衡在跨期預算線與跨期無異曲線相切處，亦即跨期預算線爲跨期無異曲線 U_0 上之均衡點 E 的切線，因此該切線斜率等於預算線斜率，所以跨期消費均衡的條件：

$$MRTP（無異曲線切點斜率）= \triangle C_2 / \triangle C_1 = MU_1 / MU_2$$
$$= 1 + r（預算線斜率）$$

當消費者願意犧牲一單位現在消費額 C_1，以換取未來增加 C_2 的消費額等於本利和；或消費者願意犧牲（$1 + r$）單位未來消費額 C_2（支付本利和），以換取增加一單位現在消費額 C_1，即達到跨期消費均衡之穩定狀態（最佳消費組合），在有限資源（預算）下能得到最大滿足（總效用）。

信用條件

直線型跨期預算線假設存、借款利率皆等於市場利率 r，但通常借款利率高於存款利率，因此跨期預算線之收支平衡點（e）右下段（借款者）的斜率（$1 + r$）較大，即形成較陡直的折線，使消費者均衡往左（C_1 減少）下（C_2 減少）移。

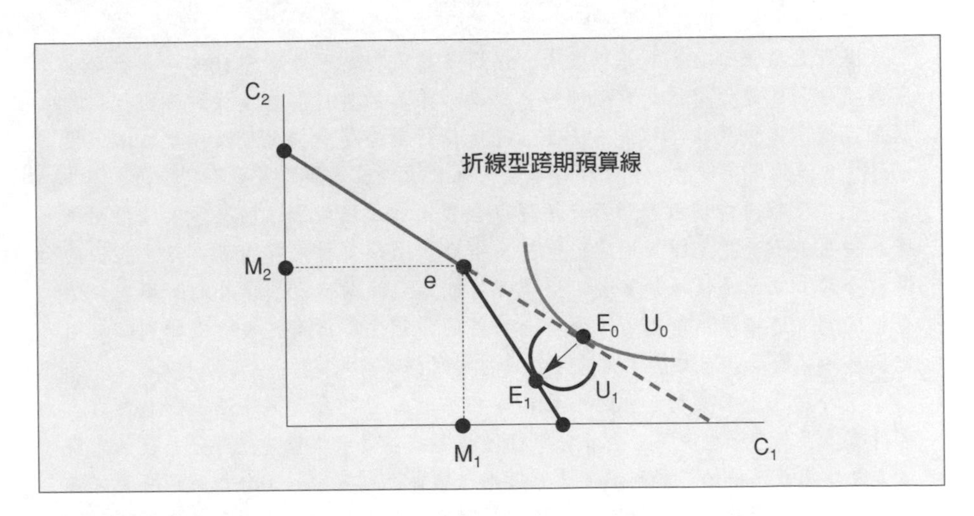

借款利率提高，使借款者跨期消費均衡的效用降低（$U_0 \rightarrow U_1$），因此信用條件愈差的弱勢者，其社會福利愈低。

管理經濟實務 13-1：利率變化影響經濟活動

市場普遍認為，美國升息至4.5%到5%的中性立場水準後就會停止升息，這也意味美國升息接近尾聲。外界關心聯準會聲明是否會拿掉寬鬆貨幣政策與審慎腳步字眼，如依預期改變措辭，市場對聯準會升息將出現新的解讀方向。

金融人士認為，每次跟進升息幅度較少的台灣央行，短期內可能還會維持升息腳步，屆時台灣和美國將出現短暫脫鉤。台灣通膨壓力不大，但實質利率仍偏低，長天期公債仍處低檔，為平衡利差，央行應會適度升息以維持資金穩定。

跨期消費分析消費者衡量時間機會成本之消費選擇行為，支出預算從事消費活動之時間機會成本為利息，由於利率變動引起兩期的消費量改變，稱為利率的跨期替代效果。第二期本利和（1＋r）是第一期消費的機會成本，利率r上升使第一期消費的機會成本提高，消費者選擇減少目前消費（增加儲蓄）以增加更多未來消費。利率上升使貸放（儲蓄）者利息收入（所得）增加而增加消費量，但借款（購買）者卻因利息支出或機會成本增加（所得減少）而減少消費量，稱為利率的所得效果。所以利率變動對市場消費量的總效果並不一定，須視替代效果與總所得效果之大小而定。

銀行法修正草案，規範現金卡、信用卡循環利率不得高於10%，銀行業者與國際信用評等公司對此憂心忡忡，認為如果真的實行將會造成許多銀行退出這個市場，導致放款違約機率快速上升，銀行還需要負擔風險與作業成本，民眾恐怕會流到黑市借款，造成台灣金融、社會及經濟發展的嚴重不良後果。

利差限縮可能使放款銀行無法獲得合理適當風險報酬，而必須緊縮信用；提高每月最低還款金額，則將迫使許多借款人必須支付短期內可能無法負擔的還款金額。立意是保護消費者，但是卻可能導致違約情況快速升高，傷害台灣金融安定。這項限制信用卡、現金卡利差的銀行法修正案，被視為開利率自由化倒車，可能不利國際信評機構對台灣的國家評等。

現今信用卡循環利率可望降至12%左右，每月利息負擔將減少一半左右，估計有上百萬名卡奴受惠。金管會銀行局將要求各發卡機構建立評分系統，對申請人的信用狀況給予不同利率，雙卡必須採取彈性利率制。部分銀行已經實施彈性利率制，信用狀況較好的客户，循環信用利率可以較低，不過很多銀行不管客户信用狀況，一律將信用卡及現金卡利率訂在20%。借款利率高，使借款者跨期消費均衡的效用降低，因此信用條件愈差的弱勢者，其社會福利愈低。

修法後壓縮銀行利潤，可能會讓發卡量較少的銀行難以生存，造成大者恆大局面。但銀行濫發信用卡、現金卡，才造成百萬卡奴，銀行不應把營運不佳的責任讓卡奴承擔；許多業務員為衝業績，未考慮民眾還款能力即核卡，銀行須負起管制不當責任。

風險態度與財富效用

不確定性（uncertainty）

未來有可能發生，卻對其發生的機會與可能結果完全不知的事件，通常是無法掌握相關訊息所致。

風險（risk）

未來有可能發生而可以估計其發生機率的各種事件。風險下的選擇，是決策個體在知道各種可能結果的機率分配所作的決定，而以預期效用來衡量風險選擇可以獲得的福利。

決策者以期望值及風險度作爲依據。期望值是各種事件可能產生的財富收支與其發生機率（權數），計算所得之加權平均值；風險度則是各種事件可能產生的財富收支範圍，通常高獲利的事件亦具有高風險（變動範圍大）。

隨機變數的機率分配，描述一隨機變數未來所可能發生結果及所發生之機率，由決策者所主觀認定爲主觀機率。很難主觀評估未來結果及其所伴隨的機率值，假設該資產報酬率之機率分配沒有重大的改變，可以選擇使用歷史資料來計算預期報酬率和標準差，又稱爲客觀機率。

以該隨機變數之標準差來衡量風險值，是每一結果和其期望報酬率距離之平均值。標準差愈大者，代表各結果和其期望報酬率距離愈遠，所面臨預測之風險愈大，也就是期望報酬率未來實現的可信度愈低。擁有超過一種資產以上時，其風險與報酬率之計算，爲單一資產風險與報酬率之加權平均。

風險值（value at risk; VaR）

以一金額數字來表達投資組合在特定持有期間內，某一機率百分比下之最大可能損失，可以由投資組合標準差（σ）去估算，乘上標準常態值 Z_{α}，當 α 固定時，VaR 只受到標準差的影響。只要知道各資產報酬之波動率和其間之相關係數，就可以計算該投資組合之風險值。

$$風險值\ VaR = -Z_{\alpha} \times \sigma \times V \times \sqrt{t}$$

假設投資組合的市場價值為 V，投資組合的報酬波動度 σ，且信賴水準為 α 下，標準常態值為 Z_{α}，持有該投資組合的期間為 t。

單一股票之風險值以股票價格報酬率之標準差計算，投資組合風險值的計算則是估算投資組合中個別資產風險因子之共變異性，擁有動態管理、可量化風險以及可跨資產作比較之優點，其估計方法與應用範圍愈來愈多元化。

目前風險值被廣泛運用在資本適足率的計算、企業內部之風險控管、資產配置等之參考依據。VaR 值對於資產報酬分配的假設以及參數的估計隨著資產特性與樣本的選取而有所不同，如果不能將資產報酬率分配作正確的描述，則所估計出來的 VaR 會出現錯誤，或不具效率性的問題發生。

若金融市場發生巨大變動，或系統性風險造成之市場變動狀況，甚至因為重大事件而影響投資部位之總價值等，就不是 VaR 值能夠事先估計出來。異常情形下所造成的虧損金額只能靠壓力測試來估計完成，以補足風險值的應用限制。

壓力測試

針對其中一個風險因子的變動所造成投資組合總價值之變動金額，將預先設定的風險因子變動對總部位之短期衝擊獨立出來，假設事件情境發生時，對投資部位總價值所造成之變動金額，最常用的方法包括歷史情境模擬與假設情境模擬。

歷史情境模擬選取歷史事件發生期間風險因子的波動情形，加入目前之投資組合，並計算投資組合在該事件發生所產生的虧損金額。情境模擬假設未來有可能會發生之事件，將其相關風險因子之變動加入目前之投資組合，並計算投資組合在該事件發生所產生的虧損金額。

將個別風險因子之潛在最大可能虧損加總之金額，針對部位中的所有風險因子，皆假設其最惡劣狀況下所造成之最大虧損金額，再個別加總。極端虧損金額之機率分配函數，可應用極值理論來估計虧損金額水準，以修正常態分配假設下所造成之虧損金額低估現象。

財富效用（utility of wealth）

個人對獲得財富的滿足程度，財富增加則可消費商品數量亦增加，依據邊際效用遞減法則，邊際效用隨消費數量增加而漸減少，因此通常亦有財富邊際效用遞減，亦即總效用增加趨緩的現象，但會因決策者面對風險時的不同態度而異。

風險態度（risk attitude）

決策者面對風險下的選擇，對於現在支出成本（財富效用減少）以獲得未來報酬（財富效用增加）的評估差異，或高獲利事件的滿足感（財富效用增加）及高風險壓力（財富效用減少）的承受力不同，因此總效用隨財富增加，但財富邊際效用因決策者的風險選擇態度而不同。

高報酬事件可以增加決策者的滿足感（邊際效用增加），但亦具有高風險而抵銷獲利的滿足感（邊際效用減少）；決策者依個別的風險態度評估其財富邊際效用變化，並選擇預期效用最大的消費（投資）組合。

風險逃避（risk averse）

預期增加 1 元財富（高風險）可獲得的效用，低於減少 1 元（成本）所減少的效用，亦即決策者面對高獲利風險時須投保避險，因此總效用增加趨緩，有財富邊際效用遞減現象，即財富效用曲線斜率遞減。

風險中立（risk neutral）

預期增加 1 元財富（高風險）可獲得的效用，等於減少 1 元（成本）所減少的效用，亦即決策者面對高獲利風險既不逃避（投保）也非偏好（冒險），因此總效用隨財富增加而呈固定比例增加，即財富邊際效用固定，財富效用曲線是斜率固定的直線。

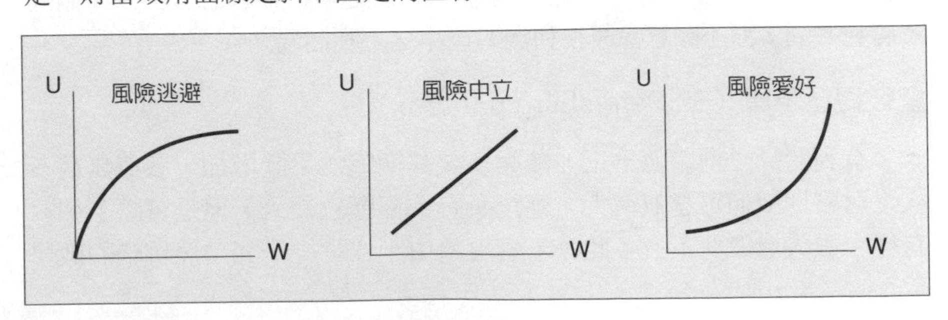

風險愛好（risk loving）

預期增加1元財富（高風險）可獲得的效用，高於減少1元（成本）所減少的效用，亦即決策者偏好冒險以獲得更多的財富，有財富邊際效用遞增現象，即財富效用曲線斜率遞增。

賭局（game）

參與的事件可能結果爲贏（獲利）或輸（損失）兩種，其機率已知，可算出期望值。支出成本等於預期收入期望值，即期望值爲0之賭局稱爲**公平賭局**，例如成本1元、贏者可得100元之賭局，若贏得100元（淨利99元）之機率1%而損失1元成本之機率99%者，稱爲公平賭局，表示參與無窮多次賭局的結果回歸原點，無淨利（損）；期望值正者爲**有利賭局**，期望值負者爲**不利賭局**。

當賭局獲利的預期財富效用大於支付成本所減少之財富效用，則決策者願意參與，因決策者面對風險（賭局）時的態度（效用）不同，是否參與賭局因人而異。

參與賭局之風險態度

風險逃避者預期贏得1元（高風險）可獲得的效用低於減少1元（支付成本）所減少的效用，因財富邊際效用遞減，只願意參與獲利機率較大之有利賭局，不願意參與公平賭局及不利賭局。

風險中立者預期贏得1元（高風險）可獲得的效用等於減少1元（支付成本）所減少的效用，因財富邊際效用固定，會參與有利賭局，不願意參與不利賭局，公平賭局則不論是否參與其效用無差異。

風險愛好者預期贏得1元（高風險）可獲得的效用大於減少1元（支付成本）所減少的效用，因財富邊際效用遞增，而願意參與公平賭局及有利賭局，只不願意參與獲利機率很小之不利賭局。

聖彼得堡矛盾（St. Petersburg paradox）

有利賭局之期望值爲正，參與多次其期望值累計增加，參與無窮多次之財富期望值可達無窮大，應該所有人都願意投入，但是實際上卻只有極少數人會樂此不疲。此一矛盾現象由十八世紀研究自然科學的數學家柏努里（D. Bernoulli）所提出，認為決策者是否願意參與賭局，並非直接由財富期望值決定，而是由其參與賭局可獲得的預期效用決定。

依據邊際效用遞減法則，不論是風險逃避者、風險中立者或風險愛好者，在成本支出達一定程度後，雖然其財富期望值累計增加，終究會因過高風險（損失可能）而使財富邊際效用遞減。因此一般人不願意參與預期財富效用低於支付風險成本所減少之財富效用的賭局，只有極少數人（高度風險愛好者）會願意不計成本風險，甚至傾家蕩產參與賭局，以追求預期收入期望值高的財富。

保險（insurance）

面對未來可能發生的不利事件（風險），可以先繳付小額保費，若不利事件發生而造成的損失可以獲得補償（避險）。保費支出等於預期補償期望值，即期望值為0之保險稱為**公平保險**，期望值正者為**有利保險**，期望值負者為**不利保險**。當補償獲利（損失減少）的預期財富效用，大於支付投保成本所減少之財富效用，則決策者願意參與，因決策者面對風險時的態度（效用）不同，是否參與保險因人而異。

投保不利保險又稱為**過度保險**（over-insure），當不利事件發生時反而會獲利；只投保有利保險又稱為**低度保險**（under-insure），當不利事件發生時將只能減少部分損失。決策者依個別的風險態度，評估其財富邊際效用變化，並選擇預期效用最大的保險商品。

足額保險

財產保險金額等於保險價值之保險，保險事故發生時，保險人之賠償責任，係以實際損失為依據，全損時則以保險金額為最高限制。若保險標的全部受損，保險人依保險金額全部償付；如保險標的部分受損，則保險人按其實際損失給付保險金，亦稱為全部保險。

保險金額低於保險價值構成不足額保險，亦稱**部分保險**。在保險事故發生時，保險人只能按保險金額占保險價值之比例來補償。被保險人之實際損失對保險價值不足部分，視為被保險人自己保險。

保險契約中之保險金額超過保險價值時發生**超額保險**，不符損害填補原則，使被保險人有機會因保險事故之發生，獲得超過其損失的利益，故為保險法所禁止。

參與保險之風險態度

風險逃避者預期減少1元（支付保費）所減少的財富效用，低於減少高風險損失可獲得的效用，因此願意投保有利保險及公平保險，不願意投保保費過高之不利保險。

風險中立者預期減少1元（支付保費）所減少的財富效用，等於減少高風險損失可獲得的效用，因此會投保有利保險，不願意投保不利保險，公平保險則不論是否投保其效用無差異。

風險愛好者預期減少1元（支付保費）所減少的財富效用，大於減少高風險損失可獲得的效用，因此只願意投保保費極低之有利保險，不願意投保不利保險及公平保險。

完全資訊價值（value of complete information）

無法精確評估未來有可能發生的不確定性或風險事件，通常是無法掌握相關訊息所致，但為取得相關資訊，亦須支付資訊成本。決策者為獲得最大效用，除依個別主觀的風險態度，亦以客觀的完全資訊評估並選擇最佳的預期消費（投資）組合。因為取得完全資訊而增加的報酬或減少之損失為完全資訊價值，等於完全資訊期望值與不完全資訊期望值之差額，即決策者為提高財富效用，願意支付的最大資訊成本。

金融風險管理師（financial risk manager; FRM）

係由GARP（Global Association of Risk Professional）協會主辦所頒授的認證，為知名國際性金融專業證照。風險管理涵蓋領域眾多，包括市場風險、信用風險、作業風險、會計、稅務等主題，當金融市場發生危機時，有效管理風險成為企業成功的重要關鍵及其投資人命運。

管理經濟實務 13-2：投資理財的風險承受程度

目前市面上的分紅保單分為三大類型，包括還本型、養老型與保障型等，消費者可以根據不同需求規劃。三十歲以下的族群，因經濟能力正逢起步階段，可負擔保費的能力有限，加上離退休年齡還有一段長距離，故選購保單應側重保障功能較高、長期穩定增值的分期繳終身保障型商品。三十至五十歲的族群，除保障需求偏高，加上經濟能力較好，離退休年齡適中，著重理財與儲蓄，可選擇針對退休生活規劃的還本型分紅保單。至於五十歲以上屆臨退休時點，保障需求明顯降低，而資產配置、節稅與儲蓄需求明顯升高，可選購養老儲蓄型分紅壽險。

根據保險事業發展中心的調查，購買保險意願最高的族群是擁有第一份收入的社會新鮮人（約占 40.1%）。投資理財組合須考量個人對風險的承受程度，並依生涯規劃隨年齡而調整，投資決策者面對風險時的不同態度：風險逃避者願意投保有利保險及公平保險，不願意投保保費過高之不利保險；風險中立者會投保有利保險，不願意投保不利保險；風險愛好者只願意投保保費極低之有利保險，不願意投保不利保險及公平保險。

購買保險最主要的目的就是要照顧家人，身後事的費用、父母、配偶、子女的生活所需、債務或遺產的費用（房貸、車貸、卡費、遺產稅）等，可以讓保險來分擔。再來是照顧自己，一旦不幸生病、發生意外，相關的醫療費用還有收入中斷的補償，都可以轉嫁給保險，才不會造成家人的負擔。

定期定額的投資方式，能維持資產穩定成長與分散風險的特性，為財富增值增添動力。分紅保單受青壯族群喜愛的原因，在此族群工作與經濟上已有穩定基礎，開始積極投入個人理財與退休後生活的規劃，能夠兼得壽險提供的保障，還可分享公司經營成效。

不動產證券化（REITs）將購物中心、辦公大樓分割為小單位的受益憑證，主要報酬是來自於租金收入以及資本利得，預估報酬率 4%。績優股票每年分配優渥的現金股利，但是碰上股價無法填權就會賺了利息賠了價差。連動債商品同樣具有固定領息的特色，投資風險雖屬於中低程度，但大部分變現性較差，投資人必須有長期持有的心理準備。整體來說，績優股票的報酬率及風險最高、REITs、連動債次之，定存的風險與報酬率則最低，但必須面對利率變動及通膨的風險，投資人可以依自己對風險的承受度納入資產配置。

風險值被廣泛運用在資本適足率的計算、企業內部之風險控管、資產配置等之參考依據；估算組合中個別資產風險因子之共變異性，擁有動態管理、可量化風險以及可跨資產作比較之優點。異常情形下所造成的虧損金額只能靠壓力測試來估計，以補足風險值的應用限制。將預先設定的風險因子變動對總部位之短期衝擊獨立出來，假設事件情境發生時，所造成總價值之變動金額。

風險性資產選擇

風險性資產

資產價值波動幅度較大，即可能獲利的報酬與可能損失的風險均高，因此高風險性資產亦須相對較高的預期報酬作為補償。通常將利息收入固定而價格穩定、且違約破產風險極低的短期（三個月）公債或國庫券視為無風險資產，其利率為無風險利率，其他高風險性資產為補貼承擔額外風險所給付的利率補償稱為風險貼水，風險愈高則貼水愈高，名目利率愈高，反之則低。

資產風險

風險度是各種事件可能產生的變動範圍，因此通常高獲利的事件亦具有高風險。資產風險代表高風險性資產持有期間，實際報酬率與預期報酬率之間的差異可能範圍，通常以統計學中的變異標準差作為資產風險值，亦即實際報酬率與預期報酬率之間的平均差異離散程度大小。

標準差除以預期報酬率期望值稱為**變異係數**，代表平均每單位預期報酬所承擔之風險程度大小，用來比較各風險性資產（預期報酬率不同）的風險值。

利率風險（interest risk）

固定收益證券（債券）支付固定利息，債券持有人收入固定，但當市場利率上升時，失去購買其他高利率資產的獲利機會，即持有固定收益證券的機會成本；債券價格亦因報酬相對較低而下跌，未到期出售將發生價差資本損失。

通貨膨脹風險（inflation risk）

社會上多數財貨勞務之價格持續上漲的現象，即整體平均物價水準不斷升高，買方須多付貨幣才能購買。因貨幣的實際購買力降低，若貨幣的名目所得（資產報酬）未增加或增幅較小，代表實質總所得減少，又稱為**購買力風險**。

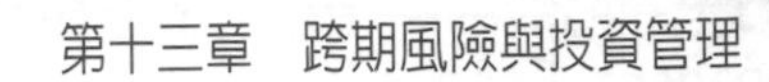

流動性風險（liquidity risk）

資產可以出售變現的難易程度大小稱爲流動性，若市場交易量不大，或資產價值不高而不易出售變現，即發生流動性風險。

違約風險（default risk）

企業經營管理收益已無法負擔支付利息或本金，甚至可能倒閉的風險，又稱爲**財務（financial）風險**。

市場風險（market risk）

風險事件對各種資產價值的變動影響是全面性，例如景氣、戰亂、天災、政治、經濟、社會等環境因素等影響總體經濟活動的事件，使整體市場受到影響，又稱爲**系統風險**（systematic risk）。

企業風險（business risk）

風險事件對各種資產價值的變動影響是局部性，例如產業動態、經營方針、管理能力等影響個別企業發展的事件，又稱爲**非系統風險**（unsystematic risk）。非系統性風險則是個別公司獨有的風險，股價會因公司經營管理、財務意外狀況、訂單爭取失敗、新產品開發成敗、訴訟等特殊事件影響，可分散投資加以規避。

多角化（diversification）

藉由分散投資各種不同資產或不同公司證券，當部分資產因不利事件而價值下跌時，其他資產卻可能因有利事件而價值上漲，因此抵銷損失而降低風險。投資風險包含系統和非系統風險兩部分，系統風險對各種資產價值的變動影響是全面性的，無法藉由多角化分散風險，爲不可分散風險；非系統風險對各種資產價值的變動影響是不同的，可以藉由多角化分散風險，爲可分散風險。

若各種不同資產之間的相關係數爲正，代表風險事件對各種資產價值的影響是同方向變動，無法藉由多角化分散風險；若各種不同資產之間的相關係數爲負，代表風險事件對各種資產價值的影響是反方向變動，可以藉由多角化分散風險，抵銷部分損失；若各種不同資產之間的相關係數爲負 1，多角化可以完全互相抵銷損失，形成無風險投資組合。

投資組合效率前緣

在投資機會集合中，滿足在預期報酬率固定下使風險降至最低之投資組合，在風險維持不變下能使預期報酬率達到最高的投資組合，即稱爲效率投資組合，而所形成之集合即稱爲**效率前緣**。只要變動其中資產的權數，即可形成不同的投資機會，而獲得不同的風險和報酬率的組合，稱爲**投資機會集合**。

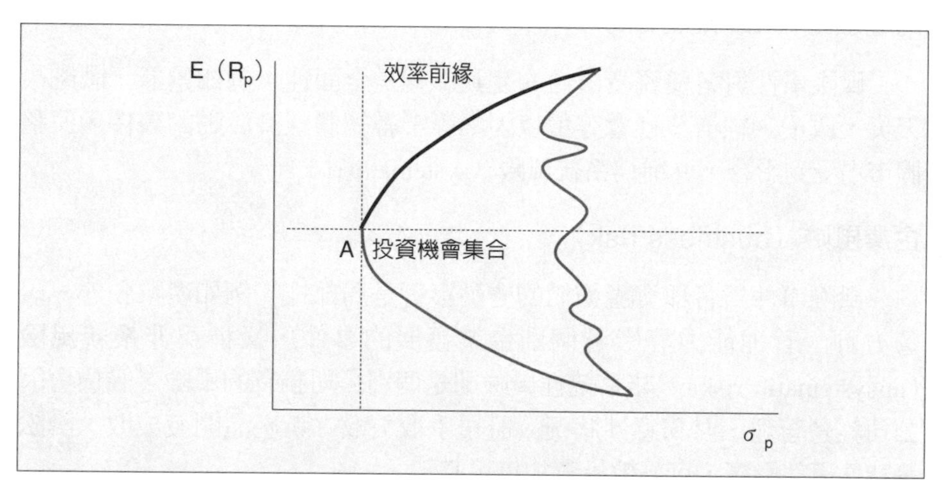

市場上所有風險資產所形成之投資組合，又稱爲**市場組合**（market portfolio）；投資人將其財富僅投資在市場組合與無風險資產兩種途徑的狀況，稱爲**兩資金定理**（two funds theorem）。而投資人僅需決定將其財富的多少投資在市場組合，其餘投資在無風險資產，或以無風險資產利率融資，亦即投資決策與融資決策分離相互獨立，可決定其風險程度與其相對之報酬率。

資本資產訂價模型（capital asset pricing model; CAPM）

描述個別資產（證券組合）的預期報酬率與市場風險之間的關係，由美國學者夏普（Sharpe）、崔納（Treynor）、莫辛（Mossin）等人，於一九六〇年代所提出的財務理論。

$$R_i = R_f + (R_m - R_f) \times \beta_i$$

R_i是個別資產i的預期報酬率，R_f爲無風險利率，R_m代表整體市場的投資組合預期報酬率，β_i則是個別資產i的貝他值。

β值是由統計學中的線性迴歸模式所得之迴歸係數，代表市場報酬變動一單位時，個別資產報酬反映變動的程度，亦即個別資產報酬受市場（系統）風險的影響程度，或個別資產與市場風險之相對風險。β值＝0代表無風險，β值＝1爲市場風險值，β值大於1即個別資產風險大於市場風險爲高風險資產，β值小於1即個別資產風險小於市場風險爲低風險資產。

將資本資產訂價模型，繪成描述個別資產（證券組合）的預期報酬率（R_i）與市場風險（β）之間關係的線性圖形，稱爲**證券市場線**（security market line; SML）。線上每一點代表個別資產面對不同市場風險，所應獲得之最低預期報酬率（必要報酬率），斜率＝（$R_m - R_f$）。

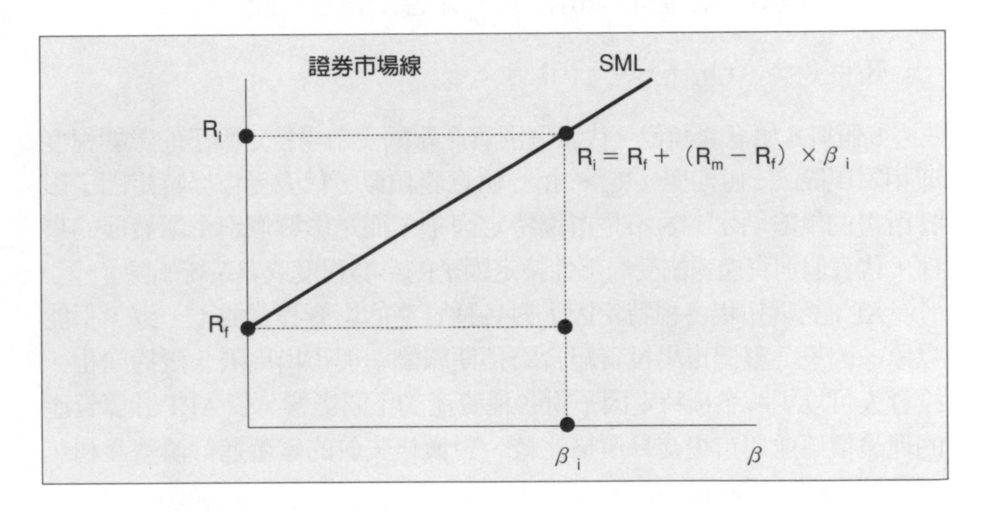

β值＝0代表無風險，$R_i = R_f$即資產i的預期報酬率爲無風險利率；β值＝1爲市場風險值，$R_i = R_f +（R_m - R_f）$，（$R_m - R_f$）代表整體市場投資組合的風險貼水；β_i值是個別資產i與市場風險之相對風險，（$R_m - R_f$）$\times \beta_i$代表個別資產i的風險貼水，風險（β_i）愈高則貼水愈高，必要報酬率愈高，反之則低。

無風險利率R_f固定，而整體市場投資組合的預期報酬率R_m提高（降低）時，斜率（$R_m - R_f$）增大（減小），使SML更陡（平）。無風險利率R_f變動，則SML縱軸截距R_f隨之變動，即無風險利率上升使SML平行上移，無風險利率下跌使SML平行下移。

投資人風險趨避態度改變，透過市場風險貼水的改變，可以影響證券市場線的斜率。當投資人風險趨避態度變大時，會選擇較保守的投資策略，則必須提供更高之報酬率，亦即對每一單位的風險，投資人所要求的價格將會增加。在風險為零時，其報酬率（無風險利率）不會改變，因此證券市場線將會斜率增加，但是截距不變。

套利訂價理論（arbitrage pricing theory; APT）

與CAPM同樣，描述個別資產（證券組合）的預期報酬率與市場風險之間的關係，但個別資產i的風險貼水不只受單一因子$(R_m - R_f) \times \beta_i$影響，而是受多項因子共同影響，又稱為多因子模型（multi-factors model），由美國學者羅斯（Ross）於一九七〇年代所提出。

$$R_i = R_f + (r_1b_1 + r_2b_2 + \cdots) + e_i$$

b值與β值意義類似，代表個別資產報酬受市場特定因子的影響程度或相對風險。r值則與$(R_m - R_f)$值意義類似，代表受市場特定因子影響所需的風險貼水。e_i不是市場特定因子，而是影響個別企業發展的事件，代表個別資產報酬受局部性特定因子的影響程度或非系統風險。

APT認為市場各種特定因子對各種資產的影響程度並不一致，不能以單一因子（整體市場投資組合的預期報酬率與市場風險）概括簡化。投資人可以了解各種特定因子對各種資產的不同影響，依APT計算資產的理論價值並與市場交易價格比較，對價格失真的資產進行價差套利，獲得無風險超額利潤。

股利折現評價模式（dividend discount model）

以持有資產可以獲得之現金流量（cash flow; CF）來衡量該資產的價值，投資人持有證券之後，未來可以獲得股利的折現價值，至少須等於現在購買該資產的成本，折現率k是投資人依其風險偏好所決定的必要報酬率。因此資產現值：

$$P_0 = [CF_1 / (1 + k)] + [CF_2 / (1 + k)^2] + \cdots$$

若資產爲股票，現金流量CF代表各期股利（dividend; D），未來（第n期）出售價格P_n，必要報酬率k可由CAPM或APT模型求得。因此股票現值：

$$P_0 = [D_1 / (1+k)] + [D_2 / (1+k)^2] + \cdots + [D_n / (1+k)^n] + [P_n / (1+k)^n]$$

若資產爲債券，各期利息（interest；I）爲固定現金流量（票面利率×票面金額），到期還本之票面金額M，必要報酬率k通常是市場利率，代表投資人持有債券的機會成本，因此債券現值：

$$P_0 = [I / (1+k)] + [I / (1+k)^2] + \cdots + [I / (1+k)^n] + [M / (1+k)^n]$$

若債券未到期即出售，第n期出售價格P_n，則將式中票面金額M改爲P_n。若資產爲股利零成長股票，或固定股利的特別股，則將式中利息I改爲固定股利D。若長期持有股利零成長股票或永續債券而不出售，則無出售價格P_n，且持續固定股利D，則股票現值又稱爲**永續年金**。

$$P_0 = D / k$$

戈登模式（Gordon model）

衡量股利固定成長股票的資產價值，由美國學者戈登所提出。本期股利D_0，股利固定成長率g，則長期持有股利固定成長股票現值：

$$P_0 = [D_0(1+g) / (1+k)] + [D_0(1+g)^2 / (1+k)^2] + \cdots = D_0(1+g) / (k-g) = D_1 / (k-g)$$

股利支付率d，則固定成長來自盈餘支付股利後，保留再投資的股東權益報酬。

固定成長率g＝盈餘保留率（1－d）×股東權益報酬率（ROE）

由戈登評價模式反推長期持有股利固定成長股票的必要報酬率。

必要報酬率k＝$(D_1 / P_0) + g$

成長機會折現評價（present value of growth opportunity; PVGO）

衡量公司成長股票的價值，由美國學者麥爾斯（Myers）所提出。公司成長的股票價值，來自公司現有資產產生的每股盈餘（E_1）現值，與未來成長機會的現值（PVGO）。

公司成長股票現值 P_0 =（E_1 / k）+ PVGO
PVGO =未來現金流量淨現值（NPV）/（k − g）

盈餘資本化（capitalization of earning）

公司的股票價值來自公司的獲利能力，與市場對該公司的評價。

公司的股票價值 P =預期每股盈餘（E）×市場接受之本益比（P / E）

當市場對該公司未來獲利能力的評價提高，即預期每股盈餘與可接受之本益比提高，投資人認同該公司股票投資報酬率高，而願意高價購買其股票。

q 理論

由杜賓（Tobin）所提出，認爲市場投資人對公司股票之認同度，以其股票之市場價格（投資人評價），對該廠商的重置成本（現有資本財之市場價格）的比值（q 值）爲指標。

q =股票之市場價格 / 廠商的重置成本

當杜賓 q 值大於 1，即公司的股票市場價值大於其重置成本市場價值，代表社會投資人認同該公司股票報酬率較高，而願意購買其股票；反之若杜賓 q 值小於 1，即公司的股票市場價值小於其重置成本市場價值，代表社會投資人認爲該公司股票報酬率較低，而不願購買其股票。

資產組合平衡（portfolio balance）

由杜賓（Tobin）所提出，強調資產組合選擇最適資產結構。現金爲具有完全流動性的資產，風險較低但增值報酬不高，貯存貨幣資產負擔利率（機會）成本，但未來利率水準變化是不確定的，個人同時持有流動性資產（貨幣）與持有投機性資產（債券），未來風險與增值報酬決定個人資產持有組合。

一般人對未來利率水準有一預期安全水準，當目前市場利率水準低於預期安全水準，預期未來利率可能上升，則預期債券價格即將下跌，持有債券風險提高，應賣出高價的債券轉換成現金，準備購買價位降低而增值報酬較高的其他債券；反之，目前市場利率水準高於預期安全水準，預期未來利率可能下降，即債券價格將上漲，持有債券風險降低，應買進低價增值報酬較高的債券，而減少持有現金。因此利率的替代效果使現金持有比例與市場利率變化呈反向變動關係。

效率資本市場

當資產價格能迅速完全反映所有可得攸關訊息時，即當資產價格反映訊息至其邊際收益等於獲得資訊之邊際成本的程度稱效率資本市場。

資本市場中資產價格能夠反映所有該資產之歷史價量及報酬率之訊息，稱爲弱式效率市場。若投資人依價量所作之技術分析，無法獲取超額報酬；但以價量及報酬率以外之訊息，例如分析公開訊息或內線消息進行交易，則能獲取超額報酬。

資本市場中資產價格反映所有公開訊息，如媒體報導、公司公告、財務報告、分析師預測等，稱爲半強式效率市場。投資人利用公開訊息進行交易無法獲取超額報酬，但以公開資訊以外之訊息，例如內線消息進行交易，仍能獲取超額報酬。

資本市場中資產價格反映所有公開訊息及未公開訊息，稱爲強式效率市場。投資者無法藉由公開訊息或內線消息（所有消息）進行交易，而獲取超額報酬。

投資邊際效率（marginal efficiency of investment; MEI）

收入扣除成本（不包括投資金額利息）的差額，與投資金額之相對比例，即增加一單位投資金額可以獲得的報酬，又稱爲**預期投資報酬率**（expected rate of return on investment）。

與使用資本的單位成本比較，當投資報酬率 MEI 大於市場利率 i，表示投資有利，使投資需求增加；當投資報酬率 MEI 小於市場利率 i，

表示投資不利，使投資需求減少。因此市場利率愈低則投資有利的機會愈大，而市場利率愈高則投資有利的機會愈小，亦即投資需求（D_I）變化與市場利率（i）變化呈反向變動關係，形成負斜率之投資需求曲線。

在市場利率以外的因素不變下，市場利率變動引起投資需求量呈反向變動，需求量變動在圖形上表示需求線不動，點沿原需求線移動。

當市場利率以外的因素改變時，需求變動在圖形上表示整條投資需求線位移，包括技術創新、現有資本、未來預期、產品需求、要素成本、經營能力、所得水準、政策制度等。

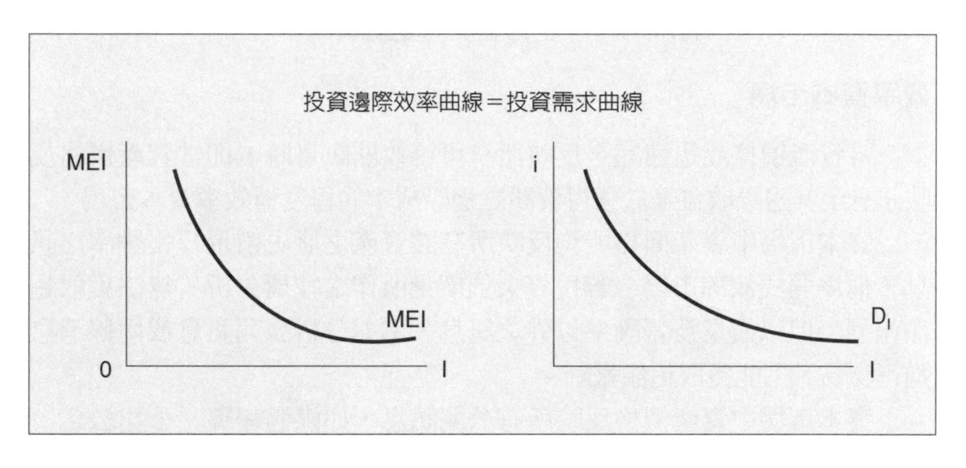

投資邊際效率遞減

隨投資金額（I）增加而其投資報酬率（MEI）降低的現象，形成負斜率之投資邊際效率曲線。因爲隨商品供給增加而售價降低，競爭激烈分食利基使單位收入減少；要素價格卻因投資增加要素需求而上漲，且因邊際資本生產力遞減，造成單位成本上升。

投資者選擇的投資計畫，必須其投資邊際效率（預期報酬率）至少可以回收使用資本的單位成本（市場利率），即MEI＝i時，投資邊際效率曲線＝投資需求曲線，表示從投資邊際效率曲線可以推知投資需求量。當MEI＞i，投資需求增加直到MEI遞減至i爲止；反之MEI＜i則不值得投資。因此MEI＝i亦代表投資需求之均衡狀態，MEI曲線上每一點對應不同利率水準之投資量，即均衡之投資需求量。

管理經濟實務 13-3：傘型基金平衡組合風險資產

傘型基金（umbrella fund）是開放式基金的一種組織結構，基金發起人根據一份總的基金招募書發起設立，子基金共同構成的一基金體系，子基金或成分基金（sub-funds）相互之間可以根據規定的程序進行轉換。傘型基金不是一支具體的基金，而是管理多支基金的經營管理方式。

傘型結構之下的不同子基金擁有共同的基金發起人、基金管理人和基金託管人，並共有一份基金契約、招募説明書。子基金之間可以相互轉換，基於發揮規模經濟的作用，不同子基金聘請共同的代銷機構、會計師事務所、律師事務所等仲介機構，以及共同公告等其他可以一起完成的事項。在傘型結構基金中，保證各子基金資產的獨立性；同時各個子基金又是存續於傘型基金之中，具有統一品牌的銷售能力、方便轉換的流動性、規模經濟帶來的低成本，提高整個基金的運營效率。

若任一子基金不成立，則傘型基金也不成立。不同子基金獨立承擔其法律責任，例如對基金的成立條件、投資目標、投資策略、投資比例限制、單獨帳户、獨立資產、獨立估值、單獨的淨值發布、獨立的分紅政策等的要求。

傘型基金著眼長期理財規劃，特有的定期自動化資產配置機制（automatic asset allocation, AAA），加上投信背後強大的集團資源與管理經驗，長期可累積可觀的資產。對定期定額投資人來說，不但可分散進場時間的風險，更可以相對較低成本累積相對較多的持有單位數。單筆投資者可將其視為全球股票型及平衡型基金，具有風險分散與股債配置，適合長期持有與中短期投資操作。

藉由分散投資各種不同資產或公司證券，當部分資產因不利事件而價值下跌時，其他資產卻可能因有利事件而價值上漲，因此抵銷損失而降低風險。投資風險包含系統和非系統風險兩部分，系統風險對各種資產價值的變動影響是全面性的，無法藉由多角化分散風險，為不可分散風險；非系統風險對各種資產價值的變動影響是不同的，可以藉由多角化分散風險，為可分散風險。

傘型基金於 2004 年 7 月才獲得金管會開放，是國內投信發行基金的新趨勢，一個大傘底下有多個子基金，可以是股票型、平衡型、債券型、組合型、保本型等類型，目前法令規定最多有三個子基金。子基金不限於同一類型，依其各自信託契約規範的投資特色，且有各自的基金經理人。子基金轉換免手續費，投資人依自己的屬性，投資不同比重資產到各子基金，並視時機轉換調整比重，發揮資產配置的優勢。

高風險性資產須相對較高的預期報酬作為補償。一般人選擇均衡最適現金量使總成本最低，決定現金與債券在個人資產中所占比例，衡量未來風險與增值報酬，選擇最適資產分配比例將使個人的財富效用達到最大。個人同時持有流動性資產與持有投機性資產，未來風險與增值報酬決定個人資產持有組合。

風險管理

風險管理

辨識企業所面臨的各種風險以及如何化危機爲轉機，改善企業的經營體質。藉著管理方式將許多預知或未知的風險降到最小，依照不同企業可能會遇到的風險問題提出如何降低風險的辦法，不是等到問題發生後才開始管理。風險管理常被視爲是一種保險，一個對於不確定性的緩衝區，風險管理機制應作爲不確定性的發現。

隨著非核心產品及服務紛紛委外處理，顧客、供應商、合作夥伴及競爭者間之關係愈加緊密。現有企業是金融風險、產品風險、市場風險及供應風險的集合體，大部分企業在爲股東爭取利益最大化的同時，亦需要降低營運風險，故風險管理已是整體競爭模式下的必要手段，規避風險及風險管理核心策略成爲企業需求。

企業風險管理（enterprise risk management; ERM）

首先必須辨識出企業各個層面可能面臨的商業風險，接著對風險進行評估，方法包括決策分析、風險值計算和情境規劃等，評估企業特定事件的發生機率。最後對風險進行管理，運用內部資源的自我保險，設立內部保險金；或是將風險轉移外包給第三者。

風險管理並不是要去除全部風險，而是在公司願意承受的最大風險範圍內進行各項風險性資產及負債管理，以系統化、制度化的方式控制經營風險，追求公司永續的發展，訂定各項風險額度以及相關的控管原則。

公司需要適當的方法來支援風險管理工作，包括風險的確認、衡量、監控與管理，整個風險管理流程必須從整合性的投資組合角度來衡量。風險衡量方法除了用來設定及監控交易部門的各項風險限額外，也要能以風險調整後之損益爲評估經營績效之標準。風險管理基礎建設，包括以整體性風險爲考量的組織設計、受過適當訓練的人員、專業知識、獎酬制度、足以支援風險管理決策的資訊系統。

風險管理部門

每日監控所有業務的風險值，當有業務單位的暴險程度超出其風險限額時，應對該單位發出風控警示通知書，並且按機制採取相關的處理。應對各業務部門進行風險調整後的績效評估，以作爲公司資本配置及風險額度分配的依據。風險管理執行的結果需要藉由風險管理報表、風險資訊定期揭露以及風險管理執行結果報告，來協助高階主管制定決策，並達成即時的風險管理。

風險管理部門最重要的原則是能獨立行使風險管理職權，及各部門間職責定位的明確界定，由董事會或決策高層直接領導，以免因利益衝突而無法客觀執行風險管理工作。風險意識必須成爲企業文化的一部分，設立**風險長**（chief risk officer; CRO），將風險管理當作其中心任務，能及早尋求解決方案。

在公司決策主管訂定之風險管理政策、及董事會授權之風險額度下，風險管理部與各業務部門經充分溝通後，衡量各項風險值，訂定各授權額度與風險管理細則。業務單位須控管其核准之各授權額度內，確認風險於可承受及願意承受之範圍內，亦透過持續開發出之風險管理資訊系統，進行即時監控及分析，同時提供定期及不定期風險管理報告予高層作爲決策之參考。

企業的每一個環節，包括董事會、高層管理者、客戶、供應商、投資者等，應有一套統一的風險語言，而且每一個層級都負有風險責任，決策者也可以迅速採取行動。高階管理層必須公開承諾，定期向員工和投資者、供應商等外部人士報告各種風險的情況，甚至調整激勵方案有效降低風險。從決策管理階層到第一線之業務人員，都能了解公司風險管理之規範與精神，並將其執行視爲應負責之職務範圍，才能有效落實風險管理之目標。

市場風險管理

透過對業務部門設定各項操作額度與風險值額度，建立風險管理之執行依據。除針對業務部門提出之評價模型及各項參數進行確認以控管模型風險外，並監控各項業務於授權之損益及風險額度內，相關資訊亦充分揭露於各報表中。

當市場發生變動，或是企業債權人地位有變化，會造成企業的金融風險；由於製程、制度等不完善，造成營運風險；在產品和服務需求、供應鏈或競爭環境方面遇到意外事故，會產生業務量風險。

信用風險管理

內部建立之評等制度與交易相對人審核制度，設定發行人及交易相對人之信用限額，並每日計算各業務之信用風險暴額，控管公司整體信用風險於核准之限額內。持續開發信用風險管理模型，除用以衡量信用風險值外，透過相關模型監控相關公司之信用變化，對持債部位進行動態追蹤與評估。

流動性風險管理

爲降低因成交量不足時造成處分部位困難及虧損擴大，針對不同業務及不同有價證券訂有相關規範，並輔以動態監控市場之方式，管理整體部位之市場流動性風險。資金調度流動性風險方面，每日掌握公司資金概況，並以壓力測試系統進行情境模擬分析，以因應系統風險或事件風險等異常狀況之資金調度需求。

作業風險管理

依權責劃分由稽核部負責控管；所可能涉及的法律問題，包括商品契約及交易行爲之適法性等風險，則由法務部負責相關之檢核及控管。透過風險調整後績效衡量指標，定期評估各業務單位之操作績效，並作爲資金配置及授權額度設定之依據，達到風險調整後報酬率最大化。

風險趨避

完全排除危險，不去從事任何可能引發危險的行爲，就是以消極的方式處理危險。適用於純危險，也就是這種行爲只會帶來負面後果，不會爲自己或社會帶來效益的不必要行爲。當面臨某些行爲具有危險性，但卻必須執行的行爲時，就需另外尋求解決方案。

風險控制

必須從事具有危險性之工作或行爲時，若無法完全避免危險發生的

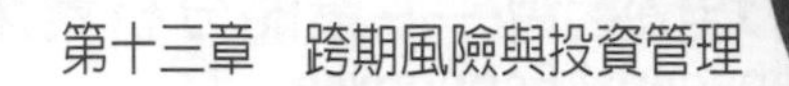

可能性，則需控制損害程度至最小程度。減少事故發生的機率，使其盡可能不發生，事故發生時使損失得以控制在最小範圍。

風險移轉

轉移風險給他人承擔，將危險的行爲交給具專業能力的人處理，事故發生後的損失轉嫁給別人承擔，基本上是透過契約約定的方式達成，約定其中一方對於約定事故負賠償責任，被要求的一方也可以透過保險來轉嫁責任。將風險擔負的責任分派，由不同個體分擔責任，減低單一個體對風險的過重負擔。

企業雖然可依保單獲得理賠，但本身營運及市場占有率之實際損失，可能比理賠金額多，且無法於短時間全額彌補，因此本身風險管理爲永續經營之基礎。

風險分攤

風險單位分離指減少某一特定經濟單位的風險，避免對某種特定的政策或個體過分依賴，而以另立替選方案或透過多個經濟個體分攤風險，減少災害產生對某特定個體的風險損失。

風險自承原則

將風險全部自我承受與吸收，並設法在事故發生前後，有效降低風險對於個人或企業的衝擊。風險承擔所涉及的事項，主要爲災害風險防範，或災害風險發生後責任的歸屬課題，及處理風險危害的財源籌措。

危機管理

有計畫、有組織、有系統的在企業危機爆發前解決危機因子，並於危機爆發後，以最快速、有效的方法，使企業轉危爲安。

內在環境的危機來源，可能是資本能力、技術能力、商品、成本經營、人才、勞動力等因素所致，企業可以不斷地加強改進化解。外在環境的危機，諸如匯率、市場競爭、地震火災、軍事衝突等，非企業的主觀意志所能左右，更應預先建立機制。

危機處理的SAPIM，分別爲找出危機（scope）、分析（analysis）、掌握重點（prioritize）、施行（implement）、處理（management）。企業危

機發生的主要類型爲來自產品、意外、機械故障、勞工抗爭、財務危機等五類，管理企業危機的六個階段是預防危機發生、擬妥危機計畫、嗅到危機存在、避免危機擴大、迅速解決危機、化危機爲爲轉機。

企業危機生命週期

危機在不同的階段有不同的生命特徵，可分爲五個階段，像產品一樣在不同的階段有不同的產品生命週期。

危機醞釀期：許多危機都是漸變、量變、最後質變，就是危機的成形與爆發。潛藏危機因子的發展與擴散，是企業危機處理的重要階段，在問題爆發形成嚴重危機之前，找出問題的癥結加以處理是成敗的關鍵。企業若能掌握警訊，及時處置將危機化於無形，能化解危機風暴；反之若忽略企業危機警訊，則有可能演變爲大危機。

危機爆發期：當企業危機升高，跨過危機門檻後進入爆發階段，公司對危機風暴的資訊不足，會威脅到企業的重大利益，可能造成營收大減、企業形象受損，甚至瓦解，企業決策核心所受的震撼最大。

危機擴散期：企業危機如處理不慎會擴大，傷害程度更大，也會對其他的領域造成不同程度的危機；危機的破壞力愈大，其他領域所形成的影響也愈大。

危機處理期：危機發展至關鍵階段，後續發展完全視危機處理決策者的智慧與專業，企業應利用本身的優勢部分，掌握外部可利用機會，使優勢發揮到極大化，並利用外部機會掩蓋與化解本身的弱點，克服外在的威脅，使傷害減至最小。

危機後遺症期：即使危機已解決，仍難免會有殘餘因子存在，需要時間去淡化療傷止痛；企業危機若未徹底解決，還可能捲土重來。

企業痛苦指數

企業經營領域受到外來威脅的程度，企業受到威脅程度高，企業痛苦指數就高，企業危機程度也高；企業可藉由參考痛苦指數的變動情形，來衡量企業安全。

企業痛苦指數因子，包括市場需求萎縮、企業競爭力不對稱、市場占有率衰退程度等指標，依其嚴重程度，分級爲指數一至指數九，來表達企業危機程度。

管理經濟實務 13-4：鮪魚業遭制裁的危機處理

中西太平洋漁業委員會（WCPFC）年會登場，由於大西洋鮪魚保育國際委員會（ICCAT）已對台灣祭出國際制裁，若 WCPFC 再因洗魚問題對台制裁，台灣遠洋鮪魚業將形同崩盤。ICCAT 將台灣在大西洋的大目鮪漁獲配額，從一萬四千九百公噸減為四千六百公噸。

台灣鮪魚業者長年來大肆擴張船隊規模，每艘船的漁獲配額卻愈來愈少，業者超捕、洗魚行為層出不窮，漁業署還向國際辯稱台灣業者不會從事非法行為，被各國抓到洗魚證據，凸顯漁業署長久以來因循苟且的心態。國際間已有研議權宜船經營者所屬國家也需負連帶責任的趨勢，但漁業署放縱權宜船的非法行為，遭到國際制裁，學界並不意外。

ICCAT 除了大砍台灣大目鮪漁獲配額外，也要求台灣提出過去三年鮪魚業者洗魚的證據，及台灣人所經營權宜船的數量、資金來源，這對漁業署是相當嚴苛的挑戰，由於有部分權宜船船東與政府高層有深厚關係，恐難逃遭 ICCAT 全面制裁的後果。聯合國糧農組織在 2001 年即制定打擊 IUU（非法、未報告、不受管制）行為的國際規範，但漁業署四年來不動聲色。

日本在剛落幕的大西洋鮪類保育委員會，拿出證據指控我國超捕、洗漁，因此做出成立以來最嚴厲的處分，將我國的配額大刪三分之二。根據漁業署的估算，我國在大西洋區的大目鮪產值，將一口氣縮水 19 億 2 仟萬元，如果再加計相關的硬體以及軟體設備，損失將會相當驚人。漁業署計畫，今後只要是台灣輸出的權宜船，建造以前必須經過區域性組織同意核可，並且註冊國願意負起監督責任。

假使這次的教訓，讓政府和民間都能清醒，那麼危機也將是轉機。近十年來實際參與台灣重大歷史事件危機處理，或擔任幕僚作業的學界、企業界、醫界人士發起成立「台灣戰略模擬學會」，將把危機處理實際操作解決問題的工具與技術，繼續研發精進並向社會推廣。透過與學界朋友合作，開發出許多解決問題的工具，諸如賽局理論與謀略作為、問題本質分析、指管通情監偵系統原理、談判與衝突、資訊研判、兵棋推演、願景與戰略規劃、危機管理程序等。經由工作中的實踐、回饋，逐漸成為解決問題的操作準則或標準程序。

危機處理的 SAPIM，分別為找出危機、分析、掌握重點、施行、處理；管理企業危機的六個階段是預防危機發生、擬妥危機計畫、嗅到危機存在、避免危機擴大、迅速解決危機、化危機為為轉機。風險管理並不是要去除全部風險，而是在願意承受的最大風險範圍內進行各項風險性資產及負債管理，以系統化、制度化的方式控制經營風險，追求永續的發展。

第十四章　國際貿易與跨國企業管理

貿易相關理論

國際貿易活動

跨國企業管理

全球物流管理

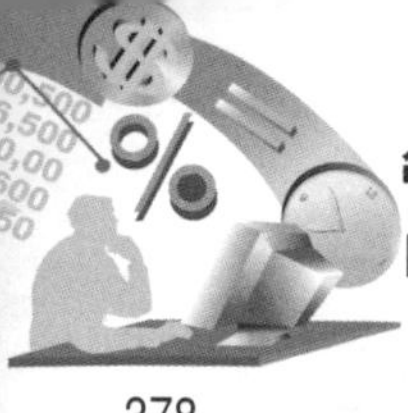

貿易相關理論

國際貿易（international trade）

不同地區或國家之間各取所長，專業分工生產後進行交易，又稱爲**開放經濟**（open economy）；自給自足生產交易，自成一孤立之經濟體系，則稱爲**封閉經濟**（closed economy）。

不同國家之間的經濟資源及生產要素各有差異而且不易移動，國際貿易之專業分工可以促進資源更有效運用，比封閉經濟更提高經濟產出與社會福利，因此分析生產分工決策之絕對與比較利益法則，亦適用於國際貿易專業分工之分析。然而，國際貿易亦遭遇進出口貿易障礙、各國政策限制、不同貨幣流通等問題。

在開放經濟下，出口（X）代表外國對本國產品的需求，將提高本國的產出、所得與就業水準；反之，進口（M）代表本國對外國產品的需求，將降低本國的產出、所得與就業水準。

絕對利益（absolute advantage）法則

由亞當史密斯（A. Smith）提出，認爲當有兩國可以生產兩種產品，全部勞動投入專業生產某產品可以得到較大產量者，該國對生產該產品具有絕對利益。

比較利益（comparative advantage）法則

由李嘉圖（D. Ricardo）提出，認爲當有兩國可以生產兩種產品，對其中一產品具有比較利益，表示該國勞動投入專業生產該產品的機會成本相對較低，若兩國分別專業生產各自具有比較利益的產品，結果對雙方均有利。

貿易條件（terms of trade）

在不考慮運費、匯率等交易成本下，爲了要換取一單位進口產品，而須放棄本國生產的數量。

貿易利益（gains from trade）

當貿易條件交易比例符合比較利益原則，兩國會持續此兩種產品的交換；專業分工進行國際貿易，使兩國的生產與消費成本降低而數量增加，提升社會福利，雙方均經由國際貿易獲得利益。

交互需求（reciprocal demand）法則

古典經濟學家彌勒（J. S. Mill）提出，進口需求愈強則其出口國的貿易利益愈大，反之進口需求愈弱對本國的貿易條件愈有利。

等成本差異（equal cost-difference）

當某國同時具有絕對利益與比較利益，進行國際貿易並不會降低相對機會成本，即由國內自行生產兩種產品與國際專業分工之兩種產品交換比率相同，則該國沒有必要進行國際貿易，因爲該國無法經由國際貿易獲得利益。

要素稟賦比率（factor endowment proportions）

以要素稟賦與產品所需要素密集度之不同，說明各國比較利益產生的原因。生產要素分爲資本與勞動兩種，兩國擁有的相對要素稟賦比率不相同；生產不同產品所需之要素比率或密集度亦不同，可分爲資本密集財與勞動密集財兩種產品。當某國具有相對豐富的要素稟賦，則生產需要該生產要素密集度相對較高的產品，可以產生比較利益，應專業生產出口該產品，由兩位瑞典經濟學家赫克紹（E. Heckscher）與歐林（B. Ohlin）所提出之國際貿易理論，稱爲**赫克紹—歐林定理**。

具有相對豐富人力資源稟賦的國家，適於專業生產出口勞動密集產品；具有相對豐富資本資源稟賦的國家，適於專業生產出口資本密集產品；各國應依據所具有的相對豐富要素稟賦，發掘適於專業生產出口的產業發展。

要素價格均等化（factor price equalization）

生產要素在國際間不易移動，但藉由產品之國際貿易，可以使貿易之兩國的產品價格與要素價格均趨於相等。

例如甲國具有相對豐富的人力（資本）資源稟賦，其勞動（資本）薪資（利率）成本與勞動（資本）密集產品價格均較乙國為低，當甲國出口勞動（資本）密集產品，則甲國內勞動（資本）密集產品供給減少而價格上漲，勞動（資本）需求增加而薪資（利率）成本上漲；乙國勞動（資本）薪資（利率）成本與勞動（資本）密集產品價格相對較高，當進口勞動（資本）密集產品，則乙國內勞動（資本）密集產品供給增加而價格下跌，勞動（資本）需求減少而薪資（利率）成本下跌；專業分工進行國際貿易，使甲乙兩國的勞動（資本）密集產品價格與勞動薪資（利率）成本趨於相等。

擴大效果（magnification effect）

當某國具有相對豐富的要素稟賦，專業生產出口該產品，該要素報酬提高而另一要素報酬下降，所得分配差異增加；可以藉由所得重分配政策（課稅與補貼），使勞資雙方共享貿易利益，縮短貧富不均。

技術貿易（technology trade）

先進國家將技術專利輸出轉移至其他國家，以較低成本複製生產，創造更大利潤與貿易利益。技術貿易通常經由智慧財產權移轉、專利授權租售、跨國企業技術合作等方式。

技術差距理論（technology gap theory）

先進國家研究創新，技術領先享有比較利益而出口商品或技術；技術成熟後其他國家以較低成本複製生產，因技術水準相同造成進口替代，技術差距貿易將逐漸減少至停止。技術差距來自落後國家的技術落後、需求落後、模仿落後等原因，兩國技術差距的變化引發兩國進出口該產品的數量變化。

產品生命循環（product life cycle）

美國學者沃農（R. Vernon）所提出，解釋貿易結構的動態變化，將產品生命循環區分為**創新**（innovated）**期**、**成長**（growth）**期**、**成熟**

（matured）期。

最初發明新產品的國家，創新期產品先在該國內生產銷售，新產品在高所得、高消費需求和具有創新能力的國家生產，初期生產規模較小，生產技術尚未定型，生產成本較高。獲得普遍認同採用後，產品進入成長期，該國享有比較利益而大量生產出口；產品在生產、管理銷售等技術漸趨成熟，價格逐漸下跌且其他國家對於新產品的需求亦隨而擴大，逐漸將生產據點轉移到勞動成本較低廉的國家生產。產品進入成熟期後，其他國家以較低成本複製生產，在市場上的競爭取決於價格優勢，對於勞力密集的產品，先進國家已完全不具有競爭力，全數轉移落後國家生產並回銷國內。該產品的比較利益發生轉移，即其比較利益通常會由先進國家轉移至其他國家，而先進國家藉由不斷研究創新，持續享有各種新產品的比較利益。

先進國家具有相對豐富資本資源稟賦，適於研究創新生產出口資本密集產品；技術逐漸輸出轉移至其他已開發國家，利用高水準人力資本大量代工生產成長期產品並拓展市場；技術成熟後，具有相對豐富人力資源稟賦的落後國家，適於以較低成本複製生產出口勞動密集成熟期標準化產品。

雁行理論（wild-geese-flying-pattern theory）

日本學者赤松要（K. Akamatsu）所提出，認為先進國家有如雁行首領，創新產品後，其他國家如群雁列隊跟隨，依產品生命循環之比較利益，形成一完整的國際專業分工之產業體系，並帶動經濟持續發展與國際貿易的順利進行。

後進國家因缺乏資本且技術落後，最初完全仰賴由先進國家進口創新期產品；技術輸出轉移後，以較低成本複製生產標準化成熟期產品，累積資本並逐漸縮短技術差距，進入進口替代階段；技術差距貿易減少至停止，進入自給自足階段；進而大量生產出口，進入出口擴張階段；利用高水準人力資本，生產成長期產品並拓展市場，進入已開發國家階段。產業發展由完全仰賴進口，技術轉移後逐漸減少進口，增加生產至自給自足，再逐漸擴張出口，亦呈一V字雁行形態。

產業內貿易（intra-industry trade）

國際貿易不只發生於專業分工之不同產業間相互交易，亦可能同時進出口同一產業的產品，因產品間不易替代的屬性差異、國際間拓展市場的重疊需求等因素，進行產品**異質化**（differentiation）產業內貿易。進出口同一產業異質產品，競爭後區隔其特性，由具有規模經濟或競爭優勢的國家或廠商，各自專業生產其比較利益優勢產品，而各國消費者均可增加異質產品之選擇，並享有較低廉的價格支出。例如美國以開發先進豪華轎車著稱，日本小跑車風行全球，兩國均發展汽車產業，但產品各具特色，亦互相進出口同一產業的異質產品。

同質性標準化產品，因國內外運輸成本不同、季節性產量差異、轉口倉儲批發、加工再出口、自由貿易區的貿易偏轉等因素，亦形成進出口同一產業同質產品的產業內貿易。

成長引擎（engine of growth）

開發中國家參與國際貿易初期，出口初級產品而進口工業產品，優先發展資本規模不大而且技術層次較低之勞力密集產業，勞動薪資成本上漲且邊際報酬遞減後，引進先進國家的資金、設備、技術，配合國內提升人力素質與健全金融體系，逐漸累積資本，發展高附加價值工業並增強國際競爭力，改善貿易條件進而累積資本促進經濟發展。

出口產業升級提升產品附加價值及競爭力，開發中國家在自由國際貿易下將有利經濟發展，可以轉移先進國家技術以較低成本複製產品，累積資本並逐漸縮短技術差距，專業分工促進資源更有效運用，規模經驗增進技術能力，市場需求擴張刺激增加產出與創新，所以自由貿易在發展過程中，可以形成經濟成長的能量。

成長貧乏（immiserizing growth）

開發中國家參與國際貿易，出口初級產品而進口工業產品，易受國際價格波動影響其收入，進口產品價格相對較高，則貿易條件惡化。難以增加投資累積實質資本，教育程度低且營養不良使人力資本無法提升，市場需求不足而缺乏創新誘因與專業分工以增加產出，因而形成貧窮惡性循環。

重商主義（mercantilism）

國家進行國際貿易，應長期維持出口大於進口之貿易順差，以累積國家財富（黃金或外匯存底），若發生逆差將減少國家財富，因此應設法刺激出口並壓抑進口，不惜以貿易障礙創造順差增強國富。

保護就業（employment protection）論者認爲，壓抑進口將可增加本國產品的需求，提高國內產出、所得與就業水準。**保護工資**（wage protection）論者則主張，貿易障礙可以減少進口低工資產品，以維持本國勞工享有高工資。

重商主義及相關論者不認爲國際貿易可以使雙方均有利，而主張以貿易障礙保護國內經濟。然而，國家財富若不能有效率地運用於生產與消費等實質經濟活動，將造成資源浪費，甚至可能引發通貨膨漲，反而降低國家競爭力與社會福利。

幼稚產業（infant industry）

後進國家在發展某些潛力產業的初期，可能受限於經驗不足、規模太小等因素，須先保護其生存，才能繼續成長而具有比較利益的相對優勢。若任由其與已具強勢的先進國家產業直接競爭而失敗，將失去發展成長的機會，因此短期內應先以貿易障礙減少其競爭壓力；幼稚產業具有國際競爭力後改採自由貿易，即可彌補貿易障礙期間的經濟福利損失。然而，若潛力產業的評估認定失當，或在保護環境下失去競爭動力，亦不能成長發展，將造成資源浪費而降低經濟福利。

貿易障礙亦保護民生國防等**國家安全**（national security）產業，使其達到自給自足，保障國計民生的目標。

出口悲觀（export pessimism）

後進國家出口的產品難與先進國家直接競爭，且易受國際價格波動影響其收入，因此**依賴理論**（dependency theory）主張，後進國家不要發展**出口擴張**（export promotion）依賴國外市場，而應設立貿易障礙，以**進口替代**（import substitution）政策保護國內產業，使國內產品能在國內市場取代進口產品。

經濟多樣化（diversified economy）論者則認爲，可以藉由貿易障礙保護本國產業的多樣化發展，降低國際市場波動之影響。

技術傳播（technology diffusion）

進行國際貿易可將產業的技術知識外傳，其他國家以較低成本複製生產，使該產品的比較利益發生轉移，因此應以貿易障礙保護本國產業的技術領先優勢。

技術外溢（technology spillover）

某些關鍵性產業的技術可以帶動其他相關產業的成長發展，而提升整體生產力，提高本國的產出、所得與就業水準，因此應保障該等產業的產品出口能在國際市場公平競爭；對於外國政府的不公平貿易政策採取反制，迫其開放市場，亦即爲特定市場掃除貿易障礙，以保護該等產業的成長發展，又稱爲**管理貿易**（managed trade）。

國外迴響（foreign repercussion）

在開放經濟體系，我國擴張性政策增加總合需求支出，引發提高均衡總產出所得，導致增加進口外國商品；外國出口增加，導致總合需求支出增加而提高其均衡總產出所得，引發其增加進口外國商品，即我國出口增加，導致總合需求支出增加而再提高均衡總產出所得。

我國擴張性政策可以提高兩國總產出所得，且因兩國相互誘發出口需求，因此開放經濟體系之國外迴響效果，所得增加幅度（所得乘數）比封閉經濟體系更大。

貿易依存度

一國對外貿易與國內生產總值（GDP）的比值（以美元計價），用於衡量一國經濟對國際市場依賴程度的高低，或國內市場的開放程度。又可分爲出口依存度與進口依存度，即進出口金額分別相對於 GDP 的比值。

管理經濟實務 14-1：半導體登陸的貿易障礙

被譽為中國半導體之父的中芯國際總裁張汝京表示，因為台灣對半導體到中國設廠開放太慢，使得兩岸半導體競爭，台灣的優勢漸失。張汝京的上海中芯國際大量吸收台灣人才，是中國五年來技術成長最快的晶圓廠，2006年底它和台積電、聯電的技術差距將從落後三年追到三季以內，讓台灣出身的他提出警語，再不加快登陸，中國市場快被韓國給占去了。

大陸中芯集團總經理張汝京，被經濟部認定以台商身分違規登陸設廠，連續罰款三次，每次罰500萬元，張汝京都拒絕繳款也不理會。經濟部已將違規案轉呈行政執行署，申請將他的財產假扣押，由法務部強制催收。在限制中國投資的現實下，張汝京身分很有爭議性，其實台灣科技業者，不是不知道西進的迫切性，但礙於法令現實。高等行政法院宣判違法西進的和艦科技董事長兼總經理徐建華敗訴，必須依經濟部處分繳交新台幣200萬元罰鍰，張汝京已經申請放棄中華民國國籍，而以美國公民身分在大陸建立中芯王國版圖。進行國際貿易可將產業的技術知識外傳，其他國家以較低成本生產，使該產品的比較利益發生轉移，因此以貿易障礙保護本國產業的技術領先優勢。

中芯九十奈米的高階晶圓製程已急逼台積電，讓晶圓教父張忠謀感嘆台灣半導體技術優勢漸失，卻讓以台商身分偷跑登陸設廠的張汝京嚐到成功的果實。張汝京一歲時從中國遷居高雄，身為半導體發明者德州儀器的建廠前鋒部隊，張汝京先後在美國、新加坡、日本、台灣等地建造並管理近二十座晶圓工廠。1997年，他在竹科創辦了世大半導體，終於蓋了屬於自己的晶圓廠，但後來世大在大股東的主導下賣給台積電。2000年張汝京遠赴上海創辦中芯國際，不到五年的光景，已經在上海蓋了三座八吋晶圓廠，買下摩托羅拉在天津的一座八吋廠，在北京的十二吋晶圓廠也開始量產。根據研究機構IDC的報告，2004年順利在香港和美國兩地掛牌上市的中芯國際，產值已經正式超越新加坡特許半導體，晉身為全球第三大晶圓代工廠，僅落後台灣的晶圓雙雄。

張汝京初到大陸時，大陸的半導體還處於剛進入零點三五微米的技術，當時台灣已經進入零點一三微米技術，等於大陸還落後台灣五個世代的技術。張汝京也有苦衷，大陸的半導體產業鏈還很不完整，迫於客户的壓力跨足封測，唯有台灣的龍頭廠登陸，才會帶動上下游進駐，這樣中芯國際也不會為產業鏈的配合所苦。某些關鍵性的技術可以帶動相關產業的成長發展，而提升整體生產力，應保障該等產業的產品（技術）出口能在國際市場公平競爭。

先進國家技術領先享有比較利益而出口商品，技術成熟後其他國家以較低成本生產，技術差距貿易將逐漸減少至停止。技術差距來自落後國家的技術落後、需求落後、模仿落後等原因，兩國技術差距的變化引發兩國進出口該產品的數量變化。產品在生產、管理等技術漸趨成熟，價格下跌且其他國家對於產品的需求亦隨而擴大，逐漸將生產據點轉移到勞動成本較低廉的國家生產銷售。

國際貿易活動

進出口貿易

將自己品牌或國內廠商品牌的商品，外銷至國外客戶的商業模式，為**出口貿易**；自行採購國外商品再行分銷國內的客戶，或替客戶採購國外商品的商業模式，為**進口貿易**；將國內商品提供銷售國內通路或客戶的商業模式，為**內銷**。透過合約模式取得其他公司商品之經營或銷售資格的公司，稱為**經銷商**；透過合約模式取得其他公司商品，在約定區域內之接單或銷售代表資格的公司，稱為**代理商**；公司工廠自己直接經營品牌商品的商業模式，稱為**直營**。

直接出口的形式分為兩種，**配銷商**（distributors）為公司獨家配銷商，並負責販賣公司產品到當地市場；**代理商**（agents）可為公司單一代理商或是半代理商，以代表公司的名義再出口到當地，只抽佣金而不購買公司的產品。直接外銷方面，多以工業品或資本財商品居多，而銷售對象為企業用戶。

消費性產品與製造商之間通路層級與複雜性較工業品為高，故中間貿易商間接出口的方式有其功能與需要。出口**買方代理商**（export buying agent），由買方設在出口國的代表為代理商進行出口；**中間商**（broker）為企業跟買方市場的中間，負責一切進口事宜；**出口管理公司**（export management company）專門進行出口相關業務的管理，專門負責其中的運輸、船運、保險、科技運送和顧問。

國際貿易主要程序

市場調查→尋找交易對象→客戶信用調查→樣品及報價→貿易契約→準備貨物（生產製造）→進出口簽證→信用狀開發與接受→裝運及出口報關→辦理保險→進出口結匯→進口報關及提貨→索賠及糾紛之處理。

通關程序

輸出貨物必須向海關申報為**出口報關**，經海關查驗稱為**驗關**，通過放行稱爲**通關**。出口貨物之申報，由貨物輸出人於載運貨物之運輸工具結關或開駛前之規定期限內向海關辦理，塡送貨物出口報單，並檢附裝貨單或託運單、裝箱單及依規定必須繳驗之輸出許可證及有關文件。

報關業

經營受託辦理進出口貨物報關納稅等業務之營利事業，應經海關許可，始得辦理公司或商業登記，並檢附相關文件向海關申請核發報關業務證照。報關行受委任辦理報關應檢附委任書，向海關遞送之報單應經專責報關人員審核簽證。

進出口簽證

對於貨物進出口實施的限制與管制，必須在貨物輸出／輸入前依相關法令取得許可，使得憑以通過海關正式出口／進口；對於有輸出／輸入限額者，則須先經過相關單位核配方能簽證。目前我國在貿易管理制度方面已逐漸採取放寬政策，許多貨物的進出口已免辦簽證。

保稅

進入海關監管的保稅工廠、加工出口區、科學工業園區的原料，可暫時不必繳關稅，等加工爲成品外銷後，再按實際數量予以銷帳。將原本需課稅的貨品保留，於保稅區加工然後再出口就不用課稅。

退稅

原本進口已課稅，出口時提出證明再退稅。外銷品進口原料關稅，得於成品出口後，依產製正常情況所需數量之原料核退標準退還之。

外銷品進口原料關稅，得由廠商提供保證，予以記帳，俟成品出口後沖銷之。外銷品應沖退之原料進口關稅，廠商應於該項原料進口放行之翌日起一年六個月內，檢附有關出口證件申請沖退，逾期不予辦理。

三角貿易（triangular trade）

我國廠商接受國外客戶（買方）之訂貨，而轉向第三國供應商（賣方）採購，貨物由賣方逕運買方，或經過我國轉運（不通關進口）銷售買方之貿易方式，貨款則由中間商以契約當事人立場一方面自進口商收取，另一方面向出口商支付。

我國的中間商利用其從事國際貿易之經驗、技術、商務關係或地理上的優越地位，對第三國出口供應商以買方地位，面對進口國進口商以賣方之地位，分別簽立買賣契約，我國的中間商僅以文件處理方式達成貿易，並賺取價差之行為。

轉口貿易（switch trade）

出口國與進口國兩國之間的貨物買賣，透過我國商人仲介成交，貨物係自出口國先運至我國後，原封不動或稍為加工改包裝（不通關）存入保稅倉庫，再運至進口國的貿易方式，又稱為轉口型三角貿易。

特殊三角貿易

我國廠商以節稅為目的，在境外之國家設立公司，進出口貿易之進行仍由台灣母公司接單，以境外公司名義在國外銀行或國際金融業務分行（OBU）處理。

台商在第三國設立境外公司，再以第三國之法人身分在大陸設廠，母公司接單由大陸出口，再由台灣母公司辦理出口押匯，或由境外公司在 OBU 辦理出口押匯，以達保護台商投資保障的目的。

關稅（tariff）

對國外進口貨物所課徵之進口稅，關稅之徵收由海關為之。海關進口稅則得針對特定進口貨物，就不同數量訂定其應適用之關稅稅率，實施關稅配額。

從價關稅（ad valorem tariff）依進口產品價值的某一百分比，亦即依據稅額占進口金額的比例課徵，進口價格愈高則稅額愈高，通常為稅率固定之比例稅。從價課徵關稅之進口貨物，其完稅價格以該進口貨物之交易價格作為計算根據。

從量關稅（specific tariff）依進口產品的某一數量單位，亦即依據稅額占交易數量的比例課徵，交易數量愈高則稅額愈高，通常為稅率固定之比例稅。

混合關稅（combined tariff）對同一進口產品，同時依據價值與每一數量單位課徵稅額。

變動關稅（variable levy）依進口產品的國內外相對價格差異調整稅率，使該產品的國內稅後價格維持穩定。

關稅障礙（tariff trade barriers）

因課徵關稅使進口產品成本提高而價格上漲，以保護我國產業，又稱爲**舊式保護主義**（old protectionism）；以其他方式限制國際貿易則稱爲**非關稅貿易障礙**（non-tariff trade barriers），又稱爲**新式保護主義**（new protectionism）。

政府課徵關稅的目的若爲增加收入，稱爲**收入關稅**（revenue tariff），通常稅率較低，以不影響國際自由貿易爲原則；若課徵關稅目的爲保護國內的產業則稱爲**保護關稅**（protective tariff），通常稅率較高，對進口者有不利影響，使消費者減少進口需求而以國內的產品替代，又稱爲**經濟關稅**（economic tariff）；若課徵關稅稅率高至貿易完全停止，則稱爲**禁止性關稅**（prohibitive tariff）。

限額（quota）

政府直接限制進口數量，通常以進口簽證許可國外生產者的進口數量，或以外匯管制分配國內進口商的進口數量。國外生產者因價格上漲而增加收入，因此出口商有時會**自願出口設限**（voluntary export restrain; VER），以獲得額外利益。

出口設限（export restrain）

政府對某些特定產品亦可能採取出口限制，例如爲提高價格收入而以量制價，爲保護相關產業發展而對其關鍵原料、零件、技術等限制出口，或爲國家安全等政治因素限制戰略性物質、技術等出口。

補貼（subsidy）

又稱爲**負關稅**（negative tariff），直接方式由政府給付金額予出口廠商，但爲世界貿易組織所禁止；通常採行間接方式，例如低利貸款、減免租稅等獎勵方式，降低國內生產者之出口成本，並爲國內生產者開拓市場，以增加出口賺取外匯，擴大生產實現規模經濟。出口補貼可能造成國內市場短缺或售價高於國外，進口國也可能以加徵關稅方式對抗不公平競爭。

平衡稅（countervailing tariff）

對接受外國政府補貼的進口產品提高課徵關稅稅額。進口貨物在輸出或產製國家之製造、生產、銷售、運輸過程，直接或間接領受財務補助或其他形式之補貼，致損害我國產業者，除依海關進口稅則徵收關稅外，得另徵適當之平衡稅。

報復關稅（retaliation tariff）

外國政府對我國出口產品差別待遇，形成國際貿易不公平競爭，而對該國進口的產品加徵關稅。輸入國家使我國貨物或運輸工具所裝載之貨物較其他國家在該國市場處於不利情況者，該國輸出之貨物或運輸工具所裝載之貨物，運入我國時，除依海關進口稅則徵收關稅外，財政部得決定另徵適當之報復關稅。

反傾銷稅（anti-dumping tariff）

以低於同類產品正常價格進口而傷害國內產業，形成國際貿易不公平競爭，對低價促銷的進口產品加徵關稅。正常價格，指在輸出國或產製國國內可資比較之銷售價格；無可資比較之國內銷售價格，得以其輸往適當之第三國可資比較之價格，或以其在原產製國之生產成本加合理之管理、銷售與其他費用及正常利潤之推定價格，作爲比較之基準。

反傾銷（anti-dumping）

以充分資料顯示因進口貨涉及傾銷而遭受損害，而使財政部關稅稅率委員會進行調查，並使經濟部貿易調查委員會認定產業損害，財政部最後裁定傾銷差額或接受價格具結之水準。

貿易救濟防火牆機制

配合對進口貨品進行量價異常監測，並結合相關產業資料庫，發揮事前預警功能；輔導產業公會建立反傾銷或進口救濟小組，自行調整出口量價，並整合該等公會形成貿易救濟論壇，邀集國內產業進行討論尋求共識，進行貿易救濟經驗跨業交流。

組成諮詢小組，培育專家顧問群，針對 WTO 貿易救濟爭端處理機制之運作，及反傾銷、平衡稅、進口救濟等解決案例，進行研析模擬因應。依貿易法採取進口救濟或依國際協定採取特別防衛措施，分別對特定進口貨物提高關稅、設定關稅配額或徵收額外關稅。

貿易自由化

政府爲保護國內的產業與經濟表現，會以各種政策限制國際自由貿易之進行，爲使國際貿易之專業分工促進資源更有效運用，各國尋求訂立貿易規則，並由多邊協議解決紛爭，以達到貿易自由化的目標。

1947 年在瑞士日內瓦，最初由二十三國簽署**關稅貿易總協定**（General Agreement on Tariff and Trade; GATT），規範各國貿易的行爲準則，主導多邊談判，普遍大幅減除貿易障礙，包括降低關稅、廢除限額、開放市場等，並以最惠國待遇爲原則。遵守協定的國家已超過一百國，所進行之國際貿易占全球 90% 以上，並以此爲基礎經過八回合會議。

依據 1986 年的**烏拉圭回合**（Uruguay round）談判原則，於 1993 年達成協議，1995 年正式成立**世界貿易組織**（World Trade Organization; WTO）。GATT 爲過渡性國際協定，WTO 則具有國際組織法人地位，定期全面檢討各會員國貿易政策措施，由一般理事會統一解決紛爭。

最惠國待遇（most favored nations; MFN）

優惠貿易待遇必須普遍適用於所有 GATT 締約國，即貿易的公平普遍不歧視原則；雙邊談判達成的貿易條件，亦適用於其他締約國，形成多邊協議的效果。

國民待遇（national treatment）

進口產品通過海關後，其所受待遇應與該進口國內的其他產品相同，爲產品的公平普遍不歧視原則，亦即進口國政府不得對進口產品採取更嚴苛的管理標準，如政府差別性採購政策、環境健康安全管制檢驗規範、稅務行政干擾等，而造成不公平的貿易發展障礙。

管理經濟實務 14-2：關稅調降與國際貿易競爭

經濟部長率領近五十人官員團，參加攸關廠商進出口關稅調降的 WTO 部長會議，爭取我國具競爭力產品調降為零關稅。談判重點為農業、非農業、服務業等關稅的調降稅率，將替自行車、鐘錶、樂器、紡織成衣品等具競爭力產品，爭取調降為零關稅，增加我國相關業者進入其他 WTO 會員市場的機會；並爭取敏感性產品的降幅縮小、或降稅期間延長。衝擊最大者為目前適用關稅較高的產業，如汽車業、漁產品等保護產業，恐面臨市場開放的挑戰。何美玥表示，我國以出口外銷經濟為導向，廠商應做好與國外市場競爭的準備，無法藉由政府保護來與開發中國家競爭。

貿易救濟防火牆機制針對各國產業動態事先深入報導，提供業界參考研擬因應對策，在市場開放後能事先預知市場價量行情，建立政府與企業間之橋樑。針對 WTO 貿易救濟爭端處理機制之運作，及反傾銷、平衡稅、進口救濟等解決案例，進行研析模擬因應。依貿易法採取進口救濟或依國際協定採取特別防衛措施，分別對特定進口貨物提高關稅、設定關稅配額或徵收額外關稅。

中國將停止徵收紡織品的出口關稅，至於其餘六十種以上的產品仍將維持現行的臨時稅率。根據中國財政部公布的聲明表示，超過一百種以上的進口品關稅亦將廢除，包括工業原料、食用油、車輛及零件，以作為中國成為世界貿易組織（WTO）會員國承諾協定的一部分。面對各國關稅的調降，影響到需要保護的相關產業，未來面對貿易全球化，台灣稅率勢必再度下降。

因課徵關稅使進口產品成本提高而價格上漲以保護我國產業，又稱為舊式保護主義；課徵關稅目的為保護國內的產業稱為保護關稅，通常稅率較高，對進口者有不利影響，使消費者減少進口需求而以國內的產品替代。

美國國會議員與工商界人士抱怨，中國以不公平的方式進行出口貿易，並使美國損失了數十萬個工作機會。美國聯邦參議員舒默威脅說，假如中國不重估匯率，美國將對來自中國的進口產品課徵 27.5% 的懲罰性關稅。外國政府形成國際貿易不公平競爭，而對該國進口的產品加徵關稅，稱為報復關稅。

台灣 2005 年貿易出超金額預期連續第三年縮減，上半年甚至有三個月呈現入超，1 至 6 月出超僅 2 億 3,700 萬美元，國貿局一度預估全年出超可能只有 30 億美元，幸而下半年情勢轉好，財政部估計全年出超 50 億美元，恐創下二十年來新低紀錄。經濟部分析，出超減少主要與國際油價飆漲、進口運輸設備增加有關，但出超縮減不致成為長期趨勢，2006 年出超可望回升到 60、70 億美元；學者也認為，只要進出口雙雙維持成長，不必過度在意出超數字。中華經濟研究院研究員吳惠林認為，當前台灣進出口都在成長代表經濟動能仍在，只要維持自由經濟，政府不做過多干預，唯有進出口金額萎縮才值得憂慮。在開放經濟下，出口代表外國對本國產品的需求，將提高本國的產出、所得與就業水準；反之，進口代表本國對外國產品的需求，將降低本國的產出、所得與就業水準。

跨國企業管理

海外直接投資（foreign direct investment; FDI）

國內企業挾其母公司所擁有的各種資源和經驗，到海外去尋找他國所沒有的技術、市場、原料採購、資金籌措和其他經營上的優勢，以維持企業成長。企業海外直接投資的區位選擇，將考慮其在特定地區從事生產、採購、行銷或研發的成本高低；國家或地區的需求狀況，依企業策略目標，評估各區位與營運有關因素對策略目標貢獻程度，產業所在地是否具備其他支援性工業；一個國家或地區的生產要素，勞動成本的比較利益是企業最關切的。

跨國企業透過不同區位的整合可獲下列優勢：要素和產品市場的空間分布；控制要素價格、品質和生產力；控制運輸成本與通訊成本；避免母國政府干預；進口管制、稅率、投資誘因和政治安定；公共設施之利用；克服語言、文化、商業和習俗上之差距；達到研發、生產和行銷的經濟性。爲克服地主國市場特性、風俗習慣差異及決策不確定性的不利因素，以相對風險性較低之延伸網路或群體移棲之國際化生產網路模式，有效利用產業分工生產體系以及企業內部資源，從企業的固有優勢、內部化優勢及地主國區位優勢等三方面探討。

廠商赴國外投資是爲了延續其產品的比較利益，當產品技術完全定型化後，即可將生產基地移到工資和技術水平較低的國家以降低生產成本。廠商具有特殊競爭優勢較不易被其他廠商模仿，將此競爭優勢進一步內部化而赴海外直接投資。

在評估投資目標國的政治經濟穩定性方面，主要考慮到八個因素，包括資本撤回、允許外人持有本國企業股權、外國與本國企業的差別待遇及管制、貨幣穩定性、政治穩定度、當地政府給予關稅保護的意願、當地資本的取得性、當地的通貨膨脹率等。依據投資目標國的各類評估因素給予分數，加總後可得到各地區的投資環境評估，得分愈高代表其投資環境愈優良，反之則代表其投資環境愈差。

跨國企業（transnational corporation）

廣義是指企業產品或活動延伸至國外市場，無論是出口、授權、委託代理或加工等活動均屬之，未必需要進行海外直接投資。狹義的企業國際化，跨國企業必須是在海外設有實體，且與國內母公司在同一決策體系下運作者，有實際的國外直接投資活動才是跨國企業。

企業在其主要市場遵循漸進式的國際化，初期皆以國外代理商進入市場，隨產銷規模擴大，直接銷售比例逐年增加，自創品牌國際行銷通常會在其主要市場建立專屬通路，並直接投資海外子公司，次要市場則採直接銷售代理商通路。隨著海外經驗增加，企業對國外投資金額也隨之加碼，由控制程度較低的代理商拓展市場方式走向合資，甚至透過購併或新設公司走向獨資。

多國籍企業（multi-national enterprise; MNE）

某一國的企業，在其他國家（至少兩國）有穩定的經濟活動，有充分控制這些活動的權力，而且在這些國家每年的營業額占其總營業額的1% 以上。本國的企業稱為母公司，而在其他國家的分支機構稱為海外子公司。母公司對子公司的控制，可以是財務方面（擁有子公司半數以上的資本）、管理方面（訂定經營契約），或是技術方面（技術轉移）。

多國籍企業的經營理念在如何利用國際經營資源，彌補國內經營資源之不足，並積極提高國際合作，獲取更佳經營成果，不只對母國與地主國經濟成長均有貢獻，對世界經濟成長更有影響力。

企業國際化管理

多國籍企業強調策略性與組織性整合的重要，海外營運是在一個或一個以上的決策制定中心的一貫政策下制定，這些海外實體透過所有權來相互連結，而產生重要影響力，彼此分享知識、資源與分擔責任，且其擁有的內部性交易是不需依賴外部市場完成的。

企業可以最低的成本或最集中的使用生產要素，於不同國家或地區獲得成本上的優勢。高品質的要素供應，利用較低成本但有效率的勞動力，不同的促銷策略、配銷體系以及政府規則可運用於適合的產品市場，提供適合於不同國家或地區市場獨特需求的產品，使廠商在輸出上獲取較高的價格。

多國籍企業在當地投資有利當地就業，且可避免地主國外匯流出，對貿易平衡大有助益。潛在優勢包括確保主要原料供應、進入新市場、開發低成本的生產要素、平衡全球資訊管道、將多重市場區隔化的競爭優勢。

多國籍企業常以先進的專業技術與特定的行銷能力出現，是一種資訊與技術的互補性策略優勢，研發上的規模經濟、生產或價值鏈上的其他活動，都會成為超越國內企業的主要優勢來源。先決條件就是必須擁有組織性的能力，透過其本身分支機構要比透過外部契約關係更能有效地平衡其策略性資產。

國際化策略是以世界為基礎，將力量集中於創造和拓展創新的發展上，通常為大國或技術領先的國家所採用，利用其母國的創新與知識來擴展其海外的競爭地位，將母國的新產品製程和策略推展到海外市場。主要係由國家或地區之差異來達成策略性目標，根據該國或地區顧客的偏好、產業特性和政府法規，來決定其產品之差異化程度。

利用大規模製造及研發高度集中化，透過全球標準化產品的世界性出口，以達到其產品最佳的成本和品質定位，發展全球性效率。公司必須透過全球基礎專業化或將資產分散，並同時開發比較利益、規模經濟及範圍經濟的能力來建立全球性的效率。持續地改變產品設計、生產要素來源找尋以及訂價政策的彈性，在不斷變化的國際環境中維持有效的反應力，建立從所在環境的學習與全球營運的學習上獲利，利用接近多重技術中心的機會，與熟悉在不同國家地區內多元的消費偏好，更能發揮其功能與效率，充分掌握市場的資訊與創新的趨勢，並創造出更大的價值，而不同地區知識與技術優勢的整合，提升創新效率與達到全球創新。

全球企業藉由將各地區銷售子公司與中央集中製造部門相連結，比分散資源到每個國家進行產銷活動，在反應與彈性的處理上更具效率。

分散性的組織可善加利用生產成本的差異性，開發專門性的技術與資源，並降低企業國際營運的風險。每一個地區性的單位皆可成為創意、技術、能力以及知識的來源，有效率的工廠可被轉變為國際性的製造中心，有創意的子公司行銷單位也能成為特定產品或企業領導角色。

多國籍企業對於各地區的機會和威脅應找出創新的對策，並能開發出新產品，迅速有效地推廣到全球各地。創新與知識的傳播可利用分公司的資源和企業家精神，以開發全球利益為基礎的創新發明；將企業分布於全球據點的資源和能力連接，由總公司和分公司同時聯手推動執行新創新。策略聯盟或國際合作可作為企業進入海外市場，獲得知識、技術的主要手段，從合作關係中學習與成長。

組織層級的簡化與加強組織內各單位的協調合作，網路式組織結構其分散、專業化但彼此相互依存的發展形態，有助於達成組織的效率、彈性與知識的傳播。管理階層與員工應共同參與開發企業的全球策略遠景，領導者以身作則的表現與基層員工對工作的承諾與企圖心，充分了解取得共識並能認真執行。

區域貿易集團化（regional trading block）

許多國家之間進行區域經濟整合，例如自由貿易區、關稅同盟、共同市場、經濟同盟等，以強化區域內的貿易，但卻排擠區域外的貿易，造成區域內外不公平貿易。

區域內會員國間針對部分產業或商品進行整合，稱為**部門整合**（sectional integration）；針對全部產業或總體經濟進行整合，稱為**全面整合**（overall integration）；經濟發展程度相近的國家之間進行區域經濟整合，稱為**水平整合**（horizontal integration）；經濟發展程度歧異的國家之間進行區域經濟整合，稱為**垂直整合**（vertical integration）。

區域經濟整合可以提高會員國的市場競爭力，稱為**增強競爭效果**（intensified competition effect）；會員國的廠商可以擴大生產並有利技術創新與傳播，稱為**規模經濟效果**（scale economy effect）；區域內會員國間的貿易成本與政策固定可以吸引投資，稱為**降低不確定效果**（lessened uncertainty effect）。

區域內會員國間加強彼此經貿合作，產生**貿易創造**（trade creation）效果；區域內會員國對區域外國家減少經貿往來，則發生**貿易轉移**（trade diversion）效果。

自由貿易協議（free trade agreement; FTA）

區域內會員國間協議，取消彼此之關稅與貿易障礙，但對區域外國

家則由會員國各自訂定關稅；即區域內會員國間進行自由貿易，而各會員國對區域外有不同程度的貿易障礙。

區域外非會員國的產品，進口至關稅較低之會員國，再轉運至關稅較高之會員國，形成自由貿易區的**貿易偏轉**（trade deflection）問題。

關稅同盟（customs union）

區域內會員國間取消彼此之關稅，且對區域外國家亦採取一致的關稅，即區域內進行自由貿易，對區域外有相同程度的貿易障礙。區域經濟進入關稅政策整合，而不會發生貿易偏轉問題。

共同市場（common market）

區域內會員國間除了產品（財貨勞務）自由貿易，各種生產要素（人力、資本）也可以在區域內自由移動。歐洲共同市場於1994年成立**歐洲經濟區**（European Economic Area; EEA），正式名稱爲**歐洲聯盟**（European Union; EU），區域經濟更進一步整合勞工、金融等政策。

貨幣同盟（monetary union）

區域內會員國間使用共同的貨幣進行交易貿易，區域經濟再進一步整合財政、貨幣等政策，歐洲聯盟於1999年開始使用歐元（Euro）爲共同的單一通貨。

經濟同盟（economic union）

區域內會員國間之所有經濟政策已幾乎完全整合，即區域內已無經濟疆界，意味各會員國放棄經濟政策自主權，爲區域經濟整合之最高境界。

亞太經濟合作會議（Asia Pacific Economic Cooperation; APEC）

於1989年成立，會員包含太平洋兩岸的主要國家，爲一區域經濟合作論壇，定期諮商各項區域內經濟合作方案，但因各會員國間經濟發展程度差異大，要進一步推動區域經濟整合則有困難。

管理經濟實務 14-3：FTA與跨國企業商機

我駐美代表指出，台灣正推動與美簽訂自由貿易協定（FTA），而輪由台北舉行的投資暨貿易架構協定會議（TIFA）可視為前奏。由於美國長期以來是台灣最重要貿易夥伴之一，因此台灣與美國洽簽FTA不僅能具體擴展台美雙邊貿易，並可能對台灣與其他國家洽簽FTA產生帶頭作用。FTA區域內會員國間協議，取消彼此之關稅與貿易障礙，但對區域外國家則由會員國各自訂定關稅。

除了參與世界貿易組織（WTO）多邊架構之外，台灣不能缺席與各國的雙邊自由貿易協定，尤其中國與東協國家積極建立雙邊貿易關係，台灣將邊緣化之際，台美簽署自由貿易協定愈顯重要，美國是世界第一大經濟體，與台灣建立雙邊的自由貿易協定，對台灣經貿發展意義重大。

東亞峰會與會的十六個國家簽署了「吉隆坡宣言」，確立了東南亞國家協會（東協；ASEAN）在東亞高峰會內的主導地位。會後發表的宣言中指出，為了促進東亞的和平、穩定、繁榮，建立東亞高峰會，作為廣泛的戰略、政治、經濟等具有共同利益及關切的對話平台。首屆東協峰會參加的國家除了東協十國之外，還包括了中國、日本、南韓、澳洲、紐西蘭、印度。

東亞峰會的最終目標是建立類似北美自由貿易協定及歐盟的政治、經濟聯盟體。東亞許多國家擁有強勢的經濟實力，在科技方面也具有領導地位，同時東亞各國有許多投資與生產發展的機會，並具備雄厚的資金基礎，一旦形成東亞共同體，經濟實力不容忽視。然而中日雙方近來關係惡化，加上澳洲、印度、紐西蘭力挺美國，與反美陣營產生摩擦，可能為區域整合投下更多變數。

台灣在研發、品牌、資本上擁有優勢，並且也有長期在東協各國投資的經驗，應該加強與東協的經貿合作，作為全球布局的一部分，彌補未能參與東亞峰會的劣勢。東協各國在經濟方面大多採取相同的政策，也擁有相同的產業基礎；東北亞的中、日、韓則有政治方面的歷史背景，同時在研發、能源及國際品牌方面，也是競爭對手，因此未來主導東亞峰會的東協組織就成為各國合作的平台；區域內會員國間加強彼此經貿合作，產生貿易創造效果。多國籍企業可以於不同國家或地區獲得成本上的優勢，並且提供獨特需求的產品。

經濟部與菲律賓蘇比克灣及克拉克經濟特區管理局簽署合作備忘錄，建立台菲經濟走廊，台商可藉此取得充裕勞力，並經由菲國拓展對外經貿關係。台商可把蘇比克灣當作發展勞力密集產業的根據地，產品若符合東協原產地規定，還可適用優惠稅率，打進東協市場；菲國與日本洽簽FTA後，台商產品也可以優惠稅率銷往日本。

全球物流管理

國際行銷

國際貿易形態大幅改變，由製造商、出口商，進而轉變爲整合海外接單、製造服務及配送服務爲核心之整合行銷服務，製造中心地位已漸次由營運中心、運籌中心、接單與採購中心及整合製造服務等功能取而代之；此類服務的參與者包括跨國企業、國際物流業等，具有與國際接軌、接單，並能完善整合製造服務及提供採購等服務，在國際貿易交易場合中扮演整合者的角色。

物流管理

物的流通（physical distribution），是物品從生產地至消費者或使用地的整個流通過程。透過管理程序有效結合運輸、倉儲、裝卸、包裝、流通加工、資訊等相關物流機能性活動，以創造價值、滿足顧客需求。

物流業者在生產者與消費者之間扮演重要的角色，消費者能享受到快速便利的購物或服務，生產工廠或經銷商亦能迅速提供產物，進而大幅降低保管、倉儲等中間成本。

物的流通觀念逐漸被**物的運籌**（physical logistics）觀念所取代，應用於企業界指業務後勤，強調運輸、倉儲、裝卸等作業於行銷通路的重要地位。物流業開始重視整體性物流的成本控制，從生產原料的輸入、製造過程、倉儲保管、加工包裝、訂單銷售及運送服務，其範圍不斷擴大。

物流中心是一種設施，於物品實體之配銷過程中扮演集中分配的角色，具有訂單處理、倉儲管理、流通加工、揀貨配送，甚至尋找客源、擁有最後通路、採購、產品設計及開發自有品牌等功能。在產銷垂直整合方面，物流可縮短上、下游產業流通過程，提升配送效率，進而減少產銷差距；在水平整合方面，物流可進行同業、異業交流整合和支援，合理降低成本。

物流資訊逐漸邁向全球化的目標，由工業化轉變為資訊化，企業經營策略亦從供應鏈管理擴展至全球運籌管理。物流策略的有效運用可掌握競爭優勢並擴大附加價值，降低物流中間後勤的成本，提高利潤。

供應鏈管理（supply chain management; SCM）

供應商經過製造過程與配銷通路而後達最終使用者之商業流動過程的管理。管理者分析並改善從原物料生產、成品或服務製造到運送至客戶手中的每一個步驟，包括成品需求與供應的管理、尋求原物料、製造和組裝排程、庫存管理、訂單管理、運送、倉儲、分銷、客戶服務及遞送到府等，整個資訊系統需要監控其中的每一個活動。

運籌管理（logistics management）

一種企業活動整合過程，包括顧客服務、需求預測、配銷溝通、存貨控制、物料管理、訂單處理、零件與服務支援、工廠及倉庫位置選擇、產品包裝、退貨處理、修理與報廢處理、交通與運輸、倉儲與存放，其目的在於針對物料、在製品及製成品，於產地與消費者之間的流通問題，進行計畫、執行及控制。

字面上係指與軍隊之運輸補給有關的軍事科學，就企業經營活動而言，則涵蓋生產和行銷過程中，與原料、設備和製品運輸有關的一切經濟活動，運用整體系統的方法予以綜合管理，以提高顧客服務及降低成本，增進企業利潤。

價值鏈活動中強調整合企業內各項活動及各部門，運籌管理功能若分散在各部門內，而著重其個別功能之最佳化，其結果導致低效率及部門之間的衝突，因而將原本分隸於行銷、生產及其他相關管理部門的運籌管理活動，重新組合為一整體的系統來統一調配與管理。

全球運籌管理（global logistics management; GLM）

以多國規劃並執行企業運籌管理活動，針對自起點至消費點之商品、服務和相關資訊的效率、有效的流量和儲存，進行計畫、執行及控制，以符合顧客的要求，是企業全球化經營活動中，從原料的購置開始，直到將產品送達顧客手中的一系列活動。

資訊、運輸、存貨控制、倉儲、區位決策和包裝、搬運等每一個功能活動，爲全球運籌管理系統中的子系統，而物料、商品、服務和相關資訊的流程，則意味著運籌管理活動隨著企業經營領域的擴大，由國內市場層次擴大爲跨越國界的特定國家市場，再發展爲國際市場運籌（基地在母國而營運於三個國家市場以上）或多國經營（在三個以上國家地區有營運基地），最後配合全球化經營。

將物流、資訊流、商流、資金流透過供應鏈管理，使製造、銷售與維護管理均能從全球找到最佳組合的生產管理模式，並透過快速回應系統掌握下游消費市場資訊、通路資訊，以有效掌握商機並提升競爭力。

物料流程中，物料和零組件的來源可能來自於當地生產、海外生產或採購，其採購、運輸、庫存的安排，須視產品特性、生產製程與市場需求特性而定，其目標在於減少存貨、降低運輸成本，而且能快速反應市場的需求變化。

在商品流程方面，可以針對客戶依據實際不同訂單、不同規格的需求，適時提供成品或半成品至海外組裝中心，再由規劃中心於加工組裝後運送給客戶。或直接運送至最終客戶，把貨物送至客戶當地的倉儲中心或海外組裝中心，運用供應鏈管理將組裝地點推近市場，嚴謹掌握原物料的前置時間，將完成品直接運送給客戶，以達到時效性要求。

在資訊流程方面，針對企業運作流程中資料傳遞與決策，進行計畫、執行及控制，增進商品、促銷、行銷等資訊暢通，達到快速反應客戶需求。透過供應鏈規劃管理、快速回應系統的建立，發展全球性企業與其交易夥伴之間的垂直資訊網路系統，並整合行銷分析、商品企劃開發、製造，以及商品配送作業、售後服務等，以強化產業應變功能，提高全球運籌管理效率。

企業可單純地參與全球供應鏈的產銷合作，也可以利用自身的產業競爭優勢來發展全球運籌，進行全球行銷的通路競爭，也可以同時參與其他企業的供應鏈合作並同時發展自身的全球運籌體系。一方面可以促進生產效益與規模經濟的提升，降低營運的成本與風險，而另一方面也可以吸收與學習其他企業全球營運的經驗與知識，藉由供應鏈的合作來降低國際化的經營風險與全球運籌的障礙。

自由貿易區域（free trade zone）

只限於港口或城市的某特定地區，它可設在內陸或遠離港口的地區，亦可全國或全港區都是自由貿易區。特定區域內，貨物可自由進出，包括運輸、儲存、包裝、分類及加工製造等活動，均可自由經營，無須繳納關稅及其他稅捐，亦不受海關及其他各種程序之檢查，僅在貨物由自由貿易區海關進入地主國時方需繳納關稅，又稱爲海關監視下的非關稅區域。

自由貿易區域簡化入出境手續，人員進出自由，金融措施以境外金融辦理；貨物進出自由，視爲地主國的境外，故貨物無通關手續。區內免除關稅與其他稅捐，但如需運往地主國境內，仍需辦理進口手續，補課徵相關稅捐，且地主國法令禁止進出口者，不得進出自由貿易區內。

自由貿易區以經營形態區分爲三類：專爲儲運及轉口貿易所設的自由貿易區，即商業型自由貿易區；爲加工、製造業所設的加工出口區，謂工業型自由貿易區；集轉運、倉儲、貿易、工業及金融服務、觀光等多目標功能，兼具地緣、資源、及市場諸要件，則爲綜合型自由貿易區，是開發中國家促進經濟發展的主要策略。

倉儲功能爭取時效與商機，利用自由貿易區貨物進出口，不課徵關稅、不受進口配額限制、通關簡便、可縮短進倉時間、爭取商機及區內低廉倉儲費用等之便利，吸引世界貨物來區內儲存，銷售進入當地市場或轉售至其他地區。

轉運功能發展轉口貿易，自由貿易區之轉運功能與倉儲功能，是自由貿易區最原始的商業功能，也是自由貿易區最主要的功能，將商品儲存、整理、分裝、加標籤或改換標示，然後再予轉運，可以減少貨物運送的時間及資金的積壓，對國際貿易極有助益。

工業性功能吸引國外企業設廠投資，利用自由貿易區內機器、原料、零件等進口免徵關稅、所得稅及其他稅賦之優惠，及貨物、資金進出自由等良好的環境與條件，吸引外資至區內投資加工及製造等生產事業，增加就業機會並學習先進產業技術，而區內投資人之本金、淨利、孳息均可自由匯出，獲致最高附加價值。

國際金融中心功能吸收國外資金，自由貿易區的外匯資金不適用地主國既有的外匯管理辦法，本身有獨立的金融體系、外匯操作系統，資金利得自由出入，且對區內銀行業之各種限制減輕或取消，各項稅賦予以免除，以吸引國內外金融機構來從事大規模國際金融活動，便於僑外資金之吸收，繁榮國內工商業，進而促使金融中心的成立。

自由貿易區因其不同的目的與功能，而有不同的稱謂，包括對外貿易區、自由港、轉口區、自由貿易特區、加工出口區、關稅特定區、經濟特區、保稅區等。

對外貿易區（foreign trade zone）

設於進口港埠或機場附近，亦可在主要貿易區鄰近地區另設**附屬自由貿易區**（sub-zone），一般以倉儲、加標籤、裝配或轉運分銷爲主要業務，較少作加工出口。對外貿易區視爲關稅領域外，但除與關稅有關法令，當地法律則可適用，美國地區之自由貿易區以此類型居多。

自由港（free port）

全部或絕大多數外國商品可以免稅進出的港口，劃在一國關稅國境以外，通常是整個港口或者城市。外國商品進出港口時免繳關稅，且可在港內自由改裝、加工、長期儲存或銷售，但外國船舶進出時仍必須遵守有關衛生、移民等政策法令，只有將貨物轉移到自由港所在國內消費者時才需繳納關稅。

全自由港對外國商品一律免關稅，有限自由港對大多數外國商品不徵收關稅，只對個別商品徵收少量進口稅或禁止進口。開闢自由港可擴大轉口貿易，並獲取各種貿易費用，增加外匯收入。

自由港必須是港口或是港口的一部分，外國貨物進入時，通常毋需繳稅，而且貨物卸裝、儲存、改裝或分裝、裝配、加工後，再或轉運他國，均不受海關管制，以香港爲代表。

自由轉口區（free transit zone）

通常設於海岸國家的海港入口，作爲貨物儲存及分銷中心，再轉運至內陸及鄰國。在轉口區內，來往的轉運貨物不必繳交關稅，亦不須受進口管制及其他手續的限制。然而，轉口區有時僅在港口地區提供免稅倉庫以供貨品儲存轉運，而儲存時間長短亦有限制，通常不允許進行加工作業，以泰國的曼谷轉口區爲代表。

自由貿易特區（free perimeter）

通常限制在一個國家中某一偏遠或未開發的區域內，既非港口，也沒有一般自由貿易區的圍牆柵欄。自由貿易特區通常僅處理某些特定的進口貨物，如食品、藥劑品等基本物資，主要功能在於滿足當地的消費，關稅僅予以降低而非完全免除，以東秘魯自由貿易特區爲代表。

加工出口區（export processing zone）

由政府劃定某一範圍爲一關稅特別區，可以容納製造加工或裝配外銷的事業，以及產銷過程中所需的倉儲、運輸、裝卸、包裝、修配等事業。在區內所進口的機器設備、原料或半成品等，均可免除關稅及進口管制，區內外銷事業的產品僅限於外銷，若經准許予以內銷者，則應於進口時依法課稅。

加工出口區的主要功能，是爲了促進投資發展外銷，增加產品與勞務的輸出，以獲得工業的收益爲主，我國的各加工出口區爲主要代表。

關稅特惠區（special customs privileges facilities）

通常設在沒有自由貿易區或類似措施的國家內，允許外國貨物暫時進入以備再出口，或在進入當地市場前可暫時運入該區儲存。貨物進入關稅特惠區時，可以給予免稅及簡化通關手續等優惠，甚或准予進行加工、裝配等生產作業，以位於智利西北角亞利加港（Arica）爲代表。

有些工業國家根據特定的關務法規，允許民營企業設立其本身的**關稅自由區**（customs free zone）。其國內許多企業將公司附近地區進行生產、加工或貿易作業的土地，劃定成關稅自由區，企業可自行辦理通關外銷，海關人員對該區定期實施進出貨物庫存的盤點，以比利時和荷蘭爲代表。

經濟特區

中國大陸爲達成改革開放之政策並吸引外資，而積極開發之一種新形態且大範圍之特區，自 1980 年起大陸共有深圳、珠海、汕頭、廈門及海南經濟特區，及上海浦東新區等，劃設些重大開發區，雖有一特定之範圍，但並不若一般自由貿易區具有隔離措施。

經濟特區訂有各項投資優惠政策，如利用外資、稅收、進出口貿易、金融等方面。實行土地使用有償出讓、使用權制度及整體開發之方式，以刺激整個區域之經濟繁榮，並帶動都市之發展。

保稅區

中國大陸設立的新經濟性地區，有一定範圍之封閉式綜合型對外開放區域，具有明確之界線，並有完善之隔離設施，類似國外一般之自由貿易區。利用保稅區內之港口優勢，發展對外貿易、轉口貿易、加工出口、倉儲運輸、分類包裝及各類服務業務，以期更有效地利用外資，並引進技術及管理經驗，更進一步與國際市場聯繫，其中以上海外高橋保稅區是第一個也是開放程度最大之保稅區。

保稅倉庫

供儲存自行進口或向國內採購的貨物向國外發貨運銷，經海關核准發給執照，專門儲存保稅貨物的倉庫，倉庫存貨等提領進口時才完稅。進儲保稅倉庫的保稅貨物，其存倉期限可達二年，屆滿前必須申報進口或退運出口，不得延長。

普通保稅倉庫，用以儲存一般的保稅貨物。專用保稅倉庫，專供存儲供經營國際貿易之運輸工具專用的燃料、物料、器材、礦物油、危險品，供檢驗、測試、整理、分類、分割、裝配或重裝之貨物及展覽物品等。發貨中心保稅倉庫，用來存儲自行進口或自行向國內採購的貨物，其範圍應先經海關核准。

外銷品製造廠商，得經海關核准登記為海關管理保稅工廠，其進口原料存入保稅工廠製造或加工產品外銷者，得免徵關稅。保稅工廠所製造或加工之產品及依規定免徵關稅之原料，非經海關核准並按貨品出廠形態報關繳稅，不得出廠。經營保稅貨物倉儲、轉運及配送業務之保稅場所，其業者得向海關申請登記為物流中心。進儲物流中心之貨物，得進行重整及簡單加工。

管理經濟實務 14-4：保稅港區的運籌管理功能

中國上海洋山港宣布正式啓用，也為上海確立東北亞國際航運中心地位，將加快後期工程建設，完善保稅港區政策和功能。洋山港是上海首個深水港，能容納全球最大的貨櫃船，而預期碇泊費只有其他地區的一半；業界預估2010年上海貨櫃吞吐量，可達3,000萬個標準箱，將取代香港成為全球最大的貨櫃港，希望在2020年建設成為國際航運中心。

洋山港設在上海東南方外海的大、小洋山島，靠長達三十二．五公里的跨海大橋與上海連接，距離國際航線一〇四公里，是水深十五公尺的深水港。根據設計，洋山港區可形成陸域面積二十多平方公里，布置五十多個大型深水泊位，同時也可靠泊第五代、六代集裝箱貨船或八千標箱裝箱標準船，成為全球第一個建在外海島嶼的離岸式貨櫃碼頭，而台灣高雄港轉運中心的地位可能會逐步被取代。

大陸港口挾資源、人力、腹地等優勢大幅成長，的確造成不小壓力。香港已經採取多項措施，2006年起簡化船隻入港程序與減低使用港口費用，同時增加碇泊區以擴大理貨能力，中等噸位船隻停留香港可節省25%的碇泊費以及50%的入境許可證費用。高雄港正積極加強各種軟硬體設施及服務水準，包括碼頭浚深、開闢聯外道路、彈性費率、放寬通關等，將有助於大幅提升競爭力。

隨著洋山港的開港，將港區、保稅區與出口加工區合而為一的洋山保稅港區也同時啓用，這也是中國第一個保稅港區。利用保稅區內之港口優勢，發展對外貿易、轉口貿易、加工出口、倉儲運輸、分類包裝及各類服務業務，以期更有效地利用外資，並引進技術及管理經驗，更進一步與國際市場聯繫。

中國國務院共批准設立五十七個出口加工區，分布在二十三個省區市的五十一個城市，總規劃面積一百四十一平方公里。歷年來出口加工區共引進外資項目八百二十七個，外商投資總額136億美元。由政府劃定某一關稅特別區，可以容納製造加工或裝配外銷，以及產銷過程中所需的倉儲、運輸、裝卸、包裝、修配等事業。在區內所進口的機器設備、原料或半成品等，均可免除關稅及進口管制，區內外銷事業的產品僅限於外銷，若經准許予以內銷者，則應於進口時依法課稅。加工出口區的主要功能，是為了促進投資發展外銷，增加產品與勞務的輸出。

物流中心於物品實體之配銷過程中扮演集中分配的角色，具有訂單處理、倉儲管理、流通加工、揀貨配送，甚至尋找客源、擁有最後通路、採購、產品設計及開發自有品牌等功能。在產銷垂直整合方面，物流可提升配送效率，進而減少產銷差距；在水平整合方面，物流可進行同業、異業交流整合和支援，合理降低成本。物流策略的有效運用可掌握競爭優勢並擴大附加價值，降低物流中間後勤的成本，提高利潤。

第十五章 國際金融與外匯管理

外匯市場

國際金融環境

國際財務管理

匯兌風險管理

外匯市場

外匯（foreign exchange）

可以作爲國際支付工具的外國通貨，或是對外國通貨的請求權，必須是國際間共同接受可兌換，如外國貨幣、存款、支票、匯票、證券、債權等。

外匯存底（foreign exchange reserve）

一國政府的外匯存量，包括央行持有的外匯、特別提款權、在國際貨幣基金的準備部位等，代表該國的國際支付能力，或對外國的財產要求權。國際收支逆差，外匯存底減少；國際收支順差，外匯存底增加。

外匯存底少代表該國的國際支付能力弱，國家債信評等降低；外匯存底多代表該國的國際支付能力強，國家債信評等提升，但過多將造成國內貨幣供給增加而引發通貨膨漲壓力，且央行外匯資金閒置代表該國的經濟資源未充分有效運用。

通常適當之外匯存底爲該國三至六個月的進口支出，其國際支付能力即可以維持國家債信、幣值安定、物價平穩。台灣因政治因素未能加入國際貨幣組織，須保有較高之外匯存底以維持國家信用，並足以自行因應各種金融市場之衝擊。

匯率（exchange rate; e）

兩國不同貨幣之間互相兌換的比例，以一種通貨換取另一種通貨所應支付的單位成本，亦即外匯的交易價格，又稱爲雙邊匯率。

匯率通常有兩種表達方式（互爲倒數），**直接報價法**（direct quotation）爲一單位外國貨幣折換本國貨幣之單位數，又稱價格報價或付出（giving）報價，代表外匯幣值，爲美系所採行；**間接報價法**（indirect quotation）爲一單位本國貨幣折換外國貨幣之單位數，又稱數量報價或收進（receiving）報價，代表本國幣值，爲歐（英）系所採行。

我國目前採用國際較通用之直接報價法，亦即以一單位外國貨幣爲

基準折換（付出）多少新台幣，例如1元美金兌換33元新台幣，匯率由33升至35，代表美金升值（對台購買力增加）而台幣貶值（對美購買力減少）。

升值（appreciation）

直接報價法之匯率下跌，表示一單位外國貨幣可兌換本國貨幣之單位數減少，代表外國貨幣價值（購買力）下跌而本國貨幣相對強勢（strengthen）。本國貨幣升值使本國商品以外國貨幣計價的價格上漲（不利出口），外國商品以本國貨幣計價的價格下跌（有利進口）。

貶值（depreciation）

直接報價法之匯率上升，表示一單位外國貨幣可以折換本國貨幣之單位數增加，代表外國貨幣價值（購買力）上漲而本國貨幣相對弱勢（weaken）。本國貨幣貶值使本國商品以外國貨幣計價的價格下跌（有利出口），外國商品以本國貨幣計價的價格上漲（不利進口）。

即期匯率（spot rate）

外匯買賣與交割手續同時完成所依據的兌換價格，一般銀行結匯或立即結清的交易付款均屬之，爲外匯現貨市場的即期交易。

遠期匯率（forward rate）

未來交易而現在先訂定的外匯兌換價格，外匯買賣契約簽訂後在未來某個時點才交付，爲外匯遠期市場的遠期交易，遠期匯率與當時即期匯率未必相同。

貨幣交換（currency swap）

在即期市場以某種貨幣轉換成另一種貨幣，並在未來進行對應而相反方向的交易，在買賣雙方無外匯匯率變動的風險下，藉由不同幣別資金之交換使用，以達到交易雙方資金調度的目的。兩個兌換匯率之價差稱爲換匯點，匯率、買賣金額、交割日於交易時訂定。貨幣互換可減少持有某特定貨幣資產或負債的風險，靈活資金調度，降低資金成本。

外匯市場（foreign exchange market）

進行外匯買賣交易的地方。貨幣資金的使用不限於國內，當進行國際貿易或前往國外時，必須兌換成當地國貨幣才能使用支付。健全的外匯市場促使國際間資金移轉通暢，國際貿易順利進行，並便利拋補外匯而減少匯率變動風險。

一般大眾通常透過商業銀行買賣外匯，在台灣只有經主管機關核准的外匯指定銀行才能經營外匯業務；外匯經紀商則扮演仲介角色，提供資訊並撮合交易以節省買賣雙方的搜尋成本；中央銀行亦是外匯市場的主要參與者，爲配合政策動用其可操控的龐大資金買賣外匯，因而影響市場供需進而達到調整匯率的目標。

外匯指定銀行向其他銀行、外匯經紀商、中央銀行批發外國貨幣，零售予一般大眾，因此外匯指定銀行牌告匯率之銀行買價（bid rate）較低而銀行賣價（offer rate）較高，商業銀行提供大眾買賣外匯服務賺取價差。

外匯市場均衡分析

橫軸爲外匯數量，縱軸爲匯率（直接報價），外匯需求線爲負斜率（匯率高則買匯成本高，外匯需求量減少），外匯供給線爲正斜率（匯率高則外國購買力強，外匯供給量增加）。交叉點 E 爲外匯市場均衡，對應外匯均衡數量與均衡匯率（外匯報價）。

匯率以外的因素，使每一匯率所對應的外匯需求量增加則需求線往右上位移，外匯需求減少則需求線往左下位移；匯率以外的因素使每一匯率所對應的外匯供給量增加則供給線往右上位移，外匯供給減少則供給線往左下位移。

本國對外國的支付須買匯支付外國價款，因此外匯需求增加（匯率上升）且本國貨幣供給增加（本國貨幣貶值）；反之外國對本國的支付則外國須買本國貨幣支付價款，因此外匯供給增加（匯率下跌）且本國貨幣需求增加（本國貨幣升值）。

本國對外國的支付包括進口財貨價款、外勞薪資、出國在外的開支、對外國人分配紅利、償還本金、支付利息、貸放投資、資金外移等，任何資金流出增加使外匯需求增加，整條外匯需求線向右（外匯量

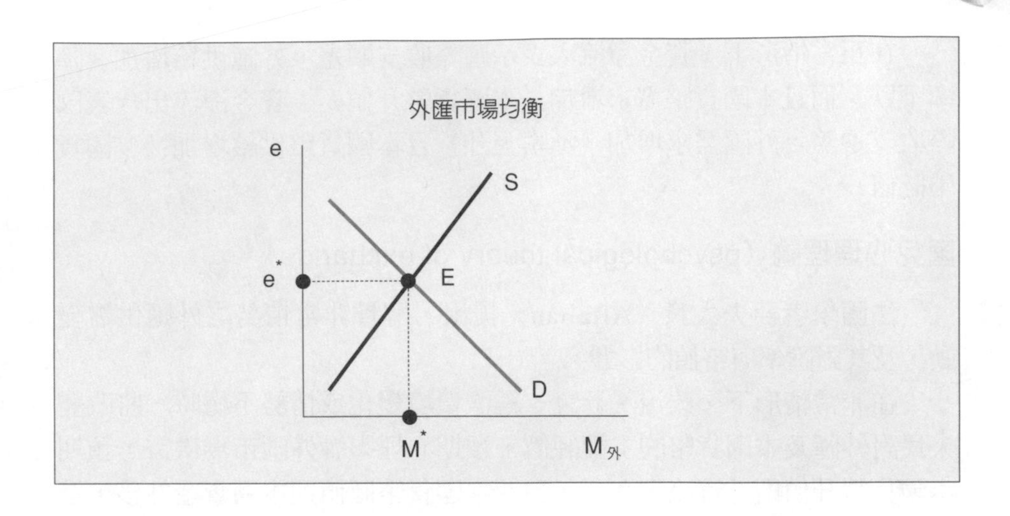

增加）上（匯率上升）方位移；反之則需求減少，整條外匯需求線向左（外匯量減少）下（匯率下跌）方位移。

任何外國對本國的支付與資金流入增加使外匯供給增加，整條外匯供給線向右（外匯量增加）下（匯率下跌）方位移；反之則供給減少，整條外匯供給線向左（外匯量減少）上（匯率上升）方位移。

國際資金移動因素

任何影響國際資金移動的因素，都將造成外匯供需變化進而影響均衡匯率升降，例如所得水準、相對利率、預期匯率、貿易政策、央行操作等。

本國所得提升則進口能力增加，外國所得提升則本國出口增加；本國物價較高則出口減少，外國物價較高則本國進口減少；本國利率較高則外資流入購買我國金融資產，外國利率較高則本國資金外移購買外國金融資產；預期本國貨幣升值則外資流入套利，預期外國貨幣升值則本國資金外移；關稅與管制等障礙則減少進口，出口補貼（競爭力）則增加出口；央行操作買匯使外匯需求增加，賣匯使外匯供給增加。

國際收支（international payment）理論

英國學者高森（G. J. Goschen）提出，說明外匯供需變動的原因，及其對匯率與幣值的影響。

在正常情形下，資金淨流入表示國際收支順差，外匯供給增加（匯率下跌）而且本國貨幣需求增加（本國貨幣升值）；資金淨流出代表國際收支逆差，外匯需求增加（匯率上升）且本國貨幣供給增加（本國貨幣貶值）。

匯兌心理理論（psychological theory of exchange）

法國學者亞夫太良（Aftalian）提出，解釋非常情勢之外匯供需變動，及其對匯率與幣值的影響。

在非常情形下，政治、社會、經濟環境變化或情勢不穩時，將改變人民對外匯及本國貨幣的主觀評價，預期心理影響外匯市場供需，預期本國貨幣升值則外資流入套利，預期本國貨幣貶值則本國資金外移，造成匯率與幣值的波動。

購買力平價（purchasing power parity; PPP）理論

瑞典學者卡塞爾（G. Cassel）提出，基於**單一物價法則**（Law of one price），若不考慮交易成本，相同商品在不同地區之價格應該相同，否則會發生套利交易，供需變動使兩地價格變化而趨近相同。匯率代表外匯之價格及兩國貨幣的相對購買力，因此兩國如果以相同貨幣計價時，其物價水準應該相同，亦即相同貨幣在不同地區之購買力應該相同。

若未達理論匯率，即幣值高估或低估，國際金融市場會發生套利交易，使匯率趨近理論匯率水準，但短期匯率未必符合 PPP，經長期調整才會使均衡匯率符合 PPP。例如本國物價上漲，匯率未升達理論匯率，即本國幣值高估，則本國資金外移購買相對價格較低之外國商品套利，使均衡匯率升達理論匯率水準。

$$e_1 = e_0 \times P_{本} / P_{外}$$

當本國物價水準 $P_{本}$ 上漲，代表本國貨幣的相對購買力下降，因此匯率 e_1 應該上升（本國貨幣貶值）；若外國物價水準 $P_{外}$ 上漲，代表外國貨幣的相對購買力下降，因此匯率 e_1 應該下跌（本國貨幣升值），所以匯率 e_1 變化與本國對外國相對物價水準呈正相關，與本國幣值呈負相關。

匯率變動率＝本國通貨膨脹率－外國通貨膨脹率

當本國通貨膨脹率大於外國通貨膨脹率，代表本國貨幣的相對購買力下降，因此匯率應該上升（本國貨幣貶值）；若外國通貨膨脹率大於本國通貨膨脹率，代表外國貨幣的相對購買力下降，因此匯率應該下跌（本國貨幣升值）。

資產組合均衡

國際金融資產交易會影響短期均衡匯率變化，又稱爲資產分析法匯率決定理論。當本國金融資產（貨幣、債券等）供給相對較高，投資人爲避免持有過多本國金融資產的風險，將轉而增加買入外國金融資產，導致匯率上升（本國貨幣貶值）；若提高本國金融資產的風險貼水，即造成國內利率上升。

本國利率（資產報酬率）較高則外資流入購買我國金融資產，外國利率（資產報酬率）較高則本國資金外移購買外國金融資產；預期本國貨幣升值則外資流入套利，預期外國貨幣升值則本國資金外移；外國金融商品以本國貨幣計價的報酬率，等於外國資產利率加匯率預期升值率（減匯率預期貶值率）；本國金融商品以外國貨幣計價的報酬率，等於本國資產利率加本國幣值預期升值率（減本國幣值預期貶值率）。

利率平價（interest rate parity）理論

若不考慮交易成本，資本在不同地區之報酬應該相同，否則資本完全自由移動時，會發生套利交易，因供需變動，亦使兩地資本價格變化而趨近相同。本國利率較高則外資流入購買我國金融資產，外國利率較高則本國資金外移購買外國金融資產，因此本國資本利率應等於外國利率加預期匯率變化率。

$$i_{本} = i_{外} + (e_{預} - e) / e$$

有效匯率（effective exchange rate; EER）

指數化的複合匯率。本國對各國不同貨幣之間互相兌換的匯率變化各不相同，可能對某些國貨幣升值而對其他國貨幣貶值，因此有效匯率以多邊間接匯率（一單位本國貨幣折換外國貨幣之單位數）加權平均值，代表本國幣值的相對變化。

名目有效匯率指數＝Σ（i 國權數×當期對 i 國間接匯率／基期對 i 國間接匯率）

i 國權數＝主要貿易國家與本國貿易量占本國貿易總量之比重

貿易量是以當期物價水準計價之進出口總值，但未考慮各國與本國不同之物價水準，也就不能完全表達本國幣值的實質相對購買力，因此爲名目有效匯率。

$$實質有效匯率指數＝\frac{名目有效匯率指數}{\Sigma（i 國權數×當期 i 國物價指數／當期本國物價指數）}$$

名目有效匯率以各國與本國之相對物價水準平減調整後，可以完全表達本國幣值的實質相對購買力，即爲實質有效匯率。指數 100 爲基準，大於 100 表示本國貨幣相對強勢（升值），但幣值高估將不利出口競爭力，應予貶值；若指數小於 100 代表本國貨幣相對弱勢（貶值），幣值低估將有利出口競爭力，主要貿易國家會要求本國貨幣升值。

J 曲線效果

本國貨幣貶值對我國國際收支的影響，隨時間增長使兩國進口彈性增大，貿易帳（X－M）先惡化再逐漸改善。

直接報價法之匯率上升，表示一單位外國貨幣可以折換本國貨幣之單位數增加，代表外國貨幣價值（購買力）上漲而本國貨幣貶值。因此我國國際收支逆差時，本國貨幣貶值即增加外國貨幣購買力，可以增加我國出口，進而改善我國國際收支。

本國貨幣貶值之初（$t_0 \rightarrow t_1$），短期內兩國消費支出購買習性尚未改變，即兩國進口彈性之和小於 1，外國貨幣購買力上漲但尚未增加進口（我國出口），我國貨幣購買力下降亦未減少進口量，反而因外國貨幣折換本國貨幣之單位數增加，進口成本提高進而惡化我國國際收支。

經過兩國消費支出購買習性調整，至兩國進口彈性之和大於 1，即外國貨幣購買力上漲而增加進口（我國出口），我國貨幣購買力下降而減少進口，才會逐漸改善我國國際收支（t_1 之後）。本國貨幣貶值對我國國

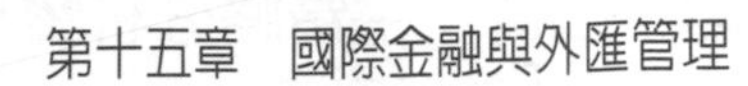

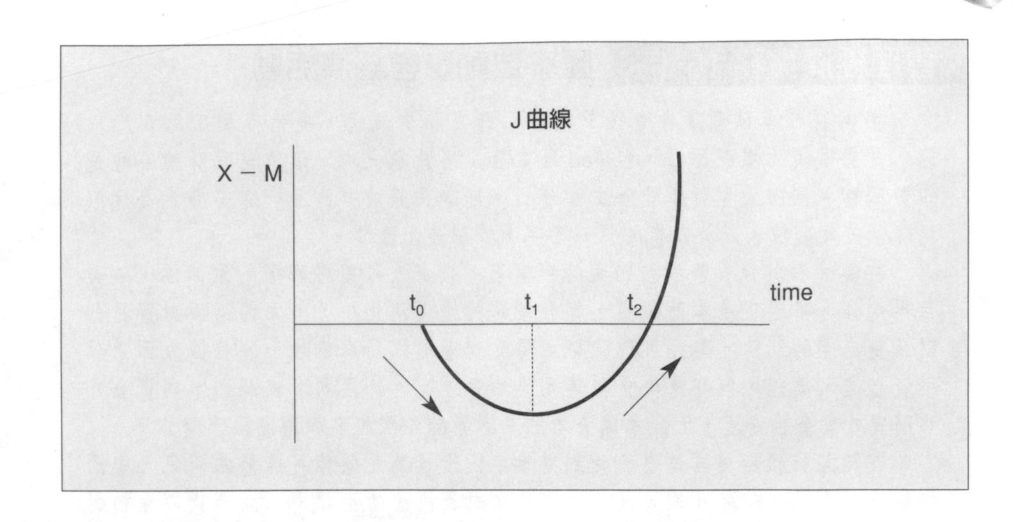

際收支的影響，隨時間增長使兩國進口彈性增大，貿易帳（X－M）先惡化再逐漸改善，圖形上呈J形，爲本國貨幣貶值的J曲線效果；本國貨幣升值對我國國際收支的影響，則爲倒J曲線。

馬歇爾－勒納條件（Marshall-Lerner condition）

本國貨幣貶值可以改善我國國際收支的條件，但是兩國進口彈性之和必須大於1，即我國進口依賴減少而出口能力增加，否則國際收支反而惡化；本國貨幣升值會惡化我國國際收支的條件亦同。

幣值高估遞延效果（hysteresis effect of overvaluation）

本國貨幣相對升值，代表外國貨幣相對弱勢（購買力下降），本國商品進口值增加而且不利出口競爭力，並持續一段期間。

本國貨幣相對弱勢（外匯高估）時，外國貨幣購買力上升，本國商品出口值增加，出口商藉此機會開拓國際市場；商品出口值大於進口值則商品貿易帳出現盈餘，外匯存底增加使本國貨幣升值後，因本國已建立出口競爭力，順差失衡仍會持續一段期間。

本國貨幣高估時，本國貨幣購買力上升使進口增加，外國出口商藉此機會開拓我國內市場；商品進口值大於出口值則商品貿易帳出現赤字，外匯存底減少使本國貨幣貶值後，因外國出口商已在我國內建立市場優勢，不利我國競爭力，逆差失衡仍會持續一段期間。

管理經濟實務 15-1：匯率波動影響經濟活動

美國聯邦準備理事會會後聲明顯示升息腳步減緩，美元獲利了結賣壓出籠，是影響美元重貶原因，但 Fed 可望至少再升息一次，這波美元貶值可能是短暫回檔。國內大型行庫外匯主管分析，耶誕長假前夕許多一線交易員為休假均降低美元部位，以及公布的貿易赤字，重創美元匯價。

在美元和其他貨幣利差仍大的影響下，投資人可望再回補美元部位，讓美元再走強。不過從基本面觀察，等利差題材慢慢消化後，美元仍得面對貿易和財政雙赤字的問題。美元展現強勢主要受到漸進式升息帶動，利差擴大因素吸引資金流入美國，但升息停止後美元恐怕會走貶。外國利率較高則本國資金外移購買外國金融資產，因此本國資本利率應等於外國利率加預期匯率變化率。

花旗銀行預期美國還是會受到雙赤字困擾，美元貶勢可能無法避免，中國可能放寬人民幣二度升值，以及亞洲經濟成長快速的影響下，亞洲貨幣會相對強勢，但新台幣因出口貿易不如以往，升勢可能受限，維持區間整理的機會較大。資金淨流入表示國際收支順差，外匯供給增加（匯率下跌）而且本國貨幣需求增加（本國貨幣升值）；資金淨流出代表國際收支逆差，外匯需求增加（匯率上升）且本國貨幣供給增加（本國貨幣貶值）。本國對外國的支付包括進口財貨價款、外勞薪資、出國在外的開支、對外國人分配紅利、償還本金、支付利息、貸放投資、資金外移等。

全球經濟成長可望溫和擴張，加上新台幣對美元貶值有利台灣出口，預估 2006 年商品服務輸出、輸入年成長率分別為 8.66% 及 7.21%。然而，依國際貨幣基金會（IMF）估計 2005 年美國經常帳赤字達 7,590 億美元且仍持續惡化中，美元走勢轉弱將造成新台幣升值，匯率波動進而衝擊台灣出口競爭力。本國貨幣貶值即增加外國貨幣購買力，可以增加我國出口；短期內兩國消費支出購買習性尚未改變，外國貨幣購買力上漲但尚未增加我國出口，我國貨幣購買力下降亦未減少進口量，反而因進口成本提高進而惡化我國國際收支。本國貨幣相對升值，代表外國貨幣購買力下降，本國商品進口值增加而且不利出口競爭力，並持續一段期間。

人民幣走勢強勁，大陸官方所屬的研究機構卻發表人民幣中長期可能貶值的看法，是否為了抑制人民幣持續走升的心理值得觀察。雖然中國勞動生產率持續高於美國，人民幣仍有升值的潛力，但處於轉型中的中國經濟，2 兆多元的社保資金缺口、1 兆多元的銀行不良資產、一些地方政府的巨額債務，對迫於各方壓力而經驗不足的開放經濟體而言，有可能進一步主動調整內需主導戰略，不意味一定會使人民幣升值，也許存在階段性貶值的可能性。任何影響國際資金移動的因素，都將造成外匯供需變化進而影響均衡匯率升降，例如所得水準、相對利率、預期匯率、貿易政策、央行操作等。

國際金融環境

國際收支平衡表（balance of payment; BOP）

一國在一段期間內，其居民與外國居民之間進行的各項國際經貿交易活動，以貨幣單位記載之系統紀錄，大多以美元計價。

我國國際收支平衡表自1997年起，依國際貨幣基金於1993年出版的第五版國際收支手冊，主要帳目分類結構為經常帳、資本帳、金融帳、央行國際準備資產等項，並以誤差與遺漏來調整可能之推估差異，維持借貸方平衡的會計原則。

經濟利益中心（center of economic interest）

居民包括家戶、企業、政府等經濟活動部門，而國內外居民並非以國籍區分，長期在我國從事主要經濟活動者即為我國居民，因此外國在我國的分支機構及派駐人員視為我國居民，而短暫居留（未滿一年者）及我國在外國的分支機構及派駐人員，則視為國外居民。國際收支平衡表傾向屬地主義，應與主要通貨之使用有關。

經常帳（current account）

包括財貨勞務進出口貿易、要素所得與支出、消費財無償移轉等之收支淨額。

財貨勞務進出口貿易包括一般商品進出口交易，以及諸如跨國旅行、運輸、金融、教育等服務費用。

商品出口值大於進口值則商品貿易帳餘額出現盈餘，為**貿易順差**（trade surplus）；商品進口值大於出口值則商品貿易帳餘額出現赤字，為**貿易逆差**（trade deficit）。

要素所得與支出包括工作薪資、租賃租金、投資與借貸之股利及利息等收支淨額。經常帳移轉是一國無償提供他國實質資源或金融項目用於消耗性支出，國際之間的補助、捐贈、救濟等收支淨額皆屬之。

資本帳（capital account）

包括資本財無償移轉及非生產性與非金融性資產交易之收支淨額，非生產性與非金融性資產交易諸如專利權、商譽等無形資產買賣。

資本財移轉是一國無償提供他國實質資源或金融項目用於資本形成，諸如捐贈資金設備、協助投資計畫、債務減免消除等收支淨額皆屬之。舊版 BOP 將所有無償移轉歸屬經常帳一項，新版 BOP 才依據用途細分爲經常帳與資本帳。

金融帳（financial account）

包括民間部門的直接投資、證券投資、其他投資等各種金融交易之本金收支淨額；舊版 BOP 分爲長期資本與短期資本，而無金融帳，新版 BOP 則不再以到期期限區分長短期。

直接投資是以控制其他企業經營權爲目的之國際資本移動，諸如有形資本、分支機構、商標、技術、管理等經營資源之移動。證券投資非以控制其他企業經營權爲目的，又稱爲間接投資，包括各種股票、債券、衍生性金融商品之金融性資產買賣交易。其他投資包括貨幣機構及各種金融機構之現金、存款、借貸、貿易信用等非證券、非直接投資之金融交易。

外國居民買進我國資產則我國收入資金，造成我國金融帳順差，稱爲**資本移入**（capital inflow）；本國居民買進外國資產須支出我國資金，造成我國金融帳逆差，稱爲**資本外移**（capital outflow）。高度流動的投機性國際資本進出，稱爲**熱錢**（hot money）；嚴重的資本外移，稱爲**資本逃離**（capital flight）。

準備資產（net foreign assets）

本國中央銀行買賣外國資產之交易紀錄，不屬於金融帳，而另立央行國際準備資產項目，又稱爲**外匯存底交易帳**，或稱爲**官方準備交易帳**（official reserve transaction account）。

央行國際準備資產變動＝經常帳餘額＋資本帳餘額＋金融帳餘額＋誤差與遺漏

央行資產的準備部位，可以平衡前三項國際收支餘額，代表該國的國際支付能力。國際收支順差代表資金淨流入使外匯存底增加，外匯供給增加而匯率下跌，本國貨幣相對升值，稱爲**順差失衡**（surplus dis-equilibrium）；國際收支逆差代表資金淨流出使外匯存底減少，外匯需求增加而匯率上升，本國貨幣相對貶值，稱爲**逆差失衡**（deficit dis-equilibrium）。國際支付能力無法償付外債，發生**國際財務危機**（international debt crisis）；本國貨幣大幅貶值，稱爲**通貨危機**（currency crisis）。

國際收支均衡（balance of payment; BP）

我國所得增加引發增加進口購買外國商品，造成經常帳（X − M）惡化，若其他條件不變，必須提高利率吸引外資流入以改善資本帳，即以資本帳盈餘彌補經常帳赤字，維持國際收支均衡。

資金移動管制政策

由政府決定宣布匯率水準，爲**價格管制**方式，通常貿易逆差國家採取貶值政策而貿易順差國家採取升值政策，以改善國際收支。政府亦可以行政命令進行資本管制，限制交易條件或資金流動，以穩定金融市場，是爲**數量管制**方式。

複式匯率制度

人民買賣匯率之外匯價格因不同條件而有差異。我國於 1951 年實施新金融措施，限制金、銀、外匯資金外流與奢侈品交易，配合外匯審核制度，買匯價格因出口商品不同，賣匯價格亦因進口商品而異。 1953 年實施物資預算與進出口實績制度，限制貿易商進口商品營業範圍與申請額度。 1955 年實施外匯配額制度，對進出口商品差異採取不同外匯配額與外匯價格，形成多元複式匯率。

結匯證制度

限制進出口商品之結匯。我國於 1958 年實施改進外匯貿易方案，進出口貿易商憑結匯證結匯，匯率簡化爲官定外匯價格與結匯證外匯價格之雙元複式匯率。 1960 年訂定結匯證標準匯率，形成單一匯率。 1963 年取消結匯證制度，採取 1 元美金兌換 40 元新台幣之固定單一匯率制度。

匯率制度（exchange rate system）

匯率代表外匯之價格（直接報價法），由外匯市場的供需均衡所決定，但為維持幣值穩定，確保國際經貿活動順利進行，各國管理國際匯兌的方式不同，基本上可以分為固定匯率制度、純粹浮動匯率制度、管理浮動匯率制度等。

固定匯率制度（fixed exchange rate system）

中央銀行將本國貨幣與外國貨幣之間互相兌換的比例，固定在一特定匯率水準不隨意變動，又稱為**穩定匯率制度**（stable exchange rate system）。

固定匯率制度可以降低國際經貿活動之匯差風險，但國際經濟與物價波動時無法彈性調整匯率，外匯市場無效率，而直接影響國內經濟、物價與國際收支均衡。

可調整固定匯率制度（adjustable fixed exchange rate system）

當一國家之國際收支嚴重失衡時，經國際貨幣基金會同意，可以重新訂定其貨幣與美元之間的兌換比例。外匯之價格固定，不能依外匯市場的供需調整，當固定匯率價位非均衡價格，即出現外匯超額供給或超額需求，政府可以限制外匯交易條件、數量，或進入外匯市場操作調整外匯供需，以維持固定匯率目標。

各國以美元取代黃金作為主要之外匯準備，美元成為各國持有作為國際貨幣準備的資產，因此美元又稱為**準備通貨**（reserve currency）。各國貨幣與美元之間維持固定在特定的兌換比例，即以美元為本位的固定匯率制度；各國央行以操作買賣美元達成固定匯率，所以美元又稱為**干預通貨**（intervention currency）。

純粹浮動匯率制度（pure floating exchange rate system）

匯率完全由外匯供需所決定，亦即尊重外匯市場的自由機制決定均衡價格，而不加以干預，又稱為**乾淨浮動**（clean floating）。央行買賣外匯非以干預匯率為目的，不須持有大量外匯準備。

任何影響進出口及資金進出的因素，包括所得水準、相對物價、相

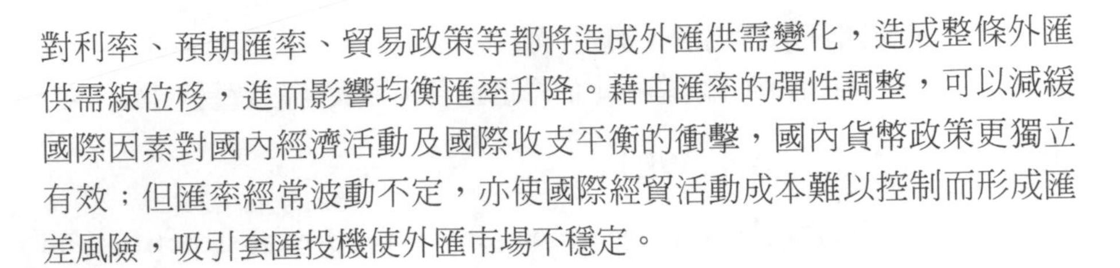

對利率、預期匯率、貿易政策等都將造成外匯供需變化，造成整條外匯供需線位移，進而影響均衡匯率升降。藉由匯率的彈性調整，可以減緩國際因素對國內經濟活動及國際收支平衡的衝擊，國內貨幣政策更獨立有效；但匯率經常波動不定，亦使國際經貿活動成本難以控制而形成匯差風險，吸引套匯投機使外匯市場不穩定。

管理浮動匯率制度（managed floating exchange rate system）

匯率基本上由外匯供需所決定，仍尊重外匯市場機制決定均衡價格，但央行可以進入外匯市場操作，買匯使外匯需求增加，賣匯使外匯供給增加，影響外匯市場供需進而干預調整均衡匯率，又稱爲**污穢浮動**（dirty floating）或**外匯干預**（foreign exchange intervention）。

管理浮動匯率制度介於固定匯率制度與純粹浮動匯率制度之間，原則上由外匯市場自由運作，當匯率波動過大而影響國際經貿活動成本，或匯率區間偏離政策方向時，央行才會進場干預。兼顧固定與浮動之優點，可以減緩國際因素對國內經濟活動及國際收支平衡的衝擊，亦使國際經貿活動成本易於控制而降低匯差風險，但央行須有足夠外匯準備。

釘住（pegging）匯率制度

許多外匯市場發展尙未成熟的國家所採行，將本國貨幣與某主要國家貨幣固定在一特定匯率水準，而隨該指標貨幣匯率與其他國家貨幣浮動；亦介於固定匯率制度與浮動匯率制度之間，但較偏向干預市場之固定匯率（釘住），且各國政府有較大自主權。

若指標貨幣匯率波動劇烈，亦同時承擔與其他國家貨幣之匯差風險。例如釘住美元匯率，將本國貨幣與美元匯率固定在一特定水準，而隨美元升貶與其他國家貨幣匯率浮動；爲避免美元波動風險，可以釘住一籃主要通貨之平均價位。

我國於 1963 年固定 1 元美金兌換 40 元新台幣， 1973 年調整固定匯率釘住美元至 38 ， 1978 年重新訂定與美元之兌換比例至 36 後，於 1979 年起改採管理浮動匯率制度。

匯率目標區（target zones）

爲避免各國以貨幣貶值競賽，有利本國出口競爭力，造成國際貿易摩擦，各主要國家進行協商，訂定彼此接受的實質有效匯率區間，各國在此一範圍內自由浮動，匯率穩定而降低匯差風險與國際貿易摩擦。

世界銀行（World Bank; WB）

國際重建開發銀行（International Bank for Reconstruction and Development; IBRD）之簡稱，於1945年底成立。會員國認股比例依各該國經濟占全球經濟之比重而定，由世界銀行提供長期貸款，促進戰後重建，並協助開發中國家調整經濟結構；為確保債權，貸款對象多為會員國政府或國營事業，並須以外匯償還。

1956年成立**國際金融公司**（International Financial Corporation; IFC），為世銀附屬機構，以投資或貸款促進開發中國家私人企業發展；1960年再成立附屬機構**國際開發協會**（International Development Association; IDA），以較寬鬆條件協助開發中國家進行非營利性開發計畫；1988年創設**多邊投資擔保機構**（Multilateral Investment Guarantee Agency; MIGA），提供非商業風險保證，鼓勵會員國在政經風險較高的開發中國家進行投資，改善其經濟結構。

國際貨幣基金（International Monetary Fund; IMF）

1947年正式成立營運，會員國應提撥基金額度依各該國人口比重、國民所得、對外貿易、外匯存底等經濟實力，其表決權依各該國提撥基金額度比重而定。國際貨幣基金由會員國共同研商促進國際貨幣金融合作，維持各國正常匯兌關係，以推動國際貿易均衡發展，提供會員國必要之國際融通與金融改革，解決國際收支失衡問題。

特別提款權（special drawing right; SDR）

1969年IMF創設，相當於一籃通貨，由美元、英磅、法郎、日圓、馬克五種主要貨幣構成，是會員國在IMF架構內交易會計帳之通用計價單位；2001年起，歐元流通後取代法郎與馬克。各會員國依其在IMF之提撥基金比重分配到SDR額度，可以視SDR為各會員國在IMF之存款提領權，並可兌換他國通貨；1978年起，SDR亦可為會員國提撥會費之貨幣。

亞洲開發銀行（Asian Development Bank; ADB; 亞銀）

1966年成立，亞太地區會員國股份不低於資本額60%，但不限於亞太地區國家，以引進其他地區開發資金及技術援助，協助亞太國家經濟發展，參與之歐美國家則可擴展其國際影響力與貿易機會。亞銀資金主要由會員國投資認股及捐贈，並發行亞銀債券，亦創設各種特別基金，對開發中會員國提供優惠融資條件，協助合作計畫。

歐元（EURO）

加盟國採用共同貨幣，各會員國之間可以降低匯率風險、減少交易成本、商品訂價透明化、金融市場流通深化，但推動過程與通貨改變亦耗費相當成本，國際經濟與物價波動時無法彈性調整各國匯率，而直接影響各會員國國內經濟、物價與國際收支均衡。

1951年德國、法國、義大利、荷蘭、比利時、盧森堡六國成立**歐洲煤鋼共同體**（European Coal & Steel Community; ECSC），1958年成立共同市場**歐洲經濟共同體**（European Economic Community; EEC），1967年與歐洲原子能共同體整合為**歐洲共同體**（European Community; EC）。1975年EC仿IMF特別提款權，創設**歐洲記帳單位**（European Unit of Account; EUA），由原EC六國再加入英國、丹麥、愛爾蘭共九國組成。

1979年EC再陸續加入希臘、西班牙、葡萄牙，成為十二國，成立**歐洲貨幣制度**（European Monetary System; EMS），EUA改為**歐洲通貨單位**（European Currency Unit; ECU）；以ECU表示之中心匯率計算各國通貨間的雙邊匯率，當偏離中心達到干預點，則各國央行有義務進行干預其外匯市場。

1988年EC會員國領袖議會**歐洲參政會**（European Council）提出**狄洛報告**（Delors Report），決定分階段實施**歐洲經濟貨幣同盟**（European Economic Monetary Union; EMU）。1993年**馬斯垂克條約**（Maastricht Treaty）生效，EC改為**歐洲聯盟**（European Union; EU），再陸續加入瑞典、芬蘭、奧地利，成為十五國，會員國須滿足政府財政、通貨膨漲、匯率浮動、利率波動的長期穩定。

1994年成立**歐洲貨幣機構**（European Monetary Institute; EMI），1998年組成**歐洲中央銀行**（European Central Bank; ECB），但英國、丹麥、瑞

典、希臘暫不加入，其餘十一國成爲歐元的首批加盟國。

1999年歐元正式啓用，以非現金形式成爲計價單位並進行清算，但各會員國原有通貨仍並存，歐元與各會員國原有通貨匯率固定而對外浮動，在國際外匯市場自由交易。2002年歐元貨幣開始流通，各會員國逐漸回收原有通貨，而改爲歐元進行交易，歐元正式取代成爲法定貨幣。

國際清算銀行（The Bank for International Settlements; BIS）

爲世界各國中央銀行的中央銀行，在負責協調世界各國金融機構之間的往來業務，尤其是跨國中央銀行業務；成爲跨國之間金融監理機關的相互協調與合作機制，穩定跨國金融貨幣市場。

該銀行位於瑞士的巴塞爾（Basel; Switzerland），因此所成立的委員會稱爲巴塞爾委員會，目前成員包括比利時、加拿大、法國、德國、義大利、日本、盧森堡、荷蘭、西班牙、瑞典、瑞士、英國與美國等十三國，國家的代表都是來自該國的中央銀行，或者由該國的金融監理機關人士所組成。

2004年公布**新版巴塞爾資本協定**（New Basel Capital Accord; Basel II），所針對的對象不限於巴塞爾委員會的成員，希望擴大到全世界各個國家都適用並且採納相同的標準；提出實用的觀念與方法，以期降低各種金融風險，讓跨國金融的運作能夠更加順暢。

新的架構包括了以風險管理爲基礎的三大支柱，即**最低資本要求**（minimum capital requirement），以確保行庫有足夠的資本因應風險；國家主管**機關的監理**（supervisory review），監控金融機關的內部管控程序以及資本適足情形，以確保各行庫徹底執行風險管理；公開**市場揭露**（market discipline），規範金融機構的各種公開報表，以讓社會大衆共同監控行庫的風險營運。

管理經濟實務 15-2：中國人民幣的匯率制度變革

中國人民銀行在 2005 年 7 月 21 日無預警宣布人民幣重估，將人民幣匯率升值 2.1%，並取消釘住美元的制度，而改為參考包括日圓和歐元在內的一籃子貨幣，人民幣兌美元每日在中間價波動幅度上下 0.3%，兌其他貨幣的波幅為中間價上下 3%。中央銀行將本國貨幣與外國貨幣之間互相兌換的比例，固定在一特定匯率水準稱為固定匯率制度，可以降低國際經貿活動之匯差風險。當國際收支失衡時，重新訂定其貨幣與美元之間的兌換比例，政府限制外匯交易條件、數量，或進入外匯市場操作調整外匯供需，以維持固定匯率目標。

許多外匯市場發展尚未成熟的國家採行釘住匯率制度，將本國貨幣與某主要國家貨幣固定在一特定匯率水準，偏向干預市場之固定匯率（釘住），且政府有較大自主權。為避免美元波動風險，可以釘住一籃主要通貨之平均價位。

中國國務院發展研究中心金融研究所認為，人民幣匯率會選擇適宜時機適當擴大匯率浮動區間，央行匯率政策的調整，有能力將人民幣匯率保持在小幅雙向波動中的相對穩定。中共總理溫家寶表示，中國大陸已適當調整人民幣匯率，並致力於發展有管理的浮動匯制，不僅考慮中國大陸經濟與金融需求，也將鄰國與全球需求納入考量。管理浮動匯率制度尊重外匯市場機制，但央行可以進入外匯市場操作，影響市場供需進而調整均衡匯率，又稱為外匯干預。

德國經濟週刊等媒體報導，中國政府將在 2006 年讓人民幣升值 7.2%，達 7.5 元人民幣兌換 1 美元；中國人民銀行行長周小川表示，人民幣將有重大變動的報導是謠言。中國現行匯率機制相對不透明，參考而非釘住一籃子貨幣，在中國央行保留最終決定權的前提下，可能授人以操縱匯率的口實。北京大學副校長海聞認為，人民幣升值的幅度不會像國外預期那麼大，而且速度不會很快，要給企業和金融機構充分的適應時間。減緩人民幣升值對中國政府形成的壓力，方法一是加快人民幣自由兌換的步伐，二是更大範圍地擴大進口，適當降低關稅等貿易壁壘。訂定彼此接受的實質有效匯率區間，在此一區間範圍內自由浮動，匯率穩定而降低匯差風險與國際貿易摩擦。

儘管美國財政廳發布報告稱中國沒有操縱匯率，但中國新的匯率制度仍尚未得到美國認同，美國國會的壓力和財政廳之間的討論愈來愈激烈。美中經濟安全審查委員會由國會遴聘專家顧問組成，委員會提年度報告說，中國人為操縱匯率造成不公平貿易競爭，人民幣至少應升值 25%；主張美中應啓動雙邊談判，同時透過國際貨幣基金會協商，美政府應立即對中國產品採取廣泛的高關稅措施，迫使中國重新檢討人民幣匯率；被美國政府視為操縱貨幣匯率的國家後，美國可以對這些國家實施貿易制裁。

國際財務管理

信用狀（letter of credit; L／C）

銀行應其客戶請求所簽發的一種證書，由其保證在合乎條件下，受益人所開發之匯票或所提示之單據可獲得即期付款、承兌、延期付款或讓購，是保證支付的文件。進口商向其所在地之指定外匯銀行申請L／C，再由出口商在其所在地之指定銀行押匯，憑收到之L／C取得貨款，是國際貿易上最被廣為接受的付款方式。

開狀銀行依照進口商的請求而開給出口商（受益人）的文書，開狀銀行承諾在該文書上規定條件下，負責進口商支付貸款的責任。當開狀銀行信用狀開出時，就以銀行的信用作為擔保，即使進口商拒絕付款或倒閉，且不受買賣契約變更的影響，但出口商一定要照L／C的內容規定將貨物裝出，並準備單據給進口商。

L／C是一種雙重保證，以銀行信用取代買方信用，但未排除買方責任，如開狀銀行倒閉，買方就要依規履行付款的保證。對賣方而言獲得融通便利，只要出口商提出信用狀條件的跟單匯票，於裝貨後立即領到貨款。開發信用狀的買方銀行必然在開發信用狀之前，獲外匯當局動用所需外匯之許可，獲得外匯保證。對買方而言，付貨款的10%保證金即可，不需全部付清貨款使買方資金融通便利。若信用狀申請人無法贖單提貨，只要受益人所提出之押匯文件完全符合信用狀條款，開狀銀行仍應照付，故受理開狀應注意進口商之信用情形。

信用狀由開狀銀行開發後以電報、SWIFT或郵寄方式，經出口地的通知銀行核對電報、SWIFT密押或簽字核符後，才通知出口商；出口商收到信用狀後應校閱其內容，如有不能接受履行或漏誤者，應立即逕洽買方，經開狀銀行更正或修改，以利押匯手續。在外匯管制的國家向銀行申請開發信用狀，必須憑相關的許可證方能結購外匯，向國外開出信用狀。

環球銀行間財務通信系統協會（Society for Worldwide Inter-bank Financial Telecommunication; SWIFT）

是一套用於全世界各銀行間資訊傳遞、調撥資金、開發信用狀等，低成本、安全、迅速、電文標準化，而且可以與各種電腦連續作業的電信系統，其功能幾乎可以完全取代電報作業。

SWIFT 爲一國際性非營利法人組織，總部設於比利時首都布魯塞爾，於美國、荷蘭分別設有國際作業中心，1973 年 5 月間成立。自成嚴密專用的通訊網路，使用者僅限於銀行金融界之會員。

遠期信用狀

買方負擔利息之遠期信用狀，有關之利息由買方負擔，開狀行仍以即期信用狀方式付款。賣方負擔利息之遠期信用狀，規定賣方所簽發之匯票爲見票或裝運日期後若干日始付款，貼現利息由賣方負擔。

若爲**即期付款**（sight payment）信用狀，出口商（受益人）在單據符合規定下銀行即須付款，且無追索權。若爲**延期付款**（deferred payment）信用狀，將付款期限往後延至所載期日，在此之前開狀行責任仍在。**承兌**（acceptance）信用狀是在遠期信用狀下，有匯票則須經銀行承兌，可在貨幣市場上流通以取得融資。

保兌銀行（confirming bank）

與國外進口商往來時，如有必要可要求對方增加本國銀行保兌，接到單據可立即向保兌銀行提示。保兌銀行要在單據符合的條件下，必須履行付款承兌或讓購之義務。

讓購（negotiation）

由受益人向開狀銀行授權請求另一銀行使用信用狀，提示單據無誤後由該指定銀行替開狀銀行先行墊款。若讓購與付款皆爲即期，且由保兌銀行承作讓購時無追索權，若沒有保兌則有追索權（瑕疵成立可向受益人追索款項），付款亦無追索權可言。

若出口商的往來銀行並非指定的讓購銀行，則出口商必須負擔轉押匯手續費，可要求對方於信用狀指定原往來銀行，惟不一定能如願。

出口押匯

出口廠商依照信用狀之規定，將貨物輸出後備齊規定之匯票、商業發票、提單、保險單等有關貨運文件申請貸得款項，銀行於審核後先行墊付貨款，使出口廠商資金運用更爲靈活，屬於一種授信行爲，出口商必須要付利息。押匯銀行則依信用狀指示，將相關貨運單據寄往開狀銀行或其指定銀行請求付款。押是指交付所需單據的行爲，匯指外匯，押匯是出口商依規定拿已出貨的證明，依一定的程序向銀行請求墊款，銀行則依審核結果及申請人信用狀況判定是否同意墊款。

押匯銀行或買斷銀行大都爲出口商之往來銀行或信用狀上所指定之銀行，除非爲開狀銀行本身或保兌銀行外，銀行對出口商所提示之單據並不一定要接受。銀行受理出口押匯要素：單據之嚴格一致性、開狀銀行之信用狀況良好、出口商之財務健全、進口國家政治安定，出口商須有額度並辦妥徵授信手續，類似票據貼現，爲出口融資的主要業務。

出口商將商業單據拿去銀行辦理出口押匯，通知銀行將商業單據寄送至開狀銀行，進口商贖回相關單據。進口押匯包含申請開狀與贖單，出口押匯及進口押匯皆爲短期授信的一部分，屬於貿易融資。出口押匯視爲墊款性質，並非讓購，若單據寄出後遭國外廠商拒付，則必須退還已墊付款項；信用狀交易下，只要單據符合，受益人即可獲得付款。

結購外匯（buying exchange）

外匯銀行向客戶購買外匯，或外匯需要者向外匯銀行購買外匯。進口商在取得進口簽證後向外匯銀行結購外匯，就是進口結匯；出口商在貨物出口後辦理結售外匯，就押匯銀行而言也是結購外匯。

出口託收

銀行於收到出口商之申請書及文件，於審查無誤後，依出口商指示寄送國外代收銀行，國外付款再將該款項扣除銀行必要費用後入客戶帳戶，此部分不需出口押匯額度。包含**承兌交單**（documents against acceptance; D ／ A）及**付款交單**（documents against payment; D ／ P）。

進口託收

賣方依據雙方簽妥之買賣契約交運貨物，委託銀行代收貨款。承兌交單方式（D／A），買方只需在跟單匯票承兌後，即可先行取得提單憑以提領貨物，俟匯票到期後買方始需付款；而付款交單方式（D／P），買方必須先行付款後，代收銀行始能將提單等單據交買方憑以提貨。

遠期信用狀賣斷（forfaiting）

遠期信用狀下之出口單據賣斷，出口商將其遠期信用狀項下之票據讓售予買斷者，於該票據獲開狀行承兌後，買斷行即行付款，倘因開狀行之信用風險以外因素未獲兌現，則仍有權向讓售人追索，可有效規避進口商所在國家之政治、經濟風險及開狀行之信用風險，提高出口商資金運用效率及提升出口競爭力。

遠期信用狀貼現，非經銷帳仍占用出口押匯額度，如經買斷立即撥付，出口額度可迅速回復使用，於融資期間採固定利率方式計息，可免除利率變動風險。票據的付款期限必須是遠期的，票據需經由開狀行或承兌銀行承兌，融資貨幣爲美金或其他國家主要貨幣。

光票（clean bell）

國外付款之票據，並未附任何單據，不同於出口押匯中之匯票。各種國外付款之票據均爲光票，諸如匯票、支票、本票、旅行支票、外國郵政匯票、外國國庫支票、到期外國公債及息票等。

客戶委託銀行將其外幣票據向付款行提示，待款項收妥後再撥付給客戶，爲光票託收。票據涉及僞造部分，國外保有追索權，即使票據託收已入帳，仍有被追回之可能。

運輸保險

進出口商爲了規避風險，與專業的保險公司簽訂貨物保險契約，俗稱投保水險，一旦發生意外損害，依所約定的保險條款向保險公司請求賠償。賣方亦可辦理輸出保險，以減少信用及政治風險。

糾紛索賠

進口貨物發生短缺與毀損可歸責於船公司者，應於發覺後檢具相關文件向船公司請求賠償；船公司如不願賠償應發出書面答覆或抗辯，供進口商據以向保險公司索賠，以所投保條件的損害種類爲限。

境外金融中心（offshore banking unit; OBU）

又稱為國際金融業務分行，是政府以減少金融及外匯管制，並提供免稅或減稅待遇，吸引國際金融機構及投資者來我國參與經營銀行業務所成立的金融單位，可比喻為金融業的加工出口區，視同境外金融機構，交易業務以國外狀況視之。

OBU 可享有之優惠，包括 OBU 本身免繳營利事業所得稅、營業稅及印花稅、接受之存款免提存款準備金、利率由銀行與客戶自行約定而免依牌告、存款利息免稅。持有外國護照（不得雙重）或外籍人士身分證明在境內無住所之個人，以及境外法人，可以開立 OBU 帳戶。

因 OBU 本身具有免稅、資金進出自由特性，境外公司若在免稅天堂地區註冊登記，則形成雙重免稅優惠，廠商可利用 OBU 帳戶進行海外投資及商業財務操控，免受外匯管制，可自由匯入與匯出，達到資金運用靈活之便。

境外公司

註冊在海外的公司，依國際商業法註冊之租稅優惠公司，因功能不同，又分為紙上公司、控股公司等。一般為節稅目的而設立的境外公司，大多登記在英屬維京群島（BVI）、薩摩亞（Samoa）、模里西斯（Mauritius）等免稅地區。

註冊國政府每年按時向境外公司收取年度規費，以維持其有效存續，有些地區尚需提示相關的法令申報才能維持其法人資格。境外公司如未繳年費而失去法人資格時，其名下資產歸屬註冊地當地政府所有。

股票初次公開發行（initial public offering; IPO）

公司的股票首度在股市公開買賣。公司股票上市可以提升企業的社會形象，也達到增加企業能見度及籌措資金的目的。跨國公司為了企業本身的永續經營，必須有足夠的資金以供周轉，亦借重海外的金融市場來活絡資金，海外上市是解決企業經營問題的主要方法之一。

存託憑證（depositary receipt; DR）

國際性的存託銀行，為原本已經在本國發行的股票在外國發行的交易憑證，代表外國公司有價證券的可轉讓憑證。憑證在美國發行就是美國（American）存託憑證（ADR），在歐洲發行稱爲歐洲（European）存託憑證（EDR），在國際主要市場交易的謂之全球（Global）存託憑證（GDR）。企業發行存託憑證，可以由海外募得發展所需的資金，減少諸如交割延誤、高額交易成本以及其他與跨國交易有關的不便，爲企業到海外籌資的工具。

一般存託憑證的發行程序爲：外國證券經紀商於證券市場中購入原股→交付保管銀行→存託機構發行 DR →交由證券經紀商→投資人。存託憑證開始是爲美國或歐洲有興趣投資國外股票的投資人而設計的，即使公司沒有參與的意願，存託銀行也可以自行蒐購股票，發行存託憑證。原本非美國或歐洲的企業，既可以籌募資金又可以打知名度。

存託憑證不是股票，投資人只擁有存託銀行發行的憑證，和一般的海外基金類似，帶給企業和投資人跨國籌資和跨國投資的機會。

海外可轉換公司債（Euro-Convertible Bond; ECB）

企業在海外發行以外幣計價的可轉換公司債，發行公司賦予投資者將該債券轉換爲股票的權利，爲結合債券與股票的金融商品。投資人有選擇權利，可於發行後特定期間內，依一定轉換價格或轉換比率，將公司債轉換成發行公司之普通股股票或存託憑證。

公司債爲企業發行債券向投資大衆募集資金，發行人（債務人）按期支付利息，到期償還本金予投資人（債權人），由國內公司在國外發行或私募之公司債稱海外公司債。可轉換公司債投資人享有票面利率及賣回收益率之固定收益保障，當標的股股價上揚時 ECB 價格隨之上漲，可選擇賣出 ECB 亦或是轉換爲現股賣出賺取資本利得。可轉換公司債投資人，如依照債券發行人所設定的可賣回日期及賣回特定價格，以特定利率可折回成現值的報酬率，稱爲賣回收益率；賣回權、贖回權，轉換價格重設使投資人與發行者更具彈性。

當國外利率較低或國內股票行情不佳，企業辦理現金增資較困難時，可至海外發行 ECB 。可轉換公司債一旦行使轉換權，則公司債的性質即告消滅而轉化爲股票；由於具有轉換權，可轉債票面利率較低。

管理經濟實務 15-3：海外發行股票提升企業形象

大陸建設銀行在香港進行首次掛牌上市（IPO），吸引了來自全球8百億美元的認購量，是發行量的十倍，由於建行是大陸四大國家銀行第一個海外IPO，且為大陸歷年最大IPO，因此引起全球矚目。據報導，大陸四大國營銀行中的中國工商銀行及中國銀行亦將陸續於香港上市，除對香港股市帶來更多吸引力外，也對大陸銀行與國際接軌有相當深意。

公司股票上市可以提升企業的社會形象，也達到增加企業能見度及籌措資金的目的。跨國公司為了企業本身的永續經營，必須有足夠的資金周轉，亦借重海外的金融市場來活絡資金，海外上市是解決企業經營問題的主要方法之一。

大陸四大國營銀行逾放比已降至10%，積極引進外資銀行作為策略性投資伙伴，除協助大陸銀行的體質改造外，也增強國際間對大陸銀行透明度的信任。如建行此次香港上市前，已有美國銀行及新加坡淡馬錫的入資；其他大陸銀行亦有如香港匯豐、德意志銀行、花旗銀行、亞洲開發銀行、英商渣打銀行、澳洲聯邦銀行等的入資。

台灣在動用納稅人6千億資金打銷呆帳後，未能引起國際知名銀行太多青睞。彰銀曾試圖發行GDR海外釋股，卻跌破面額報價，最後不了了之。政府二次金改以計畫經濟的思維，強訂金融機構家數及產業結構，企圖以人為方式拉大金融機構規模，但不開放大陸市場發揮規模經濟。

憑證在國際主要市場交易的謂之全球存託憑證（GDR），在美國發行就是美國存託憑證（ADR），在歐洲發行稱為歐洲存託憑證（EDR）。存託憑證是為有興趣投資國外股票的人而設計，投資人只擁有存託銀行發行的憑證而不是股票。企業發行存託憑證，可以減少諸如交割延誤、高額交易成本以及其他與跨國交易有關的不便，又可以打知名度，帶給企業和投資人跨國籌資和跨國投資的機會。

中國無錫尚德太陽能電力有限公司成為中國第一家在紐約上市的民營企業，透過首次公開招股（IPO），共發售二千六百三十八萬股股票，主承銷商為瑞士信貸、第一波士頓和摩根士丹利，另兩家承銷商為里昂證券和SG Cowen & Co。無錫尚德是由留學澳洲的施正榮於2001年回到中國大陸創辦，已躋身全球太陽能電池生產商前十名。中國企業境外上市不再限於原有的美國、香港、新加坡等資本市場，加拿大、日本、歐洲等已逐漸成為中國企業新選擇。境外上市有利於進入更高級的資本市場，可以獲得更好的融資，更能增強公司股票的流動性。未來十年中國企業約需資本額5兆美元，而中國大陸的資本市場很難滿足這一需求；中國業者普遍認為外國的上市制度具有高透明度、法制化、審批簡單、上市速度快的特點，因此躍躍欲試。

匯兌風險管理

匯率風險（exchange rate risk）

國際貨幣的價格（匯率）隨市場供需之變動而漲跌，所生的國際貨幣兌換損失之風險。在浮動匯率制度下，匯率價格的變動常受外匯供需之不同而變動，因外匯匯率變動使金融商品產生價值波動而帶來利潤或損失。

原始交易發生至到期結算期間，匯率價格的變動使交易商品或契約產生價值波動，所暴露的可能損失稱為**交易風險**（transaction exposure）。匯率價格的變動，影響公司的銷售量價、成本控制等企業價值，所暴露的可能損失稱為**經濟風險**（economic exposure）。

換算風險（translation exposure）

將換算調整數列入損益表，隨著匯率變動而變動，使損益表的各期淨利產生很大波動，所暴露的可能損失。換算調整數並非來自經常性營業活動且未實現，轉換結果無法顯示出國外營運的眞實性。

國外子公司之資本資產做匯率轉換時採用歷史匯率，取得這些資產時之匯率符合成本原則。當公司以外幣出售或購買產品或以外幣借款時，交易所產生的兌換差額損益屬於已實現，應列為當期兌換損益。

將換算調整數包含於綜合淨利表而非損益表，可避免包含管理人員無法控制的項目，並且降低損益表的波動程度。所有的資產負債項目一律以現時匯率換算，產生之換算調整數列為股東權益之調整項目，可以使各財務報表之間的財務比例維持一致，不會因換算而有所改變，但造成一些科目在換算前後評價基礎不一致。

國外營運機構的外幣財務報表，換算為本國貨幣財務報表時，所產生的兌換差額損益若屬於未實現，可列為股東權益之調整項目。

利率風險（interest rate risk）

當涉及國際貨幣的借貸情形時，其時間的長短難以控制，長期利率與短期利率不一致而發生利差風險。各國的中央銀行常施以鬆緊不一的貨幣政策，導致各國貨幣的利率水準亦自由浮動，使利率水準產生變動，而伴隨利率風險。

流動性風險（liquidity risk）

資金調度困難而影響整個投資計畫所生的風險。在貨幣信用工具與國際債券、國際基金之市場上，則指投資者所持有的投資標的能否依市價予以迅速變現，為確保投資交易的履約能力，所擁有的各種國際貨幣資金須保持適當的流動性。

信用風險（credit risk）

指交易對方未能如期履約的風險。在外匯投資操作上，因交易地區常分布於世界各國，致對方的信用情形常無法踏實認知，因交易對方的不履約而蒙受損失。

結算時每筆交割金額、貨幣計價種類、淨額或總額交割等資金管理風險，以及進行交割程序時已支出應付現金，卻收受不到交易對手款項之風險。

通貨膨脹風險（inflation risk）

通貨膨脹會侵蝕貨幣的實質購買力，使投資者的實質報酬率降低。投資的最低報酬率必須高於投資期間內的通貨膨脹率，確保不至於因通貨膨脹的發生而遭受損失。

高度通貨膨脹的經濟將使貨幣價值隨著時間而貶值，資產的匯率轉換價值也會隨著時間的經過愈來愈低，造成了資產消失的現象，子公司若處於高度通貨膨脹之國家，其長期資產之匯率轉換必須以歷史匯率轉換。

國家風險（country risk）

當投資交易確立後，因外國政府的外匯管理規則改變，導致交易對方無法履約而所產生的風險，所從事該投資交易遭受巨大損失。政府為維持國內經濟金融之穩定，常會對其國際性交易採取干預手段，諸如對外匯市場之管制、國外投資之限制與限制國外投資資金之流入等，而一國外匯管理制度的改變，對外匯投資市場經常產生重大影響。

遠期外匯契約（foreign exchange forward contract; deliverable forward; DF）

客戶和銀行雙方議定在未來一定日期，以議定外匯價格進行該外匯的交易，可爲投資人或進出口商對匯率走勢預測、投資及規避匯率風險的金融工具，DF 需有進出口商執照才能交易。

通常國際貿易買方先訂貨，未來賣方出貨或交貨時買方才買匯支付貨款，爲避免此一期間匯率波動造成損失，可先簽訂外匯買賣契約以鎖定價位避險，亦可在不同時點間匯率波動，投機賺取價差或套利。

無本金交割遠期外匯（non-deliverable forward; NDF）

在契約簽訂後之未來到期日進行結算時，以契約之遠期匯率與到期日之即期匯率價差清算差額，而未實際進行交易外匯買賣的本金總額。是一種遠期外匯交易的模式，交易雙方在簽訂買賣契約時，不需交付資金憑證或保證金，合約到期時亦不須交割本金，只需就匯率差額從事清算並收付。除具有避險的功能外，也有極大的投機性質，目前的法令規定國內法人無法承作新台幣相關的 NDF 業務。

本金僅用於匯差之計算，無需提供實質商業交易所產生的發票、信用狀及訂單等交易憑證，也不須繳交保證金，故對未來之現金流量不會造成影響。除避險功能外，也具有濃厚的投機性質。

外匯保證金交易

一種外匯投資避險方式，先在銀行開一個帳戶，在允許的操作倍數內買賣兩種外匯，藉匯率波動賺取價差。客戶提供保證金設定質權予銀行後，即可在保證金十倍的範圍內，依雙方約定的交易額度，進行買賣外匯之交易。外匯保證金交易若發生虧損達存入保證金 30% 時，得要求客戶補足保證金；若損失超過 70% 則逕行清算交易，結清損益並追繳保證金不足部分之損失。

客戶僅須自備 10% 的資金，即可從事十倍的外匯投資，先買後賣也可先賣後買，雙向操作彈性很大，利用匯率升貶機會從事低買高賣或高賣低買，以賺取匯差。進出口商利用此交易，以抵銷外幣間或新台幣升貶所造成之匯兌損失。投資者利用此交易作相反方向之買賣，預先鎖定

匯率確保資本及利息。

外匯期貨契約（currency futures contracts）

買賣雙方透過指定交易所的公開喊價，而同意在將來某一特定日期，按目前所約定之價格，買入或賣出某標準數量的特定外匯資產。外匯期貨乃針對特定貨幣依契約到期時的現貨匯率，由買賣雙方收／付合約所指定的貨幣及數量，期貨市場皆爲間接報價（美元／外幣），不同於現貨市場之直接報價（外幣／美元）。

交易標的之交割須透過清算中心來進行，保證買賣雙方履行契約的義務。具有標準化契約，可以減少對契約內容的疑義所產生的貿易爭端；保證金制度可以確保買賣雙方履約的能力，避免信用風險的產生。

選擇權（option）

當事人約定在一定期間內，以某一確定的價格買入選擇權（call option）或賣出選擇權（put option），是買賣某種權利的金融交易。在選擇權交易中，權利的取得者（買方）向權利的提供者（賣方）支付權利金（premium）後，取得行使買入或賣出的權利，而權利的提供者則有配合的義務。

在外匯選擇權市場中，以匯率爲標的物，買入的權利爲匯率買權，賣出的權利即匯率賣權；賣方有義務但無選擇權利，必須依照買方的決定來履行買入或賣出外匯。若雙方僅依差額交割，而非以實際金額交割，則稱爲**無本金交割選擇權**（non-delivery option; NDO）。

多邊淨額清算（multilateral netting）

多國籍企業各子公司之間的購貨銷售，在一特定日期以相互抵銷後的差額收付款項。設立淨額清算中心管理外匯，大幅減少外匯收付款總額，簡化外匯轉換過程，並降低相關費用成本及暴露風險。

前置與延後（leading & lagging）

現金流量管理以減少外匯風險暴露程度。預期升值貨幣的款項加速支付而延後收款，預期貶值貨幣的款項加速收款而延後支付，極大化強勢貨幣的資產並極小化弱勢貨幣的負債，但須衡量法令與契約之限制。

管理經濟實務 15-4：匯兌風險管理影響財務報表

台灣是外銷導向國家，面臨匯率風險必須採取避險措施，但三十四號會計公報依市價評估，資訊又要充分揭露，凡是持有或發行金融商品之企業，都必須適用公平價值的會計處理方式，衍生性金融商品由表外資產負債改為表內認列，匯率變動會對所有的投資及營業行為在財務報表上受到很大的影響，也降低企業運用衍生性金融商品的誘因，對企業與銀行都產生相當大的衝擊。

原始交易發生至到期結算期間，匯率價格的變動使交易商品或契約產生價值波動，所暴露的可能損失稱為交易風險。匯率價格的變動，影響公司的銷售量價、成本控制等企業價值，所暴露的可能損失稱為經濟風險。

國內出口商外銷產品取得的外匯，為避免匯兌損失，要透過衍生性金融商品避險，銀行也提供多元化的避險管道。一般而言，企業財務報表中會反映匯兌利損的項目是既存的資產，公司的匯兌風險是資產與債務相減之後的外幣淨部位；匯兌利損就是在匯率波動下，此一淨外幣部位轉換成本國貨幣的變動。將換算調整數列入損益表，隨著匯率變動而變動，使損益表的各期淨利產生很大波動，暴露可能的損失；換算調整數並非來自經常性營業活動且未實現，轉換結果無法顯示出營運的真實性。

債務與資產的部位相當，即使中間有匯率變動，事實上沒有匯兌風險，稱之為自然避險（natural hedge）。雖然將來可能沒有實質的匯兌損失，由於會計保守原則，仍然會反映債務部分的匯兌利損，但不能反映未來預期收入的匯兌利得，就會反映出匯兌的名目損失，可能使財務報表發生巨大變化，甚至轉盈為虧。企業財務運作來減少帳面上的匯兌損失，稱之為會計避險（accounting hedge）。未來的外幣收入資產會變成額外的貨幣匯兌風險部位，形成了過度避險（over hedge），表面上匯兌損失極低，但將近期的名目匯兌損失轉換成未來的實質匯兌風險，耗費大幅的金融費用，總體的結果未必較好。

可以針對特殊的財務需要量身定做複雜精確的避險，以達到最高的避險效果，惟沒有市場行情可以參考，必須清楚知道所付的成本以及所承擔的風險，最好還有賣方以外的金融機構以及簽核會計師的意見。由於台灣還是屬於外匯管制的國家，中央銀行對於外匯避險的管理也相對嚴謹，遠期貨幣以及選擇權之買賣都需附有相對應資產或債務的合約，如貸款或買賣合約，並有詳細載明金額的債務或債權；沒有相應的本金，此金融運作就有投機之嫌。

多國籍企業設立淨額清算中心管理外匯，各子公司之間的購貨銷售，在一特定日期以相互抵銷後的差額收付款項，簡化外匯轉換過程，並降低相關費用成本及暴露風險。現金流量管理以極大化強勢貨幣的資產並極小化弱勢貨幣的負債，減少外匯風險的暴露程度，但須衡量相關法令與契約之限制。

第十六章 知識經濟與知識管理

知識經濟

知識管理

學習型組織

科技管理

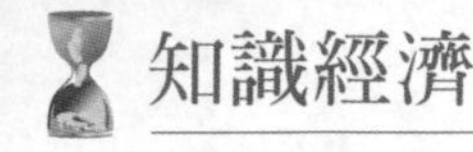

知識經濟

總合生產函數

Y＝F（K，L）

總合生產函數代表生產要素總投入與總產出（Y）的關係，K（資本）與L（人力）爲可使生產者產出產量的兩種要素。實質資本投資增加，使每一人力的可用資本增加，而提升生產力；人力資本包括勞動力的數量與素質，泛指可用人力所累積的技能與知識，因此教育訓練與工作經驗可以提升人力資本。

K（資本）與L（人力）爲總合生產的內生變數，實質投資變動影響資本累積，人口出生率（n）及健康影響勞動數量；其他條件（如技術能力）則是總合生產的外生變數，受知識及經驗等因素影響；亦即經濟成長受內生變數資本與人力，以及外生變數技術能力所影響。

勞動生產力（labor productivity; LP）

平均每一單位勞動產出，在技術能力不變下，內生變數K（資本）與L（人力）變動，勞動生產力（Y／L）隨每人可用之資產設備（K／L）增加（資本累積）而提升，但逐漸發生邊際生產力遞減現象。生產要素增加投入而促進經濟成長，又稱爲**勞力效果**（producing harder），因資源有限漸趨飽和而邊際生產力遞減。圖形上爲同一條勞動生產力曲線，線上每一點代表某一特定每人可用資本（K／L）所對應的單位勞動產出（Y／L），隨著K／L增加，Y／L的增加幅度漸小（曲線漸平坦），代表邊際生產力遞減，因爲受限於既定技術能力（外生條件不變）。

實質資本存量變動

實質資本存量（K／L）增加，可以使更多單位勞動獲得資產設備而投入生產活動，稱爲**資本廣度**（capital widening）；也可以使每一單位勞動獲得更多資產設備而增加單位產出，稱爲**資本深化**（capital deepening）；兩者（內生條件改變）均使勞動生產力提升而促進經濟成

長，點沿同一條勞動生產力曲線往右上移動。

以政策獎勵儲蓄與投資可以加速資本累積，增加實質資本存量；資本存量增加率與勞動數量（人口出生率）增加率相同時，實質資本存量（K／L）不變，對應特定的單位勞動產出（Y／L）不變。

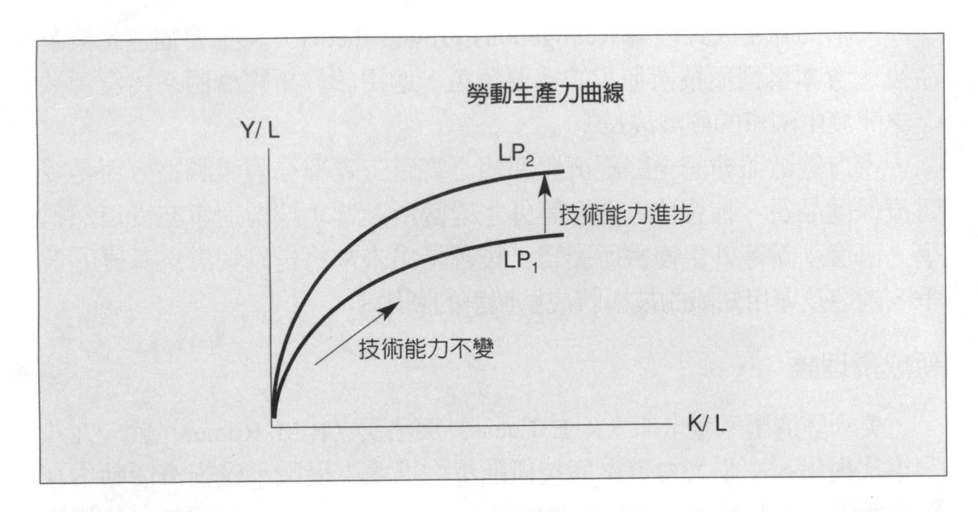

技術能力變動

若技術能力進步（生產外生條件變動），使每一K／L所對應的Y／L增加，而形成另一條往上位移的勞動生產力曲線（LP_2），代表每人使用資產設備之生產力提升，即資本品質提升，使資源的經濟效益增加；技術能力進步但若技術進步未能長期持續，亦終將發生邊際生產力遞減現象（LP_2曲線漸平坦）。技術能力進步而促進經濟成長，又稱爲**智慧效果**（producing smarter），生產力向上突破提升，若技術進步未能長期持續，因資源漸趨飽和而邊際生產力遞減。

投資雙重性

投資爲經濟成長的主要動力，具有雙重效果。投資活動增加引導總合需求擴張，經由乘數效果促進所得成長，稱爲**需求創造效果**（demand-creating effect）；實質投資變動影響資本累積，淨投資之實質資本存量增加，提高總合供給生產，經由提升總產值促進經濟成長，稱爲**產能創造效果**（capacity-generating effect）。

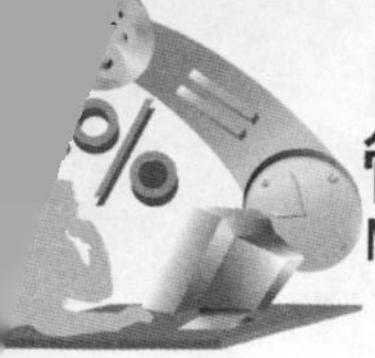

新古典成長理論

美國經濟學家梭羅（R. Solow）於一九五〇年代提出，認爲人口成長、資本累積、技術能力進步共同影響經濟成長，但主張人口成長是外生變數，不受經濟體系內之實質工資率等因素影響。

又稱爲**外生成長理論**（exogenous growth theory）；主要描述工業革命後，資本累積與技術進步的重要角色，適用於分析經濟體系內資源缺乏之開發中國家的經濟成長。

人口總數並非完全隨經濟體系內之實質工資率等因素調整，而是受醫療保健品質、社會家庭觀念等外生變數所影響；技術進步亦受自然科學、研發創新等外生變數所影響。梭羅指出未來將是以知識爲基礎的競爭，創造及運用知識的技術將成爲競爭的關鍵。

新成長理論

美國經濟學家盧卡斯（R. E. Lucas）與洛莫（P. M. Romer）於一九八〇年代提出，主張人力資本與技術進步均爲內生變數，受經濟活動本身影響互動，因此又稱爲**內生成長理論**（endogenous growth theory）。貝洛（R. J. Barro）主張政府投資教育訓練與保障財產權，可以提升人力資本與技術進步，提高資本邊際生產力，使經濟成長。

先進國家累積資本，生產力提升使所得進一步提高，持續投資形成良性循環富者更富，強國優勢使其所得與貧國差距拉大而非收斂，適用於分析經濟體系內資源充裕之先進國家的經濟成長。

有效勞動投入（effective labor input）

人力資本與實質資本同樣可以藉由經濟體系內之所得成長不斷累積，在人力素質與資本品質不斷增進下使生產力提升，而不會發生邊際生產力遞減現象，經濟成長因而得以長期持續，而非短期現象。因此內生成長均衡時，每人所得水準得以持續成長，並非固定不變。

內生成長理論以人力資本取代勞動人數，認爲經濟活動之教育訓練與工作經驗，可以累積知識與增進技能而提升人力資本，創新發明亦是由人力資本研究發展而得。

知識經濟（knowledge-based economy; KBE）

知識資源的有效使用，由企業、組織、個人及社群等經濟活動參與者，對知識的創造、獲取、累積、傳播及應用所構成的經濟活動。以知識爲重要經濟資源，並使其運用最有效率，達到最大經濟效益，亦即以人力資本和知識累積爲主要生產要素，並以知識密集產業主導經濟發展，知識也就是促成經濟成長的主因。

知識經濟一詞最早的來源是1996年經濟合作暨開發組織（OECD），指一個以知識的擁有、配置、創造與應用爲重要的生產投入要素的經濟體系，其貢獻遠超過自然資源、資本、勞動力等傳統生產要素的投入。一個國家經濟發展的階段是否爲知識經濟的年代，決定於最終產品的組成中，知識所占比重的增加。

新經濟

資訊與通訊科技的發展，促成知識經濟時代。傳統經濟強調土地、機器設備、人力資源；知識經濟則以知識作爲經濟發展的主要資源。

新經濟是指跨越傳統的思維及運作，以創新、科技、資訊、全球化、競爭力等爲其成長的動力，而這些因素的運作必須依賴知識的累積、應用及轉化，其目的在用知識激發智慧，創新有價值的產品或理論，以製造更多財富。

直接建立在知識與資訊的激發、擴散和應用上的經濟，創造知識和應用知識的能力與效率，凌駕於土地、資金等傳統生產要素之上，成爲支持經濟不斷發展的動力。人才與知識著重軟體發展（如網站、專利），投入策略的創新，電子與網路決定速度，出現免費資訊，交易成本低。傳統經濟著重硬體發展（如工廠），投入完美的管理，供給與需要決定價格，使用者付費，交易成本高。

經濟理論差異

傳統經濟學認爲資源及報酬的最佳配置與獲取方式，是透過完全競爭的自由市場來決定；以知識爲主的新經濟則主張知識與科技具有獨占性質，尤其是涉及專利與智慧財產權的保護或政府獎勵，管制特定知識與科技發展的產業政策，讓知識經濟無法適用完全競爭的市場模型。

傳統經濟學將知識與科技視為公共財，經由教育與學習皆可取用；知識經濟則認為知識與科技是長期研發所累積的產物，其過程涉及政府法規、制度的配合及企業資產的投入，所有權及使用權成本昂貴，不是隨意取用的公共財。

傳統經濟學將知識與科技當成固定的生產要素之一，即知識與科技為生產成本函數中的常數；知識經濟則強調不同知識或科技對產業發展的影響差異甚大而且處於變動的情況，特殊知識或科技是提升經濟成長與產業競爭力的關鍵性資源。

傳統經濟認為經濟的發展取決於消費與投資兩大因素，發展知識與科技所投入的相關資源是總體經濟模型中的研發項目；新經濟則知識與科技才是提升產業競爭力與國家經濟發展的主要力量，不同科技產業生產力的差異很大，必須特別凸顯不同產業在總體經濟模型中的權值差異，不能採單一總量的方式計算。

創造性毀滅（creative destruction）

熊彼得（J. Schumpeter）所提出，主張科技、創新與知識在經濟的理論意涵與發展策略上，全然不同於傳統經濟。這種新舊經濟之間的斷裂，使競爭者必須順應新經濟的發展潮流、運作內容及經營策略，不然將被淘汰。藉由知識與技術創造財富的利基，凌越以機械化大量生產為導向的工業經濟，知識的掌控與管理者主導未來經濟發展。

國家的經濟優勢取決於國民創造及靈活應用知識的能力，必須更為普及化、多元化、科技化及國際化，無法獲得同等資訊來源的學習者處於更劣勢地位，使強者更強弱者更弱，成為數位落差的弱勢族群。

新經濟實踐基礎

知識與科技發展而增進的經濟效益能為最大多數人所享有，而非僅是掌控知識與科技的少數大企業，以致失業率及貧富差距隨著知識與科技的發展而擴增；政府應積極提升國民經濟的體質及競爭力，也須提供足夠的知識公共財及建立終身學習的機制與管道，以提升國民的勞動素質，增進國家的競爭力。

知識與科技是一系列政府政策、法規、教育研發、生活品質與文化內涵、經濟與社會體制密集互動下的產物，以國家提供知識與科技發展

之研發創新的制度性條件最為關鍵，強調創新制度的重要性。

隨著知識與科技產業的迅速發展，經濟競爭的重點已經從傳統產業既有的產品中降低價格，轉變為透過創新促進產業升級以推出具開展市場的新產品。學習是為取得創新能力以開發新的知識或科技，獲取運用科技知識的特定能力以提升生產力，健全國家學習與研發體制以強化國民與企業運用知識及科技的能力。

舊經濟將固定資產（土地及其他自然資源）、勞力與資本等生產要素視為主要的競爭要素，著重直接從降低生產成本及增進經營者的誘因來吸引企業投資，以帶動產業的發展及提升經濟的競爭力；而政府的功能則是設法提供足夠的基礎設施與財政貸款以滿足企業設廠的需求，還須以降低稅率、租稅補貼及降低勞動成本等措施直接增加企業的競爭力，提升競爭力的焦點集中在降低生產成本，而非增進生產力，結果將導致國家的財經政策停留在競相殺價的惡性競爭。

知識經濟的時代，讓國家擁有適應環境變遷的速度與能力，展現適應性效率而提升國家整體的競爭力。知識資源的取得有賴於政府建構一套創新導向的制度架構，包括提供良好的公共教育、在職訓練、終身教育及有利研發的社經條件和基礎設施等，政府本身也必須自我創新，增強政府本身的知識化及數位化以提升施政的品質。政府知識化與創新化是政府開創新知識或利用現存知識解決問題的能力，政府行政體系的電子、資訊與數位化，提升政府施政的行政效率。

知識經濟活動

知識的創造、流通與應用。知識的創造牽涉傳統的誘因與智慧財產權問題，是各種要角間互動的結果。資訊科技網路提高知識的流通速率，組織內須加強知識管理，以免可用的知識隱而未現或流失，組織之間的互動與合作則便於隱性知識跨組織流通。知識的應用在研發成果商品化，研發成果須搭配生產力、通路等互補性資產，運用於建立新的營運模式以開創附加價值。

由建構在知識上的經濟基礎，轉為更積極的知識驅動力，帶動經濟成長、財富累積與促進就業，從高科技產業擴大至所有的產業部門，逐漸朝向知識密集的發展。政府規劃亦須從不同的創新體系、基礎建設、企業環境、教育體系等，來加以探討，普遍提升各級產業的競爭力。

管理經濟實務 16-1：知識經濟提升國家競爭力

美國競爭力研究機構 Robert Huggins Associates 公布 2005 年知識型經濟競爭力國家及地區排行榜（WKCI），前二十名除瑞典斯德哥爾摩及芬蘭新地省上榜外，其餘全屬美國地區；全球知識型經濟競爭力以北美地區最強，亞洲以東京、新加坡表現較佳，台灣則超越上海、北京、首爾、香港。

這項排行榜對五十五個北美地區、四十五個歐洲地區及二十五個亞太地區，就人力資本、金融資本、知識資本、地區經濟總值及知識持續性等五方面進行評分。排名前三名依序為有矽谷心臟之稱的聖荷西、波士頓、舊金山；非美國地區排名最高是瑞典的斯德哥爾摩，從 2004 年第十五位攀升至第八位，亞洲地區排名最高是東京排第二十三位。中國城市中排名最高的是上海，排名第一一二位，北京排名第一一九位，珠三角地區的排名排在第一一五位。新加坡排名七十八位是亞洲四小龍中排名最高地區，其次是排名第九十九位的台灣，韓國蔚山及首爾分別位列一一三位及一二〇位。綜合資料顯示，亞太區在資訊科技及電腦製造活動的競爭力較強，而北美地區在研發、教育及專利科技方面有較佳的優勢。

知識社會的核心競爭力已從體力轉移到腦力，政府部門應該制定政策推動提升家庭教育的功能。新加坡 2004 年就投入 160 億台幣創造友善家庭環境，國際經濟合作發展組織多次最佳教育冠軍的芬蘭指出家庭教育是成功的關鍵。知識與科技是一系列政府政策、法規、教育研發、生活品質與文化內涵、經濟與社會體制密集互動下的產物。

行政院正式將「新竹縣璞玉計畫——台灣知識經濟旗艦園區」納入國家重大建設計畫，面積約為四百五十八公頃，八十二公頃產業專區包括三十七公頃的新竹生醫園區、三十五公頃的 IC／SOC 研發設計園區，並有十公頃的新竹國際展覽中心；四十公頃園區化大學城以開放創新結合企業經營之開發，示範全台產學合作；三百三十六公頃優質生活住宅社區，創造並提供高科技人才與地方民眾所期待之環境。預估開發效益年產值達新台幣 2 千億元以上，將可創造至少約三萬五千個就業機會，更是未來國內、亞洲及世界的科技發展重心。

台灣想要發展有獨特知識性製造業，應仰賴不同產業各種具提升競爭力的大小知識，政府不要期待由少數明星產業帶動。針對已投入大量資源而在生產或技術上接近領先產業，政府應極力協助其知識不受外國控制和壓制，台灣應去買更多專利及請到更多專家協助；在工業用地政策上應繼續促進產業群聚效應，租稅方面不可比競爭對手高太多。知識資源的取得有賴於政府提供包括良好的公共教育、在職訓練、終身教育及有利研發的社經條件和基礎設施等，政府本身也必須自我創新，增強知識化及數位化以提升施政的品質。

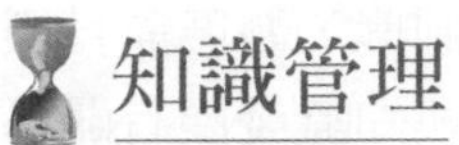

知識管理

知識管理（knowledge management; KM）

有關知識的清點、評估、監督、規劃、取得、學習、流通、整合、保護、創新活動，並將知識視同資產進行管理，有效增進知識資產價值。由經濟需求出發，進行價值創造的一種策略，著眼於活用知識並與創造未來價值的活動相結合，提升組織內創新性知識的質與量，並強化知識的可行性與運用價值。

透過知識基礎系統之技術運作，進行知識的獲取、組織、創造、具體化、分配與解決問題等應用，對生產、分配和使用產生經濟效益，迎接新經濟時代，提升企業競爭力。運用知識培育人力，提高組織的績效，整合不同來源的知識，開發潛在的知識活動，使知識管理的處理能力，轉化形成組織核心能力，產生創新策略提升企業價值。

知識管理的過程，將個體知識團體化，將外部知識內部化，將組織知識產品化，應用知識以提升技術、產品、服務創新績效以及組織整體對外的競爭力；促進組織內部的知識流通，提升成員獲取知識的效率，指導組織知識創新的方向，協助組織發展核心技術能力，形成有利於知識創新的企業文化與價值觀。

知識管理組織結構

專責知識管理工作的單位，負責設計並維護知識累積與分享的過程與技術；另一層結構則包含知識支持者、整合者與發展者，負責知識內容的創造與更新。領導者必須整合這些結構中的人員，並運用包括人力、財力以及時間的資源，創造出廣泛參與的學習過程。

知識管理科技建設

組織管理與技術的基礎設計，建立資訊系統與技術的基礎結構，創造公共知識資料庫，發展專家應用系統，發展整合性的績效支援系統。發展有益於知識管理的良好科技與組織基礎建設，包括有益知識流通的電腦網路與資訊軟體，能推動知識管理的部門或組織制度，發展兼具標準系統與彈性結構的組織知識庫，有助於組織內各項與知識發展有關專案的推行。

各類產業之間將是供應鏈與供應鏈之間整體策略的競爭，建構由客戶、企業供應商之有效服務導向供應鏈流程，透過資訊科技來連結相關企業，以達成企業間核心競爭力之互補效果、分享客戶與市場、技術研發成果與人力資源，進而擴大產能與企業規模、降低時間成本。

藉由機器設備的進口或外國技術服務的取得，或經由與外國廠商之合資或技術合作，亦可引進技術知識。貿易自由化帶來之知識擴散效果，使知識差距不大的國家企業間之競爭趨於激烈，必須藉由持續不斷的創新以維持知識差距。

在知識經濟時代，知識的創造及運用能力和效率成爲競爭力的關鍵，不但科技創新加速、研發與產品生命週期縮短、知識型產品興起，無形投資與智慧財產對競爭力的重要性提高，在趨於全球化的市場中，價格和速度的競爭，更使產業發展面對許多不確定因素。

知識產業

能高度運用資訊科技營運，知識的經濟化將知識變成經濟活動，並以創新價值的智財權或經營知識爲核心競爭力的產業，人力管理、傳統產業、高科技產業、教育、法規、電子商務等都與知識經濟有關，在生產過程中不必用太多自然資源也沒有太複雜的技術，就可以創造很大的價值。

以知識資本爲主要的生產要素，透過資訊的不斷創新，提升產品的附加價值，同時善用現代化的資訊科技，勞力、土地、資金的重要性都降低。新興高科技產業屬於知識經濟，但傳統產業的善用知識、不斷創新、技術研發、提高附加價值、改善企業體質，也是知識經濟的類型；任何產業透過創新提升其附加價值，都可以轉變成知識經濟產業。

產業創新

由於科技技術外部性經濟、研發所需資訊的公共財特性、資訊不確定性、研發活動的不確定性與不可分割性等市場失靈現象，政府有必要

介入產業技術發展。投資基礎科學研究，爲新觀念、方法、產品的來源；創造企業創新的適當環境，包括穩定的總體經濟、促進競爭及創新的法規架構、協助取得科技發展所需的教育及技能等；協助改善創新體系，使企業與研究機構得以順利合作。增進創新和新科技領域的發展，改善科研機構和企業間的互動關係，進而鼓勵廠商培養本身創新能量，提高企業科技擴散和吸收的能力，進而促進創新之擴散。

政府應培養產業適應數位化經濟之能力，協助產業克服電腦化的困難，導入客戶服務、訂單處理及電子型錄等企業電子商務作業，積極加強企業網路技術人員的訓練與養成，發展電子商務與物流系統整合能力。鼓勵海外投資廠商，與當地擁有尖端科技或產業應用技術的機構合作研究發展，引進高科技之基礎技術或進行商品化。

健全國內智慧財產權之法規環境，保障產業研發投資成果，建立國內外專利、商標、著作權等法律資料庫與檢索系統，培養熟悉國外智財權、專利權法律的專業法律人員。培養產業知識人力，鼓勵學校和企業相互合作培養所需人才。鼓勵創業投資事業參與創新活動，放寬創投事業之投資限制，並放寬資金運用之限制，以增加創投事業資金運用彈性和財務調度。

知識資產管理

將知識有效管理蓄積與運用。智慧資本是無形的資產，包括專利、商標、著作權等，以及能夠爲企業帶來競爭優勢的一切知識，如作業流程、組織制度和專業能力等。企業擁有智慧資本多寡的關鍵。

人力資本融合了知識、技術、革新，和公司員工掌握自己任務的能力，也包括公司的價值、文化及哲學。結構資本諸如硬體、軟體、資料庫、組織結構、專利、商標，還有其他一切支持員工生產力的組織化能力。顧客資本是顧客關係，包含滿意度、忠誠度、價格敏感度、長期顧客的財務狀況。

知識市場

在資訊社會裡組織的變革，最具生產力的組織就是學習型組織，最講求的議題就是知識管理。知識生產也稱知識的累積，科技型知識解開

知識與利益的奧秘，資訊科技是支撐知識經濟的物質基礎；人文型知識以解開人類社會的關係與困惑爲主，是人類價值觀或意識形態的解密。

知識消費就是教育，形態變得資本化、市場化、流動化、互動化、主動化、選擇化，朝向全盤的知識吸收、自我成長的知識吸收與個人能力的知識吸收。在知識經濟與數位化的時代，追求高等教育的卓越化，以及強化人力素質提升國家競爭力，每一個人都必須是終身學習者，才能擷取新知識充實新能力，以配合新社會的脈動。

技能知識（know-how）

知道如何去做的知識、技術和能力，通常是由個別廠商所擁有或在企業內部發展而成。是一種內在知識，亦即人們由經驗、認知和學習所獲知的重要知識，並沒有被記錄起來供人使用，只存於個人記憶中；當有經驗的人退休或轉業，組織也就失去他們的知識。

知道爲什麼的知識（know-why），是大多數產業技術發展和產品製程的基礎，來自於研究實驗室或大學等特定組織，企業間爲了分享和整合技能知識，常形成產業網路，僱用受過科學訓練的人力或經由契約和合作活動。

知道事實的知識（know-what）和知道爲什麼的知識（know-why）具有公共財的特質，可由書本、文獻、資料庫取得。資訊科技的發展，滿足更有效蒐集、整理、傳播知識的需要，促使知識的擴散加速進行，透過電信網路得以在很短的時間與很低的成本傳輸，也使得原先不具商業價值的知識在經過整理、蒐集後，可以商品的形式在市場上銷售。

面對不確定的環境，企業必須處理並有效運用數碼化知識的know-how，建立內在知識、充分利用智慧資本，強化組織學習的能力，系統設計留住內在知識、建立個人不斷學習的智慧存貨，讓這些資產可被所需者使用。

知識人力管理

知識經濟中的知識是多元的，包括科技知識、管理知識以及經驗等，必須配合培育多元化的人才。擁有知識的人才及產業，就是競爭力的來源，結合知識密集型產業的需求，確實達到產學界的合作，有效提

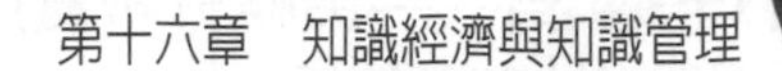

升人力的知識及技能，並轉換爲經濟價值及國家競爭力。

建立開放、專業、多選擇的教育理念，將資訊科技規劃成基本知能課程，培養使用的正確觀念、技能與道德，刺激資訊科技的發展。建立尊重智慧財產權的觀念及精神，培育相關的專業人才，保護我國企業或爭取自身的權益。學校教師與企業界合作共同提升競爭力，預測國際的潮流與趨勢，規劃實務經驗之養成、研究與教學能力之提高，能勇於創新、嘗試及包容。

企業要透過開放的組織文化，激勵員工思考、參與、資訊溝通與分享，有發表與思考的空間，及發現新知識、新技術的機會；規劃對人才引進、激勵與保留的政策，建立公司資訊科技及團隊合作的經營模式。

政府要釐清知識密集型產業的定位，了解知識經濟發展對產業及人力資源市場的影響，輔導業者及教育體制，規劃人才培育計畫與因應策略，投入教育與研發經費，以提升我國人力的素質水準，鼓勵國人創新研究之精神與能力。

智慧財產權

因人類智慧創意所衍生之無體財產權，包括專利權、商標權、營業秘密、電路布局及著作權等，係人類心智發展所產生的成果，透過法律賦予發明人的排他性權利。政府賦予發明或創作者各種特權，作爲有效的獎勵及酬勞，使社會、產業進步而造福人群。科技產品發展，爲避免辛苦研究所得被仿冒者所竊取，而鼓吹反仿冒運動，更加強智慧財產權之保護。透過技術研發、專利的取得，再行以技術授權，取得高額的利潤回饋，成爲高科技公司的成長模式。

智財權管理的意義在於有效運用人力與物力，建立適宜的智慧財產策略與制度，促進智慧財產的取得及運用，並充分發揮智慧財產之預期效果，牽涉到法務、技術、管理及產業經濟等領域，範圍包括研究發明的揭露、國內外專利的申請抗辯與維護、智財權運用策略、智財權授權談判、合約撰寫、智財權侵權處理、智財權仲裁與鑑定、權利金之管理等，需要精通法律、技術、稅務及管理的人才。

專利

分爲三種：發明專利、新型專利、新式樣專利。專利申請權人指發明人、創作人、其受讓人或繼承人。受雇人於職務上所完成之專利權屬於雇用人，雇用人應支付受雇人適當之報酬；受雇人於非職務上所完成之專利權屬於受雇人，但係利用雇用人資源或經驗者，雇用人得支付合理報酬後，於該事業實施其發明、新型或新式樣。

發明指利用自然法則之技術思想之創作，再發明指利用他人發明或新型之主要技術內容所完成之發明，再發明專利權人未經原專利權人同意，不得實施其發明。

再發明與原發明專利權人，或製造方法與物品專利權人，得協議交互授權實施。

再發明或製造方法發明所表現之技術，須較原發明或物品發明具相當經濟意義之重要技術改良者，再發明或製造方法專利權人始得申請特許實施。

新型指利用自然法則之技術思想，對物品之形狀、構造或裝置之創作。行使新型專利權時，應提示新型專利技術報告進行警告，專有排除他人未經其同意而製造、販賣、使用或爲上述目的而進口之權。新型專利權以說明書所載之申請專利範圍爲準，並得審酌創作說明及圖式。

新式樣指對物品之形狀、花紋、色彩或其結合，透過視覺訴求之創作；聯合新式樣指同一人因襲其原新式樣之創作且構成近似者。新式樣專利權範圍以圖面爲準，並得審酌創作說明。聯合新式樣專利權從屬於原新式樣專利權，不得單獨主張且不及於近似之範圍；原新式樣專利權消滅者，聯合新式樣專利權應一併消滅。

著作權

著作人於著作完成時享有，其保護僅及於該著作之表達，而不及於其所表達之思想、程序、製程、系統、操作方法、概念、原理、發現。著作人享有禁止他人以歪曲、割裂、竄改或其他方法，改變其著作之內容、形式或名目，致損害其名譽之權利。

管理經濟實務 16-2：智慧財產權的管理與爭議

行政院主計處公布2004年美國核准技術層次較高的發明專利計164,293件，其中主要以美國84,271件居首，其次為日本35,350件及德國10,779件，三者合計約占八成；台灣則為5,938件，較去年增加640件，排名仍維持第四名，至於第五至第十名分別為南韓、英國、法國、加拿大、義大利、瑞典。

美國為台灣第三大外銷市場，台灣則為其第八大進口國，為保護台灣研發成果及建構專利版圖，國人一向積極在美國申請專利。由經濟需求出發進行價值創造，提升組織內創新性知識的質與量，並強化知識的可行性與運用價值。

經濟部智慧財產局同意衛生署強制授權生產克流感，台灣即將成為全球第一個強制授權製造克流感的國家。擁有全球克流感製造及行銷權利的瑞士羅氏藥廠，則一直反對台灣訴諸強制授權，並承諾在期限內充分供應台灣需求的克流感，全案已引起瑞士政府的關切。科技產品發展，為避免辛苦研究所得被仿冒者所竊取，更加強智慧財產權之保護。

克流感是羅氏的品牌，在強制授權下，衛生署未來委託藥廠生產的是學名藥OSELTAMIVIR，不能再用克流感名稱。台北羅氏藥廠指目前沒有一家台灣廠商通過審核而為克流感的代工廠，衛生署從未與該公司協調增加產量的可能性，就逕自申請專利強制授權。在禽流感可能突變為新型人類流感的威脅下，各國視克流感為防疫戰備物資，大約有一百五十個政府或製藥業者爭取羅氏自願授權或是代工生產。透過技術研發、專利的取得，再行以技術授權取得高額的利潤回饋，成為高科技公司的成長模式。

強制授權特許實施期限至2007年12月31日止，條件是以台灣的國內防疫需求為限，衛生署必須在羅氏原廠克流感不足時才可使用台製克流感，台灣不是世界衛生組織的會員國，只能自救。台灣方面並希望盡快與羅氏展開補償金問題的協商，衛生署若與羅氏達成自願授權協議，則智慧財產局可視情況廢止強制授權。按照國際藥廠的作法，羅氏很可能打國際官司，衛生署會賠償。智慧財產權管理的意義在於有效運用人力與物力，建立適宜的策略與制度，促進智慧財產的取得及運用，並充分發揮智慧財產之預期效果。

印度商務部長納特在香港高峰會表示，保護已開發國家製藥商的規範未能對開發中國家的傳統民俗療法提供類似的保障，有必要管制跨國企業在專利權藥品中利用他國藥草療法等數百年傳承下來的古老智慧。希望印度式草藥療法、大吉嶺紅茶、瑜珈、印度水稻品種香米、草藥食品等傳統智慧能獲得國際認知與保護，協助印度藥廠迴避國際藥品生產授權規定，為部分印度民俗療法尋求專利保障，並敦促世貿組織能削減與植物有關的生物侵權行徑，讓印度在軟體設計強項之外，找尋另一項向全球產業發展的利基。

學習型組織

學習型組織（learning organization）

一個不斷學習與轉化的組織，其學習由組織內個人成員、工作團隊、整體組織，至與組織互動的社群。學習是一種持續性、策略性運用的過程，導致組織成員知識、態度及行爲的改變，進而強化組織創新和成長的動力。

學習型組織是學習的組織，會生產知識、分享知識，全員投入持續一起學習、成長與改變，不斷擴張創造能力，能適應環境的變動。知道爲何而學習，能彼此信任、互補長短、爲共同願景而學習與改變；重視價值與意義，突破自己能力的上限，創造眞心嚮往的結果。透過團隊學習不斷改善心智模式，能在行動中集體思考、破除組織迷思，具有系統思考能力；能觀照整體、洞察未來、了解互動，以因果回饋來思考，具有正面的組織文化。

組織學習（organizational learning）

組織進行發展的能力、工具與過程，由組織成員藉由體驗、觀察、分析等方式，獲取知識與分享理解並採取行動，適應外在環境的變化。可以學習如何擴展能力，實現自我的目標和願望，並且激起對組織共同願景的承諾和奉獻精神。

推動組織學習有助於學習型組織的形塑，但組織學習所關注的焦點在於 how ，學習型組織所關注的焦點在於 what ，即組織集體學習的特性、原則及系統。

組織學習爲對新事物的見解及以新方式執行方案兩種能力結合，使組織能適應各種變革的環境，而不斷改善組織的競爭力。科學的心智模式，用以協助組織及成員在定理的假設、前提的思考、不斷的實驗、及對實驗結果的收集與歸納分析等一連串運作的模式，找出組織中需要的變革或改善作業。

知識組織

將資源加以管理並能提供資訊檢索，目的爲控制資源並能便於利用，也就是資訊檢索將知識內化，將複雜的資料加以組織化。知識組織的應用，可從文件分類與應用及概念分類來進行，將資料分群可提高檢索的效率，並可歸納較高層次或隱藏的資訊。

建立分享知識的機制，有助於形成有效的企業管理策略；知識的轉移可藉由實體設備的移動、文件的再製、面對面的訓練和練習來進行。利用專利分析可掌握研究趨勢，善用智慧財產權可掌握競爭優勢；而專利創新的表現及知識因子的重組，是知識組織的最佳應用。

資訊科技的發展使得知識產生價值，衍生成有系統的學問，在資訊科技平台上建構組織，使得知識富於創新、彈性及動態，具有生產力並能有效傳承。

單環學習（single-loop learning）

又稱爲適應性學習（adaptive learning），組織爲求在環境中生存所產生的行爲適應，致力於解決當前問題，使其符合既有的組織規範，而不尋求組織的改變。

雙環學習（double-loop learning）

又稱爲創造性學習（generative learning），組織允許其成員在學習過程中對既有的組織規範進行檢視與提出質疑，並透過公開的對話達成創意性的共識，透過體驗與回饋重新評估既有的組織，進而改變其組織文化。在建立學習型組織的過程中，必須採取雙環學習的模式，需要系統思考、共同願景、自我超越、團隊學習及創造性張力。

深度會談（dialogue）

觀念的眞正交流與意義的自由流動，是團隊學習所須運用的重要交談方式。所有成員必須攤出心中的假定，並建設性地用心傾聽，不預設立場、不帶有成見、不妄下論斷，心胸開放與眞實呈現。過程中彼此之間可能相互挑戰對方的看法，甚至於產生意見衝突，但增進成員的相互了解而非爭執論辯，成員學習共同思考與探討，發展出超乎個人才能總

和的智慧和能力，匯集團隊的共同意義。

第五項修練（the fifth discipline）

1990年彼得聖吉（Peter Senge）以系統動力學的觀念爲基礎，結合相關理論與實務觀察所得，出版《第五項修練：學習型組織的藝術與實務》，認爲學習型組織是一個不斷創新進步的組織，組織成員不斷地擴展學習能力，新而開闊的思考形態得以孕育，共同願望能夠實現。學習型組織的精神是心靈意念的根本轉變，一種超覺的經驗，眞諦是在體悟生命的眞義，活出生命的意義。

五項塑造學習型組織的構成技術，即爲五項修練：自我超越、改善心智模式、建立共同願景、團隊學習以及系統思考。藉由五項修練工具的整合運用相互影響，啓動組織成功的良性循環，透過團隊學習提升人際互動的品質，進而改善心智模式提升決策品質，再運用系統思考加強行動，最後藉由自我超越，建立共同願景，促進結果的品質。

自我超越（personal mastery）

個人能夠釐清自己眞正的意願與目標，是一種終身學習的觀念，以個人成長的經驗不斷學習，集中精神培養耐心，加深個人的眞正願望，並客觀地觀察現實，認清所面臨的變革與影響，努力調整與適應，願意爲遠大的前景與目標而努力。本身有強烈的動機，努力學習、超越自己、熱愛自己的工作，增進工作的效率與成就感，是學習型組織的精神基礎，使個人的意願與能力提升，進而提升組織的學習意願與能力。

高EQ的特質具體表現在工作上能對別人充分信賴，在資源缺乏的情況下，能夠激發同事的創意與合作精神，在問題或危機中找出轉機或變通之道，不斷自我發展、調整並接受挑戰。具有前瞻性的領導者在面對反彈與批評時大多能保持開放的心胸，綜合好奇心、同理心與學習心，有爭議才能刺激改革與創新，主動鼓勵員工提出不同的構想來激發創意。主管應協助成員將組織內不滿的感受轉換成務實的建議，澄清或挑戰別人的假設或看法，共同尋找解答，有計畫地實踐改進的目標。

心智模式（mental models）

根深柢固於心中的思維模式，決定如何認知周遭世界並影響如何採取行動，以及行動背後的假設與成見。是一種簡化的假設，隱藏在心中不易被察覺與檢視，對世界做選擇性的觀察，決定了動機與價值觀，而進一步決定了整個社會的發展方向與行爲模式。

以雙環學習來改善心智模式，先要學習發掘內心世界的圖像，使浮上表面並嚴加審視，有效地表達這些想法，並以開放的心靈容納別人。當行動不再產生預期的結果時，開始檢查信念，放棄部分最佳及整體最佳的分割式思考，尋求整體完美的動態搭配。經過一連串的反思、探詢、深度會談、情境規劃的演練，改變修正所隱含的意義與體認。

共同願景（shared vision）

代表一種共同的願望、理想、遠景或目標，包括組織成員所想要在未來創造的共同圖像，以及達成此一圖像的指導原則，爲學習提供焦點與能量，由共同關切而產生創造性學習。透過分享、對話、反省與檢視，將個人的願景整合爲組織共同的願景，使組織成員主動而眞誠地奉獻投入，而非被動地遵從。

建立共同願景之修練，在幫助組織培養成員主動而眞誠的奉獻和投入，把個人的願景整合成共同的願景。爲激發與強化組織成員的認同感及整體感，共同願景必須爲組織成員所共同擁有，成爲制定決策與設定實踐策略優先順序的依據。

團隊學習（teaming learning）

每個人的意見被充分尊重，相反的意見可以同時存在，進入到集體思考，尋求團隊的共同意義。在共同願景的引導下，持續不斷地改善心智模式，發展團隊成員整體搭配與實現共同目標。當組織面對複雜的議題時，團隊須能萃取出高於個人智力可得的方案，需要具有創新性而協調一致的行動。

團隊學習必須善用深度會談與討論。深度會談是自由和有創造性的探究議題，先暫停個人的主觀思維，採取多樣的觀點，彼此用心聆聽自由交換想法，獲得超過個人智慧的高明見解；討論則是提出不同的看法並加以辯護。

系統思考（system thinking）

觀察一連串變化過程的環狀因果互動關係，而不是單向片段的個別事件，使人們重新認識自己與其所處的世界，產生心靈的轉變與世界連結，融合整體能得到大於各部分加總的效力。是一套思考的架構，也是建立學習型組織的第五項修練，整合強化其他的每一項修練。

系統思考是一項看見整體的修練，認清整個變化形態，並了解事件背後的深層癥結所在，有效地掌握變化開創新局。精義在於心靈的轉換，看清問題成因是動態性複雜而非細節性複雜，從了解眞正因果關係中找到正對問題的槓桿解。

數位學習（electronic learning; e-learning）

學習者與教學者可以隨時隨地透過網路進行互動教學，依自己的學習環境及狀態，彈性調整自己的學習進度，不再受限於傳統面對面授課的固定時間、地點限制，視學習者的情況調整教學進度，充分發揮有如一對一教學的實體效果。應用數位媒介學習的過程，包括網際網路、企業網路、電腦、衛星廣播、錄音帶、錄影帶、互動式電視及光碟等；應用的範圍諸如網路化學習、電腦化學習、虛擬教室、數位合作等，領域包含了電腦化學習和網路技術的運用。

電子化利用電腦及全球資訊網的學習模式，又稱爲數位學習、網路教學、線上學習、電子學習等。**學習管理系統**（learning management system; LMS）教學平台提供虛擬的學習環境，以進行線上教學、討論、學習活動、評量、記錄及進度追蹤等功能；呈現不同特性的文字、相片、語音、影片等素材，增加教材的活潑性；不同的互動模式，透過問答或遊戲過程，強化學習者的認知。

同步網路教學（synchronous）透過網路視訊會議及多媒體技術，老師與學生於同一時間但不同地點，可同步進行線上學習；而**非同步網路教學**（asynchronous）可在不同時間、不同地點互動學習，教材已先行放在網站上，老師可讓學生二十四小時上網上課，有任何問題也可以隨時發表討論。

企業數位學習可以降低公司的教育訓練成本，省略必須集中開課、時間固定和成本花費過大等缺失，迅速提高員工知識及企業競爭力，讓

企業的學習更靈活、員工的培育更彈性，了解最及時的資訊，讓顧客認識公司產品的優點。

整合式學習（blended learning）

透過實體與線上教學的交互進行，更加強化延伸學習效果，灌輸企業經營理念、節省人事訓練成本、提高工作效率、增強管理能力、培養專業技能和提升服務水準等。企業提供員工自由選擇的線上課程，讓員工能根據自己的興趣或工作上的需要，上網學習充實自己。

行動學習（mobile learning; m-learning）

學習者不須限定於同一地點或連線上網來持續進行學習，載具可以是筆記型電腦、平板電腦、個人電腦、公共資訊站，必須隨身攜帶個人學習資訊，於到達目的地後可接續其學習行爲。是組織與個人所使用的人力資源發展方案，用於解決複雜的問題或面對挑戰，也發展個人與團隊的知識、技能與價值觀。

學習方程式

英國重量級管理大師瑞文斯（R. Revans）首創管理者行動學習的觀念，強調人類的行動、自我發展和小組中的學習，以及組織的周遭環境。行動學習始於幫助經營者藉由簡單的小組模式，提出眞實發生的問題，以得到洞察力。定義課程知識習得爲P，提出問題的洞察力爲Q，得下列方程式：

L（學習）＝P（課程知識）＋Q（提出問題的洞察力）

學習建構在工作之上，管理者的首要工作在於處理問題，行動學習乃建立於任務本身，學習所提供的遠超過管理活動的事件，缺乏洞察力（Q）則課程知識所能使用的部分就受限。傳統教育（P）是用來解決有既定模式的難題，行動學習朝著不同的方向，處理沒有符合課程知識規則的問題。

管理方面的學習包含提出問題的解決方式並具體解釋，藉由與其他經理人交流，迅速地學習接受並對現實生活負責，學習互相接受並提出有益於提升管理能力的批評、建議或支持。

管理經濟實務 16-3：組織學習培育專業人才

學習者要善於在網絡上檢索、查詢和下載世界最新知識資訊，利用電腦建立個人專有的知識庫、資料庫、數據庫；查閱數學公式、物理系數、化學分子式等，只需在網上的百科全書或專業科學辭典內輸入關鍵詞，便可立即得到答案。知識組織將資源加以管理並能提供資訊檢索，目的為控制資源並能便於利用，也就是資訊檢索將知識內化，將複雜的資料加以組織化。

創造性學習強調善於利用群腦（群體思想庫）與電腦（電子數據庫），由於新知識激增的速度驚人，對能迅速擴充知識容量的訊息和有用的資料數據，應及時存檔以備隨時檢索和查閱。學習者只要記憶新知識的核心內容和快速而有效地查閱新知識的方式，使精力能夠集中於創新問題的研究和思索。

美國有多元化的產官學合作，官方成立多家科技人才訓練中心，學校也提供多種認證與在職訓練課程，企業界則常與外界合作人才培訓，例如企管顧問公司或上下游合作廠商，地區大學或專業公協會等機構，擴大人才培訓的資源。美商奇異公司在美國紐約州郊區設立 John F. Welch 訓練中心，以創造與傳達組織學習計畫為宗旨，也可說是一個企業文化改進中心，除了就實際業務議題進行討論，更重要的是分享新知識與創新想法。多樣化的訓練課程可透過內部網路、研討會、教材、錄影帶或專業媒體報導快速傳達訊息，讓員工便於學習。為了建立學習性組織，領導階層也需要有所改變，建立支持學習的企業文化，鼓勵員工知識分享有效提升組織績效。

新加坡產業界長期提供優渥的獎學金，鼓勵學校培育優秀科技人才，新加坡國際資訊技能中心（NICC）正著手協調與分析產業人才需求，提供專業人才訓練與認證。職能開發系統是培育日本科技人才的重要來源，受到不同規模企業的歡迎與合作；多元化的培育課程與企業界資訊技術的交流，形成良性的人才流通，由企業提供資源在大學設立研究室，進行專案開發與研究，如豐田、三菱、NEC 等企業都有傑出的研究成果。德國發展職能研究與企業供需調查，定位企業需求與標準進而規劃發展模組化課程，並配合證照發給制度，也可將業界的技術研發工作，轉為跨學科的技能課程。整合式學習更加強化延伸學習效果，灌輸企業經營理念、節省人事訓練成本、提高工作效率、增強管理能力、培養專業技能和提升服務水準等。

台灣行政院 1998 年推出「邁向學習社會白皮書」，推動學習型企業、學習型學校、學習型政府、學習型家庭、學習型社區等方案，許多機構投入學習型組織研習活動；2004 年行政院推動「形塑學習型政府行動方案」，培養政府人力具備組織學習能力。學習型組織是一個不斷學習與轉化的組織，會生產知識、分享知識，全員投入持續一起學習、成長與改變，不斷擴張創造能力，能適應環境的變動。

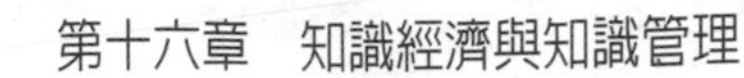

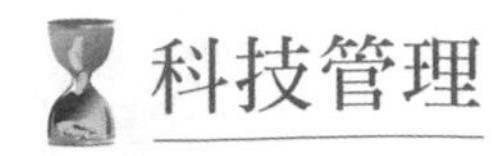

科技管理

科技管理（information technology management; IT management）

探討如何將科學發現與技術創新成果，經由商業化過程轉化爲經濟性的價值，有效管理研發創新活動與新事業開發，在知識經濟時代，藉由不斷的研究發展與創新提高競爭力。

科技管理屬於跨學門的整合性學科，橫跨自然科學、工程科技、商學與企業管理等領域，內容包括：經濟、創新管理、國家創新體系、科技政策、技術與產品系統、研究發展管理、新產品開發程序、技術生命週期、技術策略與規劃、技術商業化、技術競爭與標準化、創新專案管理之規劃執行、控制與評估、組織設計與人力資源管理、開放式創新管理、高科技風險投資、高科技企業經營管理、新興科技事業開發等。

企業資源規劃（enterprise resources planning; ERP）

資訊科技的軟體解決方案，提供企業流程所需的各項功能，以迎合企業營運目標，緊密整合企業各項資源。會計導向的資訊系統，用來接受、製造、運送和結算客戶訂單所需的整個企業資源規劃，是具有品質管理、現場服務、維修管理、配銷、行銷和供應商管理等能力的系統。

用以連結企業內部資訊的系統，提供企業整體資源配置規劃的可能解決方案，創造資訊的即時性、正確性及一致性，以爲管理當局之決策支援系統。整合整體作業流程及資源，以縮短反映市場需求時間；整合生產、銷售、人事、研發、財務五大管理功能於一個系統，也整合位於不同地理位置的單位，企業乃至集團跨部門組織的系統整合，提升經營效率與競爭力。

科技系統（science system）

開發和提供新知識，教育和開發人力資源之知識傳送，以及使知識普及並提供解決問題方法之知識移轉，應用研究與技術創新的發展，成爲產業與經濟發展的主要動力，是知識產生的主要來源。

資訊通信技術、生物技術、材料與製造技術，以及環境與能源技術的知識創新與發展，是使經濟長期成長的關鍵動力，也可以解決社會與環境問題、增進人類健康、減輕環境惡化，有助於國家整體發展目標的達成。

由於知識性技術、專家系統、人工智慧等相關科技的發展，以及消費者需求層次的提升，人工智慧與資訊科技融入產品中，使產品與服務本身的知識性內涵，將消費者的概念加入產品的設計與生產中。

成熟產業再生

產品高度標準化、創新速率減緩的成熟產業，運用研究發展成果或藉由高科技產業之技術擴散效果，恢復活力提升競爭力。開發新的設備及加工技術，運用資訊科技，改善製程的速度及控制、生產的管理及零售；專家系統可使作業最適化及標準化，藉資訊科技了解顧客的需求及市場趨勢；改變組織形態強調及時反應能力，精確控制零件數量，生產少量多種產品。透過新科技或資訊科技的擴散運用，以改善加工技術和組織運作。

技術移轉（technological transfer）

法規用以規範大學、研究機構、企業界執行政府出資研發計畫的權利與義務，創投資金提供早期研發之種子資金及後期發展商業化活動所需資金，使技術可以順利發展。資料庫的建置，方便專利檢索、技術評估、市場評估、發掘目標客戶、技術訂價等活動。專業人才必須熟悉技術、法律、產業經濟、行銷管理等專業知識，貫穿技術移轉活動。

建置智財權資料庫是最基本的知識基礎環境，由負責專利管理的部門來建置專利資料庫。許多廠商爲減少進入市場之時間、節省成本及降低風險，而引進外來技術取代自行研發；許多廠商也願意移轉技術給其他企業，可以增加研發之報酬。

技術仲介（technology broker）

技術移轉服務主要在撮合技術供需雙方，過程中必須進行市場評估、技術評估、技術訂價、投資可行性分析、廣告促銷、尋找授權對

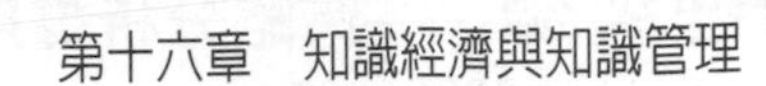

象、尋找策略聯盟對象、尋找資金來源、合約、談判等。

執行單位需建立研發成果管理制度、技術移轉制度、會計及稽核制度。研發成果管理制度應包括權責編制，規劃並執行研發成果之申請、登記、取得、維護及確保等相關程序。技術移轉制度建立並維護研發成果之資料庫，推廣研發成果之技術移轉相關資訊，規劃並執行研發成果之技術移轉程序，包括評估研發成果之技術移轉方式、對象、標的、範圍、條件、收入及支出費用等。技術移轉專業人才包括智財管理、技術評估、發掘潛力技術、情報分析、技術行銷、合約撰寫、談判、投資可行性分析等。

建立海外子公司技術創新能力的長期承諾，使成爲全球化營運的重要策略目標，並研擬技術移轉策略與配套的短中長期規劃，建立技術移轉者的積極性以及技術接收者的強烈學習企圖心，發展適當的移轉模式，並大力投入有關的教育訓練。

技術商品化（technology commercialization）

從事高科技研發與創業者，將構想、創意、創新及新發現轉化成爲有市場價值的產品或服務，爲企業增加競爭力的過程。從技術的研究發展、市場價值的評估與鑑價、資金的籌措、技術創業與企業領導、產品與程序的設計、技術的移轉，到最終產品的行銷與智慧財產權保護。

技術商品化的目的包括增加組織的收入、呆滯技術的活化、創造新商機、市場占有、技術的延展及擴散、研發成果的落實等。技術商品化的關鍵成功因素：科技水平高、了解主要顧客的需求、市場潛力大且能充分了解市場變化、高階主管的支持、內部的溝通及協調機制、研發部門對成本及利潤認知、仲介公司的協助。

技術替代

特定科技技術在產品的導入期或成熟期，掌握新技術形成且完全取代原有技術，則新技術的擁有者將較能透過市場進入障礙，取得較高的市場主導優勢。

研發管理

熟悉產品的研究發展過程，提高產品品質及附加價值，促進企業永續經營內容包括新產品的策略規劃及產品概念形成與評估。產品研究發展須提升研究技術，符合流行趨勢，因應市場需求，控制開發成本。

專案管理

一項暫時性的任務、配置，以開創某獨特性的產品或服務，應用知識、技能、工具與技術來規劃活動，以達成專案的需求，透過組織內不同單位人員的臨時性編組，來達成追求資源效率的極大化。

專案在執行時間內有生命週期：起始階段定義專案的需求，並釐清與描述對此需求的適當回應；規劃階段詳細發展專案的解決之道；執行階段持續監控進度，同時適當地進行調整與記錄；結案階段驗證該專案是否滿足原本的需求。

專案時程管理控制，掌控並適度調整整個專案進度的執行狀況，讓專案如期達成；管理時程掌控不佳造成進度延遲，若有商品退出會影響到企業的營收。專案成立的起始階段即需編列該預算，以預估此專案的花費成本，而其實施應符合效率化原則、質量管理原則、彈性管理原則。專案之品質管理，從產品研發的品質保證、設計品質的認知與驗證管理三方面展開，落實可靠性設計，做好設計審查，完善的設計驗證程序，嚴謹的品質保證測試，材料及供應商的可靠性管理。客戶指定之特殊機種或機能開發，為確保雙方權益與履行義務，需要專案合約管理。

帕金森定律（Parkinson's law）

做一份工作所需要的資源，與工作本身並沒有太大關係。一件事情膨脹出來的重要性和複雜性，決定完成這件事情所需要花費的時間；為了證明自身存在的必要性而製造大量的問題，解決這些問題的工作又需要耗費大量的資源。英國著名的歷史學家帕金森分析社會組織結構工作效率所提出的主張，是組織病態理論。

限制理論（theory of constraints; TOC）

針對企業組織在經營管理上遭遇的問題與挑戰，提出整體觀的管理思維與解決對策，指導企業集中有限資源，用在整個系統中最重要的地方，以求達到最大效益。具有一套嚴謹的思維程序系統方法，找出阻礙企業組織得到顯著整體效益的核心問題（制約因素），並提供具體的改善手法與執行步驟，來解決專案管理、營運生產管理、供應鏈管理、人員管理、策略規劃等問題。

一個明確定義的問題必須由兩個必要條件之間的衝突來呈現，遇上衝突就明確指出，這個錯誤的假設是可以修正的，衝突便消失了。有效產出管理集中焦點確認制約因素，增加瓶頸產能就增加實際產出量，在講求速度與量產的考量下，瓶頸單位才是首要管理焦點；成本管理要求每個局部效率達到最大，造成局部庫存增加，實際產出量卻受制於瓶頸單位，局部改善對整體是沒有幫助的。

TOC 發現傳統專案管理有問題存在，每一個專案任務加了太多的安全時間而且被浪費，某些受限的資源同時進行太多的任務，提前完成的任務不會移轉給下一個任務，專案中的要徑受到其他的因素影響而延長，大多數專案管理的績效評估是針對個別的任務而非整個專案。

關鍵鏈（critical chain）

一套可以對遞延效應免疫的管理方法，指出專案的瓶頸，充分利用瓶頸，提升或打破專案的瓶頸，高德拉特（E. M. Goldratt）於 1977 年提出的觀念。透過對時間保護的緩衝管理機制，有效彌補不確定因素所造成的時間損失，從全面性考量專案問題，徹底革除因心理因素所導致的不良習慣，提升專案如期完成的可行性；而傳統要徑（critical path）的計畫方法，未考量專案人員的心理因素。

一系列相依存的活動或任務構成最長鏈條，技術和資源不足造成限制，要達成專案的目標時，加入關鍵鏈計畫、緩衝管理和路跑機制等，可以事先解決衝突，而提前完成專案。個別改進每個環節達不到整體效果，把企業視爲一個系統，準確掌握及妥善處理各個環節間的互動關係，整個系統才能產生最大的效益。

緩衝管理

專案最大的制約項目是時間因素，因此要投注最大的心力在時間緩衝的管理，時程控制最重要是靠預估時程表以及可重分配的緩衝時間，隨時監看專案的進展。個別工作項目不應該各自擁有緩衝時間，專案保留一定比例的緩衝時間，隨時依專案進行的狀況，將緩衝時間分配給已延遲的工作項目運用。

當某個工作項目超過預估時程時，提出部分保留的緩衝時間，投入已延遲的工作中，並重新調整後續工作項目的時間點，讓專案能夠順利繼續進行。計算入風險控制工時稱作緩衝工時，以因應風險的發生。

鼓—緩衝—繩（drum-buffer-rope approach; DBR）

根據瓶頸資源的可用能力確定物流量，作爲約束全局的鼓點控制庫存量；所有瓶頸要有緩衝，使制約作用的資源得以充分利用，以實現企業最大產出；需要控制的工作中心如同用一根傳遞資訊的繩子牽住，按同一節拍行進，保持均衡的製品庫存在保持均衡的物料流動條件下進行生產。被控制的工序（瓶頸）建立了動態平衡，其餘的工序應相繼同步，尋求顧客需求與企業能力的最佳配合。

當需求超過能力時，排隊最長的機器就是瓶頸，約束控制系統的鼓的節拍，即企業的生產節拍和產出率。企業所有的加工設備劃分爲關鍵資源和非關鍵資源，按有限能力對關鍵資源排序。爲了充分利用瓶頸的能力，在瓶頸上可採用擴大批量的方法，以減少調整準備時間。

對瓶頸進行保護，不受系統其他部分波動的影響；設置一定的時間緩衝，使瓶頸不至於出現等待任務的情況；平衡企業的物流進入非瓶頸的物料，應被瓶頸的產出率（繩子）所控制。鼓的目標是使產出率最大，繩子的作用則是使庫存最小，而在其上游的工序實行牽引式生產，有效地使物料依照產品出產計畫快速地通過非瓶頸作業，以保證瓶頸的需要。鼓反映系統對約束資源的利用，繩子是傳遞作用，以驅動系統的所有部分按鼓的節奏進行生產。

管理經濟實務 16-4：技術合作與市場開發

歐洲的飛機製造商空中巴士和中國簽下一份價值97億美元的合約，允諾提供中國六家航空公司一百五十架的中程客機，合作協議書內容可能在中國建立一個裝配工廠，生產包括A320在內的客機的配備。歐洲業者為了取得中國大量的訂單，需要以關鍵技術為交換條件，如何保有自己在技術上的優勢，也是另一個需要小心應對的課題。

挾著每年國內經濟成長超過10%，低工資和充足勞動市場的優勢，中國政府一直堅持外國公司必須與中國公司一起合作，提供技術上的知識作為交換條件，減少與已開發國家間的技術差距。由於害怕中國會發展出更具競爭性的生產技術，日本的汽車製造業者不願做技術交換，只好看著德國、美國和法國的同業超越，在中國獲准以10億歐元計的投資案。

法國航太防衛機構（GEAD）表示，必須注意法國航太工業的技術不會轉移到中國去。廠商為減少進入市場之時間、節省成本及降低風險，而引進外來技術取代自行研發；許多廠商也願意移轉技術給其他企業，可以增加研發之報酬，以技術聯盟之形勢提高技術之市場占有優勢。目標設定、策略規劃、授權分工、激勵機制等都要能對技術移轉產生助力，有效結合各地區子公司的資源與技術創新能力，發展出跨文化的新價值觀。

中國科學技術部副部長劉燕華針對近來「以市場換技術」的政策痛加撻伐，認為發展科技只能靠自主創新。讓了市場並不見得會得到技術，缺乏核心技術有可能發展成為依附型國家。中國汽車目前表面上形成產銷兩旺的局面，但在表面繁榮的背後，原有技術也丟了，新的技術又不掌握，真正成了依附型的汽車工業，導致目前中國汽車市場90%被跨國公司占領的局面。

南韓引進技術和消化、吸收的費用比例是一比五，花一塊錢引進的技術要用五塊錢進行研究和開發；中國目前技術引進和消化、吸收的資金比例是1：0.08，錢沒有用於引進後的消化和吸收。在知識經濟時代，應有效管理研發創新活動與新事業開發，藉由不斷的研究發展與創新提高競爭力。

由台灣經濟部主導的IA計畫，目的在結合汽車產業與IT產業的資源與綜效，成立華創車電技術中心公司，其中裕隆投資20億元持股62.5%，開發基金持有37.5%股權。根據工研院研究資料顯示，全球IA產品占整車產值比率將由20%逐步提升至2010年的40%，因此繼電腦、通訊及消費性電子產品之後，預估在IA計畫帶動下，汽車零組件業及資訊電子業的產值可望大幅提升。隨著電腦、通訊與資訊內容的產業聚合深化，智慧型產品也逐漸成為各類產品創新的主要方向，產業在產品生命週期縮短與消費者需求提升的壓力下，唯有不斷學習適應並回應市場，藉由高科技產業之技術擴散效果，才能掌握競爭優勢。

後　記

終於完成這本書，心中充滿喜悅與感恩：父母的栽培、師長的指導、朋友的鼓勵、學生的教學相長與殷切期盼，甚至周遭生活事物、大自然的生命力，都是孕育本書誕生的動力，並豐富其內涵。

本書內容廣泛充實，絕非大刀刪剪所成，亦非僅條列重點提示；而是盡力保留理論觀念與分析方法之連貫完整，在文句說明上力求簡明易懂，即「字字珠璣，句句精華」，把經濟學的基本理念「將有限資源作最有效運用」發揮淋漓盡致，使讀者能「以最低成本獲得最佳學習效果」。

基於對經濟學的熱愛與教育良知，本書捨去資料堆積與冗長贅述，希望能培養學生獨立思考能力，學以致用並滿載而歸。本書基本內容深入了解經濟活動與管理策略，管理經濟實務則是引導學習者練習應用，將所學舉一反三聞一知十。

期待讀者也能以喜悅與感恩的心情圓滿研習管理經濟學，用後務必保留本書成爲隨身寶典，勿遺棄或賤賣而浪費資源。感謝認同理念的學者先進支持採用並不吝指教，敬請將本書的優點加以推廣告訴大家，而對缺點疏漏提供建言告知我們。

本人在課堂上依不同的學制班級，調整上課方式及補充授課內容，也因此教學相長並不斷成長；「經濟學實用寶典」系列亦配合課程差異，將陸續出版新書，使編著專書之層面更爲完整。感謝您的鼓勵與督促，讓我可以在專業領域上充分發揮，我會更加努力，相信能夠更符合讀者及市場的期待，敬請您繼續給予支持與指教！

朱容徵　謹識

2006.06

經濟統計叢書 3

管理經濟——策略分析實用寶典

編 著 者 / 朱容徵
出 版 者 / 揚智文化事業股份有限公司
發 行 人 / 葉忠賢
登 記 證 / 局版北市業字第 1117 號
地 址 / 台北縣深坑鄉北深路三段 260 號 8 樓
電 話 / (02)2664-7780
傳 眞 / (02)2664-7633
E-mail / service@ycrc.com.tw
郵撥帳號 / 19735365
戶 名 / 葉忠賢
印 刷 / 興旺彩色印刷製版有限公司
ISBN / 978-957-818-795-5
初版一刷 / 2006 年 9 月
定 價 / 新台幣 550 元

國家圖書館出版品預行編目資料

管理經濟：策略分析實用寶典 = Managerial economics /朱容徵編著. -- 初版. -- 臺北縣深坑鄉：揚智文化, 2006 [民 95]

面； 公分（經濟統計叢書；3）

ISBN 978-957-818-795-5（平裝）

1. 管理經濟學

494.016 95017651